新工科建设之路系列教材

计算方法

数据分析与智能计算初探

（第2版）

付 才 许如初 ◎ 编著

電子工業出版社
Publishing House of Electronics Industry
北京 • BEIJING

内 容 简 介

本书系统介绍了计算方法及有关的基础理论。内容涉及计算方法的数学基础，计算方法在工程、科学、数学问题以及计算机学科前沿领域中的应用，主要算法的MATLAB程序等。本书涵盖了经典数值分析内容，包括误差分析、非线性方程的数值解法、线性方程组的数值解法、插值法与曲线拟合、数值积分与数值微分、常微分方程数值解法、矩阵特征值的计算、智能计算基本算法等。

本书讲解深入浅出，聚焦计算方法的思想和原理，尽可能避免介绍过深的数学理论和过于繁杂的算法细节，易于教学。读者学习本书需要具备高等数学、线性代数及程序语言基础知识。

本书可作为高等学校计算机科学与技术、人工智能、物联网工程、数据科学与大数据技术、网络空间安全、软件工程等专业的教材，也可作为相关工程技术人员的参考书。

图书在版编目（CIP）数据

计算方法：数据分析与智能计算初探 / 付才，许如初编著. —2 版. —北京：电子工业出版社，2021.8
ISBN 978-7-121-41384-1

Ⅰ.①计… Ⅱ.①付… ②许… Ⅲ.①计算方法－高等学校－教材 Ⅳ.①O24

中国版本图书馆 CIP 数据核字（2021）第 116801 号

责任编辑：戴晨辰
印　　刷：三河市鑫金马印装有限公司
装　　订：三河市鑫金马印装有限公司
出版发行：电子工业出版社
　　　　　北京市海淀区万寿路 173 信箱　　邮编：100036
开　　本：787×1 092　1/16　印张：18.25　字数：456 千字
版　　次：2003 年 9 月第 1 版
　　　　　2021 年 8 月第 2 版
印　　次：2021 年 8 月第 1 次印刷
定　　价：59.00 元

凡所购买电子工业出版社图书有缺损问题，请向购买书店调换。若书店售缺，请与本社发行部联系，联系及邮购电话：（010）88254888，88258888。

质量投诉请发邮件至 zlts@phei.com.cn，盗版侵权举报请发邮件至 dbqq@phei.com.cn。

本书咨询联系方式：dcc@phei.com.cn。

前言

网络化、数据化、智能化技术在当前数字时代得到飞速发展，计算机作为基本的载体，其技术理论的研究和应用直接影响当前科学技术发展的速度和质量。熟练地运用计算机进行科学计算已成为科技工作者不可缺少的技能。应用计算机求解各类问题更成为各行各业知识更新的必要环节，培养学生和应用者的科学计算能力，计算方法课程具有不可替代的作用。

计算方法是数学与计算机之间的关键桥梁。计算方法知识领域起源于科学计算，其兴起是 20 世纪最重要的科学进步之一。随着计算机和计算方法的飞速发展，科学计算已与科学理论和科学实验鼎立为现代科学的三大组成部分。在各种科学和工程领域中逐步形成了计算性科学分支，如计算物理、计算力学、计算化学、计算地震学等。计算在生命科学、医学、系统科学、经济学以及社会科学中所起的作用也日益增大。在气象、勘探、航空航天、交通运输、机械制造、水利建筑等许多重要工程领域中，计算已经成为不可缺少的手段。这些计算性的科学和工程领域，又以计算方法作为其共性基础和联系纽带，使得计算数学这一古老的数学科目成为现代数学中一个生机勃勃的分支，是数学科学中最直接与生活、社会技术发展相联系的部分，是从理论到实际的桥梁。计算方法也称为数值计算或数值分析，主要任务是构造求解科学和工程问题的方法，研究算法的数学机理，在计算机上进行设计和计算实验，分析这些数值实验的误差，并与相应的理论和可能的实验对比印证。这就是计算方法研究的主要对象和任务。

计算方法在推动大数据、人工智能时代基础算法实现上作用突出。随着信息与网络技术的发展，当前计算方法的研究目标与任务也在发生变化，原来主要面向科学计算的任务要求进一步提高，同时，随着大数据与人工智能技术急速发展，计算方法直接用于各类工程与应用领域。本书应用案例的选取聚焦当前计算机学科前沿知识，以期推动学生掌握最新的算法思想与实践过程。

计算方法对培养计算机类专业人才的工程问题分析与建模能力非常重要。计算机类专业人才的培养要求学生具备数学、自然科学、工程基础和计算机专业知识，并能将相应知识用于解决计算机复杂工程问题，并能够应用数学、自然科学、工程科学、计算机科学的基本原理，识别、表达以及通过文献研究分析计算机复杂工程问题，以获得有效结论。本书每章的知识点指出了工程应用背景，同时也指出了相应的工程问题与难点。读者通过学习，可以直接设计、分析与优化这些工程问题。因此，本书在培养计算类专业人才方面能够起到较好的支撑作用。

本书系统地介绍了计算方法及有关的基础理论。内容涉及计算方法的数学基础，计算方法在工程、科学、数学问题以及计算机学科前沿领域中的应用，主要算法的 MATLAB 程序等。本书涵盖了经典数值分析内容，包括误差分析、非线性方程的数值解法、线性方程组的数值解法、插值法与曲线拟合、数值积分与数值微分、常微分方程数值解法、矩阵特征值的计算、智能计算基本算法等。本书讲解深入浅出，聚焦计算方法的思想和原理，尽可能避免介绍过深的数学理论和过于繁杂的算法细节，易于教学。

本书具有如下特点：

（1）相比第 1 版，本书的立足点与编写角度从原来的科学数值计算扩展到当前的大数据分析与人工智能算法，重点讲述数值分析中最核心、最基础的理论与方法，它们是研究各种复杂的数值计算问题的基础和工具，也是当前计算机领域中数据分析的基础，有利于培养学生适应新的计算时代要求。

（2）本书在第 1 版的基础上，针对每章的知识点，增加相关新内容，并指出其与当前计算机前沿领域的联系，涉及多媒体数据分析、密码算法、人工智能深度网络算法、社交网络等领域，以期激发学生的学习兴趣。本书也可以作为计算机大类专业的科研与实践引导教材。

（3）为适应当前大数据时代数据分析需求，本书增加了智能计算基本算法一章，介绍了智能计算中的遗传算法、蚁群算法、粒子群算法以及人工神经网络等。

（4）考虑到计算领域数据分析的需求与特点，本书增加了矩阵特征值的计算一章。当前很多计算机领域算法都涉及矩阵特征值计算，学习相关内容有利于培养学生计算机应用与分析能力。

（5）修改第 1 版 BASIC 语言与 FORTRAN 语言实践上机代码，采用当前流行的数值分析软件 MATLAB 进行编程，实现的算法程序都可以直接应用于实际计算。

（6）调整章节逻辑关系。在实际教学中，掌握方程求根方法更有利于理解数据分析中的优化过程，因此本书将非线性方程的数值解法与线性方程组的数值解法编排在第 2 章与第 3 章。

（7）本书每章都给出了相应的计算实例，不仅能帮助学生理解程序中包含的数值分析理论知识，还对培养学生处理数值计算问题的能力大有裨益。

（8）本书每章都配备了一定数量的习题，习题分为理论分析题和上机实验题，以加深学生对所学知识的理解。

除上述改动之外，本次修订还对部分章节标题与逻辑关系做了调整，同时对全文内容做了校对与纠错。本书包含相关配套资源，读者可登录华信教育资源网（www.hxedu.com.cn）注册后免费下载。

本书的编写得到了华中科技大学网络空间安全学院与计算机学院的大力支持，很多老师给予了作者关心和指导。韩兰胜教授对本书进行了审核把关，陈凯副教授、许贵平副教授、金燕副教授、黄志老师在校对与纠错方面提出了宝贵意见，范元海等多位研究生在稿件整理方面提供了帮助，在此，谨致以诚挚的谢意。另外，要特别感谢华中科技大学计算机学院崔国华教授在“计算方法”课程教学上多年的辛苦付出与无私奉献，以及对本书编写提供的全面指导与帮助，也以此书深切怀念崔国华老师。本书第 1 版在使用中收到了很多专家、高校教师、学生反馈的意见和建议，这些意见和建议对本书再版修订帮助甚大，也在此对他们表示谢意！同时，希望有更多读者对本书提出意见和建议，这将有利于我们在今后继续更新、完善本书。

作　者

目录

第1章　绪论

1.1　计算方法研究的对象和特点

现在的社会是一个高速发展的社会，大数据就是这个高科技时代的产物。大数据技术的高速发展，让我们每个人都在直接或者间接地享受这项技术带来的福利。随着大数据时代的开启，我们迎来一个更加智能化、数字化，也更加高效的新世界。大数据应用越来越广泛，其影响的行业也越来越多，同时大数据也帮助人们创造出更多价值。大数据时代背后的支撑技术是如何实现的呢？

大数据的价值需要执行计算机算法去发现，而这些算法就是数据分析算法，数据分析算法随着信息技术的发展不断变化。在计算机出现的早期，我们主要面临的是科学数值计算问题，随着科学技术的发展，数值计算问题越来越具有挑战性。在实际解决这些计算问题的过程中，形成了计算方法这门科学。计算方法专门研究各种数学问题的数值解法（近似解法），包括方法的构造和求解过程的理论分析。计算必须依靠计算工具进行，计算工具只是对具有一定数位的数进行加、减、乘、除四则运算，即使是现代化的电子数字计算机也是如此。因此，计算方法的主要研究内容是怎样把数字问题的求解运算都归结为对有限数位的数进行四则运算。这就产生了许多值得研究的问题，如怎样把关于连续变量的问题转化为离散变量的问题，这两种问题的解有多大差异呢？又如在计算的每一步中对数都不是做精确运算，那么在大量进行这种运算之后产生的差异又有多大呢？因此，计算方法是一门内容丰富、有自身理论体系的学科。

在大数据时代遇到的大量数据计算问题不是人工手算（包括使用算盘以及计算器一类简单的计算工具）所能胜任的。计算机的出现，以及计算机性能的不断提高，极大地促进了计算方法这门学科在理论和应用上的快速发展。目前计算机已成为数值计算的主要工具。随着科学技术的不断发展和计算方法的广泛应用，掌握计算方法的基本理论和方法对计算机使用者来说是非常必要的，只有掌握了各类数学问题的计算方法，才能更好地使用计算机，有效地解决实践中的各类数学问题。

计算方法是以数学问题与实际数据相关的工程问题为研究对象的，它既有纯数学的高度抽象性与严密科学性的特点，又有应用的广泛性与实际实验的高度技术性的特点，具体说，有如下四大特点。

（1）面向计算机。要根据计算机特点提供实际可行的有效算法，即算法只能包括加、减、乘、除运算和逻辑运算，需要是计算机能直接处理的。

（2）有可靠的理论分析。能任意逼近并达到精度要求，对近似算法要保证收敛性和数值稳定性，还要对误差进行分析，而且都是建立在相应数学理论基础上的。

（3）有好的计算复杂性。时间复杂性好是指节省时间，空间复杂性好是指节省存储量。这也是建立算法时要研究的问题，因为它关系到算法能否在计算机上完成。

（4）要有数值实验。即任何一种算法除了从理论上要满足上述三点，还要通过数值实验证明是行之有效的。

计算方法最基本的立足点是容许误差，在误差容许的范围内对某一数学问题进行近似计算，得到满足要求的近似结果。在进行近似计算时，常采用以下几种方法。

1．离散化方法

把求连续变量问题转化为求离散变量问题称为离散化。离散化是计算方法中基本的概念与方法之一。

因为计算机只能执行算术和逻辑运算，所以任何涉及连续变量的计算问题都需要经过离散化以后才能进行。

例 1.1 计算定积分。

$$I=\int_a^b f(x)\,\mathrm{d}x \tag{1.1}$$

解 这是一个连续性的数学问题，其几何意义是求曲边梯形的面积 S（见图 1.1），此问题在计算机上无法计算，可将此问题离散化，求出 S 的近似值。

（1）将区间 $[a,b]$ n 等分，$a=x_0<x_1<x_2<\cdots<x_n=b$，其中 $x_i=x_0+ih$，$i=1,2,\cdots,n$，$h=\dfrac{b-a}{n}$。

（2）对每个小区间 $[x_{i-1},x_i]$，$i=1,2,\cdots,n$，所对应的小曲边梯形的面积 S_i 用梯形面积近似替代（见图 1.2），即

$$S_i\approx\frac{h}{2}[f(x_{i-1})+f(x_i)]$$

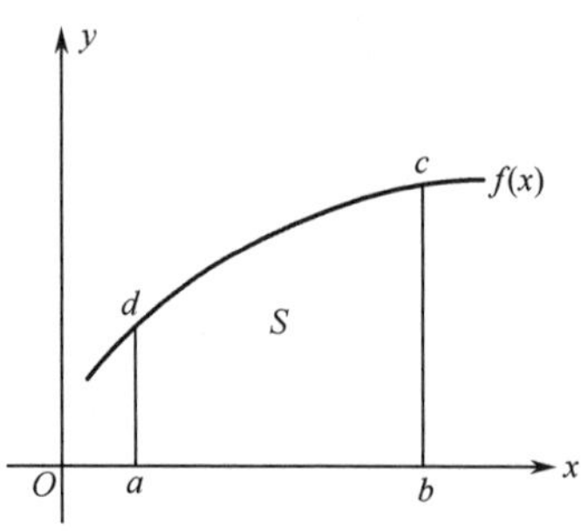

图 1.1 曲边梯形

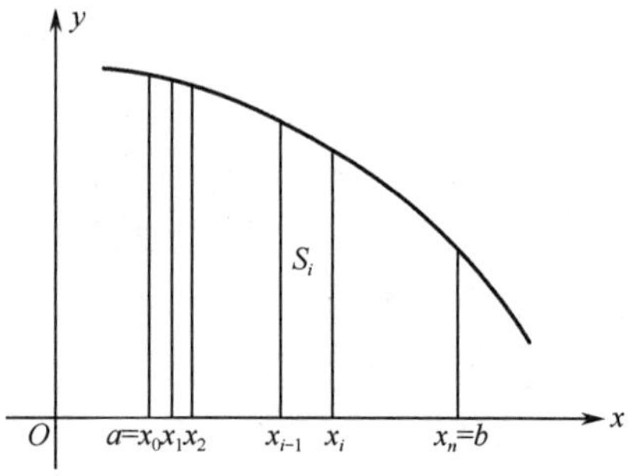

图 1.2 近似替代

（3）$S=\sum_{i=1}^{n}S_i\approx\frac{h}{2}\sum_{i=1}^{n}[f(x_{i-1})+f(x_i)]=\frac{h}{2}\left[f(a)+2\sum_{i=1}^{n-1}f(x_i)+f(b)\right]$

即

$$\int_a^b f(x)\,\mathrm{d}x\approx\frac{h}{2}\left[f(a)+2\sum_{i=1}^{n-1}f(x_i)+f(b)\right] \tag{1.2}$$

式（1.2）把定积分离散成求和运算，用式（1.2）的近似公式就可以求出式（1.1）的积

分了。运用所谓的离散化方法把一个连续性问题划为一个离散性问题，这在计算方法中对处理连续性问题是很关键的一步。在本书的各章内容中都会涉及。

2．递推化方法

递推化的基本思路就是将一个复杂的计算过程归纳为简单过程的多次重复。由于使用递推化方法便于编写计算机程序，所以计算方法中的许多数值方法常常采用递推化方法。

例 1.2　对于给定的 x，计算下面多项式的值。

$$p_n(x)=a_nx^n+a_{n-1}x^{n-1}+\cdots+a_1x+a_0$$

解　令 $u_0=a_n$，$u_1=u_0x+a_{n-1}=a_nx+a_{n-1}$，

$$u_2=u_1x+a_{n-2}=a_nx^2+a_{n-1}x+a_{n-2},$$

$$u_k=u_{k-1}x+a_{n-k}=a_nx^k+a_{n-1}x^{k-1}+\cdots+a_{n-k+1}x+a_{n-k},\quad k=0,1,2,\cdots,n$$

显然，$u_n=p_n$，因此，最终得到的 u_n 就是多项式 p_n 的值。

3．近似替代方法

许多数学问题的解不可能经过有限次算术运算计算出来。例如，要计算任意函数的积分、求非线性方程的根、求一般微分方程的解等。而计算机运算必须在有限次后停止，所以在计算方法中，必须把无限过程的数学问题转化为满足一定误差要求的有限步完成。对于这类问题，计算方法常采用近似替代的方法，也就是把不能用有限次运算求解的问题，转化为比较简单的可以用有限次运算求解的问题，用这种简化问题的解，作为原来问题的近似解。

例 1.3　计算无理数 e 的近似值。

解　对于函数 $f(x)=\mathrm{e}^x$，在 $x=0$ 处用泰勒（Taylor）公式展开，得

$$\mathrm{e}^x=1+x+\frac{x^2}{2!}+\cdots+\frac{x^n}{n!}+\cdots$$

取 $x=1$ 得

$$\mathrm{e}=1+1+\frac{1}{2!}+\cdots+\frac{1}{n!}+\cdots$$

这是一个无限过程，无法进行实际计算。根据近似替代方法，有

$$\mathrm{e}\approx1+1+\frac{1}{2!}+\cdots+\frac{1}{n!}$$

再用泰勒公式的余项进行误差估计。因为

$$R_n(x)=\mathrm{e}^x-\left(1+x+\frac{x^2}{2!}+\ldots+\frac{x^n}{n!}\right)=\frac{f_{(\xi)}^{(n+1)}}{(n+1)!}x^{n+1},\quad \xi\in(0,1)$$

所以误差

$$|R_n(1)|\leqslant\frac{\mathrm{e}}{(n+1)!}<\frac{3}{(n+1)!}$$

在进行近似替代时，一定要进行误差分析，由例 1.3 可以看出，由误差分析可以确定所取的有限项数 n，使得近似值达到所需的精度要求。

在学习计算方法这门课程时，首先应根据计算方法的特点，注意掌握方法的基本原理和思路，要注意方法处理的技巧及其与计算机的结合，要重视误差分析、收敛性及稳定性的基

本理论；其次要通过例题，学习各种计算方法，解决实际计算问题；最后，为了掌握本课程的内容，还应做一定数量的理论分析与计算练习。由于本课程内容包括了代数、微积分、常微分方程的数值方法，因此，读者必须掌握上述课程的基本内容。

1.2 计算方法的误差

一个物理量的真实值（即精确值）和计算出来的值往往存在差异，它们的差异称为误差。许多计算方法给出的解答仅仅是所要求的真解的某种近似，因此研究计算方法必须注重误差分析，分析误差的来源和误差的传播情况，最后给出合理的误差估计。

1.2.1 误差的来源与分类

误差的来源与分类是多方面的，但主要有以下几方面。

1．模型误差

用数学模型描述实际问题时，往往是抓住主要因素，将实际问题理想化以后，才进行数学概括的。这种描述，虽然相当好地反映了实际情况，但也有误差，这种建立数学模型时的误差称为模型误差。

例 1.4 一个物体的重量 G 与其质量 m 和重力加速度 g 的关系为 $G = mg$，在千克·米·秒（kg·m·s）制中 $g \approx 9.81\text{m/s}^2$，由此建立了重量的数学模型

$$G = 9.81m$$

由于 g 与海拔高度、温度、磁场、地貌结构等诸多因素有关，在不同的时间和不同的测试地点 g 的大小不同。因此，上述模型是一个近似模型，它存在误差，此误差也就是模型误差。

2．观测误差

数值问题的原始数据一般由观测或实验获得。而观测的结果和这些数量的实际大小总有误差。这种误差称为观测误差。

例如，在测量一个物体的长度时，由于任何量具的刻度都有宽度，世上没有绝对精确的量具，同时，在观测测量结果时通常也有误差，因此所测得的物体长度是近似的，即存在观测误差。

3．截断误差

实际计算只能用有限次运算来完成，理论上的精确值往往要求用无限的过程才能求出。例如，指数函数 e^x 可展开为幂级数形式

$$e^x = 1 + x + \frac{x^2}{2!} + \cdots + \frac{x^n}{n!} + \cdots$$

但用计算机求值时，不能直接得出右端无穷多项的和，而只能截取有限项求出

$$S_n(x) = 1 + x + \frac{x^2}{2!} + \cdots + \frac{x^n}{n!}$$

计算部分和 $S_n(x)$ 作为 e^x 的值必然会有误差，据泰勒余项定理，其截断误差为

$$e^x - S_n(x) = \frac{x^{n+1}}{(n+1)!}e^{\theta x},\quad 0<\theta<1$$

这种误差称为截断误差。

4．舍入误差

在进行计算时，要求参与计算的数的长度有限，否则计算无法进行。在利用计算机进行计算时，由于计算机字长有限，因此也要求数的长度有限。在实际计算中，大量的数的长度是无限的，如无理数、除不尽的分数等，因此必须用与它们比较接近的数来表示它们，由此产生的误差称为舍入误差。

例 1.5　$\pi=3.1415926\cdots$，$\sqrt{2}=1.41421356\cdots$，$\frac{1}{3}=0.33333\cdots$。在计算机上运行时只能用有限位小数，如取小数点后 4 位数字，则

$$P_1 = 3.1416-\pi = +0.0000074\cdots$$

$$P_2 = 3.4142-\sqrt{2} = -0.000013\cdots$$

$$P_3 = 0.3333-\frac{1}{3} = -0.00003\cdots$$

就是舍入误差。

例 1.6　设一根铝棒在温度 t 时的实际长度为 L_t，在 $t=0$ 时的实际长度为 L_0，用 l_t 来表示铝棒在温度 t 时的长度计算值，并建立一个数学模型如下

$$l_t = L_0(1+at)$$

其中 a 是由实验观测到的常数

$$a=(0.0000238\pm 0.0000001)1/C$$

则称 $L_t - l_t$ 为模型误差。$0.0000001/C$ 是 a 的观测误差。

例 1.7　下面的公式描述了自由落体时，物体下落的距离和时间的关系。

$$S(t)=\frac{1}{2}gt^2,\quad g\approx 9.81\text{m/s}^2$$

设自由落体在时间 t 的实际下落距离为 $\widetilde{S_t}$，则 $S(t)-\widetilde{S_t}$ 称为模型误差。

例 1.8　一个无穷级数，如

$$\sum_{k=0}^{\infty}\frac{1}{k!}f^{(k)}(x_0)$$

在实际计算时，只能取前面有限项（如 n 项）来代替，例如

$$\sum_{k=0}^{n-1}\frac{1}{k!}f^{(k)}(x_0)$$

这就抛弃了无穷级数的后半段，因此出现了误差，这种误差就是一种截断误差。截断误差为

$$\sum_{k=0}^{\infty}\frac{1}{k!}f^{(k)}(x_0)-\sum_{k=0}^{n-1}\frac{1}{k!}f^{(k)}(x_0)=\sum_{k=n}^{\infty}\frac{1}{k!}f^{(k)}(x_0)$$

观察误差和原始数据的舍入误差的来源有所不同，但对计算结果的影响完全一样。同时，数学描述和实际问题之间的误差，往往是计算工作者不能独立解决的，甚至是待研究的课题。

基于这些原因，在计算方法课程中所涉及的误差，一般是指舍入误差（包括初始数据的误差）和截断误差。本书将讨论它们在计算过程中的传播和对计算结果的影响；研究控制其影响，以保证最终计算结果有足够的精度；选择既能使解决数值问题的算法简便、有效，又能使最终结果准确可靠的方法。

1.2.2 误差与有效数字

为了衡量近似值的精确程度，下面引入一些有关的基本概念。

【定义 1.1】 假设某一量的精确值为x，其近似值为x^*，则x^*与x的差

$$\varepsilon(x)=x^*-x$$

称为x^*的绝对误差，简称误差。

$\varepsilon(x)$的大小标志着x^*的精确度。一般在同一量的不同近似值中，$\varepsilon(x)$越小，x^*的精确度越高。

由于准确值x一般不能算出，故绝对误差$\varepsilon(x)$的准确值也不能求出，但根据具体测量或计算的情况，可事先估计出它的大小范围，由此产生误差限的概念。

【定义 1.2】 假设精确值x的近似值为x^*，若存在一个正数η，使

$$\varepsilon(x)=|x^*-x|\leqslant\eta$$

则称η为近似值x^*的绝对误差限，即为误差绝对值的“上界”，简称x^*的误差限。显然有

$$x^*-\eta\leqslant x\leqslant x^*+\eta$$

有时也可用

$$x=x^*\pm\eta$$

表示近似值的精度或准确值的所在范围。

误差限具有可确定和不唯一两个特性，由于计算者在估计其计算结果的误差限η时，都会尽量地将η估计得小一些，因此，对于同一量的不同近似值，η越小，则近似值越精确。

对于不同量的近似值，误差限的大小还不能完全反映近似值的近似程度，还必须考虑精确值的大小，即问题的规模。例如，若$x=10\pm1$，$y=1000\pm5$，则

$$x^*=10,\quad y^*=1000,\quad \varepsilon_x=1,\quad \varepsilon_y=5$$

显然$\varepsilon_y=5\varepsilon_x$，即$y^*$的误差限是$x^*$的误差限的5倍，但是$\varepsilon_y/y^*=5/1000$，$\varepsilon_x/x^*=1/10$，$x^*$的误差范围为$10\%$，而$y^*$的误差范围则不超过$5\%$，显然$y^*$对于$y$的近似程度远比$x^*$对于$x$的近似程度好。所以，把近似数的误差与准确值的比值定义为“相对误差”，记作ε_r。

【定义 1.3】 记

$$\varepsilon_r=\frac{\varepsilon}{x}=\frac{x^*-x}{x}$$

为近似数x^*的相对误差。在实际计算中，由于准确值x总是不知道的，所以也把

$$\varepsilon_r=\frac{\varepsilon}{x^*}=\frac{x^*-x}{x^*}$$

记为近似数x^*的相对误差，条件是$|\varepsilon_r|$比较小。

与前面引入的误差一样，相对误差可为正，也可为负，我们把相对误差绝对值的上界称

为相对误差限，记作

$$\varepsilon_r = \frac{\eta}{|x^*|}$$

其中 η 是 x^* 的误差限。

例 1.9　光速 $c = (2.997925 \pm 0.000001) \times 10^{10}\,\text{cm/s}$，这时 $c^* = 2.997925 \times 10^{10}\,\text{cm/s}$ 的相对误差限是

$$\varepsilon_r = \frac{0.000001}{2.997925} \approx 0.0000003$$

c^* 是 c 的很好的近似值。

例 1.10　用一把有毫米刻度的米尺来测量桌子的长度，读出长度 $x^* = 1235\text{mm}$，这是桌子实际长度 x 的一个近似值，由米尺的精度知道，这个近似值的误差不会超过 0.5mm，则有

$$|x^* - x| = |1235 - x| \leqslant 0.5\text{mm}$$

即

$$1234.5 \leqslant x \leqslant 1235.5$$

这表明 x 在 (1234.5,1235.5) 这个区间内，写成

$$x = (1235 \pm 0.5)\text{mm}$$

例 1.11　光速 c 的近似值目前公认是

$$c^* = 2.997925 \times 10^{10}\,\text{cm/s}$$

通常记为

$$c = (2.997925 \pm 0.000001) \times 10^{10}\,\text{cm/s}$$

为了可以从近似值的有限位小数的本身知道近似值的精度，现引入有效数字概念。

【定义 1.4】 若近似值 x^* 的绝对误差限是某一位上的半个单位，且该位直到 x^* 的第一位非零数字一共有 n 位，则称近似值 x^* 有 n 位有效数字，或称 x^* 精确到该位。

判定近似值有效数字的位数通常采用四舍五入的方法。例如，对于近似值 x^*，首先确定 x^* 是由精确值的哪一位四舍五入产生的，那么称 x^* 精确到这一位的前一位，并且从近一位开始，一直到前面第一个不等于 0 的数都是 x^* 的有效数字。

例 1.12　设 $\pi = 3.1415926\cdots$，$x_1^* = 3$，$x_2^* = 3.1$，$x_3^* = 3.14$，$x_4^* = 3.142$，问 $x_1^*, x_2^*, x_3^*, x_4^*$ 分别有几位有效数字？

解　因为 $x_1^*, x_2^*, x_3^*, x_4^*$ 分别是对 π 在小数点后第 1,2,3,4 位进行四舍五入而产生的，因此它们分别精确到个位、0.1 位、0.01 位、0.001 位，所以它们分别有 1 位至 4 位有效数字。

例 1.13　设近似值 $x^* = 0.08072$，它对应的精确值 $x = 0.0807164$，问 x^* 有几位有效数字？

解　因为 x^* 是通过 x 在小数点后第 6 位四舍五入产生的，因此 x^* 精确到 10^{-5} 位，由此推出 x^* 有 4 位有效数字。

用四舍五入的原则确定近似值的有效数字的方法比较简单，但是，如果近似值不是由四舍五入产生的，那么上述方法就失效了，这时可利用有效数字的定义来确定近似值的有效数字。

例 1.14 设近似值 $y^* = 0.002101$，它对应的精确值 $y = 0.002018$，问 y^* 有几位有效数字？

解 y^* 的绝对误差 $|y^* - y| = 0.000083 \leqslant \frac{1}{2} \times 10^{-3}$，所以 y^* 的绝对误差限等于 10^{-3} 位的半个单位，由此推出 y^* 有 1 位有效数字。

例 1.15 设 $x = 4.26972$，那么

取 2 位，$x_1^* = 4.3$，有效数字为 2 位；

取 3 位，$x_2^* = 4.27$，有效数字为 3 位；

取 4 位，$x_3^* = 4.270$，有效数字为 4 位；

取 5 位，$x_4^* = 4.2697$，有效数字为 5 位。

值得注意的是，近似值后面的零不能随便省去。例如，2.18 和 2.1800，前者精确到 0.01，有 3 位有效数字；而后者精确到 0.0001，有 5 位有效数字。可见，它们的近似程度完全不同。

如果将 x 的近似值 x^* 表示为

$$x^* = \pm 0.a_1 a_2 \cdots a_n \times 10^m$$

其中，$a_1, a_2, \cdots, a_n$ 是 0～9 之间的自然数，$a_1 \neq 0$，那么若

$$|x^* - x| \leqslant \frac{1}{2} \times 10^{m-l}, \quad 1 \leqslant l \leqslant n$$

则根据有效数字的定义可以推出 x^* 有 l 位有效数字。

从这里可以看出误差限和有效数字位之间的关系，并可以通过有效数字位来判断误差限。

例 1.16 若 $x^* = 3587.64$ 是 x 的具有 6 位有效数字的近似值，则它的误差限是

$$|x^* - x| \leqslant \frac{1}{2} \times 10^{4-6} = \frac{1}{2} \times 10^{-2}$$

若 $x^* = 0.0023156$ 是 x 的具有 5 位有效数字的近似值，则它的误差限是

$$|x^* - x| \leqslant \frac{1}{2} \times 10^{-2-5} = \frac{1}{2} \times 10^{-7}$$

1.2.3 有效数字与相对误差限的关系

下面两个定理给出了怎样由近似值的有效数字位数求其相对误差限，以及怎样由相对误差限求近似值的有效数字位数。

【定理 1.1】 设近似值 $x^* = \pm 0.a_1 a_2 \cdots a_n \times 10^m$，其有 n 位有效数字，$a_1 \neq 0$，则其相对误差限为 $\frac{1}{2a_1} \times 10^{-n+1}$。

证明 由于 x^* 有 n 位有效数字

$$|x^* - x| \leqslant \frac{1}{2} \times 10^{m-n}$$

而

$$|x^*| \geqslant a_1 \times 10^{m-1}$$

故有

$$\frac{|x^* - x|}{|x^*|} \leqslant \frac{\frac{1}{2} \times 10^{m-n}}{a_1 \times 10^{m-1}} = \frac{1}{2a_1} \times 10^{-n+1}$$

【定理 1.2】 设近似值 $x^* = \pm 0.a_1 a_2 \cdots a_n \times 10^m$ 的相对误差限为 $\frac{1}{2(a_1+1)} \times 10^{-n+1}$，$a_1 \neq 0$，则它有 n 位有效数字。

证明 由于

$$|x^*| \leqslant (a_1 + 1) \times 10^{m-1}$$

故按题设有

$$\begin{aligned} |x^* - x| &= \frac{|x^* - x|}{|x^*|} \cdot |x^*| \\ &\leqslant \frac{1}{2(a_1+1)} \times 10^{-n+1} \times (a_1 + 1) \times 10^{m-1} \\ &= \frac{1}{2} \times 10^{m-n} \end{aligned}$$

因此 x^* 有 n 位有效数字。

例 1.17 用 $x^* = 2.72$ 来表示 e 的具有 3 位有效数字的近似值，则相对误差限是

$$\varepsilon_r \leqslant \frac{1}{2a_1} \times 10^{1-3} = \frac{1}{2 \times 2} \times 10^{-2} = \frac{1}{4} \times 10^{-2}$$

例 1.18 使 $\sqrt{20}$ 的近似值的相对误差限小于 0.1%，要取几位有效数字？

解 根据定理 1.1，$\varepsilon_r \leqslant \frac{1}{2a_1} \times 10^{-n+1}$。由于 $\sqrt{20} = 4.4\cdots$，已知 $a_1 = 4$，故只要取 $n = 4$，就有

$$\varepsilon_r \leqslant 0.125 \times 10^{-3} < 10^{-3} = 0.1\%$$

即只要对 $\sqrt{20}$ 的近似值取 4 位有效数字，其相对误差限就小于 0.1%。此时由开方表得 $\sqrt{20} \approx 4.472$。

1.2.4 数值运算的误差估计

加法和减法的误差估计如下。

设 x^* 是 x 的近似值，y^* 是 y 的近似值，$x^* \pm y^*$ 表示 $x \pm y$ 的近似值，则它的误差为

$$(x^* \pm y^*) - (x \pm y) = (x^* - x) \pm (y^* - y) \tag{1.3}$$

式（1.3）说明**和的误差是误差之和，差的误差是误差之差**。但是因为

$$|(x^* \pm y^*) - (x \pm y)| \leqslant |x^* - x| + |y^* - y| \tag{1.4}$$

所以误差限之和是和或差的误差限。以上的结论适用于任意多个近似数的和或差。任意多个数的和或差的误差限等于各数的误差限之和。

若 x 与 y 相乘的精确值和近似值分别记为 xy 和 $x^* y^*$，设 $\eta(x^*)$ 和 $\eta(y^*)$ 分别表示 x^* 和 y^* 的误差限，$\varepsilon(x^*)$ 和 $\varepsilon(y^*)$ 分别表示 x^* 和 y^* 的误差，如此便有

$$
\begin{aligned}
&|x^*y^* - xy| \\
&= |x^*y^* - (x^* + x - x^*)(y^* + y - y^*)| \\
&= |x^*y^* - (x^* - \varepsilon(x^*))(y^* - \varepsilon(y^*))| \\
&= |x^*y^* - x^*y^* + x^*\varepsilon(y^*) + y^*\varepsilon(x^*) - \varepsilon(x^*)\varepsilon(y^*)| \\
&\leqslant |x^*|\eta(y^*) + |y^*|\eta(x^*) + \eta(x^*)\eta(y^*)
\end{aligned}
$$

若$\eta(y^*) \ll |y^*|$，$\eta(x^*) \ll |x^*|$，则可略去$\eta(x^*)\eta(y^*)$，而得

$$|x^*y^* - xy| \leqslant |x^*|\eta(y^*) + |y^*|\eta(x^*)$$

设 y 和 y^* 均不等于 0，则对除法的绝对误差限可推导如下

$$
\begin{aligned}
\left|\frac{x^*}{y^*} - \frac{x}{y}\right| &= \left|\frac{x^*}{y^*} - \frac{x^* - \varepsilon(x^*)}{y^* - \varepsilon(y^*)}\right| \\
&= \left|\frac{x^*y^* - x^*\varepsilon(y^*) - x^*y^* + y^*\varepsilon(x^*)}{y^*(y^* - \varepsilon(y^*))}\right| \\
&\leqslant \frac{|x^*||\varepsilon(y^*)| + |y^*||\varepsilon(x^*)|}{|y^*|^2(1 - |\varepsilon(y^*)|/|y^*|)} \\
&\leqslant \frac{|x^*|\eta(y^*) + |y^*|\eta(x^*)}{|y^*|^2(1 - \eta(y^*)/|y^*|)}
\end{aligned}
$$

若$\eta(y^*) \ll |y^*|$，则可略去分母中的$\eta(y^*)/|y^*|$，于是得近似不等式

$$\left|\frac{x^*}{y^*} - \frac{x}{y}\right| \leqslant \frac{|x^*|\eta(y^*) + |y^*|\eta(x^*)}{|y^*|^2}$$

归纳上述结果，可得算术运算中绝对误差限估计公式如下：

$$\eta(x^* + y^*) = \eta(x^*) + \eta(y^*)$$

$$\eta(x^* - y^*) = \eta(x^*) + \eta(y^*)$$

$$\eta(x^*y^*) \approx |x^*|\eta(y^*) + |y^*|\eta(x^*)$$

$$\eta\left(\frac{x^*}{y^*}\right) \approx \frac{|x^*|\eta(y^*) + |y^*|\eta(x^*)}{|y^*|^2} \qquad y \neq 0,\ y^* \neq 0$$

其中$\eta(x^* + y^*)$，$\eta(x^* - y^*)$，$\eta(x^*y^*)$，$\eta(x^*/y^*)$分别表示近似数 x^* 和 y^* 的和、差、积、商的绝对误差限。

例 1.19 设近似值 x_1^* 的误差为 0.81，x_2^* 的误差为-0.04，求 $x_1^* + x_2^*$，$x_1^* - x_2^*$ 的误差及其误差限。

解 $x_1^* + x_2^*$ 的误差$= 0.81 + (-0.04) = 0.77$

$x_1^* - x_2^*$ 的误差$= 0.81 - (-0.04) = 0.85$

因为 x^* 和 y^* 的误差限分别为 0.81 和 0.04，所以 $x_1^* + x_2^*$ 和 $x_1^* - x_2^*$ 的误差限都是 0.81+0.04=0.85。

例 1.20 假设数 a_i^* 和 b_i^* 分别为 a_i 和 b_i 的近似数，$i = 1, 2, \cdots, n$，其具有相同的绝对误差限ε，求$\sum_{i=1}^{n} a_i^* b_i^*$的绝对误差限。

解　由于对 $i=1,2,\cdots,n$ 有

$$\eta(a_i^*b_i^*)\approx|a_i^*|\eta(b_i^*)+|b_i^*|\eta(a_i^*)$$
$$\leqslant(|a_i^*|+|b_i^*|)\varepsilon$$

因此

$$\eta\left(\sum_{i=1}^{n}a_i^*b_i^*\right)\leqslant\varepsilon\sum_{i=1}^{n}(|a_i^*|+|b_i^*|)$$

例 1.21　下列各数都是经过四舍五入得到的近似数，试指出它们的有效数字位数，并确定 $x_1^*+x_2^*$ 和 $x_1^*\cdot x_2^*$ 的误差限。

$$x_1^*=0.874,\quad x_2^*=0.0215$$

解　因为 $x^*=0.874$ 是由四舍五入确定的，所以其精确到小数点后第 3 位，因此有 3 位有效数字。类似地，可推出 x_2^* 有 3 位有效数字，并由此推出

$$\eta(x_1^*)=\frac{1}{2}\times10^{-3},\quad \eta(x_2^*)=\frac{1}{2}\times10^{-4}$$

所以

$$\eta(x_1^*+x_2^*)=\eta(x_1^*)+\eta(x_2^*)=\frac{1}{2}\times10^{-3}+\frac{1}{2}\times10^{-4}=0.55\times10^{-3}$$

$$\eta(x_1^*\cdot x_2^*)\approx|x_1^*|\cdot\eta(x_2^*)+|x_2^*|\cdot\eta(x_1^*)=0.874\times\frac{1}{2}\times10^{-4}+0.0215\times\frac{1}{2}\times10^{-3}$$
$$=0.5445\times10^{-4}$$

例 1.22　$x^*=3.56$，$y^*=0.8724$，若二者都是由四舍五入得到的近似值，问 x^*+y^*，x^*-y^*，$x^*\cdot y^*$ 各有几位有效数字？

解　此题的解题思路是：首先求出 x^*+y^*，x^*-y^*，$x^*\cdot y^*$ 的误差限，然后根据有效数字的定义求出它们的有效数字位数。

因为 x^* 和 y^* 是由四舍五入得到的，所以它们的有效数字位数分别为 3 和 4，即分别精确到 10^{-2} 和 10^{-4} 位。所以

$$\eta(x^*)=\frac{1}{2}\times10^{-2},\quad \eta(y^*)=\frac{1}{2}\times10^{-4}$$
$$\eta(x^*+y^*)=\eta(x^*)+\eta(y^*)=0.00505$$
$$\eta(x^*-y^*)=\eta(x^*)+\eta(y^*)=0.00505$$
$$\eta(x^*\cdot y^*)\approx|x^*|\eta(y^*)+|y^*|\eta(x^*)=1.78\times10^{-4}+4.362\times10^{-3}=4.54\times10^{-3}$$

所以 $|(x^*+y^*)-(x+y)|\leqslant\frac{1}{2}\times10^{-1}$

$$|(x^*-y^*)-(x-y)|\leqslant\frac{1}{2}\times10^{-1}$$

$$|(x^*\cdot y^*)-x\cdot y|\leqslant\frac{1}{2}\times10^{-2}$$

因为 x^*+y^*，x^*-y^*，$x^*\cdot y^*$ 的第 1 个不等于零的数所在的位分别是个位、个位和个位，所以 x^*+y^*，x^*-y^*，$x^*\cdot y^*$ 的有效数字位数分别是 2、2 和 3。

1.3 避免误差需要遵循的原则与注意的问题

1.3.1 遵循的原则

在进行运算时，应遵循下述原则。

1．加、减运算

近似数进行加、减运算时，会把其中小数位数较多的数四舍五入，使其比小数位数最少的数多一位小数，计算结果保留的小数位数与原近似数中小数位数最少者相同。

例如，$x = 2.718$，$y = 3.40823$，则

$$x + y \approx 2.718 + 3.4082 \approx 6.126$$
$$x - y \approx 2.718 - 3.4082 \approx -0.690$$

2．乘、除运算

近似数进行乘、除运算时，各因子保留的位数应比有效数字位数最少者的位数多一位，所得结果的有效数字位数与原近似值中有效数字位数最少者的位数至多少一位。

例如，$x = 2.501$，$y = 1.2$，则

$$xy \approx 2.50 \times 1.2 \approx 3.0$$
$$x/y \approx 2.50 / 1.2 \approx 2.1$$

3．乘方与开方运算

近似数进行乘方与开方运算时，原来近似值有几位有效数字，计算结果仍保留几位有效数字。

例如，$x = 1.2$，则

$$x^2 \approx 1.4$$
$$\sqrt{x} \approx 1.1$$

4．对数运算

近似数进行对数运算时，所取对数的位数应与其真数的有效数字的位数相等。

例如，$\lg 2.718 \approx 0.4343$，则

$$\lg 0.0618 \approx \overline{2}.791 \approx -1.21$$

在进行实际计算过程中，中间的计算结果应比上述各法则所提及的位数多取一位，在进行最后一次计算时这一位要舍入。另外，若计算结果是由加、减法求得的，则原始数据的小数位数应比计算结果所要求的多一位；若计算结果是由乘、除、开方、乘方求得的，则原始数据的有效数字位数应比计算结果所要求的位数多一位。

任何计算方法只有通过使用，并可在计算机上很快地算出可靠结果时，才显示出它的实用价值。因此，在设计计算法时应考虑以下几点：

（1）计算量小或计算时间少；

（2）算出的数值解精度高；

（3）在计算过程中，占用计算机的存储单元和工作单元少。

上述（1）（3）两点将在“算法与设计”课程中详细讨论。

1.3.2　注意的问题

为保证计算结果的高精度，在设计算法时应尽量避免下述情况的发生。

1. 避免两个相近的数相减

在数值计算中，两个相近的数相减时有效数字会损失。例如，求下式的值。

$$y=\sqrt{x+1}-\sqrt{x}$$

当 $x=1000$ 时，取 4 位有效数字计算得

$$\sqrt{x+1}=31.64，\ \sqrt{x}=31.62$$

两者直接相减得

$$y=0.02$$

这个结果只有 1 位有效数字，损失了 3 位有效数字，从而绝对误差和相对误差都变得很大，严重影响计算结果的精度。因此我们必须尽量避免出现这种运算，当遇到这种运算时，最好改变计算公式。

例如，若把算式处理成

$$y=\sqrt{x+1}-\sqrt{x}=\frac{1}{\sqrt{x+1}+\sqrt{x}}$$

按此式可求得 $y=0.01581$，则 y 有 4 位有效数字，可见改变计算公式，可以避免两相近数相减引起的有效数字损失，从而得到较精确的结果。

类似地，如

$$\ln x-\ln y=\ln\frac{x}{y}$$

$$\sin(x+\varepsilon)-\sin x=2\cos\left(x+\frac{\varepsilon}{2}\right)\sin\frac{\varepsilon}{2}\quad（当 \varepsilon 很小时）$$

当 x 和 y 很接近时，采用等号右边的算法，有效数字就不会损失。

2. 避免除数绝对值远远小于被除数绝对值的除法

用绝对值小的数作为除数，舍入误差会增大，而且当很小的数稍有一点误差时，对计算结果影响会很大。

$$\frac{2.7182}{0.001}=2718.2$$

如果分母变为 0.0011，即当分母只有 0.0001 的变化时，有

$$\frac{2.7182}{0.0011}=2471.1$$

计算结果却有很大变化。

3. 要防止大数“吃掉”小数

在数值运算中参加运算的数有时数量级相差很大，而计算机位数有限，如不注意运算次序就可能出现大数“吃掉”小数的现象，影响计算结果的可靠性。

例如，在 5 位 10 进制计算机上，计算

$$A = 52492 + \sum_{i=1}^{1000} \delta_i$$

其中，$0.1 \leqslant \delta_i \leqslant 0.9$，把运算的数写成规格化形式

$$A = 0.52492 \times 10^5 + \sum_{i=1}^{1000} \delta_i$$

由于在计算机内计算时要对阶，若取 $\delta_i = 0.9$，对阶时 $\delta_i = 0.000009 \times 10^5$，在 5 位的计算机中表示为机器 0，因此，

$$A = 0.52492 \times 10^5 + 0.000009 \times 10^5 + \cdots + 0.000009 \times 10^5$$

$$\triangleq 0.52492 \times 10^5 \text{（符号} \triangleq \text{表示机器中相等）}$$

结果显然不可靠，这是由于运算中出现了大数 52492“吃掉”了小数 δ_i 造成的。如果计算时先把数量级相同的 1000 个 δ_i 相加，再加 52492，就不会出现大数“吃掉”小数的现象，这时，

$$0.1 \times 10^3 \leqslant \sum_{i=1}^{1000} \delta_i \leqslant 0.9 \times 10^5$$

于是

$$0.001 \times 10^5 + 0.52492 \times 10^5 \leqslant A$$

$$\leqslant 0.009 \times 10^5 + 0.52492 \times 10^5$$

例 1.23 计算二次方程

$$x^2 - (10^9 + 1)x + 10^9 = 0$$

的根。用大家熟悉的因式分解，容易得到方程的两个根为 $x_1 = 10^9$，$x_2 = 1$。

解 如果用只能将数表达到小数点后 8 位的一种计算机，按二次方程求根的公式编制程序进行计算，则

$$x_{1,2} = \frac{-b \pm \sqrt{b^2 - 4ac}}{2a}$$

其中，$-b = 10^9 + 1 = 0.1 \times 10^{10} + 0.0000000001 \times 10^{10}$。而计算机上只能表达到小数点后 8 位，故 $0.0000000001 \times 10^{10}$ 在上面的运算中将不起作用，因此 $-b = 0.1 \times 10^{10} = 10^9$，类似分析将有

$$b^2 - 4ac \approx b^2, \quad \sqrt{b^2 - 4ac} \approx |b|$$

故求得的两个根是

$$x_1 \approx 10^9, \quad x_2 \approx 0$$

为什么计算的结果与前面因式分解的结果不同呢？这是因为用计算机计算时，进行加、减法要“对阶”，对阶的结果大数“吃掉”了小数。

4. 计算要讲效率，要尽可能减少运算次数

对于加、减法和乘法而言，虽然其运算简单，但是次数多了，有时误差也会积累，同时，次数多了，在机器上运算的时间就长。因此减少运算次数，可以节约算题的费用。

例如，求 x^{16}，若看成 16 个 x 相乘就要做 15 次乘法。但是如果写成 $x^{16}=(((x^2)^2)^2)^2$，就只用做 4 次乘法。

小结

本章论述了误差及其有关理论，它是计算方法的基础。读者应重点掌握：

（1）误差、误差限、相对误差、相对误差限和有效数字等基本概念；

（2）有效数字位数的三种判定方法；

（3）有效数字与相对误差限的关系；

（4）算术运算中误差限的估计公式；

（5）近似计算中应注意的一些原则。

习题

1-1 下列各数都是经四舍五入后得到的近似数，试指出它们是具有几位有效数字的近似数，并确定 $x_1^*+x_2^*+x_3^*$ 和 $x_1^*x_2^*x_3^*$ 的误差限。

$$x_1^*=1.1021,\quad x_2^*=0.031,\quad x_3^*=385.6$$

1-2 已测得某场地长 L 的 $L^*=110\text{m}$，宽 d 的 $d^*=80\text{m}$，已知 $|L-L^*|\leqslant 0.2\text{m}$，$|d-d^*|\leqslant 0.1\text{m}$，试求面积 $S=Ld$ 的绝对误差限和相对误差限。

1-3 若 $a^*=1.1062$，$b^*=0.947$ 都是经四舍五入后得到的近似值，问 a^*+b^*，a^*b^* 各有几位有效数字？

1-4 设 $x=4.26972$，求 x 的具有 i 位有效数字的近似值，其中 $i=2,3,4,5$。

1-5 求 x，使 3.141 和 3.142 作为 x 的近似值都具有 4 位有效数字。

1-6 计算 $\dfrac{1}{662}-\dfrac{1}{663}$（保留 4 位有效数字）。

1-7 计算球体积，要求相对误差限为 1%，问度量半径为 R 时允许的相对误差限是多少？

1-8 求方程 $x^2-18x+1=0$ 的根（保留 4 位有效数字），其中 $\sqrt{80}\approx 0.8944\times 10$。

1-9 计算 $t=\sqrt{3.10}-\sqrt{3}$，保留 5 位有效数字。

1-10 计算 $a=(\sqrt{2}-1)^6$，取 $\sqrt{2}=1.4$，采用下列方式计算，并试分析哪种更好？

（1）$99-70\sqrt{2}$

（2）$(3-2\sqrt{2})^3$

（3）$\dfrac{1}{(3+2\sqrt{2})^3}$

第2章　非线性方程的数值解法

科学研究及生产实践中的许多问题常常归结为解一元函数方程 $f(x)=0$。对于此类方程，根即使存在，也往往不能用公式表示，或者求出了根的表达式，却因为比较复杂而难以用它来计算根的近似值。所以，当根存在时，研究求根的计算方法很有必要。使用计算方法求根是直接从方程出发，逐步缩小根的存在区间，或者把根的近似值逐步精确化，使之满足一些实际问题的需要。为了简明起见，本章只讨论求实根近似值的常用方法。

非线性方程求解在计算机领域有很多直接应用，如智能推荐技术中广泛应用的概率矩阵分解（PMF）算法，就需要进行非线性方程的数值求解。在计算用户和产品的特征向量时，需要用到梯度下降的计算方法。在大数据时代，为了提高模型运行效率，需要使用相关算法进行改进，如期望最大化（EM）算法，其实就是对非线性方程迭代求解的过程。智能推荐在很多场景有具体的应用，如今日头条、在线学习个性化推荐、在线商品个性化推荐、广告精准投放等。非线性方程求解迭代算法思想被广泛应用于神经网络的优化学习过程，如神经网络中学习算法之一的牛顿法。该算法使用了黑塞矩阵（Hessian Matrix）求权重的二阶偏导数，以此寻找更好的训练方向。为解决牛顿法计算量巨大的缺点，不会直接计算黑塞矩阵并求其矩阵的逆，而是在每次迭代时计算一个矩阵，其逼近黑塞矩阵的逆，该逼近值只使用损失函数的一阶偏导来计算，并称此算法为拟牛顿法（Quasi-Newton Method）。

对于函数方程，具体求根一般分为两步。首先确定根的某个初始近似值，即所谓初始近似根，然后再将初始近似根逐步加工成满足精度要求的结果。为此，需要有两个条件：

（1）初始近似根 x_0；

（2）由近似值 x_k 获得近似值 x_{k+1} 的方法或公式。

2.1　根的隔离与二分法

2.1.1　根的隔离

求方程 $f(x)=0$ 的根，首先要知道根所在的区域。如果知道了根所在的区域，也就求得了根的近似值，这就是根的隔离。对于求一个实方程的实根，根的隔离也就是要确定一个区间 (a,b)，使 $f(x)=0$ 在 (a,b) 内只有一个根，区间 (a,b) 称为隔根区间。隔根区间 (a,b) 上的任何一个值都可作为该根的初始近似值。

隔离一个方程 $f(x)=0$ 的根的方法，主要根据下列定理实现。

【定理 2.1】 若 $f(x)$ 在 $[a,b]$ 上连续，且 $f(a)\cdot f(b)<0$，则方程 $f(x)=0$ 在 $[a,b]$ 内至少有一个根。

根的隔离的具体做法，通常有下述两种方法。

1. 图解法

画出 $f(x)=y$ 的粗略图形，从而确定曲线 $y=f(x)$ 与 x 轴交点的粗略位置 x_0，则 x_0 可以取为根的初始近似值。

例如，方程 $2x^3-7x+2=0$ 的一个正根在 0 和 1 之间，另一个正根在 1 和 2 之间，如图 2.1 所示。

如果已经确定 $f(x)$ 在某个区间 $[a,b]$ 内有且仅有一个单实根 x^*（如图 2.2 所示），若数值 $b-a$ 较小，则可在 (a,b) 内任取一点 x_0 作为方程的初始近似根。

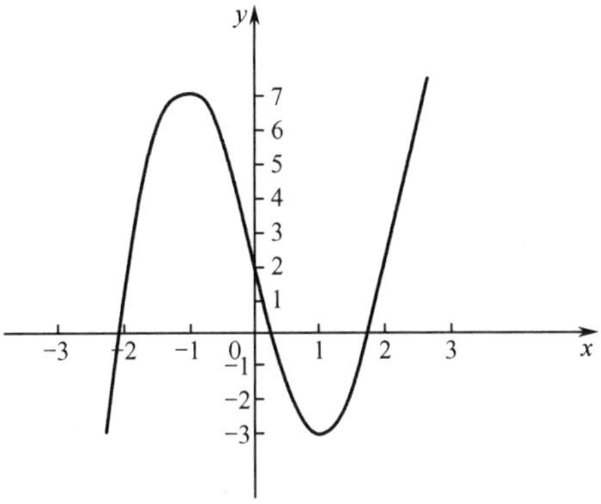

图 2.1　函数曲线图

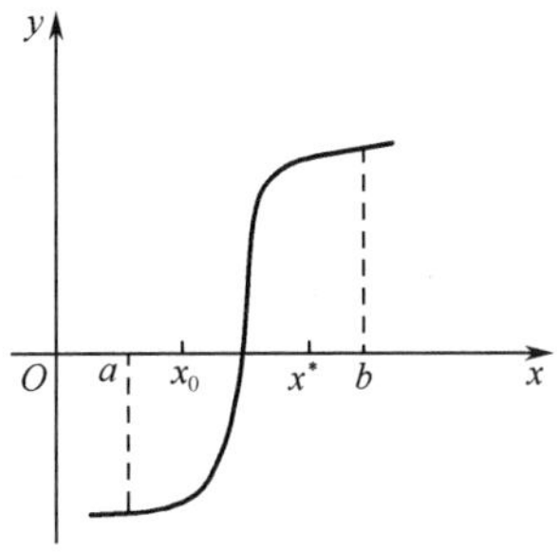

图 2.2　函数曲线图

2. 试验法

在某一区间中，适当取一些数来试验，从而看出 $f(x)$ 在该区间中符号改变的情况，确定根的大概位置。例如，常用的有“逐步搜索法”，具体做法如下。

若 $f(x)$ 在某个区间 $[a,b]$ 内有且仅有一个实单根 x^*，可以从区间左端点 $x_0=a$ 出发，按某个预定的步长 h，如取 $h=\dfrac{b-a}{n}$（n 为整数），一步一步地向右跨步，每跨一步进行一次根的“搜索”，即检查节点 $x_k=a+kh$ 上函数值 $f(x_k)$ 的符号。一旦发现节点 x_k 上的函数值与端点 a 的函数值不同号，即 $f(a)\cdot f(x_k)\leqslant 0$，则所求的根 x^* 必在点 x_{k-1} 与 x_k 之间。这时可以确定一个缩小了的根区间 $[x_{k-1},x_k]$，且这时可取 x_{k-1} 或 x_k 作为根的近似值，其计算框图如图 2.3 所示。

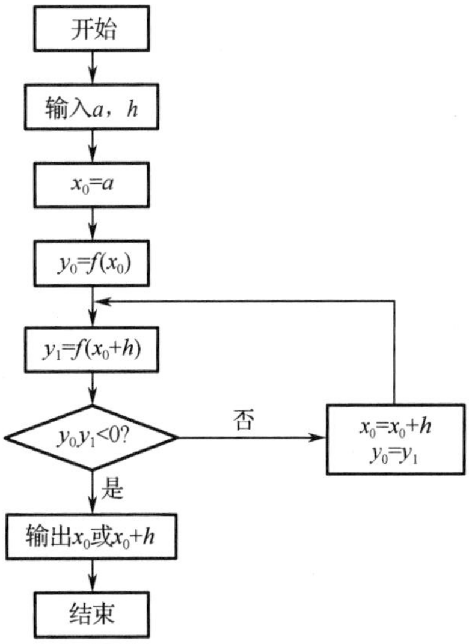

图 2.3　逐步搜索法计算框图

例 2.1　考虑方程

$$f(x)=x^3-x-1=0$$

由于 $f(0)<0$，$f(\infty)>0$。故方程至少有一个正实根。

设从 $x=0$ 出发，取 $h=0.5$ 为步长向右计算，各个点上函数值符号列表如表 2.1 所示。

表 2.1　函数值符号列表

x	0	0.5	1.0	1.5
$f(x)$	−	−	−	+

可见在(1.0,1.5)内必有实根，因此可取 $x_0=1.0$ 或 $x_0=1.5$ 作为根的初始近似值。

在具体运用上述方法时，步长 h 的选择是关键。显然，只要步长 h 取得足够小，利用这种方法可以得到具有任意精度的近似根，但 h 越小，计算工作量越大。因此，当求根精度要求比较高时，还要配合使用其他的方法。下面首先介绍求根方法中最直观、最简单的“二分法”，它可以视为逐步搜索法的一种改进。

2.1.2　二分法

用二分法求实根 x^* 的近似值的基本思路：逐步将含有 x^* 的区间二分，通过判断函数值的符号，逐步对半缩小有根区间，直到区间缩小到容许误差范围之内，然后取区间的中点为根 x^* 的近似值。具体操作如下：

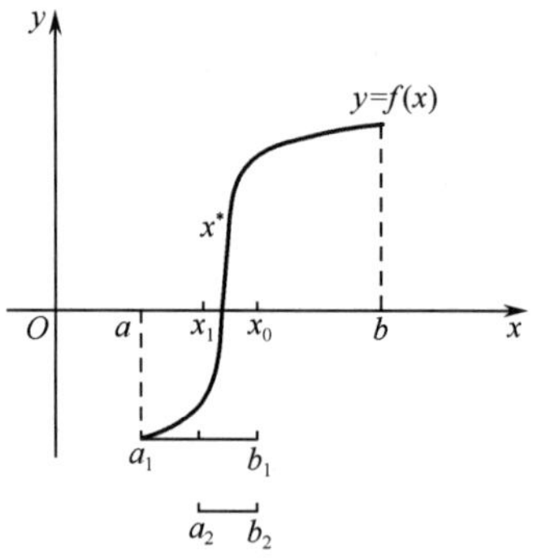

图 2.4　函数曲线图

首先，为了便于讨论，不妨设 $f(a)<0$，$f(b)>0$，如图 2.4 所示。

取区间 $[a,b]$ 的中点 $x_0=\frac{1}{2}(a+b)$，计算函数值 $f(x_0)$，如果恰好 $f(x_0)=0$，则说明已经找到了方程的根 $x^*=\frac{1}{2}(a+b)$。否则 $f(x_0)$ 与 $f(a)$ 异号，或与 $f(b)$ 异号。若 $f(x_0)>0$，则记 $a_1=a$，$b_1=\frac{1}{2}(a+b)$（即只取原来区间的左半部分）；若 $f(x_0)<0$，则记 $a_1=\frac{1}{2}(a+b)$，$b_1=b$（即只取原来区间的右半部分）。则区间 $[a_1,b_1]$ 是方程新的有根区间，它被包含在旧的有根区间 $[a,b]$ 内，且长度是原区间长度的一半，即 $b_1-a_1=\frac{1}{2}(b-a)$。再把区间 $[a_1,b_1]$ 二等分，得中点 $x_1=\frac{1}{2}(a_1+b_1)$，计算函数值 $f(x_1)$，重复上述过程，则可得到长度又缩小一半的有根区间 $[a_2,b_2]$，如此反复二分下去，便可得到一系列的有根区间，如 $[a,b],[a_1,b_1],[a_2,b_2],\cdots,[a_k,b_k],\cdots$。其中，每个区间落在前一个区间内，且长度是前一个区间的一半，因此区间 $[a_k,b_k]$ 的长度为

$$b_k-a_k=\frac{1}{2}(b_{k-1}-a_{k-1})=\cdots$$

$$=\frac{1}{2^k}(b-a) \tag{2.1}$$

每次二分后，若取有根区间 $[a_k,b_k]$ 的中点 $x_k=\frac{1}{2}(a_k+b_k)$ 作为 $f(x)=0$ 的根的近似值，则在二分过程中可以获得一个近似根序列

$$x_0,x_1,x_2,\cdots,x_k,\cdots$$

该序列必以根 x^* 为极限，即

$$\lim_{k\to\infty} = x^*$$

在实际计算中不必进行无限次的重复过程，数值分析的结果允许带有一定的误差。由于

$$|x^* - x_k| \leqslant \frac{1}{2}(b_k - a_k) = b_{k+1} - a_{k+1} \tag{2.2}$$

故对于预先给定的精度ε，若有

$$b_{k+1} - a_{k+1} < \varepsilon$$

则可认为结果x_k满足了方程

$$f(x) = 0$$

由式（2.1）、式（2.2）可得误差估计式

$$|x^* - x_k| \leqslant \frac{1}{2^{k+1}}(b - a) \tag{2.3}$$

此外还要提及的是，对于预先给定的精度ε，从式（2.3）易求得需二分的次数k。

二分法是求实根的近似计算中行之有效的最简单的方法，便于在计算机上实现，现给出计算步骤和计算框图。

1）计算步骤

（1）输入有根区间的端点 a 和 b 及预先给定的精度ε；

（2）计算$x = \dfrac{a+b}{2}$；

（3）若$f(a)f(x) < 0$，则$b = x$，转向下一步，否则$a = x$，转向下一步；

（4）若$b - a < \varepsilon$，则输出方程满足精度要求的根x，结束，否则转向步骤 2。

2）计算框图

二分法计算框图如图 2.5 所示。

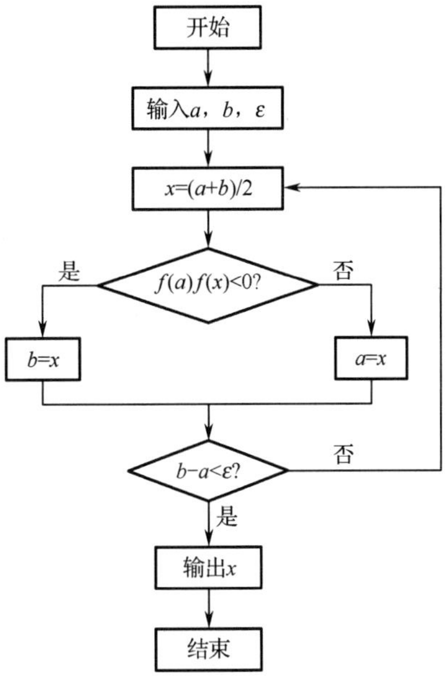

图 2.5　二分法计算框图

例 2.2　求方程$f(x) = x^3 - x - 1 = 0$在区间$(1,1.5)$内的根，要求精确到小数点后的第 2 位，用 4 位小数计算。

这里$a = 1$，$b = 1.5$，且$f(a) < 0$，取区间(a,b)的中点

$$x_0 = \frac{1}{2}(a+b) = 1.25$$

由于$f(x_0) < 0$，即$f(x_0)$与$f(a)$同号，则令

$$a_1 = x_0 = 1.25,\ b_1 = b = 1.5$$

得到新的有根区间(a_1,b_1)。

对区间(a_1,b_1)再取中点

$$x_1 = \frac{1}{2}(a_1 + b_1) = 1.375$$

计算$f(x_1)$，再与$f(a_1)$比较符号，得到新的有根区间(a_2,b_2)。

如此往复下去可以求得满足指定精度的根。

现在预先估计所要二分的次数。按误差估计式

$$|x^* - x_k| \leqslant \frac{1}{2^{k+1}}(b-a)$$

因 $b-a=0.5$，故只要二分 6 次便能达到所要求的精度

$$|x^* - x_6| \leqslant 0.05$$

该例的计算结果如表 2.2 所示。

表 2.2　二分法计算结果

k	a_k	b_k	x_k	$f(x_k)$ 的符号
0	1	1.5	1.25	-
1	1.25	1.5	1.375	+
2	1.25	1.375	1.3125	-
3	1.3125	1.375	1.3438	+
4	1.3125	1.3438	1.3281	+
5	1.3125	1.3281	1.3203	-
6	1.3203	1.3281	1.3242	-

二分法的优点是方法简单、编制程序容易，且对函数 $f(x)$ 的性质要求不高，仅仅要求它连续且在区间两端点的函数值异号。收敛速度与比值为 1/2 的等比级数相同。但二分法只能用于求实函数的实根，不能用于求复根及偶数重根。

2.2　迭代法及其收敛性

迭代法是数值计算中一类典型的方法，尤其是计算机的普遍使用使迭代法的应用更为广泛。

2.2.1　不动点迭代法基本概念

所谓迭代法就是用某种收敛于所给问题的精确解的极限过程，来逐步逼近的一种计算方法，从而可以用有限步骤算出精确解的具有指定精确度的近似解。简单地讲，迭代法是一种重要的逐步逼近的方法。

例如，求方程

$$x^3 - x - 1 = 0$$

在 $x=1.5$ 附近的一个根（用 6 位有效数字计算）。

首先将方程改写成如下等价形式：

$$x = \sqrt[3]{x+1} \tag{2.4}$$

将所给的初始近似根 $x_0=1.5$ 代入式（2.4）的右端得到

$$x_1 = \sqrt[3]{x_0+1} = 1.35721$$

其计算结果说明 x_0 并不满足式（2.4），如果改用 x_1 作为近似根代入式（2.4）的右端又得

$$x_2 = \sqrt[3]{x_1 + 1} = 1.33086$$

可见 x_2 与 x_1 仍有偏差，即 x_2 仍不满足式（2.4），故再取 x_2 作为近似根，并重复这个步骤，如此继续下去。这种逐步校正的过程称为迭代过程。这里的迭代公式为

$$x_{k+1} = \sqrt[3]{x_k + 1} \qquad k = 0,1,2,\cdots \tag{2.5}$$

其各次迭代结果见表 2.3。

表 2.3　迭代结果

k	x_k	k	x_k
0	1.5	5	1.32476
1	1.35721	6	1.32473
2	1.33086	7	1.32472
3	1.32588	8	1.32472
4	1.32494		

可见如果仅取 6 位有效数字，那么结果 x_7 与 x_8 完全相同，这时可以认为 x_7 实际上已满足方程，从而得到所求的根为 $x = 1.32472$。

对于一般形式的方程

$$f(x) = 0 \tag{2.6}$$

先将方程（2.6）转化为等价的方程

$$x = g(x) \tag{2.7}$$

再从某一数 x_0 出发，作序列 $\{x_n\}$，

$$x_{n+1} = g(x_n) \qquad n = 0,1,2,\cdots \tag{2.8}$$

如果序列有根限，那么设

$$a = \lim_{n \to \infty} x_n$$

当 $g(x)$ 连续时，由式（2.8）取极限可得

$$a = g(a)$$

因为方程（2.6）、方程（2.7）等价，所以

$$f(a) = 0$$

这样一来，就得出了方程（2.6）的实根 a，这就是迭代法的基本思路。x_0 称为初始近似值，x_n 称为 n 次近似值，$g(x)$ 称为迭代函数，式（2.8）称为迭代公式。

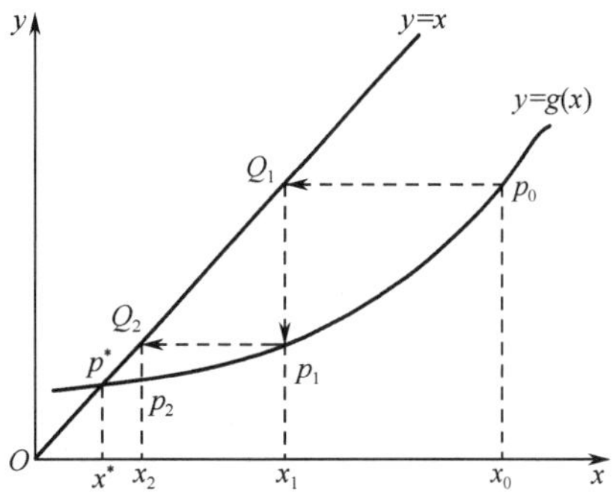

图 2.6　迭代过程几何示意图

再用几何图来表示迭代过程。方程 $x = g(x)$ 的求根问题用几何图表示就是确定曲线 $y = g(x)$ 与直线 $y = x$ 的交点 p^*（见图 2.6）。对于某个猜测值 x_0，在曲线 $y = g(x)$ 上得到以 x_0 为横坐标的点 p_0，而 p_0 的纵坐标为 $g(x_0) = x_1$，过 p_0 引平行于 x 轴的直线，设交直线 $y = x$ 于点 Q_1；然后过 Q_1 再作平行于 y 轴的直线，它与曲线 $y = g(x)$ 的交点记作 p_1。容易看出，迭代值 x_1 即为点 p_1

的横坐标。按图 2.6 中箭头所示的路径继续做下去，在曲线 $y=g(x)$ 上得到点列 $p_1,p_2,\cdots$，其横坐标分别为依公式 $x_{k+1}=g(x_k)$ 所确定的迭代值 $x_1,x_2,\cdots$。如果迭代收敛，则点 $p_1,p_2,\cdots$ 将越来越逼近所求的交点 p^*。

用迭代法确定方程的近似根，需要讨论的问题有：

（1）如何确定迭代函数 $g(x)$；

（2）如何选取初值 x_0；

（3）如何判断产生的序列 $\{x_n\}$ 是否收敛到根 x^* 上；

（4）当序列 $\{x_n\}$ 收敛时，如何估计 n 次近似的误差：

$$\varepsilon_n = x_n - x^*$$

对于问题（1），迭代函数的选取将直接影响迭代效果。如上例中，若依方程（2.4）的另一种等价形式，即取迭代函数 $g(x)=x^3-1$，建立迭代公式

$$x_{k+1}=x_k^3-1 \qquad k=0,1,2,\cdots$$

仍取初值 $x_0=1.5$，则迭代结果为

$$x_1 = 2.375$$
$$x_2 = 12.3976$$
$$\cdots$$

其结果越来越大，不可能趋向某个极限。可见迭代法不一定都是收敛的，这种不收敛的迭代过程是发散的。一个发散的迭代过程，纵然进行千百次迭代，其结果也毫无价值。因此，不可以盲目地建立迭代函数。

对于问题（2），x_0 的选取也将关系到迭代的效果。当迭代函数 $g(x)$ 选取得很好时，也可能因为 x_0 选取得与根 x^* 太远而导致迭代不收敛。因此，必须给出选取 x_0 的可执行的量化标准。

关于问题（3），有下述定理。

【定理 2.2】 设迭代函数 $\varphi(x)$ 连续，那么，当选取 x_0 后，若产生的序列 $\{x_n\}$ 收敛，则一定收敛到根 x^* 上。

证明 设 $x_{n+1}=\varphi(x_n)$，且 $\lim\limits_{n\to\infty} x_{n+1}=x$，所以

$$\lim_{n\to\infty} x_{n+1} = \lim_{n\to\infty} \varphi(x_n)$$

又 $\varphi(x)$ 连续，所以

$$\lim_{n\to\infty} x_{n+1} = \varphi\left(\lim_{n\to\infty} x_n\right)$$
$$\overline{x} = \varphi(\overline{x})$$

因此，$\overline{x}$ 是方程 $x=\varphi(x)$ 的根。

定理 2.2 将问题（3）简化为如何判断产生的序列 $\{x_n\}$ 是否收敛。

对于问题（4），它将关系到要迭代多少次才能求出满足精度要求的近似根这一控制迭代的问题。下面将针对这 4 个问题讨论具体的解决方法。

2.2.2 不动点的存在性与收敛性

设方程 $f(x)=0$ 的迭代格式为

$$x_{k+1}=\varphi(x_k)\qquad k=0,1,2,\cdots\qquad x_0\in[a,b]$$

首先，讨论当迭代函数$\varphi(x)$满足什么条件时迭代法收敛，以及如何估计误差。

【定理 2.3】 设迭代函数$\varphi(x)$在$[a,b]$上具有连续的一阶导数，且

（1）当$x\in[a,b]$时，$a\leqslant\varphi(x)\leqslant b$；

（2）存在正数$L<1$，对任意$x\in[a,b]$，有$|\varphi'(x)|\leqslant L<1$成立，则$x=\varphi(x)$在$[a,b]$上有唯一解$x^*$，且对任意初始近似值$x_0\in[a,b]$，迭代过程$x_{k+1}=\varphi(x_k)(k=0,1,2,\cdots)$收敛，且

$$\lim_{h\to\infty}x_k=x^*$$

此定理为收敛性定理。

证明 先证x^*的存在性。由于在$[a,b]$上$\varphi'(x)$存在，因此$\varphi(x)$连续。作函数$g(x)=x-\varphi(x)$，则$g(x)$在$[a,b]$上连续。由条件(1)，有$g(a)=a-\varphi(a)\leqslant 0$，$g(b)=b-\varphi(b)\geqslant 0$，则由连续函数性质可知，必有$x^*\in[a,b]$，使$g(x^*)=0$，即$x^*=\varphi(x^*)$。

再证x^*的唯一性。若在$[a,b]$上另有$\overline{x}^*$也满足$\overline{x}^*=\varphi(\overline{x}^*)$，则由微分中值定理，有

$$x^*-\overline{x}^*=\varphi(x^*)-\varphi(\overline{x}^*)=\varphi'(\xi)(x^*-\overline{x}^*)$$

即

$$(x^*-\overline{x}^*)[1-\varphi'(\xi)]=0$$

其中，ξ在x^*与$\overline{x}^*$之间，所以$\xi\in[a,b]$。由条件（2），有$|\varphi'(\xi)|\leqslant L<1$，则$1-\varphi'(\xi)\neq 0$，所以只有$x^*-\overline{x}^*=0$，即$x^*=\overline{x}^*$，$x^*$才具有唯一性。

又由中值定理，有

$$x^*-x_{k+1}=\varphi(x^*)-\varphi(x_k)=\varphi'(\xi)(x^*-x_k)$$

式中ξ是x^*与x_k之间某一点（由条件（1），有$x_k\in[a,b]$，从而$\xi\in[a,b]$）。

由条件（2），有

$$|x^*-x_{k+1}|\leqslant L|x^*-x_k|\qquad k=0,1,2,\cdots\tag{2.9}$$

应用不等式（2.9），由归纳法可得

$$|x^*-x_k|\leqslant L|x^*-x_{k-1}|\leqslant L^2|x^*-x_{k-2}|\leqslant L^k|x^*-x_0|$$

因为$L<l$，所以有

$$\lim_{k\to\infty}|x^*-x_k|\leqslant\lim_{k\to\infty}L^k|x^*-x_0|=0$$

即

$$\lim_{k\to\infty}x_k=x^*$$

可见迭代收敛。

定理 2.3 具有明显的几何意义。考察迭代函数为线性函数的简单情形，即设$\varphi(x)=kx+d$，由几何示意图（参见图 2.7～图 2.10），可明显地看出，保证迭代$x_{k+1}=\varphi(x_k)$收敛的条件是$\varphi'(x)=|k|<1$。

下面对x_k进行误差估计，可引用定理 2.4。

【定理 2.4】 在定理 2.3 的条件下，有误差估计式（2.10）和式（2.11）

$$|x^*-x_k|\leqslant\frac{1}{1-L}|x_{k+1}-x_k|\tag{2.10}$$

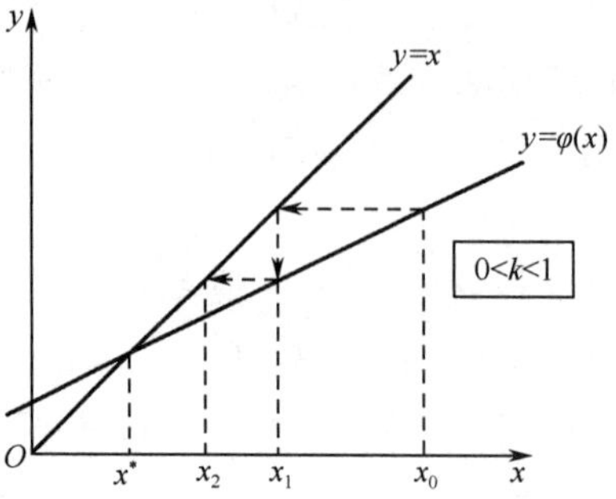

图 2.7　几何示意图 1

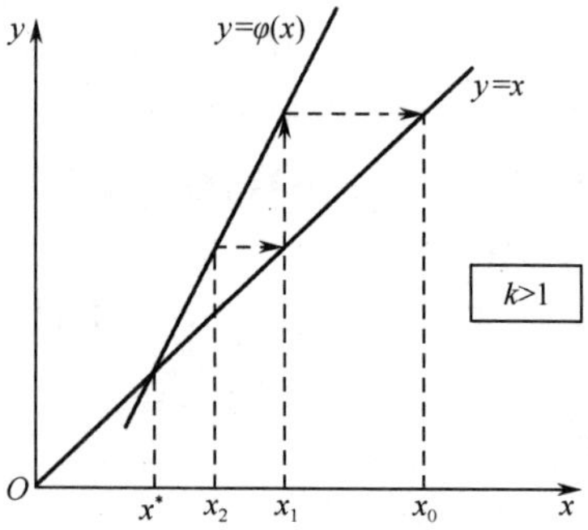

图 2.8　几何示意图 2

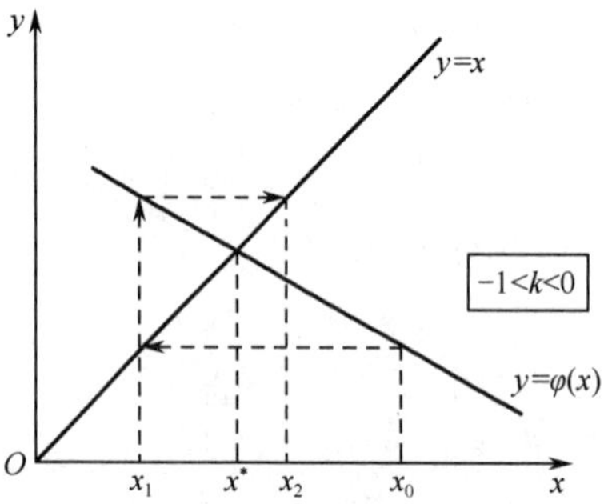

图 2.9　几何示意图 3

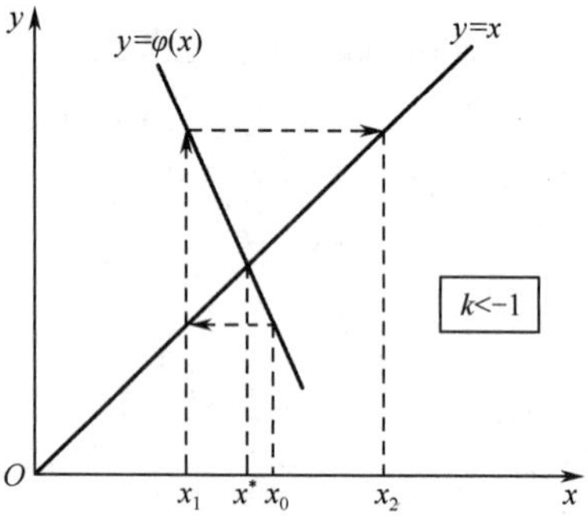

图 2.10　几何示意图 4

$$|x^* - x_k| \leqslant \frac{L^k}{1-L}|x_1 - x_0| \qquad k = 1,2,\cdots \tag{2.11}$$

证明

（1）由式（2.9），有

$$\begin{aligned}|x_{k+1} - x_k| &= |x^* - x_k - (x^* - x_{k+1})| \\ &\geqslant |x^* - x_k| - |x^* - x_{k+1}| \\ &\geqslant |x^* - x_k| - L|x^* - x_k| \\ &= (1-L)|x^* - x_k|\end{aligned}$$

从而
$$|x^* - x_k| \leqslant \frac{1}{1-L}|x_{k+1} - x_k| \qquad k = 0,1,2,\cdots$$

（2）由于

$$\begin{aligned}|x_{k+1} - x_k| &= |\varphi(x_k) - \varphi(x_{k-1})| \\ &= |\varphi(\xi)(x_k - x_{k-1})| \\ &\leqslant L|x_k - x_{k-1}|\end{aligned} \tag{2.12}$$

其中，ξ 在 x_k 和 x_{k-1} $(k = 1,2,\cdots)$ 之间。

由式（2.10）且应用式（2.12），有

$$\begin{aligned}|x^* - x_k| &\leqslant \frac{1}{1-L}|x_{k+1} - x_k| \leqslant \frac{L}{1-L}|x_k - x_{k-1}| \\ &\leqslant \frac{L^2}{1-L}|x_{k-1} - x_{k-2}| \cdots \leqslant \frac{L_k}{1-L}|x_1 - x_0|\end{aligned}$$

只要满足定理 2.3 的条件，就可在$[a,b]$中任取x_0，迭代可收敛到x^*，因此定理 2.3 解决了如何选取初值x_0和如何判断迭代产生的序列$\{x_n\}$是否收敛的问题。定理 2.4 解决了如何控制迭代的问题，即当$\frac{1}{1-L}|x_{k+1}-x_k|\leqslant\varepsilon\left(或\frac{L^k}{1-L}|x_1-x_0|\leqslant\varepsilon\right)$时，$x_k$就是满足精度要求的近似根。由于$L$值估算烦琐，由式（2.10）可以看出，只要相邻两次迭代值x_k,x_{k-1}的偏差$|x_k-x_{k-1}|$充分小，就可以保证迭代值x_k足够精确，因此常用条件$|x_k-x_{k-1}|\leqslant\varepsilon$来控制迭代过程是否结束。当上述条件满足时就停止迭代，且取$x^*\approx x_k$为所求根的满足精度要求的近似值。不过必须看到这种控制方法是不严格的，例如，当$L\approx 1$时，这个方法就不可靠了。但是，此方法简单，因此在方程求根的迭代法中常采用这种控制迭代的方法。

用迭代方法求方程$f(x)=0$的根的近似值的计算步骤是：

（1）确定根的大概范围$[a,b]$；

（2）确定方程$f(x)=0$的等价方程$x=\varphi(x)$，从而建立迭代式$x_{n+1}=\varphi(x_n)$；

（3）验证是否满足定理 2.3 的条件；

（4）若满足，则任意取$x_0\in[a,b]$；

（5）按公式$x_1=\varphi(x_0)$计算出x_1的值；

（6）若$|x_1-x_0|\leqslant\varepsilon$（$\varepsilon$为给定的精度），则终止迭代，取$x_1$为根的近似值，否则用$x_1$代替$x_0$；重复步骤（5）和（6），若迭代次数超过预先指定的次数N，但仍达不到精度，则认为方法发散。

在上述步骤中，步骤（1）确定$[a,b]$的方法通常是：找两个点a、b，使$f(a)$与$f(b)$异号。对于步骤（6），设置迭代次数的上界N是为了防止在验证满足定理 2.3 时有误，或因用户提出的精度要求太高而实际计算环境无法达到时，引起无限次地迭代的情况。

迭代法最显著的优点是：因为算法的逻辑结构简单，所以相应计算程序比较简单，特别适合计算机计算，其编程部分是实现步骤（4）～（6），迭代法程序框图见图 2.11。

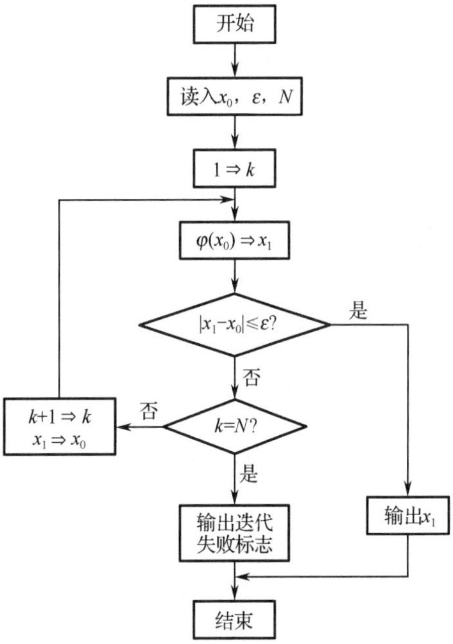

图 2.11　迭代法程序框图

例 2.3　求方程$f(x)=x^3-x-1=0$的近似根，$\varepsilon=10^{-5}$。

解　（1）因为$f(1)<0$，$f(2)>0$，所以方程在$[1,2]$中有实根。

（2）因为取等价方程$x=x^3-1$，所以取迭代函数$\varphi(x)=x^3-1$。

（3）因为$\varphi(2)=7\notin[1,2]$，所以上述步骤（1）和步骤（2）产生的结果不满足定理 2.3 的条件，下面重新选取迭代函数。

（2）′ 取等价方程$x=\sqrt[3]{x+1}$，即迭代函数$\varphi(x)=\sqrt[3]{x+1}$。

（3）′ 验证满足定理 2.3 的条件：

因为 $\varphi'(x)=\dfrac{1}{3\sqrt[3]{(x+1)^2}}$，所以 $\varphi(x)$ 在 $[1,2]$ 上具有连续的一阶导数；因为 $\varphi(x)$ 在 $[1,2]$ 上单调递增，又 $\varphi(1)=\sqrt[3]{2}$，$\varphi(2)=\sqrt[3]{3}$ 都属于 $[1,2]$，所以当 $x\in[1,2]$ 时，$\varphi(x)\in[1,2]$；因为对于任意 $x\in[1,2]$，有 $\varphi'(x)\leqslant\dfrac{1}{3}<1$，因此步骤（1）和步骤（2）′的结果满足定理 2.3 的条件。

（4）取 $x_0=1.5$，由迭代式 $x_{n+1}=\sqrt[3]{x_n+1}$ 迭代，其各次迭代的结果见表 2.4。

表 2.4　迭代结果

k	x_k	k	x_k
0	1.5	5	1.32476
1	1.35721	6	1.32473
2	1.33086	7	1.32472
3	1.32588	8	1.32472
4	1.32494		

因此，方程满足精度要求的近似根为 $x_8=1.32472$。

必须注意，在例 2.3 中，对于开始选定的迭代函数 $\varphi(x)=x^3-1$，在区间 $[1,2]$ 上不满足定理 2.3 的条件，我们认为是迭代函数没有选好，因此，重新选取迭代函数。实际上这具有片面性，因为也有可能迭代函数取得很好，却由于区间 $[a,b]$ 取得过大而导致定理 2.3 的条件不能满足。在这种情况下，应该缩小 $[a,b]$ 区间，而不是重新选取迭代函数。因此，当验证定理 2.3 的条件不满足时，必须明确是迭代函数取得不好，还是 $[a,b]$ 取得过大，为此，引入局部收敛性的概念。

【定义 2.1】 如果存在邻域 $\Delta:|x-x^*|\leqslant\delta$，迭代过程对于任意初值 $x_0\in\Delta$ 均收敛，那么这种在根的邻近具有的收敛性称为局部收敛性。

如果迭代函数不具有局部收敛性，那么应重新构造迭代函数。当迭代函数具有局部收敛性而定理 2.3 的条件又不能满足时，应考虑缩小 $[a,b]$ 区间。下面给出判定迭代是否具有局部收敛性的方法。

【定理 2.5】 设 $\varphi(x)$ 在 $x=\varphi(x)$ 的根 x^* 邻近有连续的一阶导数，且

$$|\varphi'(x^*)|<1$$

则迭代过程 $x_{k+1}=\varphi(x_k)$ 具有局部收敛性。

证明　由于 $|\varphi'(x^*)|<1$，因此存在充分小邻域 $\Delta:|x-x^*|\leqslant\delta$，使

$$|\varphi'(x)|\leqslant L<1$$

这里 L 为某个常数。根据微分中值定理

$$\varphi(x)-\varphi(x^*)=\varphi'(\xi)(x-x^*)$$

注意到 $\varphi(x^*)=x^*$，又当 $x\in\Delta$ 时，有

$$|\varphi(x)-x^*|\leqslant L|x-x^*|\leqslant|x-x^*|\leqslant\delta$$

于是由定理 2.3 可以断定 $x_{k+1}=\varphi(x_k)$ 对于任意 $x_0\in\Delta$ 收敛。

例 2.4　求 $x^3-2x-5=0$ 在 $x_0=2$ 附近的实根。

解　由于是求实根，因此方程可改写为

$$x=(2x+5)^{1/3}=\varphi(x)$$

$$\varphi'(x)=\frac{2}{3}(2x+5)^{-2/3}$$

当 $x_0=2$ 时，$\varphi'(x_0)<1/6$。故可由 $\varphi(x)$ 的连续性，断定在 $x_0=2$ 附近有一区间，在其内 $|\varphi'(x)|<1$。所以对 $x=\varphi(x)$ 进行迭代，是收敛的，迭代结果见表 2.5。

表 2.5　迭代结果

k	$x_{k+1}=\varphi(x_k)=(2x_k+5)^{1/3}$，$x_0=2$
0	2.08008
1	2.09235
2	2.094217
3	2.094494
4	2.094543
5	2.094550

根的准确值是 $x=\xi=2.0945514815$，误差减小的速度约和 6^{-k} 相当。

把 $f(x)=0$ 改写成 $x=\varphi(x)$ 有许多方法，但要着眼于在某区间上有 $|\varphi'(x)|\leqslant k<1$。一般，$k$ 越小，收敛就越快。若将方程改写为 $x=\frac{1}{2}(x^3-5)$，则不妥当，因为此时 $\varphi'(x)=\frac{3}{2}x^2$，而 $\varphi'(2)=6$，故在 $x=2$ 附近 $|\varphi'(x)|>1$，迭代是不收敛的。

例 2.5　求方程 $x=\mathrm{e}^{-x}$ 在 $x_0=0.5$ 附近的近似根，要求精确到小数点后 3 位。

解　设 $f(x)=x-\mathrm{e}^{-x}$。由 $f(0.5)<0$，$f(0.6)>0$ 知方程在 $[0.5,0.6]$ 上有一个根。取迭代公式

$$x_{k+1}=\mathrm{e}^{-x_k}\qquad k=0,1,2,\cdots$$

则迭代函数为

$$\varphi(x)=\mathrm{e}^{-x}$$

对 $x\in[0.5,0.6]$，有

$$|\varphi'(x)|=\mathrm{e}^{-x}\leqslant \mathrm{e}^{-0.5}\approx 0.607<1$$

故当取初值 $x_0=0.5$ 时，迭代过程

$$x_{k+1}=\mathrm{e}^{-x_k}\qquad k=0,1,2,\cdots$$

必收敛。迭代结果见表 2.6。

表 2.6　迭代结果

k	x_k	x_k-x_{k-1}
0	0.5	
1	0.60635	0.10653
2	0.54524	−0.06129
3	0.57970	0.03446

续表

k	x_k	$x_k - x_{k-1}$
4	0.56007	−0.01963
5	0.57117	0.0110
6	0.56486	−0.00631
7	0.56844	0.00358
8	0.56641	−0.00203
9	0.56756	0.00115
10	0.56691	−0.00065

例 2.6 方程 $x^3-x^2-1=0$ 在 x_0=1.5 附近有根，将方程写成三种不同的等价形式，并建立对应的迭代式如下。

（1）$x=1+\dfrac{1}{x^2}$，迭代式：$x_{n+1}=1+\dfrac{1}{x_n^2}$；

（2）$x^3=1+x^2$，迭代式：$x_{n+1}=\sqrt[3]{1+x_n^2}$；

（3）$x^2=\dfrac{1}{x+1}$，迭代式：$x_{n+1}=\dfrac{1}{\sqrt{x_n-1}}$。

试判断各种迭代的局部收敛性。

解 （1）由于迭代函数 $\varphi(x)=1+\dfrac{1}{x^2}$，$\varphi'(x)=-\dfrac{2}{x^3}$，因此 $\varphi(x)$ 在 1.5 及附近有连续的一阶导数。因为 $\varphi'(1.5)\approx-0.59$，由 $\varphi'(x)$ 的连续性可判定 $|\varphi'(x^*)|<1$，所以此迭代具有局部收敛性。

（2）由于迭代函数 $\varphi(x)=\sqrt[3]{1+x^2}$，$\varphi'(x)=\dfrac{2x}{3\sqrt[3]{(1+x^2)^2}}$，因此 $\varphi(x)$ 在 1.5 及附近有连续的一阶导数。因为 $\varphi'(1.5)\approx 0.456$，由 $\varphi'(x)$ 的连续性可判定 $|\varphi'(x^*)|<1$，所以此迭代具有局部收敛性。

（3）由于迭代函数 $\varphi(x)=\dfrac{1}{\sqrt{x-1}}$，$\varphi'(x)=-\dfrac{1}{2\sqrt{(x-1)^3}}$，因此 $\varphi(x)$ 在 1.5 附近有连续的一阶导数。因为 $\varphi'(1.5)\approx-1.414$，由 $\varphi'(x)$ 的连续性可判定 $|\varphi'(x^*)|>1$，所以此迭代不具有局部收敛性。

2.3 迭代收敛的加速方法

2.3.1 迭代的收敛速度

一个迭代法要具有实用价值，首先要求它是收敛的，其次还要求它收敛得比较快。选取不同的迭代函数所得到的迭代序列即使都收敛，也会有快慢之分，即存在一个收敛速度的问题。所谓迭代过程的收敛速度，是指在接近收敛时迭代误差的下降速度。

那么用什么来反映迭代序列的收敛速度呢？下面引进迭代法的收敛阶的概念，这是迭代法的一个重要概念，它反映了迭代序列的收敛速度，是衡量一个迭代法好坏的标志之一。

【定义 2.2】 设序列 $\{x_k\}$ 是收敛于方程 $f(x)=0$ 的根 x^* 的迭代序列，即 $x^*=\lim\limits_{k\to\infty}x_k$。$\varepsilon_k=x_k-x^*(k=0,1,2,\cdots)$ 表示各步的迭代误差。

若有某个实数 p 和非零常数 C，使得

$$\lim_{k\to\infty}\frac{\varepsilon_{k+1}}{\varepsilon_k^p}=C \qquad C\neq 0$$

则称序列 $\{x_k\}$ 是 p 阶收敛的。特别是当 $p=1$ 时，称为线性收敛；当 $p>1$ 时，称为超线性收敛；当 $p=2$ 时，称为平方收敛。

若由迭代函数 $\varphi(x)$ 产生的序列 $\{x_k\}$ 是 p 阶收敛的，则称 $\varphi(x)$ 是 p 阶迭代函数，并称迭代法 $x_{k+1}=\varphi(x_k)$ 是 p 阶收敛的。

显然，p 的大小反映了迭代法收敛速度的快慢。p 越大，则收敛越快。故迭代法的收敛阶是对迭代法收敛速度的一种度量。

由上述定义可以推得以下定理。

【定理 2.6】 对于迭代过程 $x_{k+1}=\varphi(x_k)$，如果迭代函数 $\varphi(x)$ 在所求根 x^* 的邻近有连续的二阶导数，且

$$|\varphi'(x^*)|<1$$

则有

（1）当 $\varphi'(x^*)\neq 0$ 时，迭代过程为线性收敛；

（2）当 $\varphi'(x^*)=0$，而 $\varphi''(x^*)\neq 0$ 时，迭代过程为平方收敛。

证明 由已知条件，可知迭代过程具有局部收敛性，现分别证明上述结论。

（1）对于在根 x^* 邻近收敛的迭代公式 $x_{k+1}=\varphi(x_k)$，由于

$$\begin{aligned}\varepsilon_{k+1}&=x_{k+1}-x^*=\varphi(x_k)-\varphi(x^*)\\&=\varphi'(\xi)(x_k-x^*)=\varphi'(\xi)\mathrm{e}_k\end{aligned}$$

这里 ξ 为 x_k 与 x^* 之间的某一点，因此当 x_k 在根 x^* 的附近时，有

$$\varepsilon_{k+1}\approx\varphi'(x^*)\varepsilon_k$$

即

$$\lim_{k\to\infty}\frac{\varepsilon_{k+1}}{\varepsilon_k}\to\varphi'(x^*)$$

这样，若 $\varphi'(x^*)\neq 0$，则该迭代过程仅为线性收敛。

（2）若 $\varphi'(x^*)=0$，将 $\varphi(x_k)$ 在根 x^* 处进行泰勒展开，注意条件 $\varphi'(x^*)=0$，有

$$\varphi(x_k)=\varphi(x^*)+\frac{\varphi''(\xi)}{2!}(x_k-x^*)^2$$

而 $\varphi(x_k)=x_{k+1}$，$\varphi(x^*)=x^*$，由上式得

$$x_{k+1}-x^*=\frac{\varphi''(\xi)}{2!}(x_k-x^*)^2$$

因此，对迭代误差，有

$$\lim_{k\to\infty}\frac{\varepsilon_{k+1}}{\varepsilon_k^2}\to\frac{\varphi''(x^*)}{2}$$

这表明迭代过程为平方收敛。

定理 2.6 不难推广成一般情况，即有下述定理。

【定理 2.7】 设 x^* 是方程 $x=\varphi(x)$ 的根，在 x^* 的某一邻域 $\varphi(x)$ 的 m $(m\geqslant 2)$ 阶导数连续，并且

$$\varphi'(x^*)=\cdots=\varphi^{(m-1)}(x^*)=0$$

$$\varphi^m(x^*)\neq 0$$

则当初始近似 x_0 充分接近 x^* 时，由迭代公式 $x_{n+1}=\varphi(x_n)$ 得到的序列 $\{x_n\}$ 满足条件

$$\lim_{n\to\infty}\frac{x_{n+1}-x^*}{(x_n-x^*)^m}=\frac{\varphi^m(x^*)}{m!}$$

即有 m 阶收敛。

例 2.7 对于方程 $f(x)=x^2-2=0$，采用下述两种不同的迭代函数，分析其在求根 $x^*=\sqrt{2}$ 时的收敛速度。

（1）$\varphi(x)=x-\frac{1}{2}(x^2-2)$；

（2）$\varphi(x)=\frac{1}{2}\left(x+\frac{2}{x}\right)$。

解 （1）因为 $\varphi(x)=x-\frac{1}{2}(x^2-2)$，所以

$$\varphi'(x)=1-x,\quad \varphi'(\sqrt{2})\approx 0.414\neq 0$$

即其迭代速度是线性的。

（2）因为 $\varphi(x)=\frac{1}{2}\left(x+\frac{2}{x}\right)$，它的一阶、二阶导数分别为

$$\varphi'(x)=\frac{1}{2}\left(1-\frac{2}{x^2}\right),\quad \varphi'(\sqrt{2})=0$$

$$\varphi''(x)=\frac{2}{x^3},\quad \varphi''(\sqrt{2})\neq 0$$

所以，其迭代是平方收敛的。

上述分析表明，选用迭代函数 $\varphi(x)=\frac{1}{2}\left(x+\frac{2}{x}\right)$ 要比选用迭代函数 $\varphi(x)=x-\frac{1}{2}(x^2-2)$ 的收敛速度快，实际迭代过程也证实了这一点。

当 $\varphi(x)=\frac{1}{2}\left(x+\frac{2}{x}\right)$ 时，实际迭代结果如表 2.7 所示。

表 2.7 迭代结果

n	0	1	2	3	4	5
x_n	1.0	1.5	1.41666667	1.41421569	1.41421356	1.41421356

当 $\varphi(x) = x - \frac{1}{2}(x^2 - 2)$ 时，实际迭代结果如表 2.8 所示。

表 2.8　迭代结果

n	0	…	5	…	20
x_n	1.0	…	1.41689675	…	1.41421356

2.3.2　收敛过程的加速

对于一个收敛的迭代过程，只要迭代次数足够多，从理论上讲就能得到满足任意精度的结果。但这里有一个重要问题——收敛速度问题，若迭代过程的收敛速度太慢，则计算工作量就很大，这是不实用的。因此有必要研究迭代过程的加速方法。

加速过程的基本思想：对于方程求根的一个迭代式，若能估计出迭代结果的误差，并将误差估计加至迭代式中，则可能产生一个更好的求根迭代式（即收敛速度更快）。按照上述思想，下面对一个给定的迭代 $x_{n+1} = g(x_n)$ 进行加速。

设 $\tilde{x}_{k+1}$ 为近似值 x_k 经过一次迭代得到的结果，即

$$\tilde{x}_{k+1} = g(x_k)$$

又设 x^* 为迭代方程的根，即

$$x^* = g(x^*)$$

根据微分中值定理，有

$$x^* - \tilde{x}_{k+1} = g'(\xi)(x^* - x_k) \tag{2.13}$$

其中 ξ 为 x^* 与 x_k 之间的某个点。

假定 $g'(x)$ 在求根范围内改变不大，可近似地取某个定值 a，根据迭代收敛条件，要求

$$|g'(x)| \approx |a| \leqslant L < 1$$

由式（2.13）得

$$x^* - \tilde{x}_{k+1} \approx a(x^* - x_k)$$

即有

$$x^* \approx \frac{1}{1-a}\tilde{x}_{k+1} - \frac{a}{1-a}x_k$$

因此，迭代值 $\tilde{x}_{k+1}$ 的误差可以用迭代初值 x_k 和迭代终值 $\tilde{x}_{k+1}$ 大致估计为

$$x^* - \tilde{x}_{k+1} \approx \frac{a}{1-a}(\tilde{x}_{k+1} - x_k)$$

若把误差值

$$\frac{a}{1-a}(\tilde{x}_{k+1} - x_k)$$

用来作为计算结果 $\tilde{x}_{k+1}$ 的一种补偿，则

$$\begin{aligned} x_{k+1} &= \tilde{x}_{k+1} + \frac{a}{1-a}(\tilde{x}_{k+1} - x_k) \\ &= \frac{1}{1-a}\tilde{x}_{k+1} - \frac{a}{1-a}x_k \end{aligned}$$

就是一个比 $\tilde{x}_{k+1}$ 更好的结果。这样，对于给出的近似值 x_k，先求得迭代值

$$\tilde{x}_{k+1}=g(x_k) \tag{2.14}$$

然后用 x_k 和 $\tilde{x}_{k+1}$ 的线性组合得到新的近似值 x_{k+1}，即

$$x_{k+1}=\tilde{x}_{k+1}+\frac{a}{1-a}(\tilde{x}_{k+1}-x_k) \tag{2.15}$$

显然式（2.14）和式（2.15）就是一种迭代加速公式。

经过这样加工后的计算过程可归纳为

$$\begin{cases}\text{迭代：}\tilde{x}_{k+1}=g(x_k)\\ \text{改进：}x_{k+1}=\tilde{x}_{k+1}+\dfrac{a}{1-a}(\tilde{x}_{k+1}-x_k)\end{cases} \tag{2.16}$$

其计算框图见图 2.12。

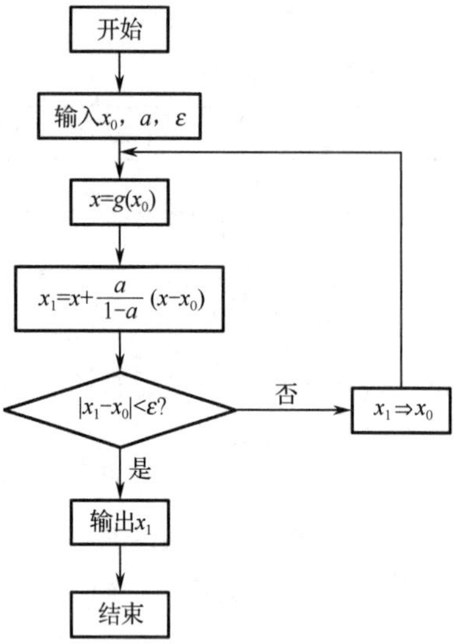

图 2.12　计算框图

例 2.8　用加速收敛的方法，求方程 $x=\mathrm{e}^{-x}$ 在 $x=0.5$ 附近的一个根。

解　由于在 $x=0.5$ 附近

$$g'(x)=-\mathrm{e}^{-x}\approx-0.6$$

故此时迭代加速公式的具体形式为

$$\tilde{x}_{k+1}=\mathrm{e}^{-x_k}$$

$$x_{k+1}=\tilde{x}_{k+1}-\frac{0.6}{1.6}(\tilde{x}_{k+1}-x_k)$$

其计算结果如表 2.9 所示。

表 2.9　计算结果

k	0	1	2	3	4
x_k	0.5	0.56658	0.56713	0.56714	0.56714

由此可见，上例在前面用一般迭代要迭代 10 次才能得到满足精度 ε=10^{-3} 的结果，而这里仅仅迭代 3 次便可达到10^{-5} 的精度结果。并且在迭代加速公式中，加速过程不必计算迭代函数 $g(x)$，其计算过程可以忽略不计，于是使得这种加速过程的效果更为显著。

用前面的加速方法计算时，确定 a 要用到迭代函数的导数 $g'(x)$，这在实际使用时不太方便。若在求得方程根 x^* 某个近似值 x_k 以后，先求出迭代值

$$x_{k+1}^{(1)}=g(x_k)$$

然后，再迭代一次，又得到一个迭代值

$$x_{k+1}^{(2)}=g\left(x_{k+1}^{(1)}\right)$$

再利用前、后两次的迭代值 $x_{k+1}^{(1)}$ 和 $x_{k+1}^{(2)}$ 构造公式

$$x_{k+1}=x_{k+1}^{(2)}-\frac{\left(x_{k+1}^{(2)}-x_{k+1}^{(1)}\right)^2}{x_{k+1}^{(2)}-2x_{k+1}^{(1)}+x_k}$$

这样构造的迭代公式不再含有导数的信息，但是每步先要进行二次迭代，这一过程称为艾特肯（Aitken）加速方法。其具体计算公式如下。

$$\begin{cases} 迭代：x_{k+1}^{(1)} = g(x_k) \\ 迭代：x_{k+1}^{(2)} = g\left(x_{k+1}^{(1)}\right) \\ 改进：x_{k+1} = x_{k+1}^{(2)} - \dfrac{\left(x_{k+1}^{(2)} - x_{k+1}^{(1)}\right)^2}{x_{k+1}^{(2)} - 2x_{k+1}^{(1)} + x_k} \end{cases}$$

艾特肯方法编程框图见图 2.13。

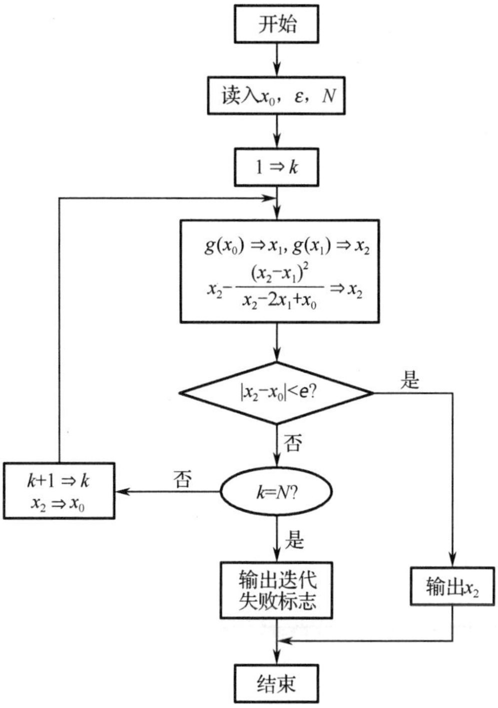

图 2.13　艾特肯方法编程框图

例 2.9　用艾特肯方法求方程的根。

$$f(x) = x^3 + 2x^2 + 10x - 20 = 0$$

解　利用艾特肯方法，取

$$g(x) = \frac{20}{x^2 + 2x + 10}$$

并利用

$$x_{n+1}^{(1)} = g(x_n),\quad x_{n+1}^{(2)} = g\left(x_{n+1}^{(1)}\right)$$

$$x_{n+1} = x_{n+1}^{(2)} - \frac{\left(x_{n+1}^{(2)} - x_{n+1}^{(1)}\right)^2}{x_{n+1}^{(2)} - 2x_{n+1}^{(1)} + x_n}$$

取 $x_0 = 1$，计算结果如表 2.10 所示。

表 2.10　计算结果

n	x_n	$x_{n+1}^{(1)}$	$x_{n+1}^{(2)}$
0	1	1.5384615	1.295019

续表

n	x_n	$x_{n+1}^{(1)}$	$x_{n+1}^{(2)}$
1	1.3708138	1.3679181	1.3692032
2	1.3650224	1.370489	1.3680627
3	1.3688080		

由上面计算结果看出，用艾特肯方法迭代收敛的速度比较快，迭代 3 次就得到了较满意的结果。

例 2.10 用艾特肯方法求解方程

$$x^3 - x - 1 = 0$$

解 前面曾经指出，求解这一方程的下述迭代公式是发散的

$$x_{k+1} = x_k^3 - 1 \tag{2.17}$$

现在以这种迭代公式为基础形成艾特肯方法

$$\tilde{x}_{k+1} = x_k^3 - 1$$
$$\overline{x}_{k+1} = \tilde{x}_{k+1}^3 - 1$$
$$x_{k+1} = \overline{x}_{k+1} - \frac{(\overline{x}_{k+1} - \tilde{x}_{k+1})^2}{\overline{x}_{k+1} - 2\tilde{x}_{k+1} + x_k}$$

仍然取 x_0=1.5，计算结果如表 2.11 所示。

表 2.11 计算结果

k	$\tilde{x}_k$	$\overline{x}_k$	x_k
0			1.5
1	2.37500	123965	1.41629
2	1.84092	5.23888	1.35565
3	1.49140	2.31728	1.32895
4	1.34710	1.44435	1.32480
5	132518	1.32714	1.32472

此例说明，将发散的迭代公式（2.17）通过艾特肯方法处理后，竟获得了相当好的收敛性。

下面说明艾特肯方法的几何解释。

如图 2.14 所示，设 x_0 为方程 $x = g(x)$ 的一个近似根，由 $x_1^{(1)} = g(x_0)$ 和 $x_1^{(2)} = g\left(x_1^{(1)}\right)$ 在曲线 $y = g(x)$ 上可以定出两个点 $p_0\left(x_0, x_1^{(1)}\right)$、$p_1\left(x_1^{(1)}, x_1^{(2)}\right)$，作弦 $\overline{p_0 p_1}$ 与直线 $y = x$ 交于 p 点，则 p 点坐标 x_1（注意横坐标与纵坐标相等）满足

$$x_1 = x_1^{(1)} + \frac{x_1^{(2)} - x_1^{(1)}}{x_1^{(1)} - x_0}(x_1 - x_0)$$

解出 x_1 即得艾特肯公式。

例 2.10 实际给出了构造迭代函数的一种方法，如果所给方程是 $f(x) = 0$，为了应用迭代法，必须先将它改写成 $x = g(x)$ 的形式，即需要针对所给的 $f(x)$ 选取合适的迭代函数 $g(x)$。

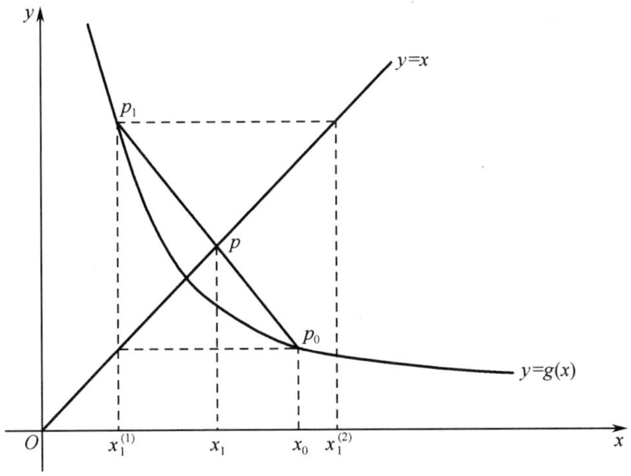

图 2.14　艾特肯方法

迭代函数 $g(x)$ 可以是多种多样的，最简单的方法可令

$$g(x) = x + f(x)$$

这时相应的迭代公式为

$$x_{k+1} = x_k + f(x_k)$$

一般这种迭代公式不一定会收敛，或者收敛速度缓慢。

如果将加速技术用于迭代函数 $g(x) = x + f(x)$，如用加速公式（2.15），那么有

$$x_{k+1} = x_k - \frac{f(x_k)}{M} \tag{2.18}$$

式中 $M = a - 1$ 是导数 $f'(x)$ 的某个估计值。这样导出的迭代公式其实是下面将要介绍的牛顿迭代公式的一种简化形式。通常，它具有较好的收敛性。

2.4　牛顿迭代法

目前，用迭代法求方程近似根存在的 4 个问题中仅有一个问题尚未解决，即如何确定迭代函数。本节将详细讨论牛顿迭代法（简称为“牛顿法”）及其收敛性和收敛速度等有关内容。

2.4.1　牛顿法的构造及牛顿迭代公式

设方程 $f(x) = 0$ 的一个近似根为 x_0，假定在 x_0 的适当邻域内函数 $f(x)$ 可微，则将函数 $f(x)$ 在点 x_0 附近泰勒展开，即

$$f(x) = f(x_0) + f'(x_0)(x - x_0) + \frac{f''(x_0)}{2!}(x - x_0)^2 + \cdots$$

用一阶泰勒展开式来近似 $f(x)$，即有

$$f(x) \approx f(x_0) + f'(x_0)(x - x_0)$$

于是方程 $f(x) = 0$ 在点 x_0 附近可近似地表示为

$$f(x_0) + f'(x_0)(x - x_0) = 0$$

显然这是一个线性方程。设 $f'(x_0)\neq 0$，方程的解为

$$x = x_0 - \frac{f(x_0)}{f'(x_0)}$$

现取 x 作为原方程的一个新的近似根 x_1，即

$$x_1 = x_0 - \frac{f(x_0)}{f'(x_0)}$$

然后再将 $f(x)$ 在点 x_1 附近线性泰勒展开，重复上述过程，可得到一般迭代公式

$$x_{k+1} = x_k - \frac{f(x_k)}{f'(x_k)} \tag{2.19}$$

迭代值 x_{k+1} 实际上是下面线性方程的根：

$$f(x_k) + f'(x_k)(x - x_k) = 0$$

这种迭代法称为牛顿法。而式（2.19）称为牛顿迭代公式。

牛顿法对应的方程是

$$x = x - \frac{f(x)}{f'(x)},\quad f'(x) \neq 0$$

显然和方程 $f(x)=0$ 等价，所以迭代函数就是

$$\varphi(x) = x - \frac{f(x)}{f'(x)}$$

2.4.2 牛顿法的收敛性和收敛速度

关于牛顿法的局部收敛性有下述定理。

【定理 2.8】 在牛顿法中，若 x^* 是方程 $f(x)=0$ 的一个单根，并且 $f(x)$ 在 x^* 及附近有连续的二阶导数，则牛顿法具有局部收敛性。

证明 因为牛顿法迭代函数的导函数

$$\varphi'(x) = \frac{f(x)\cdot f''(x)}{[f'(x)]^2}$$

又因为 x^* 为方程的单根，所以 $f'(x^*)\neq 0$。因为 $f''(x)$ 在 x^* 及其附近连续，所以 $\varphi'(x)$ 在 x^* 及其附近连续，并且 $|\varphi'(x^*)|=0<1$，根据定理 2.5，可知牛顿法具有局部收敛性。

牛顿法有明显的几何意义，方程 $f(x)=0$ 的根 x^*，在几何上表示为曲线 $y=f(x)$ 与 x 轴的交点，如图 2.15 所示。当求得 x^* 的近似值 x_k 以后，过曲线 $y=f(x)$ 上对应点 $(x_k, f(x_k))$ 作 $f(x)$ 的切线，其切线方程为

$$y - f(x_k) = f'(x_k)(x - x_k)$$

而此切线方程和 x 轴的交点，即 x^* 的新的近似值 x_{k+1} 必须满足方程

$$f(x_k) + f'(x_k)(x - x_k) = 0$$

这就是牛顿的迭代公式

$$x_{k+1} = x_k - \frac{f(x_k)}{f'(x_k)}$$

的计算结果。

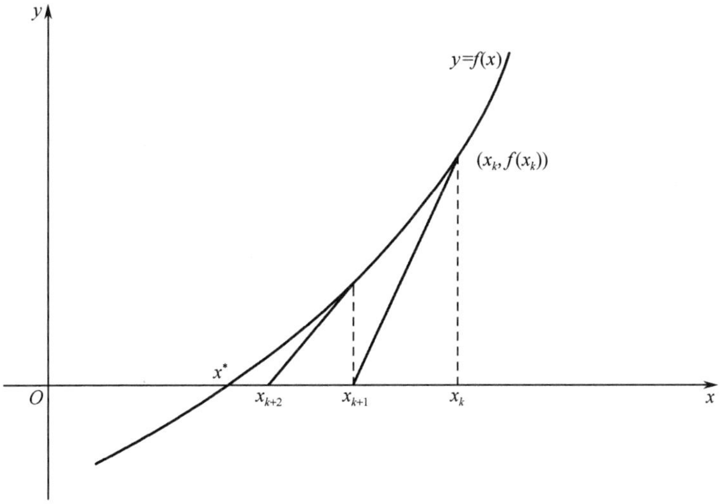

图 2.15　牛顿法几何示意图

继续取点 $(x_{k+1}, f(x_{k+1}))$，再作 $f(x)$ 的切线与 x 轴相交，又可得 x_{k+2}，…。由图 2.15 可知，只要所取初值十分靠近根 x^*，点列 $\{x_k\}$ 就会很快收敛于 x^*。

正因为牛顿法有这一明显的几何意义，所以牛顿法也称为切线法。

在用牛顿法求根时，方法分两步：第 1 步是准备阶段，在此阶段中，首先要确定根 x^* 的范围 $[a,b]$，然后验证满足定理 2.3 的条件，由此确定初值 x_0，这一阶段的工作不能由计算机完成；第 2 步是迭代与控制迭代，此工作是通过编程实现的，下面给出编程部分的算法和程序框图。

1）算法

（1）迭代。按公式

$$x_{k+1} = x_k - \frac{f(x_k)}{f'(x_k)} \qquad k = 0,1,2,\cdots$$

迭代一次得到新的近似值 x_{k+1}，并计算 $f(x_{k+1})$ 及 $f'(x_{k+1})$。

（2）控制。若 $|x_{k+1} - x_k| < \varepsilon_1$（$\varepsilon_1$ 为预先给定的精度），则过程收敛，终止迭代，并取 $x^* \approx x_{k+1}$ 为所求根的近似值；否则 k 增加 1，再转（1）计算。若迭代次数超过预先指定的次数 N，仍达不到精度要求，或计算过程中 $f'(x_k)$=0，则认为方法使用失败。

2）程序框图

程序框图如图 2.16 所示。

例 2.11　用牛顿法求下面方程的根（省略准备阶段）。

$$f(x) = x^3 + 2x^2 + 10x - 20$$

解　因为 $f'(x) = 3x^2 + 4x + 10$，所以迭代公式为

$$x_{n+1} = x_n - \frac{x_n^3 + 2x_n^2 + 10x_n - 20}{3x_n^2 + 4x_n + 10}$$

选取 $x_0 = 1$，计算结果如表 2.12 所示。

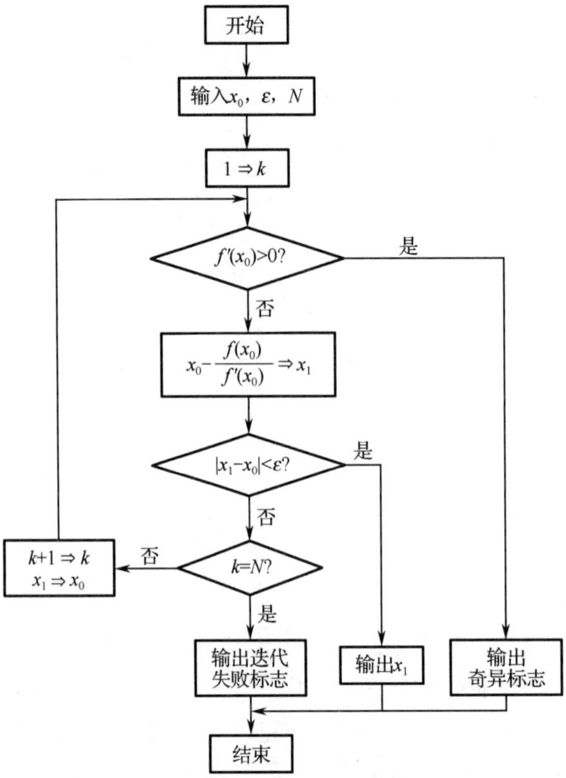

图 2.16　程序框图

表 2.12　计算结果

n	1	2	3	4
x_n	1.411764706	1.369336471	1.368808189	1.368808108

从计算结果可以看出，牛顿法的收敛速度是很快的，进行了 4 次迭代就得到了较满意的结果。

从上面的叙述可知，对于方程 $f(x)=0$，如果 $f(x)$ 在根 x^* 邻近具有连续的二阶导数，且 x^* 是 $f(x)=0$ 的一个单根，则在根 x^* 附近，对于任意的初始近似根 x_0，由于牛顿法产生的序列 $\{x_n\}$ 收敛于 x^*，所以牛顿法具有局部收敛性。下面进一步证明牛顿法在单根 x^* 附近是平方收敛的，即具有二阶收敛速度。

【定理 2.9】 对于方程 $f(x)=0$，如果 $f(x)$ 在单根 x^* 及附近有连续的二阶导数，则牛顿法至少平方收敛。若 $f''(x^*)\neq 0$，则牛顿法平方收敛。

证明　由于牛顿法的迭代函数为 $\varphi(x)=x-\dfrac{f(x)}{f'(x)}$，而

$$f(x^*)=0,\ f'(x^*)\neq 0$$

于是有 $\varphi'(x^*)=0$，对 $\varphi'(x)=\dfrac{f(x)\cdot f''(x)}{[f'(x)]^2}$ 再求导一次得

$$\varphi''(x^*)=\frac{f''(x^*)}{f'(x^*)}$$

所以只要 $f''(x^*)\neq 0$，就有 $\varphi''(x^*)\neq 0$，因此根据定理 2.6 可以断定牛顿法是平方收敛的。

例 2.12　用牛顿法求方程的根，取 5 位小数计算（省略准备阶段）。

$$x\mathrm{e}^x-1=0$$

解　该方程的牛顿迭代公式为

$$x_{k+1}=x_k-\frac{x_k-\mathrm{e}^{-x_k}}{1+x_k}$$

取 $x_0=0.5$，其计算结果如表 2.13 所示。

表 2.13　计算结果

k	0	1	2	3
x_k	0.5	0.57102	0.56716	0.56714

由于所给方程 $x\mathrm{e}^x-1=0$ 为方程 $x=\mathrm{e}^{-x}$ 的等价形式，与前述的方法相比，可见牛顿法的收敛速度是很快的。

例 2.13　对于给定正数 c，应用牛顿法解二次方程

$$x^2-c=0$$

可导出求开方值 $\sqrt{c}$ 的计算公式

$$x_{k+1}=\frac{1}{2}\left(x_k+\frac{c}{x_k}\right)\tag{2.20}$$

设 x_k 是 $\sqrt{c}$ 的某个近似值，则 c/x_k 自然也是一个近似值。式（2.20）表明，它们两者的算术平均值将是更好的近似值。

下面证明迭代式（2.20）对于任意初值 $x_0>0$ 是平方收敛的。

证明　对式（2.20）右端施行配方，得

$$\begin{aligned}x_{k+1}-\sqrt{c}&=\frac{1}{2x_k}(x_k-\sqrt{c})^2\\x_{k+1}+\sqrt{c}&=\frac{1}{2x_k}(x_k+\sqrt{c})^2\end{aligned}\tag{2.21}$$

以上两式相除得

$$\frac{x_{k+1}-\sqrt{c}}{x_{k+1}+\sqrt{c}}=\left(\frac{x_k-\sqrt{c}}{x_k+\sqrt{c}}\right)^2$$

据此反复递推有

$$\frac{x_k-\sqrt{c}}{x_k+\sqrt{c}}=\left(\frac{x_0-\sqrt{c}}{x_0+\sqrt{c}}\right)^{2^k}$$

令 $q=\dfrac{x_0-\sqrt{c}}{x_0+\sqrt{c}}$，由上式得

$$x_k = \frac{1-q^{2^k}}{1+q^{2^k}}\sqrt{c}$$

对任意 $x_0>0$，总有 $|q|<1$，故有 $x_k \to \sqrt{c}$，收敛性得证。

又根据式（2.21），对迭代误差 $\varepsilon_k = x_k - \sqrt{c}$，有

$$\lim_{k\to\infty}\frac{\varepsilon_{k+1}}{\varepsilon_k^2} \to \frac{1}{2\sqrt{c}}$$

可见该迭代过程为平方收敛。

2.4.3 初值的选取

在牛顿法中选取的初值 x_0，首先必须保证使用牛顿法算出的下一个值 x_1 比 x_0 更接近于所求的解 x。显然，如果 $f'(x_0)=0$，x_0 就不能当初值。可以想象，如果 $f'(x_0)$ 很小，x_0 也就不可能作为初值。从公式

$$x_1 = x_0 - \frac{f(x_0)}{f'(x_0)}$$

可得

$$x_1 - x = (x_0 - x) - \frac{f(x_0)}{f'(x_0)}$$

其中 x 是要求的根，$\varepsilon_1 = x_1 - x$ 是 x_1 的误差，$\varepsilon_0 = x_0 - x$ 是 x_0 的误差。上式除以 ε_0 得

$$\frac{\varepsilon_1}{\varepsilon_0} = 1 - \frac{f(x_0)}{f'(x_0)(x_0 - x)} = -\frac{f(x_0)+f'(x_0)(x-x_0)}{f'(x_0)(x_0-x)}$$

利用一阶泰勒余项定理

$$0 = f(x) = f(x_0) + f'(x_0)(x-x_0) + \frac{f''(\xi)}{2}(x-x_0)^2$$

和零阶泰勒余项定理

$$0 = f(x) = f(x_0) + f'(\eta)(x-x_0)$$

其中 $\xi \in [x, x_0]$，$\eta \in [x, x_0]$，因此有

$$\frac{\varepsilon_1}{\varepsilon_0} = \frac{\frac{f''(\xi)}{2}(x-x_0)^2}{-f'(x_0)(x-x_0)} = -\frac{\frac{f''(\xi)}{2}(x-x_0)}{f'(x_0)}$$

$$= \frac{f''(\xi)f(x_0)}{2f'(x_0)f'(\eta)}$$

对于 x_0，能计算 $f(x_0)$、$f'(x_0)$和$\frac{f''(x_0)}{2}$，而无法计算 $f'(\eta)$、$f''(\xi)$。设 $f'(x)$ 与 $f''(x)$ 在 x_0 附近的相对变化（百分比变化）不大，也就是说，必须设 $f''(x_0)\neq 0$，那么有近似公式

$$\frac{\varepsilon_1}{\varepsilon_0} \approx \frac{f''(x_0)f(x_0)}{2(f'(x_0))^2}$$

因此，要求 $|\varepsilon_1| < |\varepsilon_0|$ 就是要求

$$|f'(x_0)|^2 > \left|\frac{f''(x_0)}{2}\right| |f(x_0)| \tag{2.22}$$

如果在 x_0 处，$f(x)$ 满足式（2.22），而且 $f''(x_0) \neq 0$，那么就用 x_0 作为牛顿迭代的初值，否则必须另选初值。这样做可以保证在大多数情况下牛顿迭代的收敛性。

例 2.14 求代数方程 $x^3 - 2x - 5 = 0$ 在 $x_0 = 2$ 附近的实根。

解 因为 $|f'(2)|^2 = 10^2 = 100 > \left|\frac{f''(2)}{2}\right| |f(2)| = 6 \times 1 = 6$，所以满足不等式（2.22），$x_0$=2 可以当初值。从 x_0 出发，用牛顿法算出的数列是

$$x_1 = 2 - \frac{-1}{10} = 2.1$$

$$x_2 = 2.1 - \frac{0.0061}{11.23} = 2.09457$$

准确值是

$$x = 2.0945514815$$

由此例可见，在根的附近，牛顿法有较快的收敛速度。

如果选用 x_0=1，由于

$$1^2 = 1 < 3 \times 6 = 18$$

不等式（2.22）不成立。若用牛顿法，则得

$$x_1 = 1 - \frac{-6}{1} = 7$$

它的误差比 x_0 的误差大 4 倍。所以，在这种情形不该用牛顿法。

例 2.15 用牛顿法求方程在 $x_0 = -1$ 附近的实根。

解 因为

$$f(x) = x^{41} + x^3 + 1 = 0$$

$$f'(x) = 41x^{40} + 3x^2$$

$$\frac{f''(x)}{2} = 820x^{39} + 3x$$

所以 $f(-1) = -1$，$f'(-1) = 44$，$\frac{f''(-1)}{2} = -823$，$(44)^2 = 1936 > 1 \times 823$。可选 $x_0 = -1$ 为初值。

用牛顿法算出的数列是

$$x_0 = -1，x_1 = -1 - \frac{-1}{44} = -0.9773，x_2 = -0.9605，x_3 = -0.9534，x_4 = -0.9525$$

准确值是 x=−0.95248387，所以 x_4 已有 4 位有效数字。

2.4.4 牛顿下山法

牛顿法的收敛性一般依赖于初值 x_0 的选取，若 x_0 偏离 x^* 较远，则牛顿法可能发散。

例 2.16 用牛顿法求方程 $x_3 - x - 1 = 0$ 在 $x = 1.5$ 附近的一个根。

解 取迭代初值 $x_0 = 1.5$，用牛顿迭代公式

$$x_{k+1} = x_k - \frac{x_k^3 - x_k - 1}{3x_k^2 - 1} \tag{2.23}$$

其计算结果如表 2.14 所示，其中 x_3 =1.32472 的每位数字都是有效数字。

表 2.14　计算结果

k	0	1	2	3
x_k	1.5	1.34783	1.32520	1.32472

但是，如果改用 $x_0=0.6$ 作为初值，则按式（2.23）迭代一次得 $x_1=17.9$，这个结果反而比 x_0 更偏离所求的根 x^*。

为了防止迭代发散，前面讨论了选取初值 x_0 的准则，下而给出防止迭代发散的另一种方法，即在迭代过程中附加一项要求，保证函数值单调下降。单调性条件式可写成

$$|f(x_{k+1})|<|f(x_k)| \tag{2.24}$$

满足这项要求的算法称为牛顿下山法（简称为“下山法”）。

将牛顿法和下山法结合起来使用，即在下山法保证函数值稳定下降的前提下，用牛顿法加快收敛速度。

为此，将牛顿法的计算结果

$$\overline{x}_{k+1}=x_k-\frac{f(x_k)}{f'(x_k)}$$

与前一步的近似值 x_k 适当加权平均，作为新的改进值

$$x_{k+1}=\lambda\overline{x}_{k+1}+(1-\lambda)x_k$$

或者说，采用下列迭代公式

$$x_{k+1}=x_k-\lambda\frac{f(x_k)}{f'(x_k)} \tag{2.25}$$

其中 $0<\lambda\leqslant 1$ 称为下山因子。我们希望适当选取下山因子 λ，使单调性条件式（2.24）成立。

下山因子的选择是个逐步探索的过程，若从 $\lambda=1$ 开始反复将因子 λ 的值减半进行试算，一旦单调性条件式（2.24）成立，则称“下山成功”；反之，若在上述过程中找不到使条件式（2.24）成立的下山因子 λ，则称“下山失败”，这时需另选初值 x_0 重算。

再考察例 2.16，前面已指出，若取 $x_0=0.6$，则按牛顿迭代公式（2.23）求得的迭代值 $\overline{x}_1=17.9$，设取下山因子 $\lambda=\dfrac{1}{32}$，由式（2.25）可求得

$$x_1=\frac{1}{32}\overline{x}_1+\frac{31}{32}x_0=1.140625$$

这个结果纠正了 $\overline{x}_1$ 的严重偏差。

例 2.17　求 $\sqrt{115}$，精度要求为 $\varepsilon=10^{-5}$。

解　因为 $\sqrt{115}$ 是方程 $f(x)=x^2-115=0$ 的正根，下面用牛顿法求此根的近似值。

（1）确定根 $x^*=\sqrt{115}$ 的范围。

因为 $f(10)<0$，$f(11)>0$，所以 $x^*\in[10,11]$。

（2）确定迭代函数

$$\varphi(x)=x-\frac{f(x)}{f'(x)}=\frac{1}{2}\left(x+\frac{115}{x}\right)$$

（3）验证满足定理 2.3 的条件。

因为$\varphi'(x)=\dfrac{1}{2}\left(1-\dfrac{115}{x^2}\right)$，所以$\varphi'(x)$在[10,11]上连续。下面求$\varphi(x)$在[10,11]上的最大值和最小值。

令$\varphi'(x)=0$，所以$x=\sqrt{115}$，计算$\varphi(x)$在极值点$x=\sqrt{115}$和边界点$x=10$、$x=11$上的函数值，得$\varphi(10)$、$\varphi(11)$和$\varphi(115)$都在[10,11]中，因此任取$x\in[10,11]$，$\varphi(x)\in[10,11]$。

因为$\varphi'(x)$在[10,11]上单调递增，又$\varphi'(10)=-0.075$，$\varphi'(11)\approx0.025$，所以在[10,11]上$|\varphi'(x)|<1$，因此在[10,11]上$\varphi(x)$满足定理 2.3 的条件。

（4）取$x_0=10$，由迭代式

$$x_{n+1}=\frac{1}{2}\left(x_n+\frac{115}{x_n}\right)$$

和$\varepsilon=10^{-5}$进行迭代并控制迭代，迭代结果如表 2.15 所示。

表 2.15　迭代结果

n	0	1	2	3	4
x_n	10	10.75	10.723837	10.723805	10.723805

因此$\sqrt{115}\approx10.723805$。

2.5　近似牛顿法

2.5.1　简化牛顿法

2.4 节介绍的牛顿法在求x_{k+1}时不但要求给出函数值$f(x_k)$，而且要求提供导数值$f'(x_k)$。当函数f比较复杂时，提供它的导数值往往是困难的。有时可将牛顿迭代公式（2.19）中的$f'(x_k)$取为一定值c，从而

$$x_{k+1}=x_k-\frac{f(x_k)}{c}\quad(k=0,1,2,\cdots)\tag{2.26}$$

其中c是某一常数。式（2.26）就称为简化牛顿法。用式（2.26）求方程$f(x)=0$的根的近似值，不再需要每步重新计算导数值$f'(x_k)$，所以计算量也就减小了。但收敛速度也要慢一些，不过只要c取得恰当，如很接近$f'(x_k)$，收敛也是很快的，它的计算过程比牛顿法简单得多。

2.5.2　弦截法

前面已经介绍，用牛顿法解方程$f(x)=0$有一个明显的缺点，即需要计算导数$f'(x)$，当$f(x)$比较复杂时，计算$f'(x)$可能有困难。使用简化牛顿法，若常数c选不好，则会降低收敛速度。可将牛顿迭代公式（2.19）中的导数$f'(x_k)$用差商$\dfrac{f(x_k)-f(x_0)}{x_k-x_0}$来代替，从而得到下列的迭代形式

$$x_{k+1}=x_k-\frac{f(x_k)}{f(x_k)-f(x_0)}(x_k-x_0) \tag{2.27}$$

式（2.27）是对应于 $f(x)=0$ 的又一种等价形式

$$x=x-\frac{f(x)}{f(x)-f(x_0)}(x-x_0) \tag{2.28}$$

所建立起来的迭代公式

$$x_{k+1}=\varphi(x_k)$$

其几何示意图如图 2.17 所示。

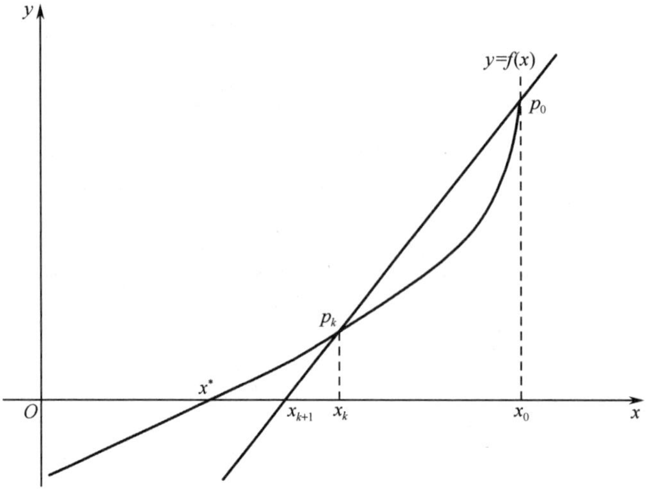

图 2.17　弦截法几何示意图

曲线 $y=f(x)$ 上横坐标为 x_k 的点记为 p_k，则差商 $\dfrac{f(x_k)-f(x_0)}{x_k-x_0}$ 表示弦 $\overline{p_0p_k}$ 的斜率，该弦的方程为

$$y=f(x_k)+\frac{f(x_k)-f(x_0)}{x_k-x_0}(x-x_k)$$

易见，按式（2.27）求得的 x_{k+1} 实际上是弦 $\overline{p_0p_k}$ 与 x 轴的交点，因此，此公式称为弦截法。

考察弦截法的收敛性，直接对迭代函数（见式（2.28））

$$\varphi(x)=x-\frac{f(x)}{f(x)-f(x_0)}(x-x_0)$$

求导知

$$\varphi'(x^*)=1+\frac{f'(x^*)}{f(x_0)}(x^*-x_0)=1-\frac{f'(x^*)}{\dfrac{f(x^*)-f(x_0)}{x^*-x_0}}$$

当 x_0 充分接近 x^* 时，$0<|\varphi'(x^*)|<1$，故由定理 2.5 知弦截法式（2.27）为线性收敛。

例 2.18　设函数 $f(x)$ 在区间 $[a,b]$ 上存在二阶导数，且满足以下条件：

（1）$f''(x)$ 在区间 $[a,b]$ 上不改变符号；

（2）$f'(x)$ 在区间 $[a,b]$ 上不等于零；

（3）$f(a)\cdot f(b)<0$；

（4）x_0 是 a、b 中满足条件 $f(x_0)\cdot f''(x_0)>0$ 的一个，x_1 为另一个。

这时，由递推公式

$$x_{n+1}=x_n-\frac{x_n-x_0}{f(x_n)-f(x_0)} \qquad n=1,2,\cdots \tag{2.29}$$

而得的序列 $\{x_n\}$ 单调收敛于 $f(x)$ 在 $[a,b]$ 上的唯一解 x^*。

证明　由条件（1）和（2）可知 $f'(x)$ 在区间 $[a,b]$ 上连续，且不改变符号，所以 $f(x)$ 在此区间上是单调函数。由此结论和条件（3）可知，$f(x)=0$ 在此区间上的根存在而且唯一。

由条件（1）～（3）可知，必有下列 4 种情况之一：

$$f(a)<0,\ f(b)>0,\ f'(x)>0,\ f''(x)\leqslant 0$$
$$f(a)<0,\ f(b)>0,\ f'(x)>0,\ f''(x)\geqslant 0$$
$$f(a)>0,\ f(b)<0,\ f'(x)<0,\ f''(x)\leqslant 0$$
$$f(a)>0,\ f(b)<0,\ f'(x)<0,\ f''(x)\geqslant 0$$

下面仅就第 1 种情况证明此例的结论，其余情况的证明是类似的。

显而易见，按照式（2.29），求 x_{n+1} 相当于求下面的直线方程和 x 轴交点的横坐标。

$$l_n(x)=f(x_n)+\frac{f(x_n)-f(x_0)}{x_n-x_0}(x-x_n) \tag{2.30}$$

首先证明，若 $x_n\in[a,b]$，则 $x_{n+1}\in[a,x_n]$。事实上，由 $x_n\in[a,b]$ 可得 $l_n(x)=f(x_n)\geqslant 0$。

由一次插值余项

$$f(x)-l(x)=\frac{1}{2}f''(\xi)(x-x_0)(x-x_n)$$

可推出

$$l_n(a)\leqslant f(a)=0$$

所以直线式（2.30）和 x 轴的交点属于区间 $[a,x_n]$，即

$$a\leqslant x_{n+1}\leqslant x_n$$

据此，用数学归纳法可证明

$$a\leqslant\cdots\leqslant x_n\leqslant\cdots\leqslant x_2\leqslant x_1$$

既然序列 $\{x_n\}$ 单调递减且有下界，所以 $\lim\limits_{n\to\infty}x_n$ 存在。设 $\lim\limits_{n\to\infty}x_n=\beta$，由式（2.29）取极限可得

$$\beta=\beta-\frac{\beta-x_0}{f(\beta)-f(x_0)}f(\beta)$$

即 $f(\beta)=0$。上面证明了 $f(x)=0$ 在区间 $[a,b]$ 上的根是唯一的，所以 $\beta=x^*$，即 $\lim\limits_{n\to\infty}x_n=x^*$。

2.5.3　快速弦截法

为了提高收敛速度，利用 $f(x_k)$、$f(x_{k-1})$ 构造一次插值多项式 $p_1(x)$，并用 $p_1(x)=0$ 的根作为 $f(x)=0$ 的新的近似根 x_{k+1}。由于

$$p_1(x)=f(x_k)+\frac{f(x_k)-f(x_{k-1})}{x_k-x_{k-1}}(x-x_k) \tag{2.31}$$

因此有

$$x_{k+1}=x_k-\frac{f(x_k)}{f(x_k)-f(x_{k-1})}(x_k-x_{k-1}) \tag{2.32}$$

这样导出的迭代公式（2.32）可以认为是牛顿迭代公式（2.20）中的导数 $f'(x)$ 用差商 $\dfrac{f(x_k)-f(x_{k-1})}{x_k-x_{k-1}}$ 取代的结果。由于 x_{k+1} 很接近 x_k，故该公式更接近牛顿迭代公式。这种迭代公式收敛速度是比较快的，称之为快速弦截法。

快速弦截法几何示意图如图 2.18 所示。

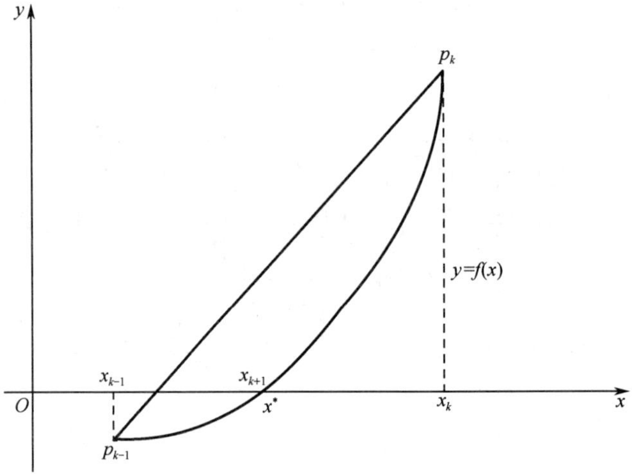

图 2.18 快速弦截法几何示意图

用快速弦截法求根 x^* 的近似值，在几何上相当于过点 p_k（坐标为 $(x_k, f(x_k))$）和点 p_{k-1}（坐标为 $(x_{k-1}, f(x_{k-1}))$）作直线 $p_k p_{k-1}$，其方程为

$$\frac{y-f(x_k)}{x-x_k}=\frac{f(x_k)-f(x_{k-1})}{x_k-x_{k-1}}$$

然后用弦 $p_k p_{k-1}$ 与 x 轴的交点的横坐标

$$x_{k+1}=x_k-\frac{x_k-x_{k-1}}{f(x_k)-f(x_{k-1})}f(x_k)$$

作为 $f(x)=0$ 的新的近似值。

与牛顿法一样，若函数 $f(x)$ 在 $f(x)=0$ 的根 x^* 的附近具有直到二阶的连续导数，且 $f'(x)\neq 0$，则由快速弦截法迭代公式（2.32）得到的迭代序列 $\{x_k\}$ 收敛于根 x^*，并且快速弦截法具有超线性收敛速度，收敛阶为 $p=1.618$。

例 2.19 假设 $f(x)$ 在根 x^* 的邻域 $\Delta:|x-x^*|\leqslant\delta$ 内具有二阶连续导数，且对任意 $x\in\Delta$ 有 $f'(x)\neq 0$。又有初值 $x_0\in\Delta$，$x_1\in\Delta$，那么当邻域 Δ 充分小时，迭代公式（2.32）收敛到根 x^*。

证明 为使迭代过程不中断，首先需要保证一切迭代值所有 $x_k\in\Delta$。证明用数学归纳法。首先证明当 $x_{k-1}\in\Delta$，$x_k\in\Delta$ 时，$x_{k+1}\in\Delta$。

记 $p_1(x)$ 是以 x_{k-1}、x_k 为节点的插值多项式，注意 $f(x^*)=0$，据插值余项公式

$$f(x)-p_1(x)=\frac{f''(\xi_1)}{2}(x-x_k)(x-x_{k-1})$$

知

$$\begin{aligned}p_1(x^*)&=-\frac{f''(\xi_1)}{2}(x^*-x_k)(x^*-x_{k-1})\\&=-\frac{f''(\xi_1)}{2}\varepsilon_k\varepsilon_{k-1}\end{aligned}$$

式中 $\varepsilon_k=x^*-x_k$ 表示迭代误差。

另一方面，由于 x_{k+1} 是 $p_1(x)=0$ 根，故

$$\begin{aligned}p_1(x^*)&=p_1(x^*)-p_1(x_{k+1})=p_1'(\xi)(x^*-x_{k+1})\\&=\frac{f(x_k)-f(x_{k-1})}{x_k-x_{k-1}}(x^*-x_{k+1})\\&=-f'(\xi_2)\varepsilon_{k+1}\end{aligned}$$

上面两个式子联立给出

$$\varepsilon_{k+1}=\frac{f''(\xi_1)}{2f'(\xi_2)}\varepsilon_k\varepsilon_{k-1} \tag{2.33}$$

由于 ξ_1、ξ_2 均在 x_{k-1}、x_k 与 x^* 界定的范围内，当 $x_{k-1}\in\Delta$，$x_k\in\Delta$ 时，必有 $\xi_1\in\Delta$，$\xi_2\in\Delta$。

再记

$$M=\frac{\max\limits_{x\in\Delta}|f''(x)|}{2\min\limits_{x\in\Delta}|f'(x)|}$$

选取邻域 Δ 充分小，以保证 $M\delta<1$，则当 $x_{k-1}\in\Delta$，$x_k\in\Delta$ 时，按式（2.33）有

$$|\varepsilon_{k+1}|\leqslant M|\varepsilon_k|\cdot|\varepsilon_{k-1}|\leqslant M\delta\cdot\delta<\delta \tag{2.34}$$

于是 $x_{k+1}\in\Delta$。注意到已经假定 x_0、$x_1\in\Delta$，从而一切 $x_k\in\Delta$。

另外，据递推不等式（2.34）易知

$$|\varepsilon_k|\leqslant\frac{1}{M}(M\delta)^k$$

故当 $k\to\infty$ 时，有 $\varepsilon_k\to 0$，即收敛性成立。

下面给出快速弦截法的计算步骤。

（1）准备：选定初始近似值 x_0 和 x_1，并计算相应的函数值 $f(x_0)$ 和 $f(x_1)$。

（2）迭代：按公式

$$x_{k+1}=x_k-\frac{f(x_k)}{f(x_k)-f(x_k-1)}(x_k-x_{k-1})$$

计算 x_{k+1} 和 $f(x_{k+1})$。

（3）判别：若 $|x_{k+1}-x_k|<\varepsilon_1$ 或 $|f(x_k+1)|<\varepsilon_2$（ε_1 和 ε_2 为事先给定的精度），则迭代停止，并取 $x^*\approx x_{k+1}$；否则，用 $(x_k,f(x_k))$ 和 $(x_{k+1},f(x_{k+1}))$ 分别代替 $(x_{k-1},f(x_{k-1}))$ 和 $(x_k,f(x_k))$，转至步骤（2）继续迭代。若迭代次数超过某个上界 N，则认为过程不收敛，方法失败。

例 2.20 用快速弦截法求 $x = e^{-x}$ 在 $x = 0.5$ 附近的根。

解 取 $x_0 = 0.5$，$x_1 = 0.6$，按式（2.32）迭代，迭代结果如表 2.16 所示。

表 2.16 迭代结果

k	0	1	2	3	4
x_k	0.5	0.6	0.56754	0.56715	0.56714

与前面例子的计算结果比较，可以看出快速弦截法的确收敛得很快。

例 2.21 求方程 $f(x) = \sin x - (x/2)^2 = 0$ 的正根。

解 用快速弦截法求得的结果如表 2.17 所示。

表 2.17 用快速弦截法求得的结果

n	x_n	$f(x_n)$	h_n
0	1	+0.591471	
1	2	−0.090703	−0.132961
2	1086704	+0.084981	+0.064316
3	1.93135	+0.003167	+0.002490
4	1.93384	−0.000001	−0.000091
5	1.93375		−0.000001
6	1.93375		

其中

$$h_n = \frac{x_n - x_{n-1}}{f(x_n) - f(x_{n-1})} f(x_n)$$

$$x_{n+1} = x_n + h_n$$

所求根的近似值为 1.93375。

2.5.4 抛物线法

设已知方程 $f(x) = 0$ 的 3 个近似根为 x_k、x_{k-1}、x_{k-2}，以这 3 点为节点构造二次插值多项式 $p_2(x)$，并适当选取 $p_2(x)$ 的一个零点 x_{k+1} 作为新的近似根，这样确定的迭代过程称抛物线法，亦称密勒（Muller）法。在几何图形上，这种方法的基本思路是用抛物线 $y = p_2(x)$ 与 x 轴的交点 x_{k+1} 作为所求根 x^* 的近似位置（图 2.19），下面推导抛物线法的计算公式。

在 $f(x) = 0$ 的根 x^* 附近，曲线 $y = f(x)$ 上取 3 个点：(x_j, f_j)（$f_j = f(x_j)$，$j = 0,1,2$），过这 3 个点作二次曲线

$$y = p(x) = \frac{(x-x_1)(x-x_2)}{(x_0-x_1)(x_0-x_2)} f_0 + \frac{(x-x_0)(x-x_2)}{(x_1-x_0)(x_1-x_2)} f_1 + \frac{(x-x_0)(x-x_1)}{(x_2-x_0)(x_2-x_1)} f_2 \tag{2.35}$$

在其中令

$$h_1 = x_1 - x_0,\quad h_2 = x_2 - x_1,\quad h = x - x_2$$

代入上式得

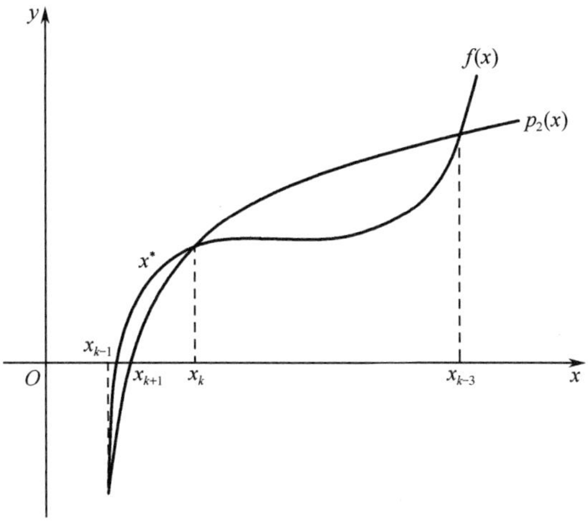

图 2.19　抛物线法

$$p(x)=\frac{h(h+h_2)}{h_1(h_1+h_2)}f_0+\frac{h(h+h_1+h_2)}{-h_1h_2}f_1+\frac{(h+h_1+h_2)(h+h_2)}{(h_1+h_2)h_2}f_2 \tag{2.36}$$

再令 $\lambda=\dfrac{h}{h_2}$，$\lambda_2=\dfrac{h_2}{h_1}$，$1+\lambda_2=\dfrac{h_1+h_2}{h_1}=\delta_2$，上式又可改写成

$$\begin{aligned}p(x)&=\frac{\lambda(1+\lambda)\lambda_2^2}{1+\lambda_2}f_0+\frac{\lambda(\lambda+1+\lambda_2^{-1})\lambda_2}{-1}f_1+\frac{(\lambda+1+\lambda_2^{-1})(1+\lambda)\lambda_2}{1+\lambda_2}f_2\\&=\lambda^2\left(\frac{\lambda_2^2}{\delta_2}f_0-\lambda_2f_1+\frac{\lambda_2}{\delta_2}f_2\right)+\lambda\left[\frac{\lambda_2^2}{\delta_2}f_0-\delta_2f_1+\left(1+\frac{\lambda_2}{\delta_2}\right)f_2\right]+f_2\end{aligned}$$

令 $p(x)=0$，乘以 δ_2，再令

$$\begin{cases}A=\lambda_2^2f_0-\lambda_2\delta_2f_1+\lambda_2f_2\\B=\lambda_2^2f_0-\delta_2^2f_1+(\lambda_2+\delta_2)f_2\\C=f_2\delta_2\end{cases} \tag{2.37}$$

得到含 λ 的二次方程

$$A\lambda_2+B\lambda+C=0 \tag{2.38}$$

于是

$$\lambda=\frac{-2C}{B\pm\sqrt{B^2-4AC}} \tag{2.39}$$

由于 $\lambda=\dfrac{h}{h_2}=\dfrac{x-x_2}{x_2-x_1}$，比较小的 λ 给出的 x 值离 x_2 较近。取式（2.38）的两根中绝对值较小者为 λ_3，也就是选式（2.39）中的“±”号，使此式中分母的绝对值较大，于是

$$x_3=x_2+\lambda_3h_2=x_2+h_3=x_2+\lambda_3(x_2-x_1)$$

这是所求的 $f(x)=0$ 的根 x^* 的新的近似值。然后以 x_1、x_2、x_3 来代替 x_0、x_1、x_2，重复上述过程求 x_4。

用抛物线法求解方程 $f(x)=0$ 的近似实根的步骤如下。

（1）准备：选定初始近似值 x_1、x_2、x_3，并计算 $f(x)$ 相应的值 f_1、f_2、f_3，以及

$$\lambda_2 = \frac{x_2 - x_1}{x_1 - x_0}$$

（2）迭代：计算

$$\delta_2 = 1 + \lambda_2,\quad A = f_0\lambda_2^2 - f_1\lambda_2\delta_2 + f_2\lambda_2$$
$$B = f_0\lambda_2^2 - f_1\delta_2^2 + f_2(\lambda_2 + \delta_2),\quad C = f_2\delta_2$$
$$\lambda_3 = \frac{-2C}{B \pm \sqrt{B^2 - 4AC}}$$

上式分母中的“±”号表示取分母绝对值较大的一个。于是得新的近似值

$$x_3 = x_2 + \lambda_3(x_2 - x_1)$$

再计算 $f_3 = f(x_3)$。

（3）控制：若 x_3 满足 $|f_3| < \varepsilon$，则终止迭代，以 x_3 作为所求的根；否则执行下一步。

（4）修改：若迭代次数达到预先指定的次数 N，则认为过程不收敛，输出计算失效标志；否则以 x_1、x_2、x_3、f_1、f_2、f_3、λ_3 分别代替 x_0、x_1、x_2、f_0、f_1、f_2、λ_2，转步骤（2）继续迭代。

若用牛顿插值多项式表示（2.35）中的二次插值多项式 $p(x)$，则可推出抛物线法的另一描述形式

$$x_{k+1} = x_k - \frac{2f(x_k)}{\omega \pm \sqrt{\omega^2 - 4f(x_k)f[x_k, x_{k-1}, x_{k-2}]}} \tag{2.40}$$

式中

$$\omega = f(x_k, x_{k-1}) + f(x_k, x_{k-1}, x_{k-2})(x_k - x_{k-1})$$

在式（2.40）中选取根式前的符号与 ω 的符号相同。

例 2.22 用抛物线法求解方程。

解 $x_0 = 1$，$y_0 = -6$

$$f(x_0, x_2) = \frac{-6-(-1)}{1-2} = 5$$

$x_2 = 2$，$y_2 = -1$

$$f(x_1, x_2) = \frac{16-(-1)}{3-2} = 17$$

$x_1 = 3$，$y_1 = 16$

$$f(x_0, x_2) - f(x_1, x_2) = 5 - 17 = -12$$
$$f(x_0, x_1, x_2) = \frac{-12}{-2} = 6$$

故

$$\omega = f(x_2, x_1) + f(x_2, x_1, x_0)(x_2 - x_1) = 11$$

代入式（2.40）求得

$$x_3 = x_2 - \frac{2f(x_2)}{\omega + \sqrt{\omega^2 - 4f(x_2)f(x_2, x_1, x_0)}} = 2.08680$$

准确值是 x=2.09455，所以 x_3 的误差是−0.00775。

抛物线法求出的 x_3 比用 x_0=3，x_1=2 为起点的弦截法求出的结果 x_2=20588 好一些，比

$x_0=2$，用一次牛顿法求出的结果 $x_1=2.1$ 差一些。

可以证明若 $f(x)$ 在解 x^* 附近有连续的三阶导数，且初始值充分接近于所求的解 x^*，则迭代过程是收敛的，其收敛速度是超线性的，收敛的阶 $p=1.840$，收敛速度比弦截法更接近于牛顿法。

小结

迭代法是方程求根的最常用的方法。在迭代法中，应着重掌握下述几点。

（1）迭代函数的定义及迭代公式的构造步骤。

（2）应用迭代法必须解决的 4 个问题：

① 迭代函数的构造；

② x_0 的选取；

③ 如何验证产生的序列 $\{x_n\}$ 是否收敛到根 x^*；

④ 如何控制迭代。

（3）定理 2.3 给出了选取 x_0 和验证迭代序列 $\{x_n\}$ 是否收敛到 x^* 的方法，同时必须注意此定理的条件是充分条件，而不是必要条件。

（4）控制迭代的常用方法是：对于给定的精度要求 ε，当 $|x_{n+1}-x_n|\leqslant\varepsilon$ 时，x_{n+1} 即为所求。

（5）局部收敛法。

① 局部收敛性的定义；

② 若迭代函数不具有局部收敛性，则应重新构造迭代函数；

③ 判定局部收敛性的方法，即定理 2.5。

（6）迭代收敛速度的定义及判定方法（定理 2.6 和定理 2.7）。

（7）产生迭代加速公式的基本思想：一个近似公式+其误差估计，可能产生一个更精确的近似公式。掌握两个迭代加速公式。

（8）牛顿法。

① 牛顿法的构造思想及几何解释；

② 对于方程 $f(x)=0$，牛顿迭代函数 $\varphi(x)=x-\dfrac{f(x)}{f'(x)}$，迭代式为 $x_{n+1}=x_n-\dfrac{f(x_n)}{f'(x_n)}$；

③ 牛顿法的局部收敛性的判定方法（定理 2.8）及收敛速度的判定方法（定理 2.9）。

（9）弦截法和快速弦截法的构造思想、几何解释和迭代公式。

（10）方程求近似根的实际计算步骤。

① 确定根 x^* 的范围 $[a,b]$；

② 选取迭代函数 $\varphi(x)=x-\dfrac{f(x)}{f'(x)}$；

③ 验证满足定理 2.3 的条件；

④ $\forall x_0\in[a,b]$，迭代并控制迭代。

习题

2-1 用二分法求方程 $f(x)=x^3-x-1=0$ 在区间[1,1.5]内的根，要求精确到小数点后第 2 位。

2-2 给定函数 $f(x)$，设对一切 x，$f'(x)$ 存在，且 $0<m\leqslant f'(x)\leqslant M$，证明对于范围 $0<\lambda<\dfrac{2}{M}$ 内任意选定的参数 λ，迭代公式

$$x_{k+1}=x_k-\lambda f(x_k)\qquad k=0,1,2,\cdots$$

由任意初值 x_0 产生的迭代序列 $\{x_n\}$ 恒收敛于 $f(x)=0$ 的根。

2-3 设 C 为正实数，x 为不等于 $\sqrt{C}$ 的正数。导出用切线法求 $\sqrt{C}$ 的公式并证明迭代序列 $\{x_n\}$ 有以下性质：

（1）$x_{n+1}^2-C=\dfrac{(x_n^2-C)^2}{(2x_n)^2}$；

（2）序列 $\{x_n\}$ 严格单调递减；

（3）误差 $\varepsilon_n=x_n-\sqrt{C}$ 满足条件 $\varepsilon_{n+1}=\dfrac{\varepsilon_n^2}{2}\cdot x_n$。

2-4 试根据下列函数讨论牛顿法的收敛性和收敛速度。

（1）$f(x)=\begin{cases}\sqrt{-x} & x<0\\ -\sqrt{x} & x\geqslant 0\end{cases}$

（2）$f(x)=\begin{cases}\sqrt[3]{x^2} & x\leqslant 0\\ -\sqrt[3]{x^2} & x<0\end{cases}$

2-5 将牛顿法用于方程 $x^3-a=0$，导出求立方根 $\sqrt[3]{a}$ 的迭代公式并讨论其收敛性。

2-6 用牛顿法求 $f(x)=x^{41}+x^3+1=0$ 在 $x_0=-1$ 附近的实根，要求满足精度 $|x_{k+1}-x_k|<0.001$。

2-7 用牛顿法求方程 $\mathrm{tg}x-4.88889\sin x+0.25=0$ 在区间[0,0.1]内的根（精确到 10^{-7}）。

2-8 用弦截法求方程 $x^3-3x-1=0$ 在 $x_0=2$ 附近的实根，设 $x_0=1.9$，计算到 4 位有效数字为止。

第3章　线性方程组的数值解法

在大数据时代，计算机应用实践和科学实验中的许多问题的解决常常归结为求解线性方程组。数据分析中的线性回归分析过程，其实就是线性代数方程组的数值求解过程，多用于预测领域，如机场客流量的时空分布预测、天气预测、音乐流行趋势预测、需求预测与仓储规划、货币基金资金流入/流出预测、中国人口增长分析等，都是根据历史数据来预测当前值的。我们可以构建一个多维度的线性方程组，利用历史数据进行线性代数方程组的数值求解，得出相应的系数，确定该线性方程，即可预测当前值；再比如电路系统分析法中，当抛弃具体物理意义后，其方程均为数学中的实系数（相对于直流）或复数系数（相对于交流）线性代数方程；在网络空间安全领域，线性方程组的数值解法在 Hill 密码体制中有一定应用，部分广义多模数 Hill 密码体制就采用了线性同余方程组的数值解法。

求解线性方程组，使用 Cramer 法则计算量大，而使用全选主元高斯（Gauss）消去法能够在保证计算精度的前提下大大减小计算量，同时可通过算法改进实现并行计算，进一步提升计算效率。

对于 n 阶线性方程组

$$\boldsymbol{Ax}=\boldsymbol{b} \tag{3.1}$$

其中

$$\boldsymbol{A}=\begin{bmatrix} a_{11} & a_{12} & \cdots & a_{1n} \\ a_{21} & a_{22} & \cdots & a_{2n} \\ \vdots & \vdots & & \vdots \\ a_{n1} & a_{n2} & \cdots & a_{nn} \end{bmatrix},\quad \boldsymbol{x}=\begin{bmatrix} x_1 \\ x_2 \\ \vdots \\ x_n \end{bmatrix},\quad \boldsymbol{b}=\begin{bmatrix} b_1 \\ b_2 \\ \vdots \\ b_n \end{bmatrix}$$

若方程组（3.1）的系数矩阵的行列式不等于零，即 $\det \boldsymbol{A} \neq 0$，则方程组（3.1）有唯一解，

$$\boldsymbol{x}=\boldsymbol{A}^{-1}\boldsymbol{b}$$

且其解可以用 Cramer 法则表示成

$$\boldsymbol{x}_i=\frac{\det \boldsymbol{A}_i}{\det \boldsymbol{A}} \qquad i=1,2,\cdots,n$$

其中 $\det \boldsymbol{A}_i$ 表示将 $\det \boldsymbol{A}$ 的第 i 列元素换成常数项 $\boldsymbol{b}$ 后所得的 n 阶行列式。用 Cramer 法则求解方程组（3.1）要进行 $(n!(n^2-1)+n)$ 次乘除法，当 n 较大时，计算量之大，将达到惊人的程度。例如，当 n=20 时，即使使用每秒千万次的计算机也得连续工作 30 万年才能完成计算。而在科学技术飞速发展的今天，计算上千阶的线性方程组也很常见，因此，在理论上十分完美的 Cramer 法则，在实际计算中也没有什么用处。所以寻求计算量小，存储少，算法简单并能保证达到所要求精度的算法，就显得很有必要。

解决上述问题的方法很多，归纳起来可分为两类：直接法和迭代法。

3.1 解线性方程组的直接法

若不考虑计算过程的舍入误差，则经过有限次运算后能求出方程组（3.1）的准确解。

3.1.1 高斯消去法

求解线性方程组的一种最基本的直接法是 Gauss 消去法。这是一种古老的方法，但用在现代电子计算机上仍然十分有效。其基本做法是利用方程组之间的同解变换，每次消去一个未知数，将原方程组转换为低一阶的方程组，这样依次做下去，直到最后得到一个一元一次方程为止，然后逐次回代求出原方程组的解。

设已知 n 元线性方程组

$$\begin{cases} a_{11}^{(0)}x_1 + a_{12}^{(0)}x_2 + \cdots + a_{1n}^{(0)}x_n = b_1^{(0)} \\ a_{21}^{(0)}x_1 + a_{22}^{(0)}x_2 + \cdots + a_{2n}^{(0)}x_n = b_2^{(0)} \\ \qquad\vdots \\ a_{n1}^{(0)}x_1 + a_{n2}^{(0)}x_2 + \cdots + a_{nn}^{(0)}x_n = b_n^{(0)} \end{cases} \tag{3.2}$$

Gauss 消去法的第 1 步是设 $a_{11}^{(0)} \neq 0$，然后用第 $i\,(i=2,3,\cdots,n)$ 个方程的各系数减去第 1 个方程相应系数的 $\dfrac{a_{i1}^{(0)}}{a_{11}^{(0)}}\,(i=2,3,\cdots,n)$ 倍，得到与方程组（3.2）等价的方程组

$$\begin{cases} a_{11}^{(0)}x_1 + a_{12}^{(0)}x_2 + \cdots + a_{1n}^{(0)}x_n = b_1^{(0)} \\ a_{22}^{(1)}x_2 + \cdots + a_{2n}^{(1)}x_n = b_2^{(1)} \\ \qquad\vdots \\ a_{n2}^{(1)}x_2 + \cdots + a_{nn}^{(1)}x_n = b_n^{(1)} \end{cases} \tag{3.3}$$

其中

$$a_{ij}^{(1)} = a_{ij}^{(0)} - a_{i1}^{(0)}\frac{a_{1j}^{(0)}}{a_{11}^{(0)}} \qquad i=2,3,\cdots,n;\ j=1,2,\cdots,n$$

$$b_i^{(1)} = b_i^{(0)} - a_{i1}^{(0)}\frac{b_1^{(0)}}{a_{11}^{(0)}} \qquad i=2,3,\cdots,n$$

同样地，对于方程组（3.3）的第 2 个方程，当 $a_{22}^{(1)} \neq 0$ 时，用第 $i\,(i=3,4,\cdots,n)$ 个方程的各系数减去第 2 个方程相应系数的 $\dfrac{a_{i2}^{(1)}}{a_{22}^{(1)}}\,(i=3,4,\cdots,n)$ 倍，得到与方程组（3.3）等价的方程组

$$\begin{cases} a_{11}^{(0)}x_1 + a_{12}^{(0)}x_2 + a_{13}^{(0)}x_3 + \cdots + a_{1n}^{(0)}x_n = b_1^{(0)} \\ a_{22}^{(1)}x_2 + a_{23}^{(1)}x_3 + \cdots + a_{2n}^{(1)}x_n = b_2^{(1)} \\ a_{33}^{(2)}x_3 + \cdots + a_{3n}^{(2)}x_n = b_3^{(2)} \\ \qquad\vdots \\ a_{n3}^{(n)}x_3 + \cdots + a_{nn}^{(n)}x_n = b_n^{(n)} \end{cases} \tag{3.4}$$

其中

$$a_{ij}^{(2)}=a_{ij}^{(1)}-a_{i2}^{(1)}\frac{a_{2j}^{(1)}}{a_{22}^{(1)}}\qquad i=3,4,\cdots,n;\ j=2,3,\cdots,n$$

$$b_{i}^{(2)}=b_{i}^{(1)}-a_{i2}^{(1)}\frac{b_{2}^{(1)}}{a_{22}^{(1)}}\qquad i=3,4,\cdots,n$$

如此下去，经 $n-1$ 次消元之后，将方程组（3.2）转换成与之等价的方程组

$$\begin{cases}a_{11}^{(0)}x_1+a_{12}^{(0)}x_2+a_{13}^{(0)}x_3+\cdots+a_{1n}^{(0)}x_n=b_1^{(0)}\\ a_{22}^{(1)}x_2+a_{23}^{(1)}x_3+\cdots+a_{2n}^{(1)}x_n=b_2^{(1)}\\ a_{33}^{(2)}x_3+\cdots+a_{3n}^{(2)}x_n=b_3^{(2)}\\ \qquad\vdots\\ a_{nn}^{(n-1)}x_n=b_n^{(n-1)}\end{cases}\tag{3.5}$$

从方程组（3.2）到方程组（3.5）的过程称消元过程。方程组（3.5）的系数矩阵是上三角矩阵，其求解是容易的。

由方程组（3.2）到方程组（3.5）的计算公式如下：

$$\begin{cases}a_{ij}^{(k)}=a_{ij}^{(k-1)}-a_{ik}^{(k-1)}\times\dfrac{a_{kj}^{(k-1)}}{a_{kk}^{(k-1)}} & i=k+1,k+2,\cdots,n;\ j=k,k+1,\cdots,n\\ b_{i}^{(k)}=b_{i}^{(k-1)}-a_{ik}^{(k-1)}\times\dfrac{b_{k}^{(k-1)}}{a_{kk}^{(k-1)}} & k=1,2,\cdots,n-1\end{cases}$$

对方程组（3.5）求解，得

$$\begin{cases}x_n=\dfrac{b_0^{(n-1)}}{a_{nn}^{(n-1)}}\\ x_{(n-1)}=\dfrac{b_{n-1}^{(n-2)}-a_{n-1,n}^{(n-2)}x_n}{a_{n-1,n-1}^{(n-2)}}\\ \qquad\vdots\\ x_1=\dfrac{b_1^{(0)}-a_{12}^{(0)}x_2-\cdots-a_{1n}^{(0)}x_n}{a_{11}^{(0)}}\end{cases}$$

上述过程称为回代过程，计算公式如下：

$$\begin{cases}x_n=\dfrac{b_n^{(n-1)}}{a_{nn}^{(n-1)}}\\ x_i=\left(b_i^{(i-1)}-\displaystyle\sum_{j=i+1}^{n}a_{ij}^{(i-1)}x_j\right)/a_{ij}^{(i-1)} & i=n-1,n-2,\cdots,1\end{cases}$$

在上述等价变换过程中，总是约定

$$a_{11}^{(0)}\neq 0,\ a_{22}^{(1)}\neq 0,\ a_{nn}^{(n-1)}\neq 0$$

例 3.1　用 Gauss 消去法解方程组

$$\begin{cases}2x_1+3x_2+4x_3=6\\ 3x_1+5x_2+2x_3=5\\ 4x_1+3x_2+30x_3=32\end{cases}$$

解 为展示清晰，列出如下计算情况。

方程组	方程	x_1	x_2	x_3	右端	说　明
I	I_1	2	3	4	6	$l_{21}=\frac{3}{2}$
	I_2	3	5	2	5	$l_{31}=\frac{4}{2}=2$
	I_3	4	3	30	32	
II	II_1	2	3	4	6	$l_{32}=-\frac{3}{\frac{1}{2}}=-6$
	II_2		$\frac{1}{2}$	−4	−4	$(\text{I}_2)-l_{21}\times(\text{I}_1)=(\text{II}_2)$
	II_3		−3	22	20	$(\text{I}_3)-l_{31}\times(\text{I}_1)=(\text{II}_3)$
III	III_1	2	3	4	6	
	III_2		$\frac{1}{2}$	−4	−4	
	III_3			2	4	$(\text{II}_3)-l_{32}\times(\text{II}_2)=(\text{III}_3)$
IV	IV_1	1			−13	$\frac{(\text{III}_1)-3\times(\text{IV}_2)-4\times(\text{IV}_3)}{2}=(\text{IV}_1)$
	IV_2		1		8	$((\text{III}_2)+4\times(\text{IV}_3))\times 2=(\text{IV}_2)$
	IV_3			1	2	$\frac{\text{III}_3}{2}=(\text{IV}_3)$

所以 $x_1=-13$，$x_2=8$，$x_3=2$。

3.1.2　列主元消去法

由上述讨论可知，Gauss 消去法的每一步都假定了 $a_{ii}^{(i-1)}\neq 0$，若在消元的过程中，第 k 步有 $a_{kk}^{(k-1)}=0$，则计算就会无法进行下去。另外，在第 k 步消元时，若 $a_{kk}^{(k-1)}$ 是个很小的量，则采用 Gauss 消去法，将上一步消元得到方程组的第 k 个方程乘以 $\dfrac{-a_{ik}^{(k-1)}}{a_{kk}^{(k-1)}}$，然后分别加到第 $i\,(i=k+1,k+2,\cdots,n)$ 个方程上。

我们知道，绝对值较小的数作除数可能带来较大的误差。例如，用 Gauss 消去法求解下列方程组

$$\begin{cases}10^{-5}x_1+x_2=0.6 & ①\\ x_1+x_2=1 & ②\end{cases}$$

若用 4 位有效数字进行计算，则由式②减去 $10^5\times$ 式①得

$$(1.000-1.000\times10^5)x_2=1.000-6.000\times10^4$$

所以

$$-1.000\times10^5x_2=-6.000\times10^4$$
$$x_2=6.000\times10^{-1}$$

回代得

$$x_1=10^5\times(0.6-x_2)=0$$

然而此方程组精确到 0.00001 的解是

$$\begin{cases} x_1 = 0.40000 \\ x_2 = 0.60000 \end{cases}$$

显然，用 Gauss 消去法得到的 x_1 与方程组的真正解相差甚远。

若交换上述方程组中式①和式②的位置，则得到与原方程同解的方程组

$$\begin{cases} x_1 + x_2 = 1 & ① \\ 10^{-5} x_1 + x_2 = 0.6 & ② \end{cases}$$

仍用 Gauss 消去法及 4 位有效数字对其求解，则由式②减去 $10^5 \times$ 式①得

$$(1.000 - 1.000 \times 10^{-5}) x_2 = 0.6000 - 1.000 \times 10^{-5}$$

所以

$$1.000 x_2 = 0.6000$$
$$x_2 = 0.6000$$

回代得

$$x_1 = (1 - x_2) = 0.4000$$

此结果令人很满意。

若方程组（3.2）可以用 Gauss 消去法求解，则方程组（3.2）的系数矩阵的各阶主子式均不为零。这一要求使得 Gauss 消去法在使用中很受限，而方程组（3.2）的解存在且唯一的充要条件是其系数矩阵的行列式不为零，并不要求其系数矩阵的各阶主子式均不为零。另外，用 Gauss 消去法求解方程组（3.2），在第 k 步消元时，若 $a_{kk}^{(k-1)}$ 是个很小的量，则有可能使得计算的舍入误差增大，从而使得计算的结果不可靠。而此时，可以从所得到的与原方程组同解的方程组的系数矩阵的第 k 列元素 $a_{kk}^{(k-1)}, a_{k+1,k}^{(k-1)}, \cdots, a_{nk}^{(k-1)}$ 中，选取一个绝对值最大的数 $a_{rk}^{(k-1)}$，交换矩阵中第 k 行和第 r 行的位置，所得矩阵对应的方程组与原方程组同解，对新的方程组再用 Gauss 消去法，即可在计算过程中避免出现绝对值很小的数作除数的情况。并且只要方程组（3.2）的系数矩阵的行列式不等于零，这样的消元过程就可以进行下去。

由上述讨论可知，对 Gauss 消去法有必要进行改进，且可以进行改进，从而提出了列主元消去法。

列主元消去法的具体做法是在进行第 $k(k = 1, 2, \cdots, n)$ 步消元时，对矩阵

$$\begin{bmatrix} a_{kk}^{(k-1)} & a_{k,k+1}^{(k-1)} & \cdots & a_{kn}^{(k-1)} \\ a_{k+1,k}^{(k-1)} & a_{k+1,k+1}^{(k-1)} & \cdots & a_{k+1,n}^{(k-1)} \\ \vdots & \vdots & & \vdots \\ a_{nk}^{(k-1)} & a_{n,k+1}^{(k-1)} & \cdots & a_{nn}^{(k-1)} \end{bmatrix}$$

的第 1 列选取绝对值最大的元素 $a_{rk}^{(k-1)}$，称 $a_{rk}^{(k-1)}$ 为主元，即

$$\left| a_{rk}^{(k-1)} \right| = \max_{k \leqslant 1 \leqslant n} \left| a_{ik}^{(k-1)} \right|$$

称主元所在的方程为主方程，然后将主方程，即第 r 个方程与第 k 个方程交换位置，再按 Gauss 消去法消元。

例 3.2　用列主元消去法解方程组

$$\begin{cases} x_1 + 2x_2 + 3x_3 = 1 \\ 5x_2 + 4x_2 + 10x_3 = 0 \\ 3x_2 - 0.1x_2 + x_3 = 2 \end{cases}$$

解　计算情况如下。

方程组	方程	x_1	x_2	x_3	右端	说　　明
I	I_1	1	2	3	1	列主元为 5
	I_2	5	4	10	0	I_2 为主方程
	I_3	3	-0.1	1	2	交换 I_1 和 I_2 的位置，再计算
II	II_1	5	4	10	0	$l_{21}=\frac{1}{5}$，$l_{31}=\frac{3}{5}$
	II_2		1.2	1	1	$(\mathrm{I}_1)-l_{21}\times(\mathrm{I}_1)=(\mathrm{II}_2)$
	II_3		-2.5	-5	2	$(\mathrm{I}_3)-l_{31}\times(\mathrm{I}_2)=(\mathrm{II}_3)$
III	III_1	5	4	10	0	列主元为-2.5，II_3 为主方程，交换 II_2 和 II_3 的位置
	III_2		-2.5	-5	0	$l_{32}=-\frac{1.2}{2.5}$
	III_3			-1.4	1.96	$(\mathrm{II}_3)-l_{32}\times(\mathrm{II}_2)=(\mathrm{III}_3)$
IV	IV_1	1			1.2	$((\mathrm{III}_1)-4\times(\mathrm{IV}_2)-10\times(\mathrm{IV}_3))\vee 5=(\mathrm{IV}_1)$
	IV_2		1		2	$((\mathrm{III}_2)+5\times(\mathrm{IV}_3))/(-2.5)=(\mathrm{IV}_2)$
	IV_3			1	-1.4	$(\mathrm{III}_3)/(-1.4)=(\mathrm{IV}_3)$

所以 $x_1=1.2$，$x_2=2$，$x_3=-1.4$。

3.1.3　矩阵的三角分解

1．Gauss 消去法的矩阵意义

在 Gauss 消去法中，由方程组（3.2）到方程组（3.5）的消元过程，就是反复用一个数乘以某方程，再加到另一方程上的过程。从矩阵运算的观点来看，消元的每一步都等价于用一个下三角矩阵去左乘此刻所获的与原方程同解的方程组的系数矩阵。

若记 $l_{ik}=a_{ik}^{(k-1)}/a_{kk}^{(k-1)}(k=1,2,\cdots,n-1;\ i=k+1,k+2,\cdots,n)$，第 k 次消元之前所得方程组的系数矩阵为 $\boldsymbol{A}^{(k-1)}$，第 k 次消元之后所得方程组的系数矩阵为 $\boldsymbol{A}^{(k)}$，k=1, 2, ⋯, n−1。则由方程组（3.2）经一步消元后得到方程组（3.3）的系数矩阵为

$$\boldsymbol{A}^{(1)}=\boldsymbol{L}_1\boldsymbol{A}^{(0)}$$

其中

$$\boldsymbol{L}_1=\begin{bmatrix} 1 & & & & \\ -l_{21} & 1 & & & \\ -l_{31} & 0 & 1 & & \\ \vdots & \vdots & \ddots & \ddots & \\ -l_{n1} & 0 & \cdots & 0 & 1 \end{bmatrix}$$

同理由方程组（3.3）经一步消元后得到方程组（3.4）的系数矩阵为

$$A^{(2)} = L_2 A^{(1)}$$

其中

$$L_2 = \begin{bmatrix} 1 & & & & & \\ 0 & 1 & & & & \\ 0 & -l_{32} & 1 & & & \\ 0 & -l_{42} & 0 & 1 & & \\ \vdots & \vdots & \vdots & \ddots & \ddots & \\ 0 & -l_{n2} & 0 & \cdots & 0 & 1 \end{bmatrix}$$

一般情况，在进行第 k 步消元时，记

$$L_k = \begin{bmatrix} 1 & & & & & \\ 0 & \ddots & & & & \\ \vdots & \cdots & 1 & & & \\ 0 & \cdots & -l_{k+1,k} & 1 & & \\ \vdots & & \vdots & \vdots & \ddots & \\ 0 & \cdots & -l_{nk} & 0 & \cdots & 1 \end{bmatrix}$$

则

$$A^k = L_k A^{(k-1)}$$

所以在这样的 $n-1$ 步以后，有

$$A^{(n-1)} = L_{n-1} L_{n-2} \cdots L_1 A^{(0)}$$

因为 $A^{(n-1)}$ 是上三角矩阵，若记 $U = A^{(n-1)}$，则

$$U = L_{n-1} L_{n-2} \cdots L_1 A^{(0)}$$

$$A^{(0)} = L_1^{-1} L_2^{-1} \cdots L_{n-1}^{-1} U$$

直接计算可知

$$L = L_1^{-1} L_2^{-1} \cdots L_{n-1}^{-1} = \begin{bmatrix} 1 & & & & \\ l_{21} & 1 & & & \\ l_{31} & l_{32} & 1 & & \\ \vdots & \vdots & \vdots & \ddots & \\ l_{n1} & l_{n2} & l_{n3} & \cdots & 1 \end{bmatrix}$$

这是一个主对角线元素全为 1 的下三角矩阵，于是，$A^{(0)}$ 可以表示为一个主对角线元素全为 1 的下三角矩阵与一个上三角矩阵的乘积

$$A^{(0)} = LU \tag{3.6}$$

式（3.6）称为矩阵 $A^{(0)}$ 的 LU 分解，也称为矩阵 $A^{(0)}$ 的三角分解。

2．矩阵的 LU 分解

由式（3.6）知，Gauss 消去法实质上是将方程组（3.1）的系数矩阵 A 分解成下三角矩阵与上三角矩阵的乘积。如果方程组（3.1）的系数矩阵 A 实现了 LU 分解，则其求解就变得非常容易，因为此时方程组（3.1）的求解可以视为求解具有三角系数矩阵的如下两个方程组

$$Ly = b \tag{3.7}$$

$$Ux = y \tag{3.8}$$

由式（3.7）求 $\boldsymbol{y}$，代入式（3.8）就得到解 $\boldsymbol{x}$。

在什么条件下矩阵 $\boldsymbol{A}$ 才有 LU 分解呢？关于这一问题，有如下定理。

【定理 3.1】 n 阶矩阵 $\boldsymbol{A}$ 与矩阵 $\boldsymbol{L}^{-1}\boldsymbol{A}$ 的相应主子式相等。

证明 设

$$\boldsymbol{A}=\begin{bmatrix}\boldsymbol{A}_k & \boldsymbol{A}_{12}\\ \boldsymbol{A}_{21} & \boldsymbol{A}_{22}\end{bmatrix},\quad \boldsymbol{L}^{-1}=\begin{bmatrix}\boldsymbol{L}_k & 0\\ \boldsymbol{H} & \boldsymbol{L}_{n-k,n-k}\end{bmatrix}$$

其中 $\boldsymbol{A}_k$ 为 $\boldsymbol{A}$ 的 k 阶主子矩阵，$\boldsymbol{L}_k$ 为 $\boldsymbol{L}$ 的 k 阶下三角主子矩阵。由

$$\begin{bmatrix}\boldsymbol{L}_k & 0\\ \boldsymbol{H} & \boldsymbol{L}_{n-k,n-k}\end{bmatrix}\begin{bmatrix}\boldsymbol{A}_k & \boldsymbol{A}_{12}\\ \boldsymbol{A}_{21} & \boldsymbol{A}_{22}\end{bmatrix}=\begin{bmatrix}\boldsymbol{B}_k & \boldsymbol{B}_{12}\\ \boldsymbol{B}_{21} & \boldsymbol{B}_{22}\end{bmatrix}$$

得 $\boldsymbol{L}_k\boldsymbol{A}_k=\boldsymbol{B}_k$，即 $\boldsymbol{B}_k$ 为以 $a_{ii}^{(i-1)}(i=1,2,\cdots,k)$ 为主对角线元素的上三角矩阵，因为

$$\det \boldsymbol{L}_k=1$$

所以

$$\det \boldsymbol{A}_k=\det \boldsymbol{B}_k\approx a_{11}^{(0)}a_{22}^{(1)}\cdots a_{kk}^{(k-1)}$$

【推论 3.1】 n 阶矩阵 $\boldsymbol{A}$ 的 k 阶主子式不等于 0 的充要条件是 $a_{kk}^{(k-1)}\neq 0(k=1,2,\cdots,n)$。

【定理 3.2】 若 n 阶矩阵 $\boldsymbol{A}$ 的各阶主子式 $\det \boldsymbol{A}_k\neq 0(k=1,2,\cdots,n)$，则存在唯一的下三角矩阵 $\boldsymbol{L}$ 和上三角矩阵 $\boldsymbol{U}$，使得

$$\boldsymbol{A}=\boldsymbol{L}\boldsymbol{U}$$

证明 设

$$\boldsymbol{A}=\begin{bmatrix}a_{11}^{(0)} & a_{12}^{(0)} & \cdots & a_{1n}^{(0)}\\ a_{21}^{(0)} & a_{22}^{(0)} & \cdots & a_{2n}^{(0)}\\ \vdots & \vdots & & \vdots\\ a_{n1}^{(0)} & a_{n2}^{(0)} & \cdots & a_{nn}^{(0)}\end{bmatrix}=\boldsymbol{A}^{(0)}$$

因为 $a_{11}^{(0)}\neq 0$，所以有

$$\boldsymbol{L}_1\boldsymbol{A}^{(0)}=\begin{bmatrix}a_{11}^{(0)} & a_{12}^{(0)} & \cdots & a_{1n}^{(0)}\\ 0 & a_{22}^{(1)} & \cdots & a_{2n}^{(1)}\\ \vdots & \vdots & & \vdots\\ 0 & a_{n2}^{(1)} & \cdots & a_{nn}^{(1)}\end{bmatrix}=\boldsymbol{A}^{(1)}$$

假定已有

$$\boldsymbol{L}_{k-1}\boldsymbol{A}^{(k-2)}=\begin{bmatrix}a_{11}^{(0)} & a_{12}^{(0)} & \cdots & a_{1,k-1}^{(0)} & a_{1k}^{(0)} & \cdots & a_{1n}^{(0)}\\ 0 & \vdots & & \vdots & \vdots & & \vdots\\ \vdots & \vdots & \cdots & a_{k-1,k-1}^{(k-2)} & a_{k-1,k}^{(k-2)} & \cdots & a_{k-1,n}^{(k-2)}\\ \vdots & \vdots & \cdots & 0 & a_{kk}^{(k-1)} & \cdots & a_{kn}^{(k-1)}\\ \vdots & \vdots & & \vdots & \vdots & & \vdots\\ 0 & 0 & \cdots & 0 & a_{nk}^{(n-2)} & \cdots & a_{nn}^{(n-1)}\end{bmatrix}=\boldsymbol{A}^{(k-1)}$$

因为 $\det \boldsymbol{A}_k\neq 0$，由推论 3.1 知，$a_{kk}^{(k-1)}\neq 0$，则存在 $\boldsymbol{L}_k$，使得

$$\boldsymbol{L}_k\boldsymbol{A}^{(k-1)}=\boldsymbol{A}^{(k)}$$

这样继续进行下去，当 $k=n-1$ 时，有

$$\boldsymbol{L}_{n-1}\boldsymbol{A}^{(n-2)} = \begin{bmatrix} a_{11}^{(0)} & a_{12}^{(0)} & \cdots & a_{1n}^{(0)} \\ & a_{22}^{(1)} & \cdots & a_{2n}^{(1)} \\ & & \ddots & \vdots \\ & & & a_{nn}^{(n-1)} \end{bmatrix} = \boldsymbol{U}$$

从而得

$$\boldsymbol{L}_{n-1}\boldsymbol{L}_{n-2}\cdots\boldsymbol{L}_2\boldsymbol{L}_1\boldsymbol{A} = \boldsymbol{U}$$
$$\boldsymbol{A} = \boldsymbol{L}_1^{-1}\boldsymbol{L}_2^{-1}\cdots\boldsymbol{L}_{n-1}^{-1}\boldsymbol{U} = \boldsymbol{L}\boldsymbol{U}$$

其中

$$\boldsymbol{L} = \boldsymbol{L}_1^{-1}\boldsymbol{L}_2^{-1}\cdots\boldsymbol{L}_{n-1}^{-1} = \begin{bmatrix} 1 & & & & \\ l_{21} & 1 & & & \\ l_{31} & l_{32} & 1 & & \\ \vdots & \vdots & \vdots & \ddots & \\ l_{n1} & l_{n2} & l_{n3} & \cdots & 1 \end{bmatrix}$$

下面用反证法证明分解的唯一性。若另有分解

$$\boldsymbol{A} = \tilde{\boldsymbol{L}}\tilde{\boldsymbol{U}}$$

则

$$\boldsymbol{A} = \boldsymbol{L}\boldsymbol{U} = \tilde{\boldsymbol{L}}\tilde{\boldsymbol{U}}$$

由于 $\boldsymbol{A}$ 是非奇异矩阵，所以 $\tilde{\boldsymbol{L}}$ 及 $\tilde{\boldsymbol{U}}$ 也是非奇异矩阵，因此

$$\boldsymbol{U}\tilde{\boldsymbol{U}}^{-1} = \boldsymbol{L}^{-1}\tilde{\boldsymbol{L}}$$

而 $\boldsymbol{L}^{-1}\tilde{\boldsymbol{L}}$ 是下三角矩阵且主对角线元素全为 1，$\boldsymbol{U}\tilde{\boldsymbol{U}}^{-1}$ 为上三角矩阵，故上式成立的充要条件是

$$\boldsymbol{U}\tilde{\boldsymbol{U}}^{-1} = \boldsymbol{L}^{-1}\tilde{\boldsymbol{L}} = \boldsymbol{E} \quad （\boldsymbol{E}\text{ 是 } n \text{ 阶单位矩阵}）$$

从而

$$\boldsymbol{U} = \tilde{\boldsymbol{U}}，\ \boldsymbol{L} = \tilde{\boldsymbol{L}}$$

应当注意的是，若对三角矩阵 $\boldsymbol{L}$、$\boldsymbol{U}$ 的主对角线元素没有任何要求，则分解式 $\boldsymbol{A} = \boldsymbol{L}\boldsymbol{U}$ 并不是唯一的，因为若设 $\boldsymbol{D}$ 为任意一个 n 阶非奇异对角矩阵，则

$$\boldsymbol{A} = \boldsymbol{L}\boldsymbol{U} = \boldsymbol{L}\boldsymbol{D}\boldsymbol{D}^{-1}\boldsymbol{U} = (\boldsymbol{L}\boldsymbol{D})(\boldsymbol{D}^{-1}\boldsymbol{U}) = \tilde{\boldsymbol{L}}\tilde{\boldsymbol{U}}$$

这是两个不同的分解。

若矩阵 $\boldsymbol{A}$ 的 LU 分解为 $\boldsymbol{A} = \boldsymbol{L}\boldsymbol{U}$，当 $\boldsymbol{A}$ 是可逆矩阵时，可知 $\boldsymbol{U}$ 是可逆矩阵。

设

$$\boldsymbol{U} = \begin{bmatrix} u_{11} & u_{12} & u_{13} & \cdots & u_{1n} \\ & u_{22} & u_{23} & \cdots & u_{2n} \\ & & u_{33} & \cdots & u_{3n} \\ & & & \ddots & \vdots \\ & & & & u_{nn} \end{bmatrix}$$

因为 $\boldsymbol{U}$ 是可逆矩阵，所以 $u_{ii} \neq 0(i = 1,2,\cdots,n)$，则 $\boldsymbol{U}$ 可以表示为

$$
\boldsymbol{U}=\begin{bmatrix} u_{11} & & & & \\ & u_{22} & & & \\ & & u_{33} & & \\ & & & \ddots & \\ & & & & u_{nn} \end{bmatrix}\begin{bmatrix} 1 & u_{12}/u_{11} & u_{13}/u_{11} & \cdots & u_{1n}/u_{11} \\ & 1 & u_{23}/u_{22} & \cdots & u_{2n}/u_{22} \\ & & 1 & \cdots & u_{3n}/u_{33} \\ & & & \ddots & \vdots \\ & & & & 1 \end{bmatrix}
$$

记

$$
\boldsymbol{D}=\begin{bmatrix} u_{11} & & & \\ & u_{22} & & \\ & & \ddots & \\ & & & u_{nn} \end{bmatrix},\quad \boldsymbol{U}_1=\begin{bmatrix} 1 & u_{12}/u_{11} & \cdots & u_{1n}/u_{11} \\ & 1 & \cdots & u_{2n}/u_{22} \\ & & \ddots & \vdots \\ & & & 1 \end{bmatrix}
$$

则 $\boldsymbol{A}$ 可表示为

$$
\boldsymbol{A}=\boldsymbol{L}\boldsymbol{D}\boldsymbol{U}_1
$$

【推论 3.2】 若 $\det \boldsymbol{A}_k \neq 0(k=1,2,\cdots,n)$，则 $\boldsymbol{A}=\boldsymbol{L}\boldsymbol{D}\boldsymbol{U}_1$ 分解是唯一的。

3. 列主元消去法的矩阵意义

在列主元消去法中，消元的第 k 步（$k=1,2,\cdots,n$）是对矩阵

$$
\boldsymbol{A}^{(k-1)}=\begin{bmatrix} a_{11}^{(0)} & a_{12}^{(0)} & \cdots & a_{1,k-1}^{(0)} & a_{1k}^{(0)} & a_{1,k-1}^{(0)} & a_{1n}^{(0)} \\ 0 & a_{22}^{(1)} & \cdots & a_{2,k-1}^{(1)} & a_{2k}^{(1)} & a_{2,k+1}^{(1)} & a_{2n}^{(1)} \\ \vdots & 0 & & \vdots & \vdots & \vdots & \vdots \\ \vdots & \vdots & & a_{k-1,k-1}^{(k-2)} & a_{k-1,k}^{(k-2)} & a_{k-1,k+1}^{(k-2)} & a_{k-1,n}^{(k-2)} \\ \vdots & \vdots & & 0 & a_{k,k}^{(k-1)} & a_{k,k+1}^{(k-1)} & a_{kn}^{(k-1)} \\ \vdots & \vdots & & \vdots & \vdots & \vdots & \vdots \\ 0 & 0 & \cdots & 0 & a_{nk}^{(n-1)} & a_{n,k+1}^{(n-1)} & a_{nn}^{(n-1)} \end{bmatrix}
$$

的第 k 列中第 k 行至第 n 行这 $n-k+1$ 个元素，选取绝对值最大元素 $a_{rk}^{(k-1)}(k\leqslant r\leqslant n)$，交换 $\boldsymbol{A}^{(k-1)}$ 的第 r 行与第 k 行，再按 Gauss 消去法消元。从矩阵运算的观点来看，这就等价于先用一个 n 阶初等矩阵左乘 $\boldsymbol{A}^{(k-1)}$，然后，再用一个主对角线元素全为 1 的下三角矩阵 $\boldsymbol{L}_k$ 去左乘所得的矩阵。

将互换 n 阶单位矩阵的两行而得到的初等矩阵称为置换矩阵，$\boldsymbol{p}_{ij}$ 表示 n 阶单位矩阵 $\boldsymbol{E}_n$ 的第 i 行和第 j 行交换而得到的置换矩阵。

【定理 3.3】 若 $\boldsymbol{A}$ 为非奇异矩阵，则存在置换矩阵 $\boldsymbol{P}$、上三角矩阵 $\boldsymbol{U}$ 及元素绝对值不大于 1 且主对角线元素全为 1 的下三角矩阵 $\boldsymbol{L}$，使得

$$
\boldsymbol{P}\boldsymbol{A}=\boldsymbol{L}\boldsymbol{U}
$$

证明 因为 $\det \boldsymbol{A}\neq 0$，所以在 $\boldsymbol{A}$ 的第 1 列中存在主元 $a_{i_1,1}^{(0)}\neq 0(i_1\geqslant 1)$。

若 $i_1\neq 1$，将 $\boldsymbol{A}$ 的第 i_1 行与第 1 行交换，并进行消元，即存在置换矩阵 $\boldsymbol{P}_1$ 和消元矩阵 $\boldsymbol{L}_1$，使得

$$
\boldsymbol{L}_1\boldsymbol{P}_1\boldsymbol{A}=\boldsymbol{A}^{(1)} \tag{3.9}
$$

此时，$\boldsymbol{A}^{(1)}$ 的第 1 列除 $a_{i,1}^{(0)}\neq 0$ 外，其余元素全为 0。

因为 $\det \boldsymbol{L}_1 = 1$，$\det \boldsymbol{P}_1 = -1$，所以 $\det \boldsymbol{A}^{(1)} \neq 0$。

于是在 $\boldsymbol{A}^{(1)}$ 的第 2 列中选主元 $a_{i_2,2}^{(1)} \neq 0$，进行置换和消元，即存在 $\boldsymbol{P}_2$、$\boldsymbol{L}_2$ 使得

$$\boldsymbol{L}_2 \boldsymbol{P}_2 \boldsymbol{A}^{(1)} = \boldsymbol{A}^{(2)} \tag{3.10}$$

进行下去，直到第 $n-1$ 步时，在矩阵 $\boldsymbol{A}^{(n-2)}$ 的第 $n-1$ 列中选主元 $a_{i_{n-1},n-1}^{(n-2)} \neq 0$，进行置换和消元，即存在 $\boldsymbol{P}_{n-1}$、$\boldsymbol{L}_{n-1}$，使得

$$\boldsymbol{L}_{n-1} \boldsymbol{P}_{n-1} \boldsymbol{A}^{(n-2)} = \boldsymbol{A}^{(n-1)} = \boldsymbol{U} \tag{3.11}$$

其中 $\boldsymbol{U}$ 为上三角矩阵。

将式（3.9）中的 $\boldsymbol{A}^{(1)}$ 代入式（3.10），再将式（3.10）中的 $\boldsymbol{A}^{(2)}$ 代入下一个公式，如此下去，一直到将 $\boldsymbol{A}^{(n-1)}$ 代入式（3.11），得

$$\boldsymbol{L}_{n-1} \boldsymbol{P}_{n-1} \cdots \boldsymbol{L}_2 \boldsymbol{P}_2 \boldsymbol{L}_1 \boldsymbol{P}_1 \boldsymbol{A} = \boldsymbol{U} \tag{3.12}$$

或

$$\boldsymbol{A} = \boldsymbol{P}_1 \boldsymbol{L}_1^{-1} \boldsymbol{P}_2 \boldsymbol{L}_2^{-1} \cdots \boldsymbol{P}_{n-1} \boldsymbol{L}_{n-1}^{-1} \boldsymbol{U}$$

因为 $\boldsymbol{P}_k^{-1} = \boldsymbol{P}_k (k = 1, 2, \cdots, n-1)$，所以式（3.12）可以改写为

$$\begin{aligned}
&\boldsymbol{P}_{n-1} \boldsymbol{P}_{n-2} \cdots \boldsymbol{P}_2 \boldsymbol{P}_1 \boldsymbol{A} \\
&= (\boldsymbol{P}_{n-1} \cdots \boldsymbol{P}_2 \boldsymbol{L}_1^{-1} \boldsymbol{P}_2 \cdots \boldsymbol{P}_{n-1})(\boldsymbol{P}_{n-1} \cdots \boldsymbol{P}_3 \boldsymbol{L}_2^{-1} \boldsymbol{P}_3 \cdots \boldsymbol{P}_{n-1}) \\
&\quad (\boldsymbol{P}_{n-1} \cdots \boldsymbol{P}_4 \boldsymbol{L}_3^{-1} \boldsymbol{P}_4 \cdots \boldsymbol{P}_{n-1}) \cdots (\boldsymbol{P}_{n-1} \boldsymbol{L}_{n-2}^{-1} \boldsymbol{P}_{n-1}) \boldsymbol{L}_{n-1}^{-1} \boldsymbol{U} \\
&= \tilde{\boldsymbol{L}}_1 \tilde{\boldsymbol{L}}_2 \cdots \tilde{\boldsymbol{L}}_{n-1} \boldsymbol{U}
\end{aligned} \tag{3.13}$$

其中

$$\tilde{\boldsymbol{L}}_k = \boldsymbol{P}_{n-1} \boldsymbol{P}_{n-2} \cdots \boldsymbol{P}_{k+1} \boldsymbol{L}_k^{-1} \boldsymbol{P}_{k+1} \cdots \boldsymbol{P}_{n-1} \qquad k = 1, 2, \cdots, n-1$$

记

$$\boldsymbol{P}_{n-1} \boldsymbol{P}_{n-2} \cdots \boldsymbol{P}_2 \boldsymbol{P}_1 = \boldsymbol{P},\ \tilde{\boldsymbol{L}}_1 \tilde{\boldsymbol{L}}_2 \cdots \tilde{\boldsymbol{L}}_{n-1} = \boldsymbol{L}$$

则

$$\boldsymbol{PA} = \boldsymbol{LU}$$

由 $\tilde{\boldsymbol{L}}_k$ 的构成可知，它是主对角线元素全为 1 的下三角矩阵 $\boldsymbol{L}_k^{-1}$ 的第 k 列对角线以下的元素通过行与列互换而得到的矩阵。因此，$\tilde{\boldsymbol{L}}_k$ 是主对角线元素全为 1 的下三角矩阵，所以

$$\prod_{k=1}^{n-1} \tilde{\boldsymbol{L}}_k = \boldsymbol{L}$$

也是主对角线元素全为 1 的下三角矩阵，且主对角线以下的元素的绝对值不大于 1。

对于 n 阶非奇异矩阵 $\boldsymbol{A}$，设 $\boldsymbol{A}$ 的 LU 分解为

$$\boldsymbol{A} = \boldsymbol{LU}$$

即

$$\begin{bmatrix} a_{11} & a_{12} & a_{13} & \cdots & a_{1n} \\ a_{21} & a_{22} & a_{23} & \cdots & a_{2n} \\ a_{31} & a_{32} & a_{33} & \cdots & a_{3n} \\ \vdots & \vdots & \vdots & & \vdots \\ a_{n1} & a_{n2} & a_{n3} & \cdots & a_{nn} \end{bmatrix} = \begin{bmatrix} 1 & & & & \\ l_{21} & 1 & & & \\ l_{31} & l_{32} & 1 & & \\ \vdots & \vdots & \vdots & \ddots & \\ l_{n1} & l_{n2} & l_{n3} & \cdots & 1 \end{bmatrix} \begin{bmatrix} u_{11} & u_{12} & u_{13} & \cdots & u_{1n} \\ & u_{22} & u_{23} & \cdots & u_{2n} \\ & & u_{33} & \cdots & u_{3n} \\ & & & \ddots & \vdots \\ & & & & u_{nn} \end{bmatrix}$$

由矩阵的乘法运算规则得

$$a_{1j}=u_{1j} \qquad j=1,2,\cdots,n$$

$$a_{ij}=\begin{cases}\sum_{k=1}^{j} l_{ik}u_{kj} & j<i;\ i=1,2,\cdots,n \\ \sum_{k=1}^{i-1} l_{ik}u_{kj}+u_{ij} & j\geqslant i\end{cases}$$

由此可得计算 l_{ij} 和 u_{ij} 的公式

$$\begin{cases}u_{1j}=a_{1j} & j=1,2,\cdots,n \\ l_{ij}=\left(a_{ij}-\sum_{k=1}^{j-1} l_{ik}u_{kj}\right)/u_{jj} & j=1,2,\cdots,n;\ i=j+1,\cdots,n \\ u_{ij}=a_{ij}-\sum_{k=1}^{k-1} l_{ik}u_{kj} & i=2,\cdots,n_i;\ j=i,\cdots,n\end{cases} \tag{3.14}$$

计算过程应按第 1 行，第 1 列，第 2 行，第 2 列，……的顺序进行。

例 3.3 求下面矩阵的 LU 分解。

$$\boldsymbol{A}=\begin{bmatrix}2 & 2 & 3 \\ -4 & 7 & 7 \\ -2 & 4 & 5\end{bmatrix}$$

解 由式（3.14）有

$$u_{11}=a_{11}=2,\ u_{12}=a_{12}=2,\ u_{13}=a_{13}=3$$

$$l_{21}=a_{21}/u_{11}=-4/2=-2,\ l_{31}=\alpha_{31}/u_{11}=-2/2=-1$$

$$u_{22}=a_{22}-l_{21}u_{12}=7-2\times 2=3,\ u_{23}=a_{23}-l_{21}u_{13}=7-2\times 3=1$$

$$l_{32}=(a_{32}-l_{31}u_{12})/u_{22}=(4-(-1)\times 2)/3=2$$

$$u_{33}=a_{33}-(l_{31}u_{13}+l_{32}u_{23})=5-((-1)\times 3+2\times 1)=5-(-1)=6$$

所以

$$\boldsymbol{A}=\begin{bmatrix}1 & 0 & 0 \\ 2 & 1 & 0 \\ -1 & 2 & 1\end{bmatrix}\begin{bmatrix}2 & 2 & 3 \\ 0 & 3 & 1 \\ 0 & 0 & 6\end{bmatrix}$$

3.1.4 追赶法

在三次样条插值问题或者用差分方法解常微分方程边值问题中，常常会遇到以下三对角矩阵

$$\boldsymbol{A}=\begin{bmatrix}a_1 & c_1 & & & & \\ b_2 & a_2 & c_2 & & & \\ & b_3 & a_3 & c_3 & & \\ & & \ddots & \ddots & \ddots & \\ & & b_{n-1} & a_{n-1} & c_{n-1} \\ & & & b_n & a_n\end{bmatrix} \tag{3.15}$$

为系数矩阵的线性方程组

$$\boldsymbol{Ax} = \boldsymbol{b}$$

对于这种特殊的线性方程组的求解，一种更加行之有效的方法为追赶法，这种方法在计算机上运算时可以节约大量存储空间。下面对此方法进行具体讨论。

设所给的线性方程组为

$$\begin{cases} a_1x_1 + c_1x_2 = r_1 \\ b_2x_1 + a_2x_2 + c_2x_3 = r_2 \\ b_3x_2 + a_3x_3 + c_3x_4 = r_3 \\ \qquad \vdots \\ b_{n-1}x_{n-2} + a_{n-1}x_{n-1} + c_{n-1}x_n = r_{n-1} \\ b_nx_{n-1} + a_nx_n = r_n \end{cases} \tag{3.16}$$

写成矩阵方程的形式为

$$\begin{bmatrix} a_1 & c_1 & & & & \\ b_2 & a_2 & c_2 & & & \\ & b_3 & a_3 & c_3 & & \\ & & \ddots & \ddots & \ddots & \\ & & & b_{n-1} & a_{n-1} & c_{n-1} \\ & & & & b_n & a_n \end{bmatrix} \begin{bmatrix} x_1 \\ x_2 \\ x_3 \\ \vdots \\ x_{n-1} \\ x_n \end{bmatrix} = \begin{bmatrix} r_1 \\ r_2 \\ r_3 \\ \vdots \\ r_{n-1} \\ r_n \end{bmatrix}$$

由方程组（3.16）的第 1 个方程解出 x_1 为

$$x_1 = \frac{r_1}{a_1} - \frac{c_1}{a_1}x_2 \tag{3.17}$$

令

$$u_1 = \frac{r_1}{a_1}，\ v_1 = \frac{c_1}{a_1} \tag{3.18}$$

于是

$$x_1 = u_1 - v_1x_2 \tag{3.19}$$

将式（3.19）代入式（3.16）的第 2 个方程解出 x_2 为

$$x_2 = \frac{r_2 - u_1b_2}{a_1 - v_1b_2} - \frac{c_2}{a_2 - v_1b_2}x_3$$

令

$$u_2 = \frac{r_2 - u_1b_2}{a_2 - v_1b_2}，\ v_2 = \frac{c_2}{a_2 - v_1b_2}$$

于是

$$x_2 = u_2 - v_2x_3 \tag{3.20}$$

再将式（3.20）代入式（3.16）的第 3 个方程解出 x_3。

如此下去，一般可得

$$x_k = u_k - v_kx_{k+1} \qquad k = 1,2,\cdots,n-1 \tag{3.21}$$

其中

$$\begin{cases} u_k = \dfrac{r_k - u_{k-1}b_k}{a_k - v_{k-1}b_k} & k = 2,3,\cdots,n \\ v_k = \dfrac{c_k}{a_k - v_{k-1}b_k} & k = 2,3\cdots,n-1 \end{cases} \tag{3.22}$$

且当$k=n$时，$x_n = u_n$。当$k=1$时，用式（3.18）计算u_1、v_1。且有

$$x_n = u_n \qquad k = n \tag{3.23}$$

在具体计算时，首先由式（3.18）和式（3.22），下标按从小到大的顺序，依次求得u_k和$v_k(k=1,2,\cdots,n-1)$，然后再由式（3.21）和式（3.23），下标按从大到小的顺序计算$x_k(k=n, n-1,\cdots,1)$。求u_k和v_k的过程，下标从小到大，称为追的过程，而求x_k的过程正好相反，下标从大到小，称为赶的过程。追赶法就是由这样的“追”和“赶”两部分组成的。所以称为解线性方程组的追赶法。

对于线性方程组（3.16）的系数矩阵$\boldsymbol{A}$有如下结论成立。

【定理 3.4】 若$b_i>0$，$c_i>0$，$a_i<0$，且

$$-a_i > c_1, \quad -a_n > b_n$$
$$-a_i \geqslant b_i + c_i \qquad i = 2,3,\cdots,n-1$$

则三对角矩阵$\boldsymbol{A}$的各阶主子式都不等于 0。

证明 用数学归纳法记矩阵$\boldsymbol{A}$的k阶主子式为$\Delta_k(k=1,2,\cdots,n)$，显然

$$\Delta_1 = a_1 \neq 0$$
$$\Delta_2 = a_1a_2 - b_2c_1 = (-a_1)(-a_2) - b_2c_1 \geqslant c_1(-a_2) - b_2c_1 = c_1(-a_2 - b_2)$$
$$\geqslant c_1(b_2 + c_2 - b_2) = c_1c_2 \neq 0$$

假定所有满足条件的$\Delta_{k-1}\neq 0$。在Δ_k中，若第$k-1$行减第k行的c_{k-1}/a_k倍，则第$k-1$行成为

$$0,\cdots,0,b_{k-1},a_{k-1} - b_k\frac{c_{k-1}}{a_k},0$$

记$\bar{a}_{k-1} = a_{k-1} - b_k\dfrac{c_{k-1}}{a_k}$，则有

$$\begin{vmatrix} a_1 & c_1 & & & & \\ b_2 & a_2 & c_2 & & & \\ & \ddots & \ddots & \ddots & & \\ & & b_{k-2} & a_{k-2} & c_{k-2} & \\ & & & b_{k-1} & a_{k-1} & c_{k-1} \\ & & & & b_k & a_k \end{vmatrix} = \begin{vmatrix} a_1 & c_1 & & & & \\ b_2 & a_2 & c_2 & & & \\ & \ddots & \ddots & \ddots & & \\ & & b_{k-2} & a_{k-2} & c_{k-2} & \\ & & & b_{k-1} & \bar{a}_{k-1} & 0 \\ & & & & b_k & a_k \end{vmatrix}$$

将Δ_k按第k列展开，有

$$\Delta_k = a_k\begin{vmatrix} a_1 & c_1 & & & \\ b_2 & a_2 & c_2 & & \\ & \ddots & \ddots & \ddots & \\ & & b_{k-2} & a_{k-2} & c_{k-2} \\ & & & b_{k-1} & \bar{a}_{k-1} \end{vmatrix} = a_k\bar{\Delta}_{k-1}$$

其中$\overline{\Delta}_{k-1}$是上式中的$k-1$阶行列式，其第$k-1$行的主对角线元素的绝对值大于b_{k-1}，这是因为

$$|\overline{a}_{k-1}| = \left|a_{k-1} - b_k \frac{c_{k-1}}{a_k}\right| \geqslant |a_{k-1}| - \frac{b_k}{|a_k|}c_{k-1} > |a_{k-1}| - c_{k-1} > b_{k-1}$$

即$\overline{\Delta}_{k-1}$满足假定条件，所以$\overline{\Delta}_{k-1} \neq 0$，从而$\Delta_k \neq 0$。

【定理 3.5】 形如式（3.15）的三对角矩阵$\boldsymbol{A}$若满足定理 3.4 的条件，则有下列唯一的三角分解式

$$\boldsymbol{A} = \boldsymbol{LU} = \begin{bmatrix} 1 & & & & \\ a_2 & 1 & & & \\ & a_3 & 1 & & \\ & & \ddots & \ddots & \\ & & & a_n & 1 \end{bmatrix} \begin{bmatrix} \beta_1 & c_1 & & & \\ & \beta_2 & c_2 & & \\ & & \ddots & \ddots & \\ & & & \beta_{n-1} & c_{n-1} \\ & & & & \beta_n \end{bmatrix} \tag{3.24}$$

其中

$$\begin{cases} \beta_1 = a_1 \\ a_1 = b_i / \beta_{i-1} \qquad i = 2,3,\cdots,n \\ \beta_i = a_i - a_i c_{i-1} \end{cases} \tag{3.25}$$

证明 由定理 3.4 和定理 3.2 可知，存在主对角线元素全为 1 的下三角矩阵$\boldsymbol{L}$和上三角矩阵$\boldsymbol{U}$，使得$\boldsymbol{A} = \boldsymbol{LU}$，且分解式唯一。

由定理 3.5 可知，追赶法的计算过程和消去法是一致的，计算u_k、v_k的过程相当于消元过程，此时方程组（3.16）转换为

$$\begin{bmatrix} 1 & v_1 & & & \\ & 1 & v_2 & & \\ & & \ddots & \ddots & \\ & & & 1 & v_{n-1} \\ & & & & 1 \end{bmatrix} \begin{bmatrix} x_1 \\ x_2 \\ \vdots \\ x_{n-1} \\ x_n \end{bmatrix} = \begin{bmatrix} u_1 \\ u_2 \\ \vdots \\ u_{n-1} \\ u_n \end{bmatrix} \tag{3.26}$$

而由上式计算x_k的过程相当于回代的过程。

追赶法尽管在本质上与消去法相同，但由于它考虑到方程组（3.16）的具体特点，计算时将系数的大量零元素撇开，从而大大减少了计算量，节省了存储空间。

例 3.4 解线性方程组

$$\begin{bmatrix} 4 & -1 & 0 \\ -1 & 4 & -1 \\ 0 & -1 & 4 \end{bmatrix} \begin{bmatrix} x_1 \\ x_2 \\ x_3 \end{bmatrix} = \begin{bmatrix} 2 \\ 4 \\ 10 \end{bmatrix}$$

解

$$u_1 = \frac{1}{2},\ v_1 = -\frac{1}{4}$$

$$u_2 = \frac{4 + \frac{1}{2}}{4 - \frac{1}{4}} = \frac{6}{5},\ v_2 = -\frac{1}{4 - \frac{1}{4}} = -\frac{4}{15}$$

$$u_3=\frac{10+\frac{6}{5}}{4-\frac{4}{15}}=3,\quad v_3=0$$

所以

$$\begin{cases}x_3=u_3=3\\ x_2=u_2-v_2x_3=\frac{6}{5}+\frac{4}{15}\times 3=2\\ x_1=u_1-v_1x_2=\frac{1}{2}+\frac{1}{4}\times 2=1\end{cases}$$

3.1.5 平方根法

若线性方程组

$$\boldsymbol{Ax}=\boldsymbol{b}$$

的系数矩阵 $\boldsymbol{A}$ 为对称正定矩阵，即 $\boldsymbol{A}$ 满足 $\boldsymbol{A}=\boldsymbol{A}^{\mathrm{T}}$，且 $\boldsymbol{A}$ 的各阶主子式不等于零。则这类方程组的求解可以使用其系数矩阵的三角分解，归结为三角矩阵方程的求解。

1．平方根法

【定理 3.6】 设 $\boldsymbol{A}$ 为对称正定矩阵

$$\boldsymbol{A}=\begin{bmatrix}a_{11} & a_{21} & \cdots & a_{n1}\\ a_{21} & a_{22} & \cdots & a_{n2}\\ \vdots & \vdots & & \vdots\\ a_{n1} & a_{n2} & \cdots & a_{nn}\end{bmatrix}$$

则有唯一的非奇异下三角矩阵

$$\boldsymbol{L}=\begin{bmatrix}l_{11} & & & \\ l_{21} & l_{22} & & \\ \vdots & \vdots & \ddots & \\ l_{n1} & l_{n2} & \cdots & l_{nn}\end{bmatrix}\tag{3.27}$$

使 $\boldsymbol{A}=\boldsymbol{LL}^{\mathrm{T}}$ 成立且 $\boldsymbol{L}$ 的主对角线元素均为正数。

证明 因为 $\boldsymbol{A}$ 是正定矩阵，所以 $\boldsymbol{A}$ 的各阶主子式均大于零。

由推论 3.2 可知，存在唯一的主对角线元素全为 1 的下三角矩阵 $\boldsymbol{L}_1$、对角矩阵 $\boldsymbol{D}$ 及主对角线元素全为 1 的上三角矩阵 $\boldsymbol{U}_1$，使得 $\boldsymbol{A}=\boldsymbol{L}_1\boldsymbol{DU}_1$。因为 $\boldsymbol{A}$ 是对称矩阵，所以 $\boldsymbol{A}^{\mathrm{T}}=\boldsymbol{U}_1^{\mathrm{T}}\boldsymbol{DL}_1^{\mathrm{T}}=\boldsymbol{A}$，即 $\boldsymbol{A}=\boldsymbol{U}_1^{\mathrm{T}}\boldsymbol{DL}_1^{\mathrm{T}}$。由于 $\boldsymbol{A}$ 的这种分解是唯一的，所以 $\boldsymbol{U}_1^{\mathrm{T}}=\boldsymbol{L}_1$，因此 $\boldsymbol{A}=\boldsymbol{U}_1^{\mathrm{T}}\boldsymbol{DU}_1$。

设 $\boldsymbol{x}$ 是任意一个 n 维非零向量，则由 $\boldsymbol{U}_1$ 是可逆矩阵知 $\boldsymbol{y}=\boldsymbol{U}_1^{-1}\boldsymbol{x}\neq 0$，于是由 $\boldsymbol{A}$ 是正定矩阵得

$$\boldsymbol{x}^{\mathrm{T}}\boldsymbol{Dx}=\boldsymbol{x}^{\mathrm{T}}(\boldsymbol{U}_1^{\mathrm{T}})^{-1}\boldsymbol{AU}_1^{-1}\boldsymbol{x}=(\boldsymbol{U}_1^{-1}\boldsymbol{x})^{\mathrm{T}}\boldsymbol{A}(\boldsymbol{U}_1^{-1}\boldsymbol{x})=\boldsymbol{y}^{\mathrm{T}}\boldsymbol{Ay}>0$$

即 $\boldsymbol{D}$ 是正定矩阵，因此 $\boldsymbol{D}$ 的主对角线元素均为正数。

设

$$\boldsymbol{D}=\begin{bmatrix} u_{11} & & & \\ & u_{22} & & \\ & & \ddots & \\ & & & u_{nn} \end{bmatrix}$$

记

$$\boldsymbol{D}_1=\begin{bmatrix} \sqrt{u_{11}} & & & \\ & \sqrt{u_{22}} & & \\ & & \ddots & \\ & & & \sqrt{u_{nn}} \end{bmatrix}$$

则

$$\boldsymbol{A}=\boldsymbol{U}_1^{\mathrm{T}}\boldsymbol{D}_1^{\mathrm{T}}\boldsymbol{D}_1\boldsymbol{U}=(\boldsymbol{D}_1\boldsymbol{U}_1)^{\mathrm{T}}(\boldsymbol{D}_1\boldsymbol{U}_1)=\boldsymbol{L}\boldsymbol{L}^{\mathrm{T}}$$

其中 $\boldsymbol{L}=(\boldsymbol{D}_1\boldsymbol{U}_1)^{\mathrm{T}}$ 是非奇异下三角矩阵，且主对角线元素皆为正数。因为 $\boldsymbol{D}=\boldsymbol{D}_1\boldsymbol{D}_1$ 分解是唯一的，所以 $\boldsymbol{A}=\boldsymbol{L}\boldsymbol{L}^{\mathrm{T}}$ 分解是唯一的。

矩阵的这种分解称为 Cholesky 分解。通过比较矩阵 $\boldsymbol{A}$ 和矩阵 $\boldsymbol{L}$，可得计算 $\boldsymbol{L}$ 的元素的计算公式

$$\begin{cases} l_{ij}=\left(a_{ij}-\sum\limits_{k=1}^{j-1}l_{ik}l_{jk}\right)/l_{jj} & j=1,2,\cdots,i-1 \\ l_{ii}=\left(a_{ii}-\sum\limits_{k=1}^{i-1}l_{ik}^2\right)^{1/2} & i=1,2,\cdots,n \end{cases} \tag{3.28}$$

当矩阵 $\boldsymbol{A}$ 完成了 Cholesky 分解后，对称正定方程组

$$\boldsymbol{A}\boldsymbol{x}=\boldsymbol{b}$$

可以归结为如下两个三角方程组来求解，即

$$\boldsymbol{L}\boldsymbol{y}=\boldsymbol{b}\text{和}\boldsymbol{L}^{\mathrm{T}}\boldsymbol{x}=\boldsymbol{y}$$

由 $\boldsymbol{L}\boldsymbol{y}=\boldsymbol{b}$ ，即

$$\begin{cases} l_{11}y_1=b \\ l_{21}y_1+l_{22}y_2=b_2 \\ \qquad\vdots \\ l_{n1}y_1+l_{n2}y_2+\cdots+l_{nn}y_n=b_n \end{cases}$$

可顺序地求得 $y_1,y_2,\cdots,y_n$ ，得

$$y_i=\left(b_i-\sum_{k=1}^{i-1}l_{ik}y_k\right)/l_{ii} \qquad i=1,2,\cdots,n$$

而由 $\boldsymbol{L}^{\mathrm{T}}\boldsymbol{x}=\boldsymbol{y}$ ，即

$$\begin{cases} l_{11}x_1+l_{21}x_2+\cdots+l_{n1}x_n=y_1 \\ l_{22}x_2+\cdots+l_{n2}x_n=y_2 \\ \qquad\vdots \\ l_{nn}x_n=y_n \end{cases}$$

可逆序地求得 $x_n,x_{n-1},\cdots,x_1$ ，得

$$x_i = \left(y_i - \sum_{k=i+1}^{n} l_{ki} x_k \right) / l_{ii} \qquad i = n, n-1, \cdots, 1$$

求解线性方程组的上述方法，由于方程组的系数矩阵的分解式（3.27）中含有开方运算，因此被称为平方根法。

2．改进的平方根法

由于上述的平方根法含有开方运算，因此不便于计算。事实上，平方根法中的开方运算是可以避免的。由定理 3.6 的证明过程，可以知道，对于对称正定矩阵 $\boldsymbol{A}$ 可以进行如下分解：

$$\boldsymbol{A} = \boldsymbol{L}\boldsymbol{D}\boldsymbol{L}^{\mathrm{T}}$$

其中 $\boldsymbol{L}$ 是主对角线元素全为 1 的下三角矩阵，$\boldsymbol{D}$ 为对角矩阵。

记

$$\boldsymbol{L} = \begin{bmatrix} 1 & & & \\ l_{21} & 1 & & \\ \vdots & \vdots & \ddots & \\ l_{n1} & l_{n2} & \cdots & 1 \end{bmatrix}, \quad \boldsymbol{D} = \begin{bmatrix} d_{11} & & & \\ & d_{22} & & \\ & & \ddots & \\ & & & d_{nn} \end{bmatrix}$$

对于 $k = 1, 2, \cdots, n$，得

$$\begin{cases} d_{kk} = a_{kk} - \sum\limits_{j=1}^{k-1} l_{kj}^2 d_{jj} \\ l_{ik} = \left(a_{ik} - \sum\limits_{j=1}^{k-1} l_{ij} d_{jj} l_{kj} \right) / d_{kk} \qquad i = k+1, k+2, \cdots, n \end{cases} \tag{3.29}$$

因此，对矩阵 $\boldsymbol{A}$ 进行 $\boldsymbol{L}\boldsymbol{D}\boldsymbol{L}^{\mathrm{T}}$ 分解后，方程 $\boldsymbol{A}\boldsymbol{x}=\boldsymbol{b}$ 的求解可分为两步进行。先解方程组 $\boldsymbol{L}\boldsymbol{y} = \boldsymbol{b}$，即 $\boldsymbol{D}\boldsymbol{L}^{\mathrm{T}}\boldsymbol{x} = \boldsymbol{y}$，再由 $\boldsymbol{L}^{\mathrm{T}}\boldsymbol{x} = \boldsymbol{D}^{-1}\boldsymbol{y}$ 求得 $\boldsymbol{x}$，计算公式为

$$\begin{cases} y_1 = b_1 \\ y_k = b_k - \sum\limits_{j=1}^{k-1} l_{kj} y_j \qquad k = 2, 3, \cdots, n \\ x_n = y_n / d_{nn} \\ x_k = \dfrac{y_k}{d_{kk}} - \sum\limits_{j=k+1}^{n} l_{jk} x_j \qquad k = n-1, n-2, \cdots, 1 \end{cases} \tag{3.30}$$

该求解方程组的方法称为改进的平方根法。

例 3.5 用改进的平方根法解下列方程组

$$\begin{cases} 5x_1 + 10x_2 + 30x_3 = 8 \\ 10x_1 + 30x_2 + 100x_3 = 20 \\ 30x_1 + 100x_2 + 354x_3 = 70 \end{cases}$$

解 因为所给的方程组的各阶主子式分别为

$$|5| = 5 > 0$$

$$\begin{vmatrix} 5 & 10 \\ 10 & 30 \end{vmatrix} = 150 - 100 = 50 > 0$$

$$\begin{vmatrix} 5 & 10 & 30 \\ 10 & 30 & 100 \\ 30 & 100 & 354 \end{vmatrix} = \begin{vmatrix} 5 & 10 & 30 \\ 0 & 10 & 40 \\ 0 & 40 & 174 \end{vmatrix} = 5\begin{vmatrix} 10 & 40 \\ 40 & 174 \end{vmatrix} = 5\begin{vmatrix} 10 & 40 \\ 0 & 14 \end{vmatrix} > 0$$

即所给方程组的系数矩阵的各阶主子式值均大于零，所以所给方程组的系数矩阵是对称正定矩阵。

由式（3.29）计算分解式得

$$d_{11} = 5$$

$$l_{21} = 2，\ l_{31} = 6$$

$$d_{22} = a_{22} - l_{21}^2 d_{11} = 30 - 4 \times 5 = 10$$

$$l_{32} = (a_{32} - l_{31} d_{11} l_{21})/d_{22} = (100 - 6 \times 5 \times 2)/10 = 4$$

$$d_{33} = a_{33} - l_{31}^2 d_{11} - l_{32}^2 d_{22} = 354 - 36 \times 5 - 16 \times 10 = 14$$

由式（3.30）计算得

$$y_1 = 8$$

$$y_2 = b_2 - l_{21} y_1 = 20 - 2 \times 8 = 4$$

$$y_3 = b_3 - l_{31} y_1 - l_{32} y_2 = 70 - 6 \times 8 - 4 \times 4 = 6$$

$$x_3 = y_3 / d_{33} = 6/14 = \frac{3}{7}$$

$$x_2 = \frac{y_2}{d_{22}} - l_{32} x_3 = \frac{4}{10} - 4 \times \frac{3}{7} = 4 \times \left(\frac{1}{10} - \frac{3}{7}\right) = -\frac{46}{35}$$

$$x_1 = \frac{y_1}{d_{11}} - l_{21} x_2 - l_{31} x_3 = \frac{8}{5} - 2 \times \left(-\frac{46}{35}\right) - 6 \times \frac{3}{7} = \frac{58}{35}$$

所以原方程组的解为

$$\boldsymbol{x} = \left(\frac{58}{35}, -\frac{46}{35}, \frac{3}{7}\right)^{\mathrm{T}}$$

3.1.6　向量和矩阵的范数

在线性代数方程组的数值解法中，经常需要分析解向量的误差。向量和矩阵的范数及矩阵的条件数在研究线性代数方程组的数值解法的误差分析中起着十分重要的作用。

1．向量的范数

分析线性代数方程组的数值解法所产生的解向量的误差，比较不同数值方法所产生的误差向量的“大小”，需要对向量的“大小”引进某种度量。

例如，在三维空间中对向量 $\boldsymbol{x} = (x_1, x_2, x_3)^{\mathrm{T}}$，以数

$$\|\boldsymbol{x}\| = (x_1^2 + x_2^2 + x_3^2)^{\frac{1}{2}}$$

作为向量 $\boldsymbol{x}$ 的“大小”的一个度量，并称其为向量 $\boldsymbol{x}$ 的长度。

将这一概念推广到一般，用一个数来度量 n 维向量 $\boldsymbol{x}$ 的大小，其定义如下。

【定义 3.1】 对于 $\boldsymbol{R}^n$ 中的任意一个向量 $\boldsymbol{x} = (x_1, x_2, \cdots, x_n)^{\mathrm{T}}$，按一定的规则，有一实数与之对应，记为 $\|\boldsymbol{x}\|$，若 $\|\boldsymbol{x}\|$ 满足：

（1）$\|\boldsymbol{x}\| \geqslant 0$，当且仅当 $\boldsymbol{x}=0$ 时，$\|\boldsymbol{x}\|=0$；

（2）对于任何实数 λ，有 $\|\lambda \boldsymbol{x}\|=|\lambda|\|\boldsymbol{x}\|$；

（3）对于任何向量 $\boldsymbol{y} \in \boldsymbol{R}^n$，有 $\|\boldsymbol{x}+\boldsymbol{y}\| \leqslant \|\boldsymbol{x}\|+\|\boldsymbol{y}\|$。

则称这种由 $\boldsymbol{R}^n$ 到 $\boldsymbol{R}$ 的函数，$\|\boldsymbol{x}\|$ 为向量 $\boldsymbol{x}$ 的范数。

例如，对于任意的 $\boldsymbol{x} \in \boldsymbol{R}^n$，则

$$\|\boldsymbol{x}\|_1=\sum_{i=1}^{n}|x_i| \tag{3.31}$$

$$\|\boldsymbol{x}\|_2=\left(\sum_{i=1}^{n} x_i^2\right)^{\frac{1}{2}} \tag{3.32}$$

$$\|\boldsymbol{x}\|_\infty=\max_{1 \leqslant i \leqslant tn}|x_i| \tag{3.33}$$

分别定义了 $\boldsymbol{R}^n$ 上三种不同的向量范数。

证明 $\|\boldsymbol{x}\|_1$ 在 $\boldsymbol{R}^n$ 上定义了一种向量范数。因为对于任何的 $\boldsymbol{x} \in \boldsymbol{R}^n$：

（1）$\|\boldsymbol{x}\|_1=|x_1|+|x_2|+\cdots+|x_n| \geqslant 0$，当且仅当 $\boldsymbol{x}=0$ 时，$\|\boldsymbol{x}\|_1=0$;

（2）对于任意一个实数 λ

$$\|\lambda \boldsymbol{x}\|_1=|\lambda x_1|+|\lambda x_2|+\cdots+|\lambda x_n|=|\lambda| \sum_{i=1}^{n}|x_i|=|\lambda|\|\boldsymbol{x}\|_1$$

（3）对于任何的 $\boldsymbol{y} \in \boldsymbol{R}^n$

$$\begin{aligned}\|\boldsymbol{x}+\boldsymbol{y}\|_1 &=|x_1+y_1|+|x_2+y_2|+\cdots+|x_n+y_n| \\ &\leqslant |x_1|+|y_1|+|x_2|+|y_2|+\cdots+|x_n|+|y_n|=\|\boldsymbol{x}\|_1+\|\boldsymbol{y}\|_1\end{aligned}$$

所以，$\|\,\|_1$ 在 $\boldsymbol{R}^n$ 上定义了一种向量范数。$\|\,\|_2$ 和 $\|\,\|_\infty$ 也在 $\boldsymbol{R}^n$ 上分别定义了两种向量范数的证明留给读者。

$\boldsymbol{R}^n$ 上由 $\|\,\|_1$、$\|\,\|_2$ 和 $\|\,\|_\infty$ 定义的范数分别称为 1-范数、2-范数和 ∞-范数。它们是用来度量 $\boldsymbol{R}^n$ 中向量大小的三种常用的范数。

对于 $\boldsymbol{R}^n$ 上的两种范数 $\|\,\|$ 和 $\|\,\|'$，若存在与 $\boldsymbol{x}$ 无关的实数 m 和 $M(0<m \leqslant M)$，使得

$$m\|\boldsymbol{x}\| \leqslant \|\boldsymbol{x}\|' \leqslant M\|\boldsymbol{x}\|$$

则称这两种范数 $\|\,\|$ 和 $\|\,\|'$ 是等价的。

向量的不同范数的数值是不一样的，但这并不影响度量误差向量的大小，因为有如下结论。

【定理 3.7】 $\boldsymbol{R}^n$ 上的任何两种范数都是等价的。

【引理 3.1】 设 $\|\,\|$ 是 $\boldsymbol{R}^n$ 上的任何一种范数，则对任何的 $\boldsymbol{x}, \boldsymbol{y} \in \boldsymbol{R}^n$，$|\|\boldsymbol{x}\|-\|\boldsymbol{y}\|| \leqslant \|\boldsymbol{x}-\boldsymbol{y}\|$ 成立。

证明 因为定义 3.1 的第（3）条，所以有

$$\|\boldsymbol{x}\|=\|(\boldsymbol{x}-\boldsymbol{y})+\boldsymbol{y}\| \leqslant \|\boldsymbol{x}-\boldsymbol{y}\|+\|\boldsymbol{y}\|$$

即

$$\|\boldsymbol{x}\|-\|\boldsymbol{y}\| \leqslant \|\boldsymbol{x}-\boldsymbol{y}\|$$

同理

$$\|\boldsymbol{y}\|-\|\boldsymbol{x}\| \leqslant \|\boldsymbol{y}-\boldsymbol{x}\|$$

而

$$\|y-x\|=\|-1(x-y)\|=|-1|\|x-y\|=\|x-y\|$$

即

$$\|y\|-\|x\|\leqslant\|x-y\|$$

因此

$$\|x\|-\|y\|\geqslant-\|x-y\|$$

所以

$$|\|x\|-\|y\||\leqslant\|x-y\|$$

【引理 3.2】 定义在 $\boldsymbol{R}^n$ 上的任何向量范数 $\|\boldsymbol{x}\|$ 是向量 $\boldsymbol{x}$ 的一致连续函数。

证明 设 $\boldsymbol{\eta}\in\boldsymbol{R}^n$，$\boldsymbol{e}_1,\boldsymbol{e}_2,\cdots,\boldsymbol{e}_n$ 是 $\boldsymbol{R}^n$ 的一组基点，且

$$\boldsymbol{\eta}=h_1\boldsymbol{e}_1+h_2\boldsymbol{e}_2+\cdots+h_n\boldsymbol{e}_n$$

记 $\sum_{i=1}^{n}\|\boldsymbol{e}_i\|=\alpha$，则 α 是一个固定数。当 $\max\limits_{1\leqslant i\leqslant n}|h_i|<\delta$ 时，由定义 3.1 的第（3）条得

$$\|\boldsymbol{\eta}\|\leqslant\sum_{i=1}^{n}|h_i|\|\boldsymbol{e}\|\in\delta\sum_{i=1}^{n}\|\boldsymbol{e}_i\|=\alpha\delta$$

因此，对于任意给定的正数 ε，可取 $\delta=\dfrac{\varepsilon}{\alpha}$，则只要当 $\|\boldsymbol{\eta}\|\leqslant\alpha\delta$ 时，就有

$$|\|\boldsymbol{x}+\boldsymbol{\eta}\|-\|\boldsymbol{x}\||\leqslant\|\boldsymbol{\eta}\|<\varepsilon$$

【引理 3.3】 定义在 $\boldsymbol{R}^n$ 上的任何向量范数 $\|\boldsymbol{x}\|$ 都与范数 $\|\boldsymbol{x}\|_1$ 等价。

证明 设 $z\in\boldsymbol{R}^n$，由引理 3.2 可知，$\|z\|$ 是 z 的连续函数。因此 $\|z\|$ 在有界闭集 $\boldsymbol{G}=\{z|\|z\|_1=1\}$ 上是有界的，且一定能达到其最大值和最小值。

设 $\|z\|$ 在 $\boldsymbol{G}$ 上的最大值为 M，最小值为 m。则对于任意 $z\in\boldsymbol{G}$，有

$$m\leqslant\|z\|\leqslant M$$

因为当 $z\in\boldsymbol{G}$ 时，$\|z\|_1=1$，所以 z 是非零向量，即 $\|z\|$ 在 $\boldsymbol{G}$ 上大于零。因此 $m>0$。

设 $\boldsymbol{x}\in\boldsymbol{R}^n$ 是任意一个非零向量，则 $\dfrac{\boldsymbol{x}}{\|\boldsymbol{x}\|_1}\in\boldsymbol{G}$，所以

$$m\leqslant\left\|\frac{\boldsymbol{x}}{\|\boldsymbol{x}\|_1}\right\|\leqslant M$$

即

$$m\leqslant\frac{1}{\|\boldsymbol{x}\|_1}\|\boldsymbol{x}\|\leqslant M$$

所以

$$m\|\boldsymbol{x}\|_1\leqslant\|\boldsymbol{x}\|\leqslant M\|\boldsymbol{x}\|_1$$

由以上三个引理的证明，现在可以证明定理 3.7 如下。

证明 设 $\|\ \|$ 和 $\|\ \|'$ 是定义在 $\boldsymbol{R}^n$ 上的任意两种范数，则由引理 3.3 可知 $\|\ \|$ 和 $\|\ \|'$ 等价且 $\|\ \|'$ 和 $\|\ \|_1$ 等价，即存在实数 m 和 $M(0<m\leqslant M)$ 及实数 m' 和 $M'(0<m'\leqslant M')$，使得对于任何的 $\boldsymbol{x}\in\boldsymbol{R}^n$，有

$$m\|\boldsymbol{x}\|_1\leqslant\|\boldsymbol{x}\|\leqslant M\|\boldsymbol{x}\|_1$$

$$m'\|\boldsymbol{x}\|' \leqslant \|\boldsymbol{x}\|_1 \leqslant M'\|\boldsymbol{x}\|'$$

因此有

$$mm'\|\boldsymbol{x}\|' \leqslant m\|\boldsymbol{x}\|_1 \leqslant \|\boldsymbol{x}\| \leqslant M\|\boldsymbol{x}\|_1 \leqslant MM'\|\boldsymbol{x}\|'$$

即

$$mm'\|\boldsymbol{x}\|' \leqslant \|\boldsymbol{x}\| \leqslant MM'\|\boldsymbol{x}\|'$$

记 $m^* = mm'$，$M^* = MM'$，由 $0 < m \leqslant M$ 和 $0 < m' \leqslant M'$ 可知 $0 < m^* \leqslant M^*$

所以

$$m^*\|\boldsymbol{x}\|' \leqslant \|\boldsymbol{x}\| \leqslant M^*\|\boldsymbol{x}\|'$$

定理 3.7 表明，一个向量若按某种范数是一小量，则它按任何一种范数也都是一个小量。因此，不同的范数在数量上的差别对分析误差并无影响，这样，可以根据具体问题选择适当的范数，以便分析和计算。

2. 矩阵的范数

为了用范数来表示线性代数方程组的解的精确度，还需要对矩阵的“大小”有类似的数量表示。

【定义 3.2】 对于任意 n 阶方阵 $\boldsymbol{A}$，按一定的规则，有一实数与之对应，记为 $\|\boldsymbol{A}\|$，若 $\|\boldsymbol{A}\|$ 满足：

（1）$\|\boldsymbol{A}\| \geqslant 0$，当且仅当 $\boldsymbol{A} = 0$ 时，$\|\boldsymbol{A}\| = 0$；

（2）对于任何实数 λ，有 $\|\lambda\boldsymbol{A}\| = |\lambda|\|\boldsymbol{A}\|$；

（3）对于任何 n 阶方阵 $\boldsymbol{B}$，有 $\|\boldsymbol{A}+\boldsymbol{B}\| \leqslant \|\boldsymbol{A}\|+\|\boldsymbol{B}\|$；

（4）对于任何 n 阶方阵 $\boldsymbol{B}$，有 $\|\boldsymbol{A}\boldsymbol{B}\| \leqslant \|\boldsymbol{A}\|\,\|\boldsymbol{B}\|$。

则称这种由 $\boldsymbol{R}^{n\times n}$ 到 $\boldsymbol{R}^n$ 的函数 $\|\boldsymbol{A}\|$ 为 $\boldsymbol{A}$ 的范数。

例如，对于任意的 $\boldsymbol{A} = (a_{ij}) \in \boldsymbol{R}^{n\times n}$，有

$$\|\boldsymbol{A}\|_1 = \max_{1\leqslant j\leqslant n}\sum_{i=1}^{n}|a_{ij}|$$

为 $\boldsymbol{R}^{n\times n}$ 上的一种矩阵范数。

证明

（1）因为 $\max\limits_{1\leqslant j\leqslant n}\sum\limits_{i=1}^{n}|a_{ij}| = 0$，当且仅当 $j = 1,2,\cdots,n$ 时，有 $\sum\limits_{i=1}^{n}|a_{ij}| = 0$。而 $\sum\limits_{i=1}^{n}|a_{ij}| = 0$，当且仅当 $i = 1,2,\cdots,n$ 时，有 $\|a_{ij}\| = 0$，所以 $\|\boldsymbol{A}\|_1 \geqslant 0$，当且仅当 $\boldsymbol{A} = 0$ 时，有 $\|\boldsymbol{A}\|_1 = 0$。

（2）对于任意的实数 λ，$\lambda\boldsymbol{A} = (\lambda a_{ij})$，则

$$\|\lambda\boldsymbol{A}\|_1 = \max_{1\leqslant j\leqslant n}\sum_{i=1}^{n}|\lambda a_{ij}| = \max_{1\leqslant j\leqslant n}|\lambda|\sum_{i=1}^{n}|a_{ij}| = |\lambda|\max_{1\leqslant j\leqslant n}\sum_{i=1}^{n}|a_{ij}| = |\lambda|\|\boldsymbol{A}\|_1$$

（3）对于任何两个 n 阶方阵 $\boldsymbol{A} = (a_{ij})$、$\boldsymbol{B} = (b_{ij})$，有

$$\|\boldsymbol{A}+\boldsymbol{B}\|_1 = \max_{1\leqslant j\leqslant n}\sum_{i=1}^{n}|a_{ij}+b_{ij}| < \max_{1\leqslant j\leqslant n}\sum_{i=1}^{n}(|a_{ij}|+|b_{ij}|)$$

$$\leqslant \max_{1\leqslant j\leqslant n}\sum_{i=1}^{n}|a_{ij}| + \max_{1\leqslant j\leqslant n}\sum_{i=1}^{n}|b_{ij}|$$

$$=\|A\|_1+\|B\|_1$$

（4）对于任何两个 n 阶方阵 $A=(a_{ij})$、$B=(b_{ij})$，有

$$\begin{aligned}\|AB\|_1&=\max_{1\leqslant j\leqslant n}\sum_{i=1}^{n}\left|\sum_{k=1}^{n}a_{ik}b_{kj}\right|\leqslant\max_{1\leqslant j\leqslant n}\sum_{i=1}^{n}\left(\sum_{k=1}^{n}|a_{ik}||b_{kj}|\right)\\&=\max_{1\leqslant j\leqslant n}\sum_{k=1}^{n}\left(\sum_{i=1}^{n}|a_{ik}|\right)|b_{kj}|\leqslant\max_{1\leqslant j\leqslant n}\sum_{k=1}^{n}\left(\max_{1\leqslant k\leqslant n}\sum_{i=1}^{n}|a_{ik}|\right)|b_{kj}|\\&=\left(\max_{1\leqslant k\leqslant n}\sum_{i=1}^{n}|a_{ik}|\right)\max_{1\leqslant j\leqslant n}\sum_{k=1}^{n}|b_{kj}|\\&=\|A\|_1\|B\|_1\end{aligned}$$

所以 $\|A\|_1=\max\limits_{1\leqslant j\leqslant n}\sum\limits_{i=1}^{n}|a_{ij}|$，定义了 $R^{n\times n}$ 上的一种矩阵范数。

【定理 3.8】 设 A 是 n 阶方阵，$\|\|$ 是 R^n 上的向量范数，则

$$|A|=\max_{x\neq 0}\frac{\|Ax\|}{\|x\|}$$

是 $R^{n\times n}$ 上的一种矩阵范数。

证明　设 $A=(a_{ij})$ 是任意一个 n 阶方阵。x 是任意一个 n 维非零向量。

因为

$$\frac{\|Ax\|}{\|x\|}=\left\|A\frac{x}{\|x\|}\right\|,\ 且\left\|\frac{x}{\|x\|}\right\|=1$$

所以

$$\|A\|=\max_{x\neq 0}\frac{\|Ax\|}{\|x\|}=\max_{x\neq 0}\left\|A\frac{x}{\|x\|}\right\|=\max_{\|x\|=1}\|Ax\|$$

（1）因为 $\|Ax\|\geqslant 0$，所以 $\|A\|=\max\limits_{\|x\|=1}\|Ax\|\geqslant 0$，若 $A=0$，则 $\|A\|=\max\limits_{\|x\|=1}\|Ax\|=0$，若 $\|A\|=0$，则对于任意 n 维非零向量 x，有 $\|Ax\|=0$。而由 $\|Ax\|=0$，可知 $Ax=0$，所以 $A=0$。

（2）对于任意实数 λ，有

$$\begin{aligned}\|\lambda A\|&=\max_{\|x\|=1}\|\lambda Ax\|=\max_{\|x\|=1}|\lambda|\|Ax\|\\&=|\lambda|\max_{\|x\|=1}\|Ax\|=|\lambda|\|A\|\end{aligned}$$

（3）设 $B=(b_{ij})$ 是任意 n 阶方阵

$$\begin{aligned}\|A+B\|&=\max_{\|x\|=1}\|(A+B)x\|=\max_{\|x\|=1}\|Ax+Bx\|\\&\leqslant\max_{\|x\|=1}(\|Ax\|+\|Bx\|)\\&\leqslant\max_{\|x\|=1}\|Ax\|+\max_{\|x\|=1}\|Bx\|=\|A\|+\|B\|\end{aligned}$$

（4）因为 $\|A\|=\max\limits_{x\neq 0}\dfrac{\|Ax\|}{\|x\|}$，所以对于任意 n 维非零向量 x，有 $\dfrac{\|Ax\|}{\|x\|}\leqslant\|A\|$，即 $\|Ax\|\leqslant\|A\|\|x\|$，于是对于任意 n 阶方阵 B 有

$$\|\boldsymbol{AB}\| = \max_{\|\boldsymbol{x}\|=1}\|(\boldsymbol{AB})\boldsymbol{x}\| = \max_{\|\boldsymbol{x}\|=1}\|\boldsymbol{A}(\boldsymbol{Bx})\| \leqslant \max_{\|\boldsymbol{x}\|=1}\|\boldsymbol{A}\|\|\boldsymbol{Bx}\|$$
$$\leqslant \max_{\|\boldsymbol{x}\|=1}\|\boldsymbol{A}\|\|\boldsymbol{B}\|\|\boldsymbol{x}\| = \|\boldsymbol{A}\|\|\boldsymbol{B}\|$$

所以 $\|\boldsymbol{A}\| = \max_{\boldsymbol{x}\neq 0}\frac{\|\boldsymbol{Ax}\|}{\|\boldsymbol{x}\|} = \max_{\|\boldsymbol{x}\|=1}\|\boldsymbol{Ax}\|$ 是 $\boldsymbol{R}^{n\times n}$ 上的一种矩阵范数。

由上述证明过程知，若 $\|\boldsymbol{x}\|$ 是 $\boldsymbol{R}^n$ 上的向量范数，则 $\|\boldsymbol{A}\| = \max_{\boldsymbol{x}\neq 0}\frac{\|\boldsymbol{Ax}\|}{\|\boldsymbol{x}\|} = \max_{\|\boldsymbol{x}\|=1}\|\boldsymbol{Ax}\|$ 是 $\boldsymbol{R}^{n\times n}$ 上的矩阵范数，且对于任意 n 维向量 $\boldsymbol{x}$，有 $\|\boldsymbol{Ax}\| \leqslant \|\boldsymbol{A}\|\|\boldsymbol{x}\|$，这一性质称为矩阵范数与向量范数的相容性。

下面给出三种常用的矩阵范数。

（1）1–范数：

$$\|\boldsymbol{A}\|_1 = \max_{\|\boldsymbol{x}\|_1=1}\|\boldsymbol{Ax}\|_1 = \max_{1\leqslant j\leqslant n}\sum_{i=1}^{n}|a_{ij}| \tag{3.34}$$

（2）2–范数：

$$\|\boldsymbol{A}\|_2 = \max_{\|\boldsymbol{x}\|_2=1}\|\boldsymbol{Ax}\|_2 = \sqrt{\lambda_1} \tag{3.35}$$

其中 λ_1 是矩阵 $\boldsymbol{A}^{\mathrm{T}}\boldsymbol{A}$ 的最大特征值。

（3）∞–范数：

$$\|\boldsymbol{A}\|_\infty = \max_{\|\boldsymbol{x}\|_\infty=1}\|\boldsymbol{Ax}\|_\infty = \max_{1\leqslant i\leqslant n}\sum_{j=1}^{n}|a_{ij}| \tag{3.36}$$

它们分别是与向量的 1–范数、2–范数、∞–范数相容的矩阵范数。

例 3.6 设 $\boldsymbol{x} = (3,-5,1)^{\mathrm{T}}$

$$\boldsymbol{A} = \begin{bmatrix} 1 & 5 & -2 \\ -2 & 1 & 0 \\ 3 & -8 & 2 \end{bmatrix}$$

求 $\|\boldsymbol{x}\|_1$、$\|\boldsymbol{x}\|_2$、$\|\boldsymbol{x}\|_\infty$、$\|\boldsymbol{A}\|_1$、$\|\boldsymbol{A}\|_2$、$\|\boldsymbol{A}\|_\infty$。

解

$$\|\boldsymbol{x}\|_1 = 3+5+1 = 9$$
$$\|\boldsymbol{x}\|_2 = \sqrt{9+25+1} = \sqrt{35}$$
$$\|\boldsymbol{x}\|_\infty = \max\{3,5,1\} = 5$$
$$\|\boldsymbol{A}\|_1 = \max\{1+2+3, 5+1+8, 2+0+2\} = 14$$
$$\boldsymbol{A}^{\mathrm{T}}\boldsymbol{A} = \begin{bmatrix} 1 & -2 & 3 \\ 5 & 1 & -8 \\ -2 & 0 & 2 \end{bmatrix}\begin{bmatrix} 1 & 5 & -2 \\ -2 & 1 & 0 \\ 3 & -8 & 2 \end{bmatrix}\begin{bmatrix} 14 & -21 & 4 \\ -21 & 90 & -26 \\ 4 & -26 & 8 \end{bmatrix}$$

其特征方程

$$|\boldsymbol{A}^{\mathrm{T}}\boldsymbol{A} - \lambda\boldsymbol{I}| = -\lambda^3 + 112\lambda^2 - 959\lambda + 16 = 0$$

的最大特征根为 $\lambda_1 \approx 102.66$。所以 $\|\boldsymbol{A}\|_2 = \sqrt{\lambda_1} \approx 10.132$。

$$\|\boldsymbol{A}\|_\infty = \max\{1+5+2, 2+1+0, 3+8+2\} = 13$$

有了范数的概念以后，就可以表示误差向量和误差矩阵的“大小”了。设 $\boldsymbol{x}, \boldsymbol{x}^* \in \boldsymbol{R}^n$，

且 $\boldsymbol{x}^*$ 是 $\boldsymbol{x}$ 的近似向量，则用 $\|\boldsymbol{x}-\boldsymbol{x}^*\|$ 来表示误差向量的大小；设 $\boldsymbol{A},\boldsymbol{A}^*\in\boldsymbol{R}^{n\times n}$，且 $\boldsymbol{A}^*$ 是 $\boldsymbol{A}$ 的近似矩阵，则用 $\|\boldsymbol{A}-\boldsymbol{A}^*\|$ 来表示误差矩阵的大小。

3．线性方程组的性态

因为线性方程组 $\boldsymbol{Ax}=\boldsymbol{b}$ 的系数矩阵 $\boldsymbol{A}$ 和右端向量 $\boldsymbol{b}$ 往往是通过观测得到的，因此，它们不可避免地带有误差；或者，原始数据是精确的，但存放到计算机中后，由于受机器字长的限制，数据也会产生误差。这样，即使求解过程的计算完全精确，也得不到原方程组的精确解。这种原始数据的误差，对方程组求解的影响是应该考虑的，这就是所谓方程组的条件问题。

例如，方程组

$$\begin{cases}x_1+x_2=2\\x_1+1.00001x_2=2\end{cases}$$

的解为 $x_1=2$，$x_2=0$。而方程组

$$\begin{cases}x_1+x_2=2\\x_1+1.00001x_2=2.00001\end{cases}$$

的解为 $x_1=1$，$x_2=1$。

比较这两个方程组可以看出，它们只是右端项有微小的差别，右端向量 $\boldsymbol{b}=(2,2)^{\mathrm{T}}$ 和 $\tilde{\boldsymbol{b}}=(2,2.00001)^{\mathrm{T}}$ 的分量的最大相对误差为 $\frac{1}{2}\times10^{-5}$，但它们的解却大不相同，解分量的相对误差至少为 $\frac{1}{2}$。

有方程组 $\boldsymbol{Ax}=\boldsymbol{b}$，下面对其系数矩阵 $\boldsymbol{A}$ 或右端项 $\boldsymbol{b}$ 分别有误差这两种情形进行讨论。

（1）假设系数矩阵 $\boldsymbol{A}$ 是精确且非奇异的，只讨论右端项 $\boldsymbol{b}$ 的误差对方程组解的影响。

设 $\delta\boldsymbol{b}$ 为 $\boldsymbol{b}$ 的误差，而相应的解的误差是 $\delta\boldsymbol{x}$，则

$$\boldsymbol{A}(\boldsymbol{x}+\delta\boldsymbol{x})=\boldsymbol{b}+\delta\boldsymbol{b}$$

由 $\boldsymbol{Ax}=\boldsymbol{b}$，得 $\boldsymbol{A}\delta\boldsymbol{x}=\delta\boldsymbol{b}$，从而有

$$\delta\boldsymbol{x}=\boldsymbol{A}^{-1}\delta\boldsymbol{b}$$

所以

$$\|\delta\boldsymbol{x}\|=\|\boldsymbol{A}^{-1}\delta\boldsymbol{b}\|\leqslant\|\boldsymbol{A}^{-1}\|\|\delta\boldsymbol{b}\|$$

因为

$$\|\boldsymbol{x}\|\geqslant\frac{\|\boldsymbol{Ax}\|}{\|\boldsymbol{A}\|}=\frac{\|\boldsymbol{b}\|}{\|\boldsymbol{A}\|}$$

所以

$$\frac{\|\delta\boldsymbol{x}\|}{\|\boldsymbol{x}\|}\leqslant\frac{\|\boldsymbol{A}^{-1}\|\|\delta\boldsymbol{b}\|}{|\boldsymbol{x}|}\leqslant\frac{\|\boldsymbol{A}^{-1}\|\|\delta\boldsymbol{b}\|}{\dfrac{\|\boldsymbol{b}\|}{\|\boldsymbol{A}\|}}=\frac{\|\boldsymbol{A}\|\|\boldsymbol{A}^{-1}\|\|\delta\boldsymbol{b}\|}{\|\boldsymbol{b}\|}\tag{3.37}$$

式（3.37）表明，当原始数据 $\boldsymbol{b}$ 的误差为 $\delta\boldsymbol{b}$ 时，则解 $\boldsymbol{x}$ 的相对误差是原始数据 $\boldsymbol{b}$ 的相对误差的 $\|\boldsymbol{A}\|\|\boldsymbol{A}^{-1}\|$ 倍。

（2）假设右端向量 $\boldsymbol{b}$ 是精确的，系数矩阵 $\boldsymbol{A}$ 有误差，只讨论 $\boldsymbol{A}$ 的误差对解的影响。

设矩阵 $\boldsymbol{A}$ 的误差为 $\delta\boldsymbol{A}$，而相应的解的误差为 $\delta\boldsymbol{x}$，则

$$(\boldsymbol{A}+\delta\boldsymbol{A})(\boldsymbol{x}+\delta\boldsymbol{x})=\boldsymbol{b}$$

即

$$(\boldsymbol{A}+\delta\boldsymbol{A})\boldsymbol{x}+(\boldsymbol{A}+\delta\boldsymbol{A})\delta\boldsymbol{x}=\boldsymbol{A}\boldsymbol{x}+\delta\boldsymbol{A}\boldsymbol{x}+\boldsymbol{A}\delta\boldsymbol{x}+\delta\boldsymbol{A}\delta\boldsymbol{x}=\boldsymbol{b}$$

所以有 $\boldsymbol{A}\delta\boldsymbol{x}+\delta\boldsymbol{A}(\boldsymbol{x}+\delta\boldsymbol{x})=\boldsymbol{0}$。因为 $\boldsymbol{A}$ 是可逆矩阵，所以有

$$\delta\boldsymbol{x}=(-1)\boldsymbol{A}^{-1}\delta\boldsymbol{A}(\boldsymbol{x}+\delta\boldsymbol{x})=0$$

所以

$$\begin{aligned}\|\delta\boldsymbol{A}\|&=\|\boldsymbol{A}^{-1}\delta\boldsymbol{A}(\boldsymbol{x}+\delta\boldsymbol{x})\|\leqslant\|\boldsymbol{A}^{-1}\|\|\delta\boldsymbol{A}\|\|\boldsymbol{x}+\delta\boldsymbol{x}\|\\&\leqslant\|\boldsymbol{A}^{-1}\|\|\delta\boldsymbol{A}\|(\|\boldsymbol{x}\|+\|\delta\boldsymbol{x}\|)\end{aligned}$$

因此

$$\begin{aligned}\frac{\|\delta\boldsymbol{x}\|}{\|\boldsymbol{x}\|}&\leqslant\frac{\|\boldsymbol{A}^{-1}\|\|\delta\boldsymbol{A}\|(\|\boldsymbol{x}\|+\|\delta\boldsymbol{x}\|)}{\|\boldsymbol{x}\|}\\&=\|\boldsymbol{A}^{-1}\|\|\delta\boldsymbol{A}\|+\|\boldsymbol{A}^{-1}\|\|\delta\boldsymbol{A}\|\frac{\|\delta\boldsymbol{x}\|}{\|\boldsymbol{x}\|}\cdot\frac{\|\delta\boldsymbol{x}\|}{\|\boldsymbol{x}\|}(1-\|\boldsymbol{A}^{-1}\|\|\delta\boldsymbol{A}\|)\\&\leqslant\|\boldsymbol{A}^{-1}\|\|\delta\boldsymbol{A}\|\end{aligned}$$

若 $\|\boldsymbol{A}^{-1}\|\|\delta\boldsymbol{A}\|<1$，则

$$\frac{\|\delta\boldsymbol{x}\|}{\|\boldsymbol{x}\|}\leqslant\frac{\|\boldsymbol{A}^{-1}\|\|\delta\boldsymbol{A}\|}{(1-\|\boldsymbol{A}^{-1}\|\|\delta\boldsymbol{A}\|)}=\frac{\|\boldsymbol{A}\|\|\boldsymbol{A}^{-1}\|\dfrac{\|\delta\boldsymbol{A}\|}{\|\boldsymbol{A}\|}}{1-\|\boldsymbol{A}\|\|\boldsymbol{A}^{-1}\|\dfrac{\|\delta\boldsymbol{A}\|}{\|\boldsymbol{A}\|}}\tag{3.38}$$

式（3.38）表明，当系数矩阵 $\boldsymbol{A}$ 有误差时，解 $\boldsymbol{x}$ 的误差仍与 $\|\boldsymbol{A}\|\|\boldsymbol{A}^{-1}\|$ 有关。

由式（3.37）和式（3.38）可知，线性方程组的解的相对误差与原始数据的相对误差之间的关系可以由 $\|\boldsymbol{A}\|\|\boldsymbol{A}^{-1}\|$ 来确定。一般地，$\|\boldsymbol{A}\|\|\boldsymbol{A}^{-1}\|$ 越大，解 $\boldsymbol{x}$ 的相对误差也越大，所以系数矩阵 $\boldsymbol{A}$ 描述了线性方程组的性态。

【定义 3.3】 设 $\boldsymbol{A}$ 为 n 阶非奇异矩阵，称数 $\|\boldsymbol{A}\|\|\boldsymbol{A}^{-1}\|$ 为矩阵 $\boldsymbol{A}$ 的条件数，记作 $\mathrm{cond}(\boldsymbol{A})$。

若方程组 $\boldsymbol{A}\boldsymbol{x}=\boldsymbol{b}$ 的条件数越大，则称该方程组在求解方面越病态，反之，则称越良态。

矩阵 $\boldsymbol{A}$ 的条件数具有以下性质：

（1） $\mathrm{cond}(\boldsymbol{A})\geqslant1$；

（2） $\mathrm{cond}(k\boldsymbol{A})=\mathrm{cond}(\boldsymbol{A})$，$k$ 是非零常数；

（3）若 $\|\boldsymbol{A}\|=1$，则 $\mathrm{cond}(\boldsymbol{A})=\|\boldsymbol{A}^{-1}\|$。

若矩阵 $\boldsymbol{A}$ 的条件数较大，则方程组 $\boldsymbol{A}\boldsymbol{x}=\boldsymbol{b}$ 在求解过程中的舍入误差对解会产生严重的影响。

例如，对于方程组

$$\begin{bmatrix}1.001&0.25\\0.25&0.0625\end{bmatrix}\begin{bmatrix}x_1\\x_2\end{bmatrix}=\begin{bmatrix}1.501\\0.375\end{bmatrix}$$

其解为 $\boldsymbol{x}=(1,2)^{\mathrm{T}}$，但如果将系数及右端常数取成其近似数，如

$$\begin{bmatrix}1&0.25\\0.25&0.063\end{bmatrix}\begin{bmatrix}x_1\\x_2\end{bmatrix}=\begin{bmatrix}1.5\\0.37\end{bmatrix}$$

使其解变为 $\tilde{\boldsymbol{x}}=(4,-10)^{\mathrm{T}}$，系数及右端常数的绝对误差最大为 $\frac{1}{2}\times10^{-2}$，但解的误差却较大，对于解分量 x_2 的值，后者误差是前者的 5 倍。

下面再看 $\boldsymbol{A}$ 的条件数。

$$\boldsymbol{A}=\begin{bmatrix}1.001 & 0.25\\ 0.25 & 0.0625\end{bmatrix},\quad \boldsymbol{A}^{-1}=\begin{bmatrix}1000 & -4000\\ -4000 & 16016\end{bmatrix}$$

$$\|\boldsymbol{A}\|_\infty=1.251,\quad \|\boldsymbol{A}^{-1}\|_\infty=20016,\quad \mathrm{cond}(\boldsymbol{A})=25040$$

由此表明所给的方程组是严重病态的。

4．误差分析

对于线性方程组 $\boldsymbol{Ax}=\boldsymbol{b}$ 的数值求解问题，设其数值解为 $\tilde{\boldsymbol{x}}$，问该数值解误差的大小是多少？这一点是无法知道的，因为准确解 $\boldsymbol{x}^*$ 是未知的。为了检验所求得的近似解 $\tilde{\boldsymbol{x}}$ 的精度，一种自然的方法就是将 $\tilde{\boldsymbol{x}}$ 代回到原方程组 $\boldsymbol{Ax}=\boldsymbol{b}$ 中，看残向量

$$\boldsymbol{r}=\boldsymbol{b}-\boldsymbol{A}\tilde{\boldsymbol{x}}$$

的大小。若 $\|\boldsymbol{r}\|$ 很小，则认为解 $\tilde{\boldsymbol{x}}$ 比较准确，但这种方法不是一种可靠的方法，在有些情况下，尽管 $\|\boldsymbol{r}\|$ 很小，数值解与准确解仍可能相差很大。

例如，对于线性方程组

$$\begin{cases}x_1+x_2=2\\ x_1+1.00001x_2=2\end{cases}$$

其准确解为 $\boldsymbol{x}^*=(2,0)^{\mathrm{T}}$，若以 $\tilde{\boldsymbol{x}}=(1,1)^{\mathrm{T}}$ 作为此方程的近似解，则残向量

$$\boldsymbol{r}=(2,2)^{\mathrm{T}}-\begin{bmatrix}1 & 1\\ 1 & 1.00001\end{bmatrix}\begin{bmatrix}1\\ 1\end{bmatrix}=\begin{bmatrix}2\\ 2\end{bmatrix}-\begin{bmatrix}2\\ 2.0001\end{bmatrix}=\begin{bmatrix}0\\ -10^{-5}\end{bmatrix}$$

可见残向量很小。但解的误差却不小，其误差为

$$\boldsymbol{x}^*-\boldsymbol{x}=(2,0)^{\mathrm{T}}-(1,1)^{\mathrm{T}}=(1,-1)^{\mathrm{T}}$$

【定理 3.9】 设 $\boldsymbol{x}^*$ 和 $\tilde{\boldsymbol{x}}$ 分别是方程组 $\boldsymbol{Ax}=\boldsymbol{b}$ 的准确解和数值解，$\boldsymbol{r}$ 为 $\tilde{\boldsymbol{x}}$ 的残向量，则

$$\frac{\|\boldsymbol{x}^*-\tilde{\boldsymbol{x}}\|}{\|\boldsymbol{x}^*\|}\leqslant \mathrm{cond}(\boldsymbol{A})\frac{\|\boldsymbol{r}\|}{\|\boldsymbol{b}\|}\tag{3.39}$$

证明　因为

$$\|\boldsymbol{b}\|=\|\boldsymbol{Ax}^*\|\leqslant\|\boldsymbol{A}\|\|\boldsymbol{x}^*\|$$

$$\begin{aligned}\|\boldsymbol{x}^*-\tilde{\boldsymbol{x}}\|&=\|\boldsymbol{A}^{-1}\boldsymbol{b}-\boldsymbol{A}^{-1}\boldsymbol{A}\tilde{\boldsymbol{x}}\|\\ &=\|\boldsymbol{A}^{-1}(\boldsymbol{b}-\boldsymbol{A}\tilde{\boldsymbol{x}})\|=\|\boldsymbol{A}^{-1}\boldsymbol{r}\|\leqslant\|\boldsymbol{A}^{-1}\|\,\|\boldsymbol{r}\|\end{aligned}$$

所以

$$\frac{\|\boldsymbol{x}^*-\tilde{\boldsymbol{x}}\|}{\|\boldsymbol{x}^*\|}\leqslant\frac{\|\boldsymbol{A}^{-1}\|\,\|\boldsymbol{r}\|}{\dfrac{\|\boldsymbol{b}\|}{\|\boldsymbol{A}\|}}=\|\boldsymbol{A}\|\,\|\boldsymbol{A}^{-1}\|\frac{\|\boldsymbol{r}\|}{\|\boldsymbol{b}\|}=\mathrm{cond}(\boldsymbol{A})\frac{\|\boldsymbol{r}\|}{\|\boldsymbol{b}\|}$$

由式（3.39）可以看出，当方程组 $\boldsymbol{Ax}=\boldsymbol{b}$ 的系数矩阵 $\boldsymbol{A}$ 的条件数 $\mathrm{cond}(\boldsymbol{A})$ 很大，即方程组 $\boldsymbol{Ax}=\boldsymbol{b}$ 严重病态时，即使数值解的残向量很小，其相对误差仍可能很大。

使用式（3.39）估计误差必须先计算条件数，而条件数的计算是很困难的，其工作量比

求解方程组本身还要大。现在已有一些求解方程组的程序包，在求解方程组的同时，也计算出条件数的近似值，以便使用者了解问题的性态，并能通过计算残向量，按式（3.39）来估计误差。

例 3.7 设

$$A=\begin{bmatrix}1 & 0.99\\ 0.99 & 0.98\end{bmatrix},\ b=\begin{bmatrix}1\\ 1\end{bmatrix}$$

已知方程 $Ax=b$ 的精确解为 $x^*=(100,-100)^{\mathrm{T}}$。

（1）计算 A 的条件数；

（2）取 $\tilde{x}=(1,0)^{\mathrm{T}}$，计算残向量 r；

（3）取 $\tilde{x}=(100.5,-99.5)^{\mathrm{T}}$，计算残向量 r。

本题的计算结果说明什么问题？

解

$$A=\begin{bmatrix}1 & 0.99\\ 0.99 & 0.98\end{bmatrix},\ A^{-1}=\begin{bmatrix}-9800 & 9900\\ 9900 & -10000\end{bmatrix}$$

（1）$\|A\|_\infty=1.99$，$\|A^{-1}\|_\infty=19900$，$\mathrm{cond}(A)=39601$

（2）$r=\begin{bmatrix}1\\ 1\end{bmatrix}-\begin{bmatrix}1 & 0.99\\ 0.99 & 0.98\end{bmatrix}\begin{bmatrix}1\\ 0\end{bmatrix}=\begin{bmatrix}1\\ 1\end{bmatrix}-\begin{bmatrix}1\\ 0.99\end{bmatrix}=\begin{bmatrix}0\\ 0.01\end{bmatrix}$

（3）$r=\begin{bmatrix}1\\ 1\end{bmatrix}-\begin{bmatrix}1 & 0.99\\ 0.99 & 0.98\end{bmatrix}\begin{bmatrix}100.5\\ 99.5\end{bmatrix}=\begin{bmatrix}1\\ 1\end{bmatrix}-\begin{bmatrix}1.995\\ 1.985\end{bmatrix}=\begin{bmatrix}-0.995\\ -0.985\end{bmatrix}$

A 的条件数很大，说明给定的方程组是严重病态的，且残向量的大小并不能反映近似解向量的精确程度。

3.2 解线性方程组的迭代法

迭代法是求解线性方程组的另一种重要方法。其基本思想是从任意一个初始向量 x_0 开始，按某一规则，不断对所得到的向量进行修改，形成向量序列 $\{x_k\}$。当 $k\to\infty$ 时，若 x_k 收敛于 x^*,则 x^* 应是所给方程组的解。

用迭代法求解线性方程组，需要考虑如下几个问题：

（1）如何选取迭代初始向量 x_0；

（2）如何构造迭代法，实现由 x_k 计算出 x_{k+1}；

（3）如何保证迭代序列 $\{x_k\}$ 收敛；

（4）若 $\{x_k\}$ 收敛于 x^*，则 x^* 是否是原方程组的解；

（5）若 x^* 是原方程组的解，如何估计 x^* 与 x_k 的误差。

1. 迭代公式的建立

对于线性方程组

$$Ax=b \tag{3.40}$$

其中 $\boldsymbol{A}$ 为 n 阶非奇异矩阵，$\boldsymbol{b}$ 为已知向量。为了构造迭代公式，必须按某种方法将原有方程组改写成与之等价的适合迭代的方程组

$$\boldsymbol{x}=\boldsymbol{G}\boldsymbol{x}+\boldsymbol{d} \tag{3.41}$$

从而由

$$\boldsymbol{x}_{k+1}=\boldsymbol{G}\boldsymbol{x}_k+\boldsymbol{d} \tag{3.42}$$

可得迭代序列 $\{\boldsymbol{x}_k\}$。

将原方程组改写成与之等价且适合迭代的方程组的方法有很多，如将 $\boldsymbol{A}$ 表示为

$$\boldsymbol{A}=\boldsymbol{M}-\boldsymbol{N} \tag{3.43}$$

其中 $\boldsymbol{M}$ 非奇异，于是式（3.40）可以写成

$$\boldsymbol{x}=\boldsymbol{M}^{-1}\boldsymbol{N}\boldsymbol{x}+\boldsymbol{M}^{-1}\boldsymbol{b} \tag{3.44}$$

记 $\boldsymbol{G}=\boldsymbol{M}^{-1}\boldsymbol{N}$，$\boldsymbol{d}=\boldsymbol{M}^{-1}\boldsymbol{b}$，即

$$\boldsymbol{x}=\boldsymbol{G}\boldsymbol{x}+\boldsymbol{d} \tag{3.45}$$

任取 $\boldsymbol{x}_0\in\boldsymbol{R}^n$，代入式（3.45）的右端，得到的结果记为 $\boldsymbol{x}_1$；再将 $\boldsymbol{x}_1$ 代入式（3.45）的右端，得到的结果记为 $\boldsymbol{x}_2$，如此做下去，可得迭代公式

$$\boldsymbol{x}_{k+1}=\boldsymbol{G}\boldsymbol{x}_k+\boldsymbol{d}\qquad k=0,1,2,\cdots \tag{3.46}$$

使用迭代公式（3.46）的方法称为简单迭代法，$\boldsymbol{G}$ 称为迭代矩阵，$\{\boldsymbol{x}_k\}$ 称为迭代序列。

2．迭代过程的收敛性

【定义 3.4】 设 $\{\boldsymbol{x}_k\}$ 为 $\boldsymbol{R}^n$ 中的向量序列，$\boldsymbol{x}\in\boldsymbol{R}^n$，如果

$$\lim_{k\to\infty}\|\boldsymbol{x}_k-\boldsymbol{x}\|=0$$

其中 $\|\ \|$ 为向量范数，则称序列 $\{\boldsymbol{x}_k\}$ 收敛于 $\boldsymbol{x}$，记作 $\lim\limits_{k\to\infty}x_k=x$。

【定义 3.5】 设 $\{\boldsymbol{A}_k\}$ 为 $\boldsymbol{R}^{n\times n}$ 中的矩阵序列，$\boldsymbol{A}\in\boldsymbol{R}^{n\times n}$，如果

$$\lim_{k\to\infty}\|\boldsymbol{A}_k-\boldsymbol{A}\|=0$$

其中 $\|\ \|$ 为矩阵范数，则称序列 $\{\boldsymbol{A}_k\}$ 收敛于 $\boldsymbol{A}$，记作 $\lim\limits_{k\to\infty}\boldsymbol{A}_k=\boldsymbol{A}$。

【定理 3.10】 由式（3.46）计算出的向量序列 $\{\boldsymbol{x}_k\}$，对任何初始向量 $\boldsymbol{x}_0$ 都收敛的充分条件是 $\|\boldsymbol{G}\|<1$。

证明　设 $\boldsymbol{x}^*$ 是方程组（3.40）的解，则它满足式（3.45），即

$$\boldsymbol{x}^*=\boldsymbol{G}\boldsymbol{x}^*+\boldsymbol{d}$$

记 $\boldsymbol{\varepsilon}_k=\boldsymbol{x}^*-\boldsymbol{x}_k(k=0,1,2,\cdots)$，则对于任何 k 都有

$$\boldsymbol{\varepsilon}_k=(\boldsymbol{G}\boldsymbol{x}^*+\boldsymbol{d})-(\boldsymbol{G}\boldsymbol{x}_{k-1}+\boldsymbol{d})=\boldsymbol{G}(\boldsymbol{x}^*-\boldsymbol{x}_{k-1})=\boldsymbol{G}\boldsymbol{\varepsilon}_{k-1}$$

因此

$$\|\boldsymbol{\varepsilon}_k\|\leqslant\|\boldsymbol{G}\|\,\|\boldsymbol{\varepsilon}_{k-1}\|$$

反复使用这一不等式，得

$$\|\boldsymbol{\varepsilon}_k\|\leqslant\|\boldsymbol{G}\|^k\|\boldsymbol{\varepsilon}_0\|$$

所以当 $\|\boldsymbol{G}\|<1$ 时，两边取极限得

$$\lim_{k\to\infty}\|\boldsymbol{\varepsilon}_k\|=0$$

即 $\lim\limits_{k\to\infty}\|\boldsymbol{x}^* - \boldsymbol{x}_k\| = 0$，从而证明 $\{\boldsymbol{x}_k\}$ 收敛于 $\boldsymbol{x}^*$。

【定理 3.11】 若迭代公式（3.46）中的矩阵 $\boldsymbol{G}$ 满足 $\|\boldsymbol{G}\|<1$，则式（3.45）有唯一解 $\boldsymbol{x}^*$，且由式（3.46）计算出的序列 $\{\boldsymbol{x}_k\}$ 满足

（1）
$$\|\boldsymbol{x}^* - \boldsymbol{x}_k\| \leqslant \frac{\|\boldsymbol{G}\|^k}{1-\|\boldsymbol{G}\|}\|\boldsymbol{x}_1 - \boldsymbol{x}_0\| \tag{3.47}$$

（2）
$$\|\boldsymbol{x}^* - \boldsymbol{x}_k\| \leqslant \frac{\|\boldsymbol{G}\|}{1-\|\boldsymbol{G}\|}\|\boldsymbol{x}_k - \boldsymbol{x}_{k-1}\| \tag{3.48}$$

证明 （1）假设 λ 是矩阵 $\boldsymbol{G}$ 的特征值，$\boldsymbol{x}$ 是对应于 λ 的特征向量，则有 $\lambda\boldsymbol{x} = \boldsymbol{G}\boldsymbol{x}$。因此 $\|\lambda\boldsymbol{x}\| = \|\boldsymbol{G}\boldsymbol{x}\| \leqslant \|\boldsymbol{G}\|\|\boldsymbol{x}\|$，即 $\|\lambda\|\|\boldsymbol{x}\| \leqslant \|\boldsymbol{G}\|\|\boldsymbol{x}\|$。因为 $\boldsymbol{x}\neq 0$，所以 $\|\boldsymbol{x}\|\neq 0$，因此有 $|\lambda| \leqslant \|\boldsymbol{G}\|$，即矩阵 $\boldsymbol{G}$ 的任意一个特征值的绝对值均不大于 $\boldsymbol{G}$ 的范数 $\|\boldsymbol{G}\|$。称矩阵 $\boldsymbol{G}$ 的特征值的绝对值的最大值为 $\boldsymbol{G}$ 的谱半径，记作 $\rho(\boldsymbol{G})$。即

$$\rho(\boldsymbol{G}) = \max_{1\leqslant i\leqslant n}|\lambda_i|$$

$\lambda_i\,(i=1,2,\cdots,n)$ 为 $\boldsymbol{G}$ 的 n 个特征值。因为 $\|\boldsymbol{G}\|<1$，所以 $\rho(\boldsymbol{G}) \leqslant \|\boldsymbol{G}\| < 1$，因此可知 1 不是 $\boldsymbol{G}$ 的特征值，即对于任意一个非零向量 $\boldsymbol{x}\in\boldsymbol{R}^n$，都有

$$1\cdot\boldsymbol{x} \neq \boldsymbol{G}\boldsymbol{x}$$

亦即只有 n 维零向量 $\boldsymbol{x}$，才能使得 $1\cdot\boldsymbol{x} = \boldsymbol{G}\boldsymbol{x}$ 成立，因此方程组

$$(\boldsymbol{I}-\boldsymbol{G})\boldsymbol{x} = 0$$

只有零解。

所以 $|\boldsymbol{I}-\boldsymbol{G}|\neq 0$，即 $(\boldsymbol{I}-\boldsymbol{G})^{-1}$ 存在，从而方程组 $\boldsymbol{x} = \boldsymbol{G}\boldsymbol{x}+\boldsymbol{d}$ 有唯一解 $\boldsymbol{x}^*$，且 $\boldsymbol{x}^* = (\boldsymbol{I}-\boldsymbol{G})^{-1}\boldsymbol{d}$。

因为

$$\begin{aligned}
\boldsymbol{x}^* - \boldsymbol{x}_k &= \boldsymbol{G}^k(\boldsymbol{x}^* - \boldsymbol{x}_0) \\
&= \boldsymbol{G}^k((\boldsymbol{I}-\boldsymbol{G})^{-1}\boldsymbol{d} - \boldsymbol{x}_0) = \boldsymbol{G}^k(\boldsymbol{I}-\boldsymbol{G})^{-1}(\boldsymbol{d} - (\boldsymbol{I}-\boldsymbol{G})\boldsymbol{x}_0) \\
&= \boldsymbol{G}^k(\boldsymbol{I}-\boldsymbol{G})^{-1}(\boldsymbol{d} - \boldsymbol{x}_0 + \boldsymbol{G}\boldsymbol{x}_0) = \boldsymbol{G}^k(\boldsymbol{I}-\boldsymbol{G})^{-1}(\boldsymbol{x}_1 - \boldsymbol{x}_0)
\end{aligned}$$

所以

$$\|\boldsymbol{x}^* - \boldsymbol{x}_k\| \leqslant \|\boldsymbol{G}\|^k\|(\boldsymbol{I}-\boldsymbol{G})^{-1}\|\|\boldsymbol{x}_1 - \boldsymbol{x}_0\|$$

因为 $(\boldsymbol{I}-\boldsymbol{G})(\boldsymbol{I}-\boldsymbol{G})^{-1} = -\boldsymbol{I}$，所以 $(\boldsymbol{I}-\boldsymbol{G})^{-1} = \boldsymbol{I} + \boldsymbol{G}(\boldsymbol{I}-\boldsymbol{G})^{-1}$，且

$$\|(\boldsymbol{I}-\boldsymbol{G})^{-1}\| = \|\boldsymbol{I} + \boldsymbol{G}(\boldsymbol{I}-\boldsymbol{G})^{-1}\| \leqslant \|\boldsymbol{I}\| + \|\boldsymbol{G}\|\|(\boldsymbol{I}-\boldsymbol{G})^{-1}\|$$

即 $(1-\|\boldsymbol{G}\|)\|(\boldsymbol{I}-\boldsymbol{G})^{-1}\| \leqslant 1$，所以 $\|(\boldsymbol{I}-\boldsymbol{G})^{-1}\| \leqslant \dfrac{1}{1-\|\boldsymbol{G}\|}$，且 $\|\boldsymbol{x}^* - \boldsymbol{x}_k\| \leqslant \dfrac{\|\boldsymbol{G}\|^k}{1-\|\boldsymbol{G}\|}\|\boldsymbol{x}_1 - \boldsymbol{x}_0\|$

因为

$$\begin{aligned}
\|\boldsymbol{x}^* - \boldsymbol{x}_k\| \leqslant \|\boldsymbol{G}\|\|\boldsymbol{x}^* - \boldsymbol{x}_{k-1}\| &= \|\boldsymbol{G}\|\|\boldsymbol{x}^* - \boldsymbol{x}_k + \boldsymbol{x}_k - \boldsymbol{x}_{k-1}\| \\
&\leqslant \|\boldsymbol{G}\|(\|\boldsymbol{x}^* - \boldsymbol{x}_k\| + \|\boldsymbol{x}_k - \boldsymbol{x}_{k-1}\|) \\
&= \|\boldsymbol{G}\|\|\boldsymbol{x}^* - \boldsymbol{x}_k\| + \|\boldsymbol{G}\|\|\boldsymbol{x}_k - \boldsymbol{x}_{k-1}\|
\end{aligned}$$

即 $(1-\|\boldsymbol{G}\|)\|\boldsymbol{x}^* - \boldsymbol{x}_k\| \leqslant \|\boldsymbol{G}\|\|\boldsymbol{x}_k - \boldsymbol{x}_{k-1}\|$，所以 $\|\boldsymbol{x}^* - \boldsymbol{x}_k\| \leqslant \dfrac{\boldsymbol{G}}{1-\|\boldsymbol{G}\|}\|\boldsymbol{x}_k - \boldsymbol{x}_{k-1}\|$。

至此，已经回答了用迭代法求解线性方程组 $\boldsymbol{A}\boldsymbol{x} = \boldsymbol{b}$ 时所需考虑的 5 个问题。

3.3　简单迭代法

1．雅可比（Jacobi）迭代法

在方程组 $\boldsymbol{Ax}=\boldsymbol{b}$ 中，假定矩阵 $\boldsymbol{A}$ 的主对角线元素均不为 0，记

$$\boldsymbol{D}=\mathrm{diag}(a_{11},a_{22},\cdots a_{nn})$$

则 $\boldsymbol{A}$ 可以分解为 $\boldsymbol{A}=\boldsymbol{D}-\boldsymbol{N}$，这时迭代公式（3.46）为

$$\boldsymbol{x}_{k+1}=\boldsymbol{D}^{-1}\boldsymbol{N}\boldsymbol{x}_k+\boldsymbol{D}^{-1}\boldsymbol{b} \tag{3.49}$$

使用迭代公式（3.49）的方法称为 Jacobi 迭代法，迭代矩阵 $\boldsymbol{G}=\boldsymbol{D}^{-1}\boldsymbol{N}$。

若设

$$\boldsymbol{A}=\begin{bmatrix} a_{11} & \cdots & a_{1n} \\ \vdots & & \vdots \\ a_{n1} & \cdots & a_{nn} \end{bmatrix}$$

则有

$$\boldsymbol{D}=\begin{bmatrix} a_{11} & & & \\ & a_{22} & & \\ & & \ddots & \\ & & & a_{nn} \end{bmatrix},\quad \boldsymbol{N}=\begin{bmatrix} 0 & -a_{12} & \cdots & -a_{1n} \\ -a_{21} & \cdots & \cdots & -a_{2n} \\ \vdots & & & \vdots \\ -a_{n1} & -a_{n2} & \cdots & 0 \end{bmatrix}$$

由此得 $\boldsymbol{G}=\boldsymbol{D}^{-1}\boldsymbol{N}$ 是主对角线元素全为 0 的矩阵。

为了讨论 Jacobi 迭代的收敛性，需先引进一些有关的概念及结论。

【定义 3.6】 若 n 阶矩阵 $\boldsymbol{A}=(a_{ij})$ 的各行元素满足下列条件

$$|a_{ii}|\geqslant\sum_{\substack{j=1\\ j\neq i}}^{n}|a_{ij}| \qquad i=1,2,\cdots,n \tag{3.50}$$

则称矩阵 $\boldsymbol{A}$ 是对角占优的。若式（3.50）中不等号严格成立，则称矩阵 $\boldsymbol{A}$ 是严格对角占优的。

【定理 3.12】 对于 n 阶方阵 $\boldsymbol{G}$，若 $\|\boldsymbol{G}\|<1$，则矩阵 $\boldsymbol{I}-\boldsymbol{G}$ 为非奇异的。

证明　事实上在定理 3.11 的证明过程中，已经证明了此结论。现在再用反证法证明此结论。若 $\boldsymbol{I}-\boldsymbol{G}$ 是奇异矩阵，则存在非零向量 $\boldsymbol{x}\in\boldsymbol{R}^n$，使得

$$(\boldsymbol{I}-\boldsymbol{G})\boldsymbol{x}=0$$

即 $\boldsymbol{x}=\boldsymbol{Gx}$，从而 $\|\boldsymbol{x}\|=\|\boldsymbol{Gx}\|\leqslant\|\boldsymbol{G}\|\|\boldsymbol{x}\|$。因为 $\boldsymbol{x}\neq0$，所以 $\|\boldsymbol{x}\|\neq0$，因此有 $1\leqslant\|\boldsymbol{G}\|$。这与 $\|\boldsymbol{G}\|<1$ 矛盾。

【定理 3.13】 严格对角占优阵是可逆的。

证明　设 $\boldsymbol{A}$ 是严格对角占优阵，则 $\boldsymbol{A}$ 的主对角线元素 $a_{ii}(i=1,2,\cdots,n)$ 全不为 0。因此对角矩阵　$\boldsymbol{D}=\mathrm{diag}(a_{11},a_{22},\cdots a_{nn})$ 为非奇异矩阵。

考察矩阵

$$\boldsymbol{I}-\boldsymbol{D}^{-1}\boldsymbol{A}=\begin{bmatrix} 0 & -\dfrac{a_{12}}{a_{11}} & \cdots & \dfrac{a_{1n}}{a_{11}} \\ -\dfrac{a_{21}}{a_{22}} & 0 & \cdots & -\dfrac{a_{2n}}{a_{22}} \\ \vdots & & & \vdots \\ -\dfrac{a_{n1}}{a_{nn}} & -\dfrac{a_{n2}}{a_{nn}} & \cdots & 0 \end{bmatrix}$$

由严格对角占优的定义得

$$\|\boldsymbol{I}-\boldsymbol{D}^{-1}\boldsymbol{A}\|_\infty=\max_{1\leqslant i\leqslant n}\sum_{\substack{j=1\\ j\neq i}}^{n}\frac{|a_{ij}|}{|a_{ii}|}=\max_{1\leqslant i\leqslant n}\left(\frac{1}{|a_{ii}|}\sum_{\substack{j=1\\ j\neq i}}^{n}|a_{ij}|\right)<1$$

由定理 3.12 知 $\boldsymbol{I}-(\boldsymbol{I}-\boldsymbol{D}^{-1}\boldsymbol{A})=\boldsymbol{I}-\boldsymbol{I}+\boldsymbol{D}^{-1}\boldsymbol{A}=\boldsymbol{D}^{-1}\boldsymbol{A}$ 为非奇异矩阵，从而 $\boldsymbol{A}$ 是非奇异矩阵。

【定理 3.14】 若式(3.40)的系数矩阵 $\boldsymbol{A}$ 是严格对角占优的，则由式(3.49)定义的 Jacobi 迭代收敛。

证明 因为 $\boldsymbol{A}$ 为严格对角占优阵，且 $\boldsymbol{A}=\boldsymbol{D}-\boldsymbol{N}$，即 $\boldsymbol{N}=\boldsymbol{D}-\boldsymbol{A}$，亦即

$$\boldsymbol{D}^{-1}\boldsymbol{N}=\boldsymbol{I}-\boldsymbol{D}^{-1}\boldsymbol{A}$$

所以由定理 3.13 的证明有

$$\|\boldsymbol{G}\|_\infty=\|\boldsymbol{D}^{-1}\boldsymbol{N}\|_\infty=\|\boldsymbol{I}-\boldsymbol{D}^{-1}\boldsymbol{A}\|_\infty<1$$

由定理 3.10 知 Jacobi 迭代收敛。

此定理给出了 Jacobi 迭代收敛的充分条件。

例 3.8 用 Jacobi 迭代法解下列方程组（精确到10^{-3}）。

$$\begin{bmatrix} 4 & 0.24 & -0.08 \\ 0.09 & 3 & -0.15 \\ 0.04 & -0.08 & 4 \end{bmatrix}\begin{bmatrix} x_1 \\ x_2 \\ x_3 \end{bmatrix}=\begin{bmatrix} 8 \\ 9 \\ 20 \end{bmatrix}$$

解 上述方程组的第 1 个、第 2 个、第 3 个方程的两边分别除以 4、3、4，得

$$\begin{bmatrix} 1 & 0.06 & -0.02 \\ 0.03 & 1 & -0.05 \\ 0.01 & -0.02 & 1 \end{bmatrix}\begin{bmatrix} x_1 \\ x_2 \\ x_3 \end{bmatrix}=\begin{bmatrix} 2 \\ 3 \\ 5 \end{bmatrix}$$

从而 Jacobi 迭代公式为

$$\begin{bmatrix} x_1 \\ x_2 \\ x_3 \end{bmatrix}=\begin{bmatrix} 0 & -0.06 & 0.02 \\ -0.03 & 0 & 0.05 \\ -0.01 & 0.02 & 0 \end{bmatrix}\begin{bmatrix} x_1 \\ x_2 \\ x_3 \end{bmatrix}+\begin{bmatrix} 2 \\ 3 \\ 5 \end{bmatrix}$$

由于$\|\boldsymbol{G}\|_\infty=0.08<1$，所以对任意的初始向量 $\boldsymbol{x}_0\in\boldsymbol{R}^3$，上述迭代过程产生的向量序列均收敛。

取 $\boldsymbol{x}_0=(2,3,5)^{\mathrm{T}}$ 进行迭代，得

$$\boldsymbol{x}_1=\begin{bmatrix}x_1^{(1)}\\x_2^{(1)}\\x_3^{(1)}\end{bmatrix}=\begin{bmatrix}0&-0.06&0.02\\-0.03&0&0.05\\-0.01&0.02&0\end{bmatrix}\begin{bmatrix}2\\3\\5\end{bmatrix}+\begin{bmatrix}2\\3\\5\end{bmatrix}=\begin{bmatrix}1.92\\3.19\\5.04\end{bmatrix}$$

$$\boldsymbol{x}_2=\begin{bmatrix}x_1^{(2)}\\x_2^{(2)}\\x_3^{(2)}\end{bmatrix}=\begin{bmatrix}0&-0.06&0.02\\-0.03&0&0.05\\-0.01&0.02&0\end{bmatrix}\begin{bmatrix}1.92\\3.19\\5.04\end{bmatrix}+\begin{bmatrix}2\\3\\5\end{bmatrix}=\begin{bmatrix}1.9094\\3.1944\\5.0446\end{bmatrix}$$

$$\boldsymbol{x}_3=\begin{bmatrix}x_1^{(3)}\\x_2^{(3)}\\x_3^{(3)}\end{bmatrix}=\begin{bmatrix}0&-0.06&0.02\\-0.03&0&0.05\\-0.01&0.02&0\end{bmatrix}\begin{bmatrix}1.9094\\3.1944\\5.0446\end{bmatrix}+\begin{bmatrix}2\\3\\5\end{bmatrix}=\begin{bmatrix}1.909228\\3.194948\\5.044794\end{bmatrix}$$

$$\boldsymbol{x}_3-\boldsymbol{x}_2=\begin{bmatrix}-0.000172\\0.000548\\0.000194\end{bmatrix}$$

$$\|\boldsymbol{x}_3-\boldsymbol{x}_2\|_\infty=0.000548$$

$$\|\boldsymbol{x}^*-\boldsymbol{x}_3\|_\infty\leqslant\frac{0.08}{1-0.08}\|\boldsymbol{x}_3-\boldsymbol{x}_2\|_\infty=\frac{0.08}{1-0.08}\times0.000548$$

$$<0.09\times0.000548=0.00004932<0.00005=0.5\times10^{-4}$$

因为 $\boldsymbol{x}_3$ 已满足精度要求，故停止。$\boldsymbol{x}_3$ 即为满足精度要求的近似解。

2．高斯-赛德尔（Gauss-Seidel）迭代法

假设对于任意初始向量 $\boldsymbol{x}_0$，用式（3.46）已算出 $\boldsymbol{x}_1$ 的第 1 个分量 $\boldsymbol{x}_1^{(1)}$。若迭代过程收敛，则 $\boldsymbol{x}_1$ 的第 1 个分量 $\boldsymbol{x}_1^{(1)}$ 应该比 $\boldsymbol{x}_0$ 的第 1 个分量 $\boldsymbol{x}_1^{(0)}$ 更接近于方程组的解 $\boldsymbol{x}^*$ 的第 1 个分量 $\boldsymbol{x}_1^*$。那么，计算 $\boldsymbol{x}_1$ 的第 2 个分量 $x_2^{(1)}$ 时，不用 $\boldsymbol{x}_0=(x_1^{(0)},\ x_2^{(0)},\ \cdots,\ x_n^{(0)})^{\mathrm T}$ 进行迭代，而用

$$\overline{\boldsymbol{x}}_0=(x_1^{(1)},\ x_2^{(0)},\ \cdots,\ x_n^{(0)})^{\mathrm T}$$

进行迭代，即在计算方程组的近似解 $\boldsymbol{x}_k$ 的某一个分量时，用刚计算出来的上一个新分量作为 $\boldsymbol{x}_{k-1}$ 的对应分量进行迭代。这样做，至少可以节省存储空间。我们希望这样做可以使迭代更有效。

Gauss-Seidel 迭代法正是基于这样的想法提出来的，其迭代过程用向量的分量可以表示为

$$\boldsymbol{x}_i^{(k+1)}=\sum_{j=1}^{i-1}b_{ij}\boldsymbol{x}_j^{(k+1)}+\sum_{j=i+1}^{n}b_{ij}\boldsymbol{x}_j^{(k)}+\boldsymbol{d}_i\qquad i=1,2,\cdots,n;\ \ k=0,1,2,\cdots\tag{3.51}$$

用矩阵表示为

$$\boldsymbol{x}_{k+1}=\boldsymbol{L}\boldsymbol{x}_{k+1}+\boldsymbol{U}\boldsymbol{x}_k+\boldsymbol{d}\qquad k=0,1,2,\cdots\tag{3.52}$$

其中

$$\boldsymbol{L}=\begin{bmatrix}0&&&&\\b_{21}&0&&&\\b_{31}&b_{32}&0&&\\\vdots&\vdots&\vdots&\ddots&\\b_{n1}&b_{n2}&b_{n3}&\cdots&0\end{bmatrix},\quad\boldsymbol{U}=\begin{bmatrix}b_{11}&b_{12}&b_{13}&\cdots&b_{1n}\\&b_{22}&b_{23}&\cdots&b_{2n}\\&&b_{33}&\cdots&b_{3n}\\&&&\ddots&\vdots\\&&&&b_{nn}\end{bmatrix}\tag{3.53}$$

记 $\boldsymbol{L}+\boldsymbol{U}=\boldsymbol{B}$，由式（3.52）得

$$(\boldsymbol{I}-\boldsymbol{L})\,\boldsymbol{x}_{k+1}=\boldsymbol{U}\boldsymbol{x}_k+\boldsymbol{d}$$

因为 $\boldsymbol{I}-\boldsymbol{L}$ 是可逆矩阵，所以

$$\boldsymbol{x}_{k+1}=(\boldsymbol{I}-\boldsymbol{L})^{-1}\,\boldsymbol{U}\boldsymbol{x}_k+(\boldsymbol{I}-\boldsymbol{L})^{-1}\,\boldsymbol{d} \tag{3.54}$$

记 $\boldsymbol{G}=(\boldsymbol{I}-\boldsymbol{L})^{-1}\,\boldsymbol{U}$，称其为 Gauss-Seidel 迭代矩阵，使用迭代公式（3.54）的方法称为 Gauss-Seidel 迭代法。

由此可见，使用 Gauss-Seidel 迭代法，就相当于将式（3.52）变形为

$$\boldsymbol{x}=(\boldsymbol{I}-\boldsymbol{L})^{-1}\,\boldsymbol{U}\boldsymbol{x}+(\boldsymbol{I}-\boldsymbol{L})^{-1}\,\boldsymbol{d} \tag{3.55}$$

再用简单迭代法。

例 3.9 分别用 Jacobi 迭代法和 Gauss-Seidel 迭代法求解下列方程组

$$\begin{cases} 8x_1-3x_2+2x_3=20 \\ 4x_1+11x_2-x_3=33 \\ 6x_1+3x_2+12x_3=36 \end{cases}$$

解

（1）Jacobi 迭代法。上述方程组的第 1 个、第 2 个、第 3 个方程的两边分别除以 8、11、12 得

$$\begin{bmatrix} 1 & -\dfrac{3}{8} & \dfrac{1}{4} \\ \dfrac{4}{11} & 1 & -\dfrac{1}{11} \\ \dfrac{1}{2} & \dfrac{1}{4} & 1 \end{bmatrix}\begin{bmatrix} x_1 \\ x_2 \\ x_3 \end{bmatrix}=\begin{bmatrix} \dfrac{5}{2} \\ 3 \\ 3 \end{bmatrix}$$

从而 Jacobi 迭代公式为

$$\begin{bmatrix} x_1 \\ x_2 \\ x_3 \end{bmatrix}=\begin{bmatrix} 0 & \dfrac{3}{8} & -\dfrac{1}{4} \\ -\dfrac{4}{11} & 0 & \dfrac{1}{11} \\ -\dfrac{1}{2} & -\dfrac{1}{4} & 0 \end{bmatrix}\begin{bmatrix} x_1 \\ x_2 \\ x_3 \end{bmatrix}=\begin{bmatrix} \dfrac{5}{2} \\ 3 \\ 3 \end{bmatrix}$$

因为 $\|\boldsymbol{G}\|_\infty=\dfrac{6}{8}<1$，所以对于任意的初始向量 $\boldsymbol{x}_0\in\boldsymbol{R}^3$，上述迭代过程产生的向量序列均收敛，取 $\boldsymbol{x}_0=(0,0,0)^{\mathrm{T}}$，迭代 10 次，得 $\boldsymbol{x}_{10}=(3.000032,1.999838,0.999813)^{\mathrm{T}}$。原方程组的精确解是 $\boldsymbol{x}^*=(3,2,1)^{\mathrm{T}}$，所以

$$\|\boldsymbol{\varepsilon}_{10}\|_\infty=\|\boldsymbol{x}_{10}-\boldsymbol{x}^*\|_\infty=0.000187$$

（2）Gauss-Seidel 迭代法。迭代公式为

$$\begin{cases} x_1^{(k+1)}=(20+3x_2^{(k)}-2x_3^{(k)})/8 \\ x_2^{(k+1)}=(33-4x_1^{(k+1)}+x_3^{(k)})/11 \\ x_3^{(k+1)}=(36-6x_1^{(k+1)}-3x_2^{(k+1)})/12 \end{cases}$$

仍取 $\boldsymbol{x}_0=(0,0,0)^{\mathrm{T}}$，迭代 5 次，得 $\boldsymbol{x}_5=(2.999843,2.000072,1.000061)^{\mathrm{T}}$，所以

$$\|\boldsymbol{\varepsilon}_5\|_\infty=\|\boldsymbol{x}_5-\boldsymbol{x}^*\|_\infty=0.000157$$

由此例可见，Gauss-Seidel 迭代法比 Jacobi 迭代法收敛得快。但这个结论只在一定的条件下成立，甚至对有的方程组，Jacobi 迭代法收敛，而 Gauss-Seidel 迭代法却发散。

【定理 3.15】 若式（3.40）的系数矩阵是严格对角占优的，则以任何向量为初始向量的 Gauss-Seidel 迭代计算得到的向量序列 $\{\boldsymbol{x}_k\}$ 收敛于式（3.40）的解 $\boldsymbol{x}^*$。

证明　记

$$l_i=\sum_{j=1}^{i-1}\frac{|a_{ij}|}{|a_{ii}|},\quad u_i=\sum_{j=i+1}^{n}\frac{|a_{ij}|}{|a_{ii}|}\qquad i=1,2,\cdots,n$$

因为 $\boldsymbol{A}$ 是严格对角占优的，所以对于 $i=1,2,\cdots,n$ 有 $l_i+u_i<1$。因为

$$l_i+u_i-\frac{u_i}{1-l_i}=(l_i+u_i)\frac{1-l_i}{1-l_i}-\frac{u_i}{1-l_i}=\frac{l_i+u_i-l_i^2-l_iu_i}{1-l_i}-\frac{u_i}{1-l_i}=\frac{l_i}{1-l_i}(1-l_i-u_i)\geqslant 0$$

所以

$$\frac{u_i}{1-l_i}\leqslant l_i+u_i<1\qquad i=1,2,\cdots,n$$

从而

$$\mu=\max_i\frac{u_i}{1-l_i}\leqslant\max_i(l_i+u_i)<1$$

由 Gauss-Seidel 迭代公式及 $\boldsymbol{x}^*$ 是式（3.40）的解，有

$$\boldsymbol{x}_k=\boldsymbol{L}\boldsymbol{x}_k+\boldsymbol{U}\boldsymbol{x}_{k-1}+\boldsymbol{d}$$

$$\boldsymbol{x}^*=\boldsymbol{L}\boldsymbol{x}^*+\boldsymbol{U}\boldsymbol{x}^*+\boldsymbol{d}$$

两式相减得

$$\boldsymbol{\varepsilon}_k=\boldsymbol{L}\boldsymbol{\varepsilon}_k+\boldsymbol{U}\boldsymbol{\varepsilon}_{k-1}$$

写成分量形式

$$\boldsymbol{\varepsilon}_i^{(k)}=\sum_{j=1}^{i-1}\left(-\frac{a_{ij}}{a_{ii}}\right)\boldsymbol{\varepsilon}_j^{(k)}+\sum_{j=i+1}^{n}\left(-\frac{a_{ij}}{a_{ii}}\right)\boldsymbol{\varepsilon}_j^{(k-1)}\qquad i=1,2,\cdots,n$$

设 $|\boldsymbol{\varepsilon}_{i_0}^{(k)}|=\max\limits_i|\boldsymbol{\varepsilon}_i^{(k)}|=\|\boldsymbol{\varepsilon}_k\|_\infty$，则

$$\begin{aligned}|\boldsymbol{\varepsilon}_{i_0}^{(k)}|&\leqslant\sum_{j=1}^{i_0-1}\frac{|a_{i_0j}|}{|a_{i_0i_0}|}|\boldsymbol{\varepsilon}_j^{(k)}|+\sum_{j=i_0+1}^{n}\frac{|a_{i_0j}|}{|a_{i_0i_0}|}|\boldsymbol{\varepsilon}_j^{(k-1)}|\\&\leqslant\left(\sum_{j=1}^{i_0-1}\frac{|a_{i_0j}|}{|a_{i_0i_0}|}\right)\|\boldsymbol{\varepsilon}_k\|_\infty+\left(\sum_{j=i_0+1}^{n}\frac{|a_{i_0j}|}{|a_{i_0i_0}|}\right)\|\boldsymbol{\varepsilon}_{k-1}\|_\infty\\&=l_{i_0}\|\boldsymbol{u}_k\|_\infty+\boldsymbol{\varepsilon}_{i_0}\|\boldsymbol{\varepsilon}_{k-1}\|_\infty\end{aligned}$$

即

$$\|\boldsymbol{\varepsilon}_k\|_\infty\leqslant l_{i_0}\|\boldsymbol{\varepsilon}_k\|_\infty+u_{i_0}\|\boldsymbol{\varepsilon}_{k-1}\|_\infty$$

从而

$$\|\boldsymbol{\varepsilon}_k\|_\infty\leqslant\frac{u_{i_0}}{1-l_{i_0}}\|\boldsymbol{\varepsilon}_{k-1}\|_\infty\leqslant\mu\|\boldsymbol{\varepsilon}_{k-1}\|_\infty$$

反复使用上式得

$$\|\boldsymbol{\varepsilon}_k\|_\infty \leqslant \mu^k \|\boldsymbol{\varepsilon}_0\|_\infty$$

由于 $\mu<1$，所以当 $k\to\infty$ 时，$\|\boldsymbol{\varepsilon}_k\|_\infty \to 0$，即序列 $\{\boldsymbol{x}_k\}$ 收敛于 $\boldsymbol{x}^*$。

此定理给出了 Gauss-Seidel 迭代收敛的充分条件。

需要指出，定理 3.14 和定理 3.15 给出的关于 Jacobi 迭代和 Gauss-Seidel 迭代收敛的条件仅是充分的，即存在着非严格对角占优阵 $\boldsymbol{A}$，使得以 $\boldsymbol{A}$ 为系数矩阵的方程组 $\boldsymbol{Ax}=\boldsymbol{b}$，在使用这两种迭代时仍收敛。

例 3.10 给定方程组

$$\begin{cases} x_1+2x_2-2x_3=1 \\ x_1+x_2+x_3=1 \\ 2x_1+2x_2+x_3=1 \end{cases}$$

此方程组的精确解为 $\boldsymbol{x}^*=(-3,3,1)^{\mathrm{T}}$。

此方程组的系数矩阵显然不是严格对角占优的，但是，取迭代初始向量 $\boldsymbol{x}_0=(1,1,1)^{\mathrm{T}}$，用 Jacobi 迭代得

$$\begin{bmatrix} x_1 \\ x_2 \\ x_3 \end{bmatrix}=\begin{bmatrix} 0 & -2 & 2 \\ -1 & 0 & -1 \\ -2 & -2 & 0 \end{bmatrix}\begin{bmatrix} x_1 \\ x_2 \\ x_3 \end{bmatrix}+\begin{bmatrix} 1 \\ 1 \\ 1 \end{bmatrix}$$

$$\begin{bmatrix} 0 & -2 & 2 \\ -1 & 0 & -1 \\ -2 & -2 & 0 \end{bmatrix}\boldsymbol{x}_0+\begin{bmatrix} 1 \\ 1 \\ 1 \end{bmatrix}=\begin{bmatrix} 0 & -2 & 2 \\ -1 & 0 & -1 \\ -2 & -2 & 0 \end{bmatrix}\begin{bmatrix} 1 \\ 1 \\ 1 \end{bmatrix}+\begin{bmatrix} 1 \\ -1 \\ -3 \end{bmatrix}=\boldsymbol{x}_1$$

$$\begin{bmatrix} 0 & -2 & 2 \\ -1 & 0 & -1 \\ -2 & -2 & 0 \end{bmatrix}\boldsymbol{x}_1+\begin{bmatrix} 1 \\ 1 \\ 1 \end{bmatrix}=\begin{bmatrix} 0 & -2 & 2 \\ -1 & 0 & -1 \\ -2 & -2 & 0 \end{bmatrix}\begin{bmatrix} 1 \\ -1 \\ -3 \end{bmatrix}+\begin{bmatrix} 1 \\ 1 \\ 1 \end{bmatrix}\begin{bmatrix} -3 \\ 3 \\ 1 \end{bmatrix}=\boldsymbol{x}_2$$

$$\begin{bmatrix} 0 & -2 & 2 \\ -1 & 0 & -1 \\ -2 & -2 & 0 \end{bmatrix}\boldsymbol{x}_2+\begin{bmatrix} 1 \\ 1 \\ 1 \end{bmatrix}=\begin{bmatrix} 0 & -2 & 2 \\ -1 & 0 & -1 \\ -2 & -2 & 0 \end{bmatrix}\begin{bmatrix} -3 \\ 3 \\ 1 \end{bmatrix}+\begin{bmatrix} 1 \\ 1 \\ 1 \end{bmatrix}\begin{bmatrix} -3 \\ 3 \\ 1 \end{bmatrix}=\boldsymbol{x}_3$$

由此可见，此方程组 Jacobi 迭代是收敛的。

【定理 3.16】 解方程组式（3.1）的迭代法式（3.46），对于任何初始向量 $\boldsymbol{x}_0$ 都收敛的充要条件是矩阵 $\boldsymbol{G}$ 的谱半径满足 $\rho(\boldsymbol{G})<1$。此定理的证明略。

例 3.11 对于例 3.10 中给出的方程组，讨论用 Gauss-Seidel 迭代法进行求解的收敛性。

解 因为

$$\boldsymbol{I}-\boldsymbol{L}=\begin{bmatrix} 1 & 0 & 0 \\ 1 & 1 & 0 \\ 2 & 2 & 1 \end{bmatrix},\quad \boldsymbol{U}=\begin{bmatrix} 0 & -2 & 2 \\ 0 & 0 & -1 \\ 0 & 0 & 0 \end{bmatrix}$$

$$(\boldsymbol{I}-\boldsymbol{L})^{-1}=\begin{bmatrix} 1 & 0 & 0 \\ -1 & 1 & 0 \\ 0 & -2 & 1 \end{bmatrix}$$

所以用 Gauss-Seidel 迭代法求解给定方程组的迭代矩阵为

$$G=(I-L)^{-1}U=\begin{bmatrix}1&0&0\\-1&1&0\\0&-2&1\end{bmatrix}\begin{bmatrix}0&-2&2\\0&0&-1\\0&0&0\end{bmatrix}=\begin{bmatrix}0&-2&2\\0&2&-3\\0&0&2\end{bmatrix}$$

其特征方程为

$$|\lambda I-G|=\begin{vmatrix}\lambda&2&-2\\0&\lambda-2&3\\0&0&\lambda-2\end{vmatrix}=\lambda(\lambda-2)^2=0$$

其特征值为 $\lambda_1=0$，$\lambda_2=\lambda_3=2$，即 $\rho(G)=2>1$ 由定理 3.16 知，对于例 3.10 所给的方程组，Gauss-Seidel 迭代发散。

例 3.12　给定方程组

$$\begin{cases}2x_1-x_2+x_3=1\\x_1+x_2+x_3=1\\x_1+x_2-2x_3=1\end{cases}$$

分别讨论 Jacobi 迭代法和 Gauss-Seidel 迭代法对此方程组进行求解的收敛性。

解　所给方程组的系数矩阵

$$A=\begin{bmatrix}2&-1&1\\1&1&1\\1&1&-2\end{bmatrix}$$

它不是严格对角占优的。用 Jacobi 迭代法的迭代矩阵为

$$G=\begin{bmatrix}0&1/2&-1/2\\-1&0&-1\\1/2&1/2&0\end{bmatrix}$$

其特征多项式为

$$|\lambda I-G|=\begin{vmatrix}\lambda&-1/2&1/2\\1&\lambda&1\\-1/2&-1/2&\lambda\end{vmatrix}=\lambda(\lambda^2+1.25)=0$$

其特征值为 $\lambda_1=0$，$\lambda_2=\sqrt{1.25}i$，$\lambda_3=-\sqrt{1.25}i$，即 $\rho(G)=\sqrt{1.25}>1$。由定理 3.16 知，对于所给定的方程组 Jacobi 迭代发散。

用 Gauss-Seidel 迭代法的迭代矩阵为

$$G=(I-L)^{-1}U=\begin{bmatrix}1&0&0\\1&1&0\\-1/2&-1/2&1\end{bmatrix}^{-1}\begin{bmatrix}0&1/2&-1/2\\0&0&-1\\0&0&0\end{bmatrix}$$

$$=\begin{bmatrix}1&0&0\\-1&1&0\\0&1/2&1\end{bmatrix}\begin{bmatrix}0&1/2&-1/2\\0&0&-1\\0&0&0\end{bmatrix}$$

$$=\begin{bmatrix} 0 & 1/2 & -1/2 \\ 0 & -1/2 & -1/2 \\ 0 & 0 & -1/2 \end{bmatrix}$$

其特征多项式为

$$|\lambda \boldsymbol{I}-\boldsymbol{G}|=\begin{vmatrix} \lambda & -1/2 & 1/2 \\ 0 & \lambda+\dfrac{1}{2} & 1/2 \\ 0 & 0 & \lambda+\dfrac{1}{2} \end{vmatrix}=\lambda\left(\lambda+\frac{1}{2}\right)^2=0$$

其特征值为 $\lambda_1=0，\lambda_2=\lambda_3=-\dfrac{1}{2}$，即 $\rho(\boldsymbol{G})=\dfrac{1}{2}$。由定理 3.16 知，对于所给定的方程组 Gauss-Seidel 迭代收敛。

例 3.13 设有方程组

$$\boldsymbol{x}=\boldsymbol{G}\boldsymbol{x}+\boldsymbol{d}$$

其中 $\boldsymbol{G}=\begin{bmatrix} 0.9 & 0 \\ 0.3 & 0.8 \end{bmatrix}$，$\boldsymbol{d}=\begin{bmatrix} 1 \\ 2 \end{bmatrix}$。讨论用迭代法求解此方程组的收敛性。

解 $\|\boldsymbol{G}\|_\infty=1.1，\|\boldsymbol{G}\|_1=1.2，\|\boldsymbol{G}\|_2=1.021$

即迭代矩阵 $\boldsymbol{G}$ 的这几种范数均大于 1，尽管如此，用迭代法解此方程组未必不收敛。

由于 $\boldsymbol{G}$ 的特征值为 $\lambda_1=0.9，\lambda_2=0.8$，即 $\rho(\boldsymbol{G})=0.9<1$，所以，用迭代法解此方程组收敛。

小结

本章介绍了解线性代数方程组的两类方法：直接法和迭代法。

直接法中的一种基本方法是 Gauss 消去法，其基本思想是将所需要求解的线性代数方程组转换为与之等价的三角形方程组，然后求解。为了保证 Gauss 消去法的顺利进行以及提高解的精度，在对 Gauss 消去法进行改进之后，提出了列主元消去法。

系数矩阵是某种特殊类型的矩阵的线性代数方程组，如三对角矩阵或对称正定矩阵，本章分别介绍了两种更加有效的方法，即追赶法和平方根法。

矩阵的三角分解是上述方法的矩阵形式。

针对迭代法，本章只对 Jacobi 和 Gauss-Seidel 这两种简单迭代法进行了讨论，给出了这两种方法收敛的充要条件，但一般来说，这两种方法的收敛条件是难以满足的。因此，本章对于某些特殊的线性代数方程组，给出了用这两种方法收敛的充分条件。

线性代数方程组的解的精确度是用误差向量的范数来度量的，但误差向量的范数却无法算出。因此，常使用残向量和系数矩阵的条件数来估计误差向量的大小，其中系数矩阵的条件数反映了线性代数方程组的性态。

习题

3-1 用 Gauss 消去法解下列方程组。

$$\begin{cases}2x_1+6x_2-4x_3=4\\x_1+4x_2-5x_3=3\\6x_1-x_2+18x_3=2\end{cases}$$

3-2 用列主元消去法解下列方程组。

$$\begin{cases}1x_1-x_2+x_3=-4\\5x_1-4x_2+3x_3-12\\2x_1+x_2+x_3=11\end{cases}$$

3-3 求下列矩阵的 LU 分解。

$$\boldsymbol{A}=\begin{bmatrix}2&-1&-1\\1&2&0\\1&0&3\end{bmatrix}$$

3-4 下列矩阵能否进行 LU 分解？若能分解，分解是否唯一？

$$\boldsymbol{A}=\begin{bmatrix}1&2&3\\2&4&1\\4&6&7\end{bmatrix},\ \boldsymbol{B}=\begin{bmatrix}1&1&1\\2&2&1\\3&3&1\end{bmatrix},\ \boldsymbol{C}=\begin{bmatrix}1&2&6\\2&5&15\\6&15&46\end{bmatrix}$$

3-5 用矩阵的 LU 分解解下列方程组。

$$\begin{cases}x_1+2x_2+3x_3=14\\2x_1+5x_2+2x_3=18\\3x_1+x_2+5x_3=20\end{cases}$$

3-6 用追赶法解下列方程组。

$$\begin{bmatrix}-4&1&0&0\\1&-4&1&0\\0&1&-4&1\\0&0&1&-4\end{bmatrix}\begin{bmatrix}x_1\\x_2\\x_3\\x_4\end{bmatrix}=\begin{bmatrix}1\\1\\1\\1\end{bmatrix}$$

3-7 用改进的平方根法解下列方程组。

$$\begin{bmatrix}2&-1&-1\\1&2&0\\1&0&3\end{bmatrix}\begin{bmatrix}x_1\\x_2\\x_3\end{bmatrix}=\begin{bmatrix}1\\0\\0\end{bmatrix}$$

3-8 设 $\boldsymbol{x}=(1,-2,3)^{\mathrm{T}}$，$\boldsymbol{y}=(0,2,3)^{\mathrm{T}}$，求 $\boldsymbol{x}$ 和 $\boldsymbol{y}$ 的 1−范数、2−范数、∞ − 范数。

3-9 如果 $\lim\limits_{k\to\infty}\|\boldsymbol{x}_k\|=\|\boldsymbol{a}\|$，是否有 $\{\boldsymbol{x}_k\}$ 收敛于向量 $\boldsymbol{a}$？

3-10 设

$$A=\begin{bmatrix}2 & 1 & 0\\ -1 & 2 & 0\\ 0 & 0 & 1\end{bmatrix}$$

求$\|A\|_1$、$\|A\|_2$、$\|A\|_\infty$。

3-11 设

$$A=\begin{bmatrix}2 & 1 & 1\\ 1 & -2 & 0\\ 1 & 0 & -2\end{bmatrix}$$

在1-范数、2-范数、∞-范数的意义下求$\text{cond}(A)$，并说明方程组$Ax=b$是否病态。

3-12 设$A=(a_{ij})\in R^{n\times n}$，证明：

（1）$\|A\|_1=\max\limits_{1\leqslant j\leqslant n}\sum\limits_{i=1}^{n}|a_{ij}|$；

（2）$\|A\|_\infty=\max\limits_{1\leqslant i\leqslant n}\sum\limits_{j=1}^{n}|a_{ij}|$。

3-13 在二维空间中给出向量的1-范数、2-范数和∞-范数不超过1的几何解释。

3-14 证明：对于任何非奇异矩阵A及任何矩阵范数$\|\ \|$，下列不等式成立。

$$\|I\|\geqslant 1,\quad \|A^{-1}\|\geqslant\frac{1}{\|A\|}$$

其中I是单位矩阵。

3-15 设$\|\ \|$是任意一个向量范数，证明对于任何$x,y\in R^n$，有$\|x+y\|\geqslant\|x\|-\|y\|$。

3-16 试求用Gauss消去法求解n元线性方程组所需的乘除法运算次数。

3-17 有方程组

$$\begin{cases}10x_1-x_2=1\\ -x_1+10x_2-x_3=0\\ -x_2+10x_3-x_4=1\\ -x_3+10x_4=2\end{cases}$$

（1）写出解方程组的Jacobi迭代计算式，并对$x_0=(0,0,0,0)^T$迭代求出x_1,x_2。

（2）写出解方程组的Gauss-Seidel迭代计算式，并对$x_0=(0,0,0,0)^T$迭代求出x_1,x_2。

（3）分别给出Jacobi迭代、Gauss-Seidel迭代的迭代矩阵，并讨论其收敛性。

3-18 有方程组

$$\begin{cases}10.2x_1-0.25x_2-0.30x_3=0.515\\ -0.41x_1+1.13x_2-0.15x_3=1.555\\ -0.25x_1-0.14x_2+1.21x_3=2.780\end{cases}$$

取$x_0=(2,2,2)^T$，$\varepsilon=10^{-3}$，试用Jacobi迭代求解方程组。

3-19 有方程组

$$\begin{cases} 6x_1 - x_2 - x_3 = 11.33 \\ -x_1 + 6x_2 - x_3 = 32 \\ -x_1 - x_2 + 6x_3 = 42 \end{cases}$$

取 $\boldsymbol{x} = (4,6,8)^{\mathrm{T}}$，$\varepsilon = 10^{-3}$，试用 Gauss-Seidel 迭代求解方程组。

3-20 有方程组

$$\begin{cases} x_1 + ax_2 = b_1 \\ ax_1 + 2x_2 = b_2 \end{cases}$$

（1）写出解方程组的 Jacobi 迭代的迭代矩阵，并讨论迭代收敛的条件。

（2）写出解方程的 Gauss-Seidel 迭代的迭代矩阵，并讨论迭代收敛的条件。

3-21 线性方程组 $\boldsymbol{Ax} = \boldsymbol{b}$ 为二阶方程组，证明：解方程组的 Jacobi 迭代与 Gauss-Seidel 迭代同时收敛或同时发散。

第4章　插值法与曲线拟合

插值与拟合是当前计算机领域中数据分析与处理常常需要使用的基本算法，其主要作用是用相对简单的函数去表达数据的规律，通过这种表达函数实现研究对象的进一步判断与处理。例如，在多媒体数据处理中，实现图像的平滑放大就使用了插值法。若只是简单做像素点平均处理，则可能会出现锯齿，一般比较好的应用是采用三次立方埃尔米特（Hermite）插值，可得到较好的图像平滑放大效果。

在数据挖掘中，原始数据中存在大量不完整、偏离的数据。这些问题数据轻则影响数据挖掘执行效率，重则影响执行结果。因此数据预处理工作必不可少，而其中常见的工作就是数据集的缺失数据处理。缺失数据的处理可分两类：一类是删除缺失数据，另一类是进行数据插补。前者的局限在于它是以减少历史数据来换取数据的完备的，会造成资源的大量浪费，尤其是在数据集本身就少的情况下，删除记录可能会直接影响分析结果的客观性和准确性。因此较为常用的是数据插补方法，而插值法与拟合是数据插补中的主要方法。

在网络空间安全中，插值法在密钥分享方面也有较好的应用。在门限体系中，为了保证信息安全性，一个秘密通常不能由单个持有者保存。例如，一些重要场所的通行、重要凭证的访问，必须将秘密分由多人保管并且只有当多人同时在场时秘密才能得以恢复。在这些场合，就需要一套密钥分享技术。Shamir 密钥分享算法中的分割过程和重构过程都是对拉格朗日（Lagrange）多项式的数值求解过程。

在插值问题中，使用的函数常常是下面两种情况：一种是函数关系 $y=f(x)$，没有明显的表达式，而是根据实验或观测得到的一组离散的数据来表示其关系；另一种是函数有明显的表达式，但很复杂，不便研究和使用。鉴于这两种情况，人们希望构造一个简单的连续函数 $g(x)$ 来近似地替代所考察的函数 $f(x)$，使问题简化。

一般称 $g(x)$ 为逼近函数，$f(x)$ 为被逼近函数。如果要求构造的函数 $g(x)$ 取给定的离散数据，即 $g(x_i)=f(x_i)(i=0,1,2,\cdots,n)$，那么称 $g(x)$ 为 $f(x)$ 的插值函数，$f(x)$ 称被插值函数。当 $g(x)$ 为代数多项式时，称与之相应的插值逼近为代数多项式插值。

4.1　插值多项式的存在唯一性

所谓多项式插值问题就是要确定一个次数不高于 n 的代数多项式

$$p_n(x)=a_0+a_1x+a_2x^2+\cdots+a_nx^n \tag{4.1}$$

使其满足

$$p_n(x_i)=y_i \qquad i=0,1,2,\cdots,n \tag{4.2}$$

点 $x_i(i=0,1,2,\cdots,n)$ 互异，称为插值节点。包括插值节点的区间 $[a,b]$ 称为插值区间。

从几何上看，多项式插值问题是求作一条过曲线 $y=f(x)$ 上给定的 $n+1$ 个点 (x_i,y_i) $(i=0,1,2,\cdots,n)$ 的 n 次代数曲线 $y=p_n(x)$，作为 $y=f(x)$ 的近似。

这样的多项式是否存在且唯一呢？对此，有如下定理。

【定理 4.1】 在 $n+1$ 个互异点的插值节点 $x_0,x_1,x_2,\cdots,x_n$ 上，满足条件式（4.2）的次数不高于 n 的代数多项式（4.1）存在且唯一。

证明　由条件式（4.2），有

$$\begin{cases} p_n(x_0)=a_0+a_1x_0+a_2x_0^2+\cdots+a_nx_0^n=y_0 \\ p_n(x_1)=a_0+a_1x_1+a_2x_1^2+\cdots+a_nx_1^n=y_1 \\ \quad\vdots \\ p_n(x_n)=a_0+a_1x_n+a_2x_n^2+\cdots+a_nx_n^n=y_n \end{cases} \tag{4.3}$$

式（4.3）是一个关于未知数 $a_0,a_1,a_2,\cdots,a_n$ 的线性方程组，其系数矩阵的行列式是范德蒙行列式

$$V=\begin{vmatrix} 1 & x_0 & x_0^2 & \cdots & x_0^n \\ 1 & x_1 & x_1^2 & \cdots & x_1^n \\ \vdots & \vdots & \vdots & \vdots & \vdots \\ 1 & x_n & x_n^2 & \cdots & x_n^n \end{vmatrix}=\prod_{0\leqslant i<j\leqslant n}(x_j-x_i)$$

因为 $x_i\neq x_j(i\neq j)$，所以 $V\neq 0$。即线性方程组（4.3）有唯一解 $a_0,a_1,a_2,\cdots,a_n$，从而 $p_n(x)$ 存在且唯一。

通过上述定理的证明可知，插值多项式 $p_n(x)$ 可以通过求解线性方程组来确定。但因为求解线性方程组的计算量大，所以下面介绍确定 $p_n(x)$ 的其他方法。

4.2　拉格朗日插值

4.2.1　线性插值

【问题 4.1】 设函数 $y=f(x)$ 在给定的互异节点 x_0,x_1 上的函数值分别为 y_0,y_1，求作一个次数小于等于 1 的多项式

$$p_1(x)=a_0+a_1x$$

使它满足

$$p_1(x_0)=y_0\text{，}\quad p_1(x_1)=y_1$$

问题 4.1 所定义的插值问题称为线性插值问题。

线性插值的几何意义是过曲线 $y=f(x)$ 上的两点 (x_0,y_0) 和 (x_1,y_1)，作一直线 $p_1(x)$，用 $p_1(x)$ 来近似地替代 $f(x)$。

因为 $p_1(x)$ 是过 (x_0,y_0) 和 (x_1,y_1) 两点的直线，所以由点斜式得

$$p_1(x)=y_0+\frac{y_1-y_0}{x_1-x_0}(x-x_0) \tag{4.4}$$

而
$$y_0+\frac{y_1-y_0}{x_1-x_0}(x-x_0)=\frac{x_1-x_0-x+x_0}{x_1-x_0}y_0+\frac{x-x_0}{x_1-x_0}y_1$$
$$=\frac{x_1-x}{x_1-x_0}y_0+\frac{x-x_0}{x_1+x_0}y_1$$
$$=\frac{x-x_1}{x_0-x_1}y_0+\frac{x-x_0}{x_1-x_0}y_1$$

所以式（4.4）可以改写为
$$p_1(x)=\frac{x-x_1}{x_0-x_1}y_0+\frac{x-x_0}{x_1-x_0}y_1 \tag{4.5}$$

记
$$l_0(x)=\frac{x-x_1}{x_0-x_1}，\ l_1(x)=\frac{x-x_0}{x_1-x_0}$$

这里记 $l_0(x)$ 和 $l_1(x)$ 实质上是满足下面条件的一次插值多项式：
$$l_0(x_0)=1，\ l_0(x_1)=0$$
$$l_1(x_0)=0，\ l_1(x_1)=1$$

称 $l_0(x)$ 和 $l_1(x)$ 为线性插值的插值基函数，则线性插值的解可以表示为插值基函数 $l_0(x)$ 和 $l_1(x)$ 的线性组合，其组合系数为 y_0 和 y_1，即
$$p_1(x)=y_0l_0(x)+y_1l_1(x)$$

例 4.1 已知 $y=f(x)$ 的函数表

x	1	3
y	1	2

求其近似插值表达式。

解 因为这是已知两点 $(x_0,y_0)=(1,1)$，$(x_1,y_1)=(3,2)$，求其近似表达式的问题，所以可以构造 $f(x)$ 线性插值多项式 $p_1(x)$，用 $p_1(x)$ 来近似地替代 $f(x)$。

将 $x_0=1$，$y_0=1$；$x_1=3$，$y_1=2$ 代入式（4.5），得
$$p_1(x)=\frac{x-3}{1-3}\times 1+\frac{x-1}{3-1}\times 2=\frac{1}{2}(x+1)$$

所以
$$f(x)\approx\frac{1}{2}(x+1)$$

例 4.2 已知 $\lg 2.71=0.4330$，$\lg 2.72=0.4346$，求 $y=\lg 2.718$。

解 这里 $x_0=2.71$，$y_0=0.4330$；$x_1=2.72$，$y_1=0.4346$，代入式（4.5）得
$$p_1(x)=\frac{x-2.72}{2.71-2.72}\times 0.4330+\frac{x-2.71}{2.72-2.71}\times 0.4346$$
$$=0.16x-0.0006$$

取 $x=2.718$，得
$$p_1(2.718)=0.16\times 2.718-0.0006=0.43428$$

所以 $\lg 2.718\approx 0.43428$。

4.2.2 抛物插值

线性插值虽然计算方便，但由于它是用直线去替代曲线的，因此一般要求插值区间 $[x_0,x_1]$ 比较小，且 $f(x)$ 在 $[x_0,x_1]$ 上变化比较平稳；否则，线性插值的误差可能很大。为了克服这一缺点，考虑用简单的曲线去近似地替代复杂的曲线。下面讨论用抛物线去逼近曲线 $f(x)$ 的情形。

【问题 4.2】 设函数 $y=f(x)$ 在给定的互异节点 x_0、x_1、x_2 上的函数值分别为 y_0、y_1、y_2，求作一个次数小于等于 2 的多项式

$$p_2(x)=a_0+a_1x+a_2x^2$$

使它满足

$$p_2(x_0)=y_0,\quad p_2(x_1)=y_1,\quad p_2(x_2)=y_2$$

问题 4.2 所定义的插值问题称为抛物插值问题。

抛物插值的几何意义是过曲线 $y=f(x)$ 上的三点 (x_0,y_0)、(x_1,y_1)、(x_2,y_2) 作一抛物线 $p_2(x)$，用 $p_2(x)$ 来近似地替代 $f(x)$。

为了构造 $p_2(x)$，仿照式（4.5），我们希望能够将 $p_2(x)$ 也表示为插值基函数的线性组合，即我们希望有三个函数 $l_0(x)$、$l_1(x)$、$l_2(x)$ 满足

$$l_0(x_0)=1,\ l_1(x_0)=0,\ l_2(x_0)=0$$
$$l_0(x_1)=0,\ l_1(x_1)=1,\ l_2(x_1)=0$$
$$l_0(x_2)=0,\ l_1(x_2)=0,\ l_2(x_2)=1$$

则函数 $y_0l_0(x)+y_1l_1(x)+y_2l_2(x)=g(x)$，即满足

$$g(x_0)=y_0,\quad g(x_1)=y_1,\quad g(x_2)=y_2$$

若要求 $l_0(x)$、$l_1(x)$、$l_2(x)$ 都是二次多项式，则 $g(x)$ 就是一个次数小于等于 2 的多项式，因此，$g(x)$ 即是问题 4.2 的解 $p_2(x)$。

为此，首先来考虑一个特殊的二次插值问题。

求作 $l_0(x)$，使其满足

$$l_0(x_0)=1,\quad l_0(x_1)=0,\quad l_0(x_2)=0$$

由后面的两个条件知 x_1、x_2 是 $l_0(x)$ 的两个零点，则 $l_0(x)$ 中一定含 $(x-x_1)$ 和 $(x-x_2)$ 这样两个因式，即

$$l_0(x)=c(x-x_1)(x-x_2)$$

式中 c 为待定常数，由 $l_0(x_0)=1$ 得

$$c=\frac{1}{(x_0-x_1)(x_0-x_2)}$$

所以

$$l_0(x)=\frac{(x-x_1)(x-x_2)}{(x_0-x_1)(x_0-x_2)}$$

同理，可以构造二次因式 $l_1(x)$ 和 $l_2(x)$，使其满足

$$l_1(x_0)=0,\quad l_1(x_1)=1,\quad l_1(x_2)=0$$
$$l_2(x_0)=0,\quad l_2(x_1)=0,\quad l_2(x_2)=1$$

即

$$l_1(x)=\frac{(x-x_0)(x-x_2)}{(x_1-x_0)(x_1-x_2)},\quad l_2(x)=\frac{(x-x_0)(x-x_1)}{(x_2-x_0)(x_2-x_1)}$$

这样，用 $l_0(x)$、$l_1(x)$、$l_2(x)$ 作如下线性组合

$$p_2(x)=y_0l_0(x)+y_1l_1(x)+y_2l_2(x) \tag{4.6}$$

即得问题 4.2 的解。称 $l_0(x)$、$l_1(x)$、$l_2(x)$ 为抛物插值的插值基函数。

例 4.3 已知 $\sin 0.32=0.314567$，$\sin 0.34=0.333487$，$\sin 0.36=0.352274$，用线性插值及抛物插值计算 $\sin 0.3367$。

解 取 $x_0=0.32$，$y_0=0.314567$；$x_1=0.34$，$y_1=0.333487$；$x_2=0.36$，$y_2=0.352274$。以 x_0、x_1 为插值节点，用线性插值计算得

$$\begin{aligned}\sin 0.3367&\approx p_1^1(0.3367)\\&=0.314567\times\frac{0.3367-0.34}{0.32-0.34}+0.333487\times\frac{0.3367-0.32}{0.34-0.32}\\&=0.330365\end{aligned}$$

以 x_1、x_2 为插值节点，用线性插值计算得

$$\begin{aligned}\sin 0.3367&\approx p_1^2(0.3367)\\&=0.333487\times\frac{0.3367-0.36}{0.34-0.36}+0.352274\times\frac{0.3367-0.34}{0.36-0.34}\\&=0.330387\end{aligned}$$

用抛物插值计算得

$$\begin{aligned}\sin 0.3367&\approx p_2(0.3367)\\&=0.314567\times\frac{(0.3367-0.34)(0.3367-0.36)}{(0.32-0.34)(0.32-0.36)}\\&+0.333487\times\frac{(0.3367-0.32)(0.3367-0.36)}{(0.34-0.32)(0.34-0.36)}\\&+0.352274\times\frac{(0.3367-0.32)(0.3367-0.34)}{(0.36-0.32)(0.36-0.34)}\\&=0.330374\end{aligned}$$

这个结果与 6 位有效数字的正弦函数表完全一样，说明使用抛物插值相较使用线性插值确实可以提高精度。

4.2.3 拉格朗日插值多项式

【问题 4.3】 设函数 $y=f(x)$ 在给定的互异节点 $x_0,x_1,x_2,\cdots,x_n$ 上的函数值分别为 $y_0,y_1,y_2,\cdots,y_n$，求作一个次数小于等于 n 的多项式。

$$p_n(x)=a_0+a_1x+a_2x^2+\cdots+a_nx^n$$

使它满足

$$p_n(x_i)=y_i \qquad i=0,1,2,\cdots,n$$

为了求解 n 次多项式插值问题，仿照问题 4.1 和 4.2 的求解过程，设法将 $p_n(x)$ 表示成 $(n+1)$ 个

n 次多项式 $l_i(x)(i=0,1,2,\cdots,n)$ 的线性组合，即

$$p_n(x)=\sum_{i=0}^{n} y_i l_i(x)$$

因为

$$p_n(x_i)=\sum_{i=0}^{n} y_i l_i(x_i)=y_i$$

所以 $l_i(x)$ 应满足

$$l_i(x_j)=\begin{cases}1 & j=i\\ 0 & j\neq i\end{cases}$$

即对于 n 次多项式 $l_i(x)$，$x_0,x_1,\cdots,x_{i-1},x_{i+1},\cdots,x_n$ 都是它的零点，所以 $l_i(x)$ 中一定含有 $(x-x_0)$, $(x-x_1),\cdots,(x-x_{i-1}),(x-x_{i+1}),\cdots,(x-x_n)$ 因式，因此

$$\begin{aligned}l_i(x)&=c(x-x_0)\cdots(x-x_{i-1})\cdots(x-x_n)\\&=c\prod_{\substack{j=0\\ j\neq i}}^{n}(x-x_j)\end{aligned}$$

式中 c 为特定常数，由 $l_i(x_i)=1$ 得

$$c=1/\prod_{\substack{j=0\\ j\neq i}}^{n}(x_i-x_j)$$

所以

$$l_i(x)=\prod_{\substack{j=0\\ j\neq i}}^{n}\frac{x-x_j}{x_i-x_j}$$

称 $l_i(x)(i=0,1,2,\cdots,n)$ 为 n 次 Lagrange 插值的插值基函数。

因此问题 4.3 的解为

$$p_n(x)=\sum_{i=0}^{n} y_i\left(\prod_{\substack{j=0\\ j\neq 1}}^{n}\frac{x-x_j}{x_i-x_j}\right) \tag{4.7}$$

式（4.7）称为 Lagrange 插值公式。

从 4.2.1 节、4.2.2 节、4.2.3 节的讨论，可以看到，我们从 $n=1$、$n=2$ 的简单情形着手，通过构造 $p_1(x)$ 和 $p_2(x)$ 的插值基函数，进而将 $p_1(x)$ 和 $p_2(x)$ 表示成插值基函数的线性组合，从而导出了计算量小、富有规律性、便于记忆的多项式插值问题的解——Lagrange 插值公式。

4.2.4 插值余项、误差估计

依据函数 $f(x)$ 的数据表构造出 $f(x)$ 的插值多项式 $p_n(x)$，则 $p_n(x)$ 仅为 $f(x)$ 的一种近似表达式，用 $p_n(x)$ 替代 $f(x)$ 进行计算总会带来误差。对于插值区间 $[a,b]$ 上插值节点 $x_i(i=0,1,2,\cdots,n)$ 以外的点 x，一般 $p_n(x)\neq f(x)$。令

$$R_n(x)=f(x)-p_n(x)$$

并称 $R_n(x)$ 为 $p_n(x)$ 的截断误差或插值余项。

用简单的插值多项式函数 $p_n(x)$ 替代原来复杂的函数 $f(x)$，这样处理是否有效，就要看

截断误差是否足够小，即是否达到所要求的精度。

【定理 4.2】 设在区间$[a,b]$中有节点$x_0,x_1,\cdots,x_n$，而$f(x)$在$[a,b]$中有$1\sim n+1$阶的导数，且$f(x_i)=y_i(i=0,1,2,\cdots,n)$已给，则当$x\in[a,b]$时，对于由式（4.7）给出的$p_n(x)$，满足

$$f(x)-p_n(x)=\frac{f^{n+1}(\xi)}{(n+1)!}\prod_{i=0}^{n}(x-x_i) \tag{4.8}$$

其中$\xi\in(a,b)$。

证明 对于插值节点$x_i(i=0,1,2,\cdots,n)$，式（4.7）显然成立，所以仅考虑x不是插值节点的情形。作辅助函数

$$g(t)=p_n(t)+c\omega(t)$$

这里c是待定常数，$\omega(t)=\prod_{i=0}^{n}(t-x_i)$。由于节点$x_i(i=0,1,2,\cdots,n)$是$\omega(t)$的$n+1$个零点，

由

$$p_n(x_i)=f(x_i) \qquad i=0,1,2,\cdots,n$$

得

$$g(x_i)=f(x_i) \qquad i=0,1,2,\cdots,n$$

取

$$c=\frac{f(x)-p_n(x)}{\omega(x)}$$

其中x是$[a,b]$中的一个固定点，则

$$g(x)=p_n(x)+\frac{f(x)-p_n(x)}{\omega(x)}\omega(x)$$

即

$$g(x)=f(x)$$

记$R(t)=f(t)-g(t)$，由上面的证明可知至少有$n+2$个互不相同的点$x_0,x_1,x_2,\cdots,x_n$和x，使函数$R(t)=0$。

根据 Rolle 定理，$R'(t)$在$R(t)$的任意两个相邻的零点之间至少有一个零点，故$R'(t)$在$[a,b]$内至少有$n+1$个零点。

再对$R'(t)$应用 Rolle 定理，即$R''(t)$在$R'(t)$的任意两个相邻的零点之间至少有一个零点，故$R''(t)$在$[a,b]$内至少有n个零点。

以此类推，知$R^{(n+1)}(t)$在$[a,b]$内至少有一个零点ξ，即

$$R^{(n+1)}(\xi)=0$$

而

$$R^{(n+1)}(t)=f^{(n+1)}(t)-g^{(n+1)}(t)$$

$$g^{(n+1)}(t)=p_n^{(n+1)}(t)+c\omega^{(n+1)}(t)=c(n+1)!$$

所以

$$R^{(n+1)}(t)=f^{(n+1)}(t)-c(n+1)!$$

取$t=\xi$，得

$$R^{(n+1)}(\xi)=f^{(n+1)}(\xi)-\frac{f(x)-p_n(x)}{\omega(x)}(n+1)!$$

因为

$$R^{(n+1)}(\xi)=0$$

所以

$$f^{(n+1)}(\xi)=\frac{f(x)-p_n(x)}{\omega(x)}(n+1)!$$

即

$$f(x)-p_n(x)=\frac{f^{(n+1)}(\xi)}{(n+1)!}\omega(x)$$

例 4.4 估计例 4.3 中 3 种不同近似计算结果的误差。

解 取 $x_0=0.32$，$x_1=0.34$ 为插值节点，用线性插值计算所得的结果为

$$\sin 0.3367\approx p_1^1(0.3367)=0.330365$$

由式（4.8）知

$$|\sin 0.3367-p_1^1(0.3367)|=\left|\frac{1}{2}\sin''(\xi)(0.3367-x_0)(0.3367-x_1)\right|$$

其中 $x_0\leqslant\xi\leqslant x_1$，所以

$$|\sin 0.3367-p_1^1(0.3367)|\leqslant\frac{1}{2}\max_{x_0\leqslant x\leqslant x_1}|\sin''(x)||(0.3367-x_0)(0.3367-x_1)|$$

因为 $\sin''(x)=-\sin x$，且 $\sin x$ 在 $\left[0,\frac{\pi}{2}\right]$ 上为非负单调增函数，又 $[0.32,0.34]\subset\left[0,\frac{\pi}{2}\right]$，所以

$$\max_{x_0\leqslant x\leqslant x_1}|\sin''(x)|=\max_{x_0\leqslant x\leqslant x_1}|-\sin x|=\max_{x_0\leqslant x\leqslant x_1}|\sin x|=\sin x_1\leqslant 0.3335$$

$$\left|\sin 0.3367-p_1^1(0.3367)\right|\leqslant\frac{1}{2}\times 0.3335\times 0.0167\times 0.0033$$

$$\leqslant 0.92\times 10^{-5}$$

取 $x_1=0.34$，$x_2=0.36$ 为插值节点，用线性插值计算所得的结果为

$$\sin 0.3367\approx p_1^2(0.3367)=0.330387$$

同理

$$\left|\sin 0.3367-p_1^2(0.3367)\right|\leqslant\frac{1}{2}\max_{x_1\leqslant x\leqslant x_2}\left|\sin''x\right|(0.3367-x_1)(0.3367-x_2)$$

因为

$$[0.34,0.36]\subset\left[0,\frac{\pi}{2}\right]$$

所以

$$\max_{x_1\leqslant x\leqslant x_2}\left|\sin''x\right|=\sin x_2\leqslant 0.3523$$

所以

$$\left|\sin 0.3367-p_1^2(0.3367)\right|\leqslant\frac{1}{2}\times 0.3523\times 0.0033\times 0.0233\leqslant 1.36\times 10^{-5}$$

取 $x_0=0.32$，$x_1=0.34$，$x_2=0.36$ 为插值节点，用抛物插值计算所得的结果为

$$\sin 0.3367 \approx p_2(0.3367)=0.330374$$

由式（4.8）知

$$|\sin 0.3367 - p_2(0.3367)| = \left|\frac{1}{6}\sin'''(\xi)(0.3367-x_0)(0.3367-x_1)(0.3367-x_2)\right|$$

其中 $x_0 \leqslant \xi \leqslant x_2$，所以

$$|\sin 0.3367 - p_2(0.3367)| \leqslant \left|\frac{1}{6}\max_{x_0\leqslant x\leqslant x_2}\sin'''(x)(0.3367-x_0)(0.3367-x_1)(0.3367-x_2)\right|$$

因为 $\sin'''(x)=-\cos x$，且 $\cos x$ 在 $\left[0,\dfrac{\pi}{2}\right]$ 上为非负单调减函数，又 $[0.32,0.36]\subset\left[0,\dfrac{\pi}{2}\right]$，所以

$$\max_{x_0\leqslant x\leqslant x_2}|\sin'''(x)| = \cos x_0 < 0.828$$

$$\begin{aligned}|\sin 0.3367 - p_2(0.3367)| &\leqslant \frac{1}{6}\times 0.828\times 0.167\times 0.0033\times 0.0233\\ &\leqslant 0.178\times 10^{-6}\end{aligned}$$

此例进一步说明了，抛物插值确实可以达到比线性插值更高的精度，同时，通过此例我们看到，当点 x 属于插值区间时，多项式插值 $p_n(x)$ 的误差较小，反之，$p_n(x)$ 的误差较大。

例 4.5 给定如下数据：

x	0.10	0.15	0.25	0.30
e^{-x}	0.904837	0.860708	0.778801	0.740818

（1）用二次插值计算 $e^{-0.23}$ 的近似值，并估计截断误差。

（2）用线性插值计算 $e^{-0.14}$ 的近似值，并估计截断误差。

解 设 $x_0=0.10$，$x_1=0.15$，$x_2=0.25$，$x_3=0.30$。

（1）取 x_1,x_2,x_3 为插值节点，构造两次 Lagrange 插值多项式 $p_2(x)$，有

$$\begin{aligned}p_2(x) &= y_1\frac{(x-x_2)(x-x_3)}{(x_1-x_2)(x_1-x_3)}+y_2\frac{(x-x_1)(x-x_3)}{(x_2-x_1)(x_2-x_3)}+y_3\frac{(x-x_1)(x-x_2)}{(x_3-x_1)(x_3-x_2)}\\ &=0.860708\times\frac{(x-0.25)(x-0.30)}{(0.15-0.25)(0.15-0.30)}+0.778801\times\frac{(x-0.15)(x-0.30)}{(0.25-0.15)(0.25-0.30)}\\ &\quad+0.740818\times\frac{(x-0.15)(x-0.25)}{(0.30-0.15)(0.30-0.25)}\\ &=0.3960663x^2-0.97749515x+0.998400985\end{aligned}$$

所以，$p_2(0.23)=0.79452869382$。

由 Lagrange 余项定理知

$$|e^{-x}-p_2(x)| = \left|\frac{1}{3!}(e^{-\xi})'''(x-0.15)(x-0.25)(x-0.30)\right| \qquad \xi\in[0.15,0.30]$$

所以

$$|e^{-x}-p_2(x)| \leqslant \frac{1}{3!}\max_{0.15\leqslant x\leqslant 0.30} e^{-x}\,|(x-0.15)(x-0.25)(x-0.30)|$$

$$\leqslant \frac{1}{6}\times e^{-0.15}\left|(x-0.15)(x-0.25)(x-0.30)\right|$$

所以

$$\left|e^{-0.23}-p_2(0.23)\right|\leqslant \frac{1}{6}\times e^{-0.15}\times(0.23-0.15)\times(0.23-0.25)\times(0.23-0.30)$$

$$=\frac{1}{6}\times 0.8607\times 0.000112$$

$$=0.0000160664<0.00005=0.5\times 10^{-4}$$

（2）以 x_0 和 x_1 为插值节点，构造一次 Lagrange 插值多项式 $p_1(x)$，有

$$p_1(x)=y_0\frac{x-x_1}{x_0-x_1}+y_1\frac{x-x_0}{x_1-x_0}$$

$$=0.904837\times\frac{x-0.15}{0.10-0.15}+0.860708\times\frac{x-0.10}{0.15-0.10}$$

$$=-0.88258x+0.993095$$

所以，$p_1(0.14)=0.8695338$。

由 Lagrange 余项定理知

$$\left|e^{-x}-p_1(x)\right|=\left|\frac{1}{2!}(e^{-\xi})''(x-0.10)(x-0.15)\right|\qquad \xi\in[0.10,0.15]$$

$$\leqslant \frac{1}{2}\max_{0.10\leqslant x\leqslant 0.15} e^{-x}\left|(x-0.10)(x-0.15)\right|$$

$$\leqslant \frac{1}{2}\times e^{-0.10}\left|(x-0.10)(x-0.15)\right|$$

所以

$$\left|e^{-0.14}-p_1(0.14)\right|\leqslant \frac{1}{2}\times 0.9048\times\left|(0.14-0.10)(0.14-0.15)\right|$$

$$=\frac{1}{2}\times 0.9048\times 0.04\times 0.01=0.00018096<0.5\times 10^{-3}$$

4.3　牛顿插值

Lagrange 插值多项式是 Lagrange 插值基函数的线性组合，其具有很严格的规律性，便于记忆。然而 Lagrange 插值多项式有一个显著的缺点，就是它不具有承袭性，即当希望通过增加插值节点来提高插值多项式的精度时，每增加一个节点，不仅要增加求和式的项数，而且以前的各项也必须重新计算，这样就造成了计算量的浪费。为了克服这一缺点，本节将建立具有承袭性的多项式插值公式。

4.3.1　插值基函数

【问题 4.4】 求作 n 次多项式

$$N_n(x)=c_0+c_1(x-x_0)+c_2(x-x_0)(x-x_1)+\cdots$$

$$+c_n(x-x_0)(x-x_1)\cdots(x-x_{n-1})$$

使满足

$$N_n(x_i)=f(x_i) \qquad i=0,1,2,\cdots,n$$

问题 4.4 所定义的插值问题称为牛顿（Newton）插值问题。为了使 $N_n(x)$ 的形式得到简化，引进如下记号

$$\begin{cases}\varphi_0(x)=1 \\ \varphi_i(x)=(x-x_{i-1})\varphi_{i-1}(x) \\ \qquad =(x-x_0)(x-x_1)\cdots(x-x_{i-1}) \qquad i=1,2,\cdots,n\end{cases} \tag{4.9}$$

【定义 4.1】 由式（4.9）定义的 $n+1$ 个多项式

$$\varphi_0(x),\varphi_1(x),\varphi_2(x),\cdots,\varphi_n(x)$$

称为 Newton 插值的以 $x_0,x_1,x_2,\cdots,x_n$ 为插值节点的基函数，即

$$N_n(x)=c_0\varphi_0(x)+c_1\varphi_1(x)+\cdots+c_n\varphi_n(x)$$

可以看到这样选取基函数而得出的问题 4.4 的解，显然便于求值；而且当新增加一个节点时，只需增加一个新项 $c_{n+1}\varphi_{n+1}(x)$。

依据条件 $N_n(x_i)=f(x_i)(i=0,1,2,\cdots,n)$，可以依次确定系数 $c_0,c_1,c_2,\cdots,c_n$。例如，取 $x=x_0$ 得

$$c_0=N_n(x)=f(x_0)$$

取 $x=x_1$ 得

$$c_1=\frac{N_n(x_i)-c_0}{x_1-x_0}=\frac{f(x_1)-f(x_0)}{x_1-x_0}$$

取 $x=x_2$ 得

$$\begin{aligned}c_2&=[N_n(x_2)-c_0-c_1(x_2-x_0)]/(x_2-x_0)(x_2-x_1)\\&=\left[f(x_2)-f(x_0)-\frac{f(x_i)-f(x_0)}{x_1-x_0}(x_2-x_0)\right]/(x_2-x_0)(x_2-x_1)\\&=\left[f(x_2)-f(x_1)+f(x_1)-f(x_0)-\frac{f(x_1)-f(x_0)}{x_1-x_0}(x_2-x_0)\right]/(x_2-x_0)(x_2-x_1)\\&=\left[f(x_2)-f(x_1)+\frac{f(x_1)-f(x_0)}{x_1-x_0}(x_1-x_0)-\frac{f(x_1)-f(x_0)}{x_1-x_0}(x_2-x_0)\right]/(x_2-x_0)(x_2-x_1)\\&=\left[f(x_2)-f(x_1)+\frac{f(x_1)-f(x_0)}{x_1-x_0}(x_1-x_2)\right]/(x_2-x_0)(x_2-x_1)\\&=\left[\frac{f(x_2)-f(x_1)}{x_2-x_1}-\frac{f(x_1)-f(x_0)}{x_1-x_0}\right]/(x_2-x_0)\end{aligned}$$

为了得到计算系数 $c_i(i=0,1,2,\cdots,n)$ 的一般方法，下面引进差商的概念并研究其性质。

4.3.2 差商的概念

给定 $[a,b]$ 中的互不相同的点 $x_0,x_1,x_2\cdots$，以及函数 $f(x)$ 在这些点处相应的函数值 $f(x_0),f(x_1),f(x_2)\cdots$，则

$$f[x_0,x_1]=\frac{f(x_0)-f(x_1)}{x_0-x_1}$$

称 $f(x)$ 在 x_0,x_1 两点的一阶差商。

$$f[x_0,x_1,x_2]=\frac{f[x_0,x_1]-f[x_1,x_2]}{x_0-x_2}$$

称 $f(x)$ 在 x_0,x_1,x_2 三点的二阶差商。

一般地

$$f[x_0,x_1,\cdots,x_k]=\frac{f[x_0,\cdots,x_{k-1}]-f[x_1,\cdots,x_k]}{x_0-x_k}$$

称 $f(x)$ 在 $x_0,x_1,\cdots,x_k$ 这 $k+1$ 点的 k 阶差商。为了统一起见，将 $f(x)$ 在 x_i 处的函数值称为 $f(x)$ 在 x_i 点的零阶差商。

4.3.3　差商的性质

（1）k 阶差商 $f[x_0,x_1,\cdots,x_k]$ 是函数值 $f(x_0),f(x_1),\cdots,f(x_k)$ 的线性组合。

$$f[x_0,x_1,\cdots,x_k]=\sum_{j=0}^{k}\frac{f(x_j)}{(x_j-x_0)(x_j-x_1)\cdots(x_j-x_{j-1})(x_j-x_{j+1})\cdots(x_j-x_k)} \tag{4.10}$$

若令

$$\omega_k(k)=\prod_{i=0}^{k}(x-x_i)$$

则

$$\omega_k'(x)=\sum_{l=0}^{k}\prod_{\substack{i=0\\ i\neq l}}^{k}(x-x_i)$$

$$\omega_k'(x_j)=\prod_{\substack{i=0\\ i\neq j}}^{k}(x_j-x_i)$$

所以 k 阶差商 $f[x_0,x_1,\cdots,x_k]$ 又可写成

$$f[x_0,x_1,\cdots,x_k]=\sum_{j=0}^{k}\frac{f(x_j)}{\omega_k'(x_j)}$$

证明　对 k 用数学归纳法。

当 $k=1$ 时，

$$f[x_0,x_1]=\frac{f(x_0)-f(x_1)}{x_0-x_1}=\frac{f(x_0)}{x_0-x_1}+\frac{f(x_1)}{x_1-x_0}$$

结论成立。

假设当 $k=m-1$ 时，结论也成立，即

$$f[x_0,x_1,\cdots,x_{m-1}]=\sum_{j=0}^{m-1}\frac{f(x_j)}{(x_j-x_0)\cdots(x_j-x_{j-1})(x_j-x_{j+1})\cdots(x_j-x_{m-1})}$$

则当 $k=m$ 时，由 m 阶差商的定义得

$$
\begin{aligned}
& f[x_0,x_1,\cdots,x_{m-1}] \\
&= \frac{f[x_0,x_1,\cdots,x_{m-1}]-f[x_0,x_1,\cdots,x_m]}{x_0-x_m} \\
&= \frac{1}{x_0-x_m}\left[\sum_{j=0}^{m-1}\frac{f(x_j)}{(x_j-x_0)\cdots(x_j-x_{j-1})(x_j-x_{j+1})\cdots(x_j-x_{m-1})}\right. \\
&\quad \left.-\sum_{j=1}^{m}\frac{f(x_j)}{(x_j-x_1)\cdots(x_j-x_{j-1})(x_j-x_{j+1})\cdots(x_j-x_m)}\right] \\
&= \frac{f(x_0)}{(x_0-x_1)\cdots(x_0-x_m)}+\frac{1}{x_0-x_m}\sum_{j=1}^{m-1}\frac{f(x_j)\left(\dfrac{1}{x_j-x_0}-\dfrac{1}{x_j-x_m}\right)}{(x_j-x_1)\cdots(x_j-x_{j-1})(x_j-x_{j+1})\cdots(x_j-x_{m-1})} \\
&\quad -\frac{f(x_m)}{(x_m-x_1)\cdots(x_m-x_{m-1})}\cdot\frac{1}{x_0-x_m} \\
&= \frac{f(x_0)}{(x_0-x_1)\cdots(x_0-x_m)}+\frac{1}{x_0-x_m}\sum_{j=1}^{m-1}\frac{f(x_j)\dfrac{x_0-x_m}{(x_j-x_0)(x_j-x_m)}}{(x_j-x_1)\cdots(x_j-x_{j-1})(x_j-x_{j+1})\cdots(x_j-x_{m-1})} \\
&\quad +\frac{f(x_m)}{(x_m-x_0)(x_m-x_1)\cdots(x_m-x_{m-1})} \\
&= \sum_{j=0}^{m-1}\frac{f(x_j)}{(x_j-x_0)\cdots(x_j-x_{j-1})(x_j-x_{j+1})\cdots(x_j-x_m)}
\end{aligned}
$$

即结论当 $k=m$ 时也成立。

（2）$f[x_0,x_1,x_2,\cdots,x_k]=f[x_1,x_0,x_2,\cdots,x_k]=\cdots=f[x_k,x_{k-1},\cdots,x_1]$，即在差商 $f[x_0,x_1,\cdots,x_k]$ 中，可以随意改变节点的顺序，而差商的值不变，因此差商的值与节点的排列顺序无关。这一性质称为差商的对称性。

证明 由性质 1 知，改变节点的顺序只是改变了式（4.10）右端的求和顺序，所以其值不变。

（3）若 $f[x,x_0,x_1,\cdots,x_k]$ 是 x 的 m 次多项式，则 $f[x,x_0,x_1,\cdots,x_k,x_{k+1}]$ 是 x 的 $m-1$ 次多项式。

证明 由差商的定义有

$$
f[x,x_0,x_1,\cdots,x_k,x_{k+1}]=\frac{f[x,x_0,x_1,\cdots,x_k]-f[x_0,x_1,\cdots,x_{k+1}]}{x-x_{k+1}}
$$

即

$$
(x-x_{k+1})f[x,x_0,\cdots,x_k,x_{k+1}]=f[x,x_0,x_1,\cdots,x_k]-f[x_0,x_1,\cdots,x_k,x_{k+1}]
$$

上式右端是 x 的 m 次多项式，所以上式左端也是 x 的 m 次多项式。而当 $x=x_{k+1}$ 时，上式右端为

$$
f[x_{k+1},x_0,x_1,\cdots,x_k]-f[x_0,x_1,\cdots,x_k,x_{k+1}]
$$

由性质 2 知

$$
f[x_{k+1},x_0,x_1,\cdots,x_k]-f[x_0,x_1,\cdots,x_k,x_{k+1}]=0
$$

即说明

$$f[x_{k+1},x_0,x_1,\cdots,x_k]-f[x_0,x_1,\cdots,x_k,x_{k+1}]$$

这个 x 的 m 次多项式含有因式 $x-x_{k+1}$。

在等式

$$(x-x_{k+1})f[x,x_0,\cdots,x_k,x_{k+1}]=f[x,x_0,x_1,\cdots,x_k]-f[x_0,x_1,\cdots,x_{k+1}]$$

的两端同时除以 $(x-x_{k+1})$，得

$$f[x,x_0,x_1,\cdots,x_k,x_{k+1}]=\frac{f[x,x_0,x_1,\cdots,x_k]-f[x_0,x_1,\cdots,x_k,x_{k+1}]}{x-x_{k+1}}$$

则上式右端是 x 的 $m-1$ 次多项式，所以 $f[x,x_0,x_1,\cdots,x_k,x_{k+1}]$ 是 x 的 $m-1$ 次多项式。

推论 若 $f(x)$ 是 n 次多项式，则 $f[x,x_0,x_1,\cdots,x_n]$ 恒等于零。

证明 因为 $f(x)$ 是 n 次多项式，所以由上述性质可知，$f[x,x_0]$ 是 $n-1$ 次多项式，$f[x,x_0,x_1]$ 是 $n-2$ 次多项式，以此类推，可得 $f[x,x_0,x_1,\cdots,x_{n-1}]$ 是 0 次多项式，即 $f[x,x_0,x_1,\cdots,x_{n-1}]\equiv c$（$c$是常数）。则

$$f[x,x_0,x_1,\cdots,x_{n-1},x_n]=\frac{f[x,x_0,x_1,\cdots,x_{n-1}]-f[x_0,x_1,\cdots,x_{n-1},x_n]}{x-x_n}$$

因为

$$f[x,x_0,x_1,\cdots,x_{n-1}]\equiv c$$

所以当 $x=x_n$ 时，$f[x_n,x_0,x_1,\cdots,x_{n-1}]=c$。而由差商的性质 2 知

$$f[x_n,x_0,x_1,\cdots,x_{n-1}]=f[x_0,x_1,\cdots,x_{n-1},x_n]$$

所以

$$f[x,x_0,x_1,\cdots,x_{n-1},x_n]=\frac{c-c}{x-x_n}=0$$

即

$$f[x,x_0,x_1,\cdots,x_n]\equiv 0$$

4.3.4 牛顿插值公式

由差商的定义，有

$$f(x)=f(x_0)+f[x,x_0](x-x_0)$$
$$f[x,x_0]=f[x_0,x_1]+f[x,x_0,x_1](x-x_1)$$
$$f[x,x_0,x_1]=f[x_0,x_1,x_2]+f[x,x_0,x_1,x_2](x-x_2)$$
$$f[x,x_0,x_1,\cdots,x_{n-1}]=f[x_0,x_1,\cdots,x_n]+f[x,x_0,\cdots,x_n](x-x_n)$$

将以上各式由下而上，逐步将下面的一个式子代入上面的一个式子，最后得

$$\begin{aligned}f(x)=&f(x_0)+f[x_0,x_1](x-x_0)+f[x_0,x_1,x_2](x-x_0)(x-x_1)\\&+f[x_0,x_1,x_2,x_3](x-x_0)(x-x_1)(x-x_2)\\&+\cdots\\&+f[x_0,x_1,\cdots x_n](x-x_0)(x-x_1)\cdots(x-x_{n-1})\\&+f[x,x_0,x_1,\cdots x_n](x-x_0)(x-x_1)\cdots(x-x_n)\end{aligned}\tag{4.11}$$

令

$$\begin{aligned}N_n(x)=&f(x_0)+f[x_0,x_1](x-x_0)+f[x_0,x_1,x_2](x-x_0)(x-x_1)+\cdots\\&+f[x_0,x_1,\cdots,x_n](x-x_0)(x-x_1)\cdots(x-x_{n-1})\end{aligned}\tag{4.12}$$

则由 $N_n(x_i)=f(x_i)(i=0,1,2,\cdots,n)$ 可知，如此构造的函数 $N_n(x)$ 就是问题 4.4 的解，且 $c_i=f[x_0,x_1,\cdots,x_i](i=0,1,2,\cdots,n)$。

式（4.12）称为函数 $f(x)$ 在节点 $x_0,x_1,\cdots x_n$ 上的 n 阶 Newton 插值公式。

显然由式（4.12）定义的函数 $N_n(x)$ 也是问题 4.3 的解，由函数 $f(x)$ 的插值多项式的唯一性，得 $f(x)$ 的节点 $x_0,x_1,\cdots x_n$ 上的 n 阶 Newton 插值多项式，其实质上就是 $f(x)$ 在这些节点上的 n 次 Lagrange 插值多项式，两者不过是表现形式不同而已。

用式（4.11）减去式（4.12），即得如下余项 $R_n(x)$。

$$\begin{aligned}R_n(x)&=f(x)-N_n(x)\\&=f[x,x_0,x_1,\cdots,x_n](x-x_0)(x-x_1)\cdots(x-x_n)\end{aligned}\tag{4.13}$$

式（4.13）对 $f(x)$ 在 $[a,b]$ 上没有任何限制，而式（4.8）却要求 $f(x)$ 在 $[a,b]$ 上有直到 n+1 阶的导数，因此式（4.13）比式（4.8）对 $f(x)$ 的要求少。但是 $f[x,x_0,x_1,\cdots,x_n]$ 中含有 $f(x)$，因此式（4.13）也并不能提供更多有用的信息。

比较式（4.8）和式（4.13）可得如下定理。

【定理 4.3】 若 $f(x)$ 在 $[a,b]$ 上有 $n+1$ 阶导数，且节点 $x_0,x_1,\cdots,x_n\in[a,b]$，则在节点 $x_0,x_1,\cdots,x_n$ 所界定的范围 $\Delta:\left[\min\limits_{0\leqslant i\leqslant n}x_i,\max\limits_{0\leqslant i\leqslant n}x_i\right]$ 内存在一点 ξ，使得

$$f[x_0,x_1,\cdots,x_n]=\frac{f^{(n)}(\xi)}{n!}$$

依据差商与导数的上述关系，可将 Newton 插值公式（4.12）改写为

$$\begin{aligned}N_n(x)=&f(x_0)+f'(\xi_1)(x-x_0)+\frac{f''(\xi_2)}{2!}(x-x_0)(x-x_1)+\cdots\\&+\frac{f^{(n)}(\xi)}{n!}(x-x_0)(x-x_1)\cdots(x-x_{n-1})\end{aligned}$$

式中 $\xi\in\Delta(i=1,2,\cdots,n)$。若固定 x_0，而令 $x_1,x_2,\cdots,x_n$ 一起趋近于 x_0，则作为 $f(x)$ 的 Newton 插值多项式的极限，即得到 $f(x)$ 在 $x=x_0$ 处的 Taylor 展开式，在这种意义下函数的 Lagrange 插值多项式可以理解为函数的 Taylor 展开的离散化形式。

例 4.6 给出 $f(x)$ 的函数表如表 4.1 所示，用 Newton 插值多项式计算 $f(0.596)$ 的近似值。

表 4.1 函数表

x	0.40	0.55	0.65	0.80	0.90	1.05
$f(x)$	0.41075	0.57815	0.69675	0.88811	1.02652	1.25382

解 根据给定的函数表构造差商表，如表 4.2 所示。

表 4.2 差商表

x_i	$f(x_i)$	一阶差商	二阶差商	三阶差商	四阶差商	五阶差商
0.40	<u>0.41075</u>					
0.55	0.57815	<u>1.11600</u>				
0.65	0.69675	1.18600	<u>0.28000</u>			

续表

x_i	$f(x_i)$	一阶差商	二阶差商	三阶差商	四阶差商	五阶差商
0.80	0.88811	1.27573	0.35893	0.19733		
0.90	1.02652	1.38410	0.43348	0.21300	0.03134	
1.05	1.25382	1.51533	0.53493	0.22863	0.03126	−0.00012

从差商表可以看出，两个相邻的四阶差商相差很小，故取四阶 Newton 插值多项式作为 $f(x)$ 的近似表达式。

$$\begin{aligned}N_4(x)=&0.41075+1.116(x-0.4)+0.28(x-0.4)(x-0.55)\\&+0.19733(x-0.4)(x-0.55)(x-0.65)\\&+0.03134(x-0.4)(x-0.55)(x-0.65)(x-0.8)\end{aligned}$$

于是

$$f(0.596)\approx N_4(0.596)=0.63195$$

截断误差为

$$R_4(0.596)\approx\left|f[x_0,x_1,\cdots,x_5]\omega(0.596)\right|\leqslant 3.63\times10^{-9}$$

这说明截断误差小，可以忽略不计。

4.4　埃尔米特插值

若要求逼近函数与被逼近函数不仅在插值节点上取相同的函数值，而且还要求逼近函数与被逼近函数在插值节点上取相同的若干阶导数值，则称这类插值问题为 Hermite 插值问题。关于 Hermite 插值问题，我们不进行一般性的讨论，主要讨论函数值和一阶导数值给定的情形。掌握了这一点以后，由此推广到一般就较为容易了。

【问题 4.5】 设已知函数 $f(x)$ 在节点 $x_0,x_1,\cdots,x_n$ 上的函数值 $f(x_i)=y_i$ 及导数值 $f'(x_i)=y_i'(i=0,1,2,\cdots,n)$，求插值多项式 $H(x)$，使满足条件

$$H(x_i)=y_i,\quad H'(x_i)=y_i'\qquad i=0,1,2,\cdots,n \tag{4.14}$$

问题 4.5 的几何意义是求作一条多项式函数曲线，使其不仅在 $n+1$ 个插值节点上与函数 $f(x)$ 的曲线相交，且在这 $n+1$ 个插值节点处与 $f(x)$ 的曲线相切。

在式（4.14）中，共给出了 $H(x)$ 应满足的 $2n+2$ 个条件，因此可以用解线性方程组的方法确定一个次数不超过 $2n+1$ 次的多项式 $H(x)$。

$$H(x)=H_{2n+1}(x)=a_0+a_1x+a_2x^2+\cdots+a_{2n+1}x^{2n+1}$$

因此获得问题 4.5 的解。

因为解线性方程组的计算量大，所以仍利用基函数的方法构造 $H_{2n+1}(x)$。

可以设想，需要构造 $2n+2$ 个基函数，每个基函数都是 $2n+2$ 次多项式。因为给定的条件是 $n+1$ 个节点上的函数值及导数值，于是将 $2n+2$ 个基函数分为两类，设为 $\alpha_i(x)$ 和 $\beta_i(x)(i=0,1,2,\cdots,n)$，使它们分别满足条件

$$\begin{cases} \alpha_i(x_j)=\delta_{ij}=\begin{bmatrix} 0 & i\neq j \\ 1 & i=j \end{bmatrix} \\ \alpha_i'(x_j)=0 \\ \beta_i(x_j)=0 \\ \beta_i'(x_j)=\delta_{ij}=\begin{bmatrix} 0 & i\neq j \\ 1 & i=j \end{bmatrix} \end{cases} \tag{4.15}$$

于是 $H_{2n+1}(x)$ 可以写成

$$H_{2n+1}(x)=\sum_{i=0}^{n}[y_i\alpha_i(x)+y_i'\beta_i(x)] \tag{4.16}$$

容易验证

$$H_{2n+1}(x_j)=y_j,\quad H_{2n+1}'(x_j)=y_j' \qquad j=0,1,2,\cdots,n$$

现在的问题是如何构造满足条件式（4.15）的插值基函数。

设

$$\alpha_i(x)=(a_1x+b_1)l_i^2(x) \qquad i=0,1,2,\cdots,n$$

$$\beta_i(x)=(a_2x+b_2)l_i^2(x) \qquad i=0,1,2,\cdots,n$$

这里 $l_i(x)$ 是 $f(x)$ 关于插值节点 $x_0,x_1,x_2,\cdots,x_n$ 的 Lagrange 插值基函数，a_1,b_1,a_2,b_2 是待定常数。

可以看出，这样定义的 $\alpha_i(x)$ 和 $\beta_i(x)(i=0,1,2,\cdots,n)$ 都是 $2n+1$ 多项式。下面通过条件式（4.15）来确定 a_1,b_1,a_2,b_2。

因为

$$\alpha_i(x_i)=(a_1x_i+b_1)l_i^2(x_i)=1$$

$$\alpha_i'(x_i)=a_1l_i^2(x_i)+(a_1x_i+b_1)\cdot 2l_i(x_i)l_i'(x_i)$$

$$=a_1l_i^2(x_i)+(a_1x_i+b_1)\cdot 2l_i'(x_i)=0$$

即

$$\begin{cases} a_1x_i+b_1=1 \\ a_1+2l_i'(x_i)=0 \end{cases}$$

所以

$$a_1=-2l_i'(x_i),\quad b_1=1+2x_il_i'(x)$$

由于

$$l_i(x)=\frac{(x-x_0)\cdots(x-x_{i-1})(x-x_{i+1})\cdots(x-x_n)}{(x_i-x_0)\cdots(x_i-x_{i-1})(x_i-x_{i+1})\cdots(x_i-x_n)}$$

两边取对数，再求导即得

$$l_i'(x)=l_i(x)\sum_{\substack{k=0\\k\neq i}}^{n}\frac{1}{x-x_k}$$

$$l_i'(x_i)=\sum_{\substack{k=0\\k\neq i}}^{n}\frac{1}{x_i-x_k}$$

故

$$\alpha_i(x)=\left[1-2(x-x_i)\sum_{\substack{k=0\\k\neq i}}^{n}\frac{1}{x_i-x_k}\right]l_i^2(x) \tag{4.17}$$

同理可设

$$\beta_i(x)=(x-x_i)l_i^2(x) \tag{4.18}$$

将式（4.17）、式（4.18）代入式（4.16）即得

$$H_{2n+1}(x)=\sum_{i=0}^{n}\left[y_i\left(1-2(x-x_i)\sum_{\substack{k=0\\k\neq i}}^{n}\frac{1}{x_i-x_k}\right)l_i^2(x)+y_i'(x-x_i)l_i^2(x)\right] \tag{4.19}$$

这样构造的 $H_{2n+1}(x)$ 即是问题 4.5 的解。

关于 $H_{2n+1}(x)$ 的插值余项，有如下定理。

【定理 4.4】 设区间 $[a,b]$ 含有节点 $x_0,x_1,\cdots,x_n$，$f(x)$ 在 $[a,b]$ 内有直到 $2n+2$ 阶导数，且 $f(x_i)=y_i$，$f'(x_i)=y_i'(i=0,1,2,\cdots,n)$ 已给，则当 $x\in[a,b]$ 时，式（4.19）给出的函数 $H_{2n+1}(x)$ 成立。

$$R_{2n+1}(x)=f(x)-H_{2n+1}(x)=\frac{f^{(2n+2)}(\xi)}{(2n+2)!}\omega_{n+1}^2(x) \tag{4.20}$$

其中 $\xi\in[a,b]$ 且与 x 的位置有关，$\omega_{n+1}(x)=\prod_{i=0}^{n}(x-x_i)$。

证明　同研究 Lagrange 插值余项公式的情形一样，对于插值节点 $x_i(i=0,1,2,\cdots,n)$，式（4.20）显然成立，所以仅考虑 $[a,b]$ 上异于插值节点 $x_0,x_1,\cdots,x_n$ 的点 x。

构造辅助函数

$$F(t)=f(t)-H_{2n+1}(t)-c\omega_{n+1}^2(t)$$

取

$$c=\frac{f(x)-H_{2n+1}(x)}{\omega_{n+1}^2(x)}$$

其中 x 是 $[a,b]$ 上的一个固定点，则 $F(t)$ 在 $[a,b]$ 上有 $n+2$ 个相异的零点 $x_0,x_1,\cdots,x_n$ 和 x。由 Rolle 定理，可知 $F'(t)$ 有异于 $x_0,x_1,\cdots,x_n,x$ 的零点 $\xi_0,\xi_1,\cdots,\xi_n$。

因为 $f(x)$ 与 $H_{2n+1}(x)$ 的导数值在节点 $x_0,x_1,\cdots,x_n$ 处相等，所以 $F'(t)$ 的零点除 $\xi_0,\xi_1,\cdots,\xi_n$ 外，还有 $x_0,x_1,\cdots,x_n$，共有 $2n+2$ 个。

反复运用 Rolle 定理，可知 $F^{(2n+2)}(t)$ 在 $[a,b]$ 中必有一个零点 ξ。所以

$$F^{(2n+2)}(\xi)=f^{(2n+2)}(\xi)-\frac{f(x)-H_{2n+1}(x)}{\omega_{n+1}^2(x)}(2n+2)!=0\qquad \xi\in[a,b]$$

所以

$$R_{2n+1}(x)=\frac{f^{(2n+2)}(\xi)}{(2n+2)!}\omega_{n+1}^2(x)$$

【定理 4.5】 满足插值条件式（4.15）的插值多项式 $H_{2n+1}(x)$ 是唯一的。

证明 假设$H_{2n+1}^1(x)$和$H_{2n+1}^2(x)$都是函数$f(x)$在节点$x_0,x_1,\cdots,x_n$上满足条件式（4.15）的插值多项式，则$H_{2n+1}^1(x)$和$H_{2n+1}^2(x)$在各节点上的函数值和导数值相同。于是可以把$H_{2n+1}^2(x)$看成是$H_{2n+1}^1(x)$满足条件式（4.15）的插值多项式。由式（4.20）得

$$H_{2n+1}^1(x)-H_{2n+1}^2(x)=\frac{H_{2n+1}^{1(2n+2)}(\xi)}{(2n+2)!}\omega_{n+1}^2(x)$$

而$H_{2n+1}^1(x)$是$2n+1$次多项式，其$2n+2$阶导数为零，从而

$$H_{2n+1}^1(x)\equiv H_{2n+1}^2(x)$$

例 4.7 构造二次式$H_2(x)$，使其满足

$$H_2(x_0)=y_0,\quad H_2'(x_0)=y_0',\quad H_2(x_1)=y_1$$

解

方法 1 利用基函数构造$H_2(x)$。

即设

$$H_2(x)=y_0\varphi_0(x)+y_1\varphi_1(x)+y'\Psi_0(x)$$

为了简化计算，先设$x_0=0$、$x_1=1$，这里的$\varphi_0(x)$、$\varphi_1(x)$、$\Psi_0(x)$均为二次式，且它们分别满足条件：

$$\varphi_0(0)=1,\quad \varphi_0(1)=0,\quad \varphi_0'(0)=0$$

$$\varphi_1(0)=0,\quad \varphi_1(1)=1,\quad \varphi_1'(0)=0$$

$$\Psi_0(0)=0,\quad \Psi_0(1)=0,\quad \Psi_0'(0)=1$$

下面确定基函数$\varphi_0(x)$、$\varphi_1(x)$、$\Psi_0(x)$。

（1）因为$\varphi_0(x)$是二次式，所以不妨设$\varphi_0(x)=ax^2+bx+c$。因为$x=1$是$\varphi_0(x)$的零点，所以$\varphi_0(x)$可以写成$(x-1)(ax+b)$的形式。

因为当$x=0$时，$\varphi_0(x)=1$，即$-b=1$，亦即$b=-1$,所以$\varphi_0(x)$可以写成$(x-1)(ax-1)$的形式，而

$$\varphi_0'(x)=(ax-1)+a(x-1)=2ax-a-1$$

$$\varphi_0'(0)=-a-1=0$$

即

$$-a=1,\quad a=-1$$

所以

$$\varphi_0(x)=(x-1)(-x-1)=1-x^2$$

（2）因为$\varphi_1(x)$是二次式，同时$x=0$是$\varphi_1(x)$的零点，所以可设$\varphi_1(x)=x(ax+b)$。因为$\varphi_1(1)=1$，可知$a+b=1$，即$b=1-a$，所以$\varphi_1(x)=x(ax+1-a)$。

而

$$\varphi_1'(x)=(ax+1-a)+ax=2ax+1-a$$

$$\varphi_1'(0)=1-a=0$$

即$a=1$，所以$\varphi_1(1)=x^2$。

（3）因为$\Psi_0(x)$是二次式，同时$x=0$和$x=1$是$\Psi_0(x)$的零点，可设$\Psi_0(x)=cx(x-1)$。

而

$$\Psi_0'(x) = c(x-1+x) = 2cx - c$$
$$\Psi_0'(0) = -c = 1$$

即 $c=-1$，所以 $\Psi_0(x) = x(1-x)$，即当 $x_0 = 0$，$x_1 = 1$ 时，满足条件

$$H_2(x_0) = y_0,\ H_2'(x_0) = y_0',\ H_2(x_1) = y_1$$

的二次式 $H_2(x)$ 为

$$H_2(x) = y_0(1-x^2) + y_1 x^2 + y_0' x(1-x)$$

若 x_0 和 x_1 是任意两个节点，记 $x_1 - x_0 = h$，则这时问题的解为

$$H_2(x) = y_0\varphi_0\left(\frac{x-x_0}{h}\right) + y_1\varphi_1\left(\frac{x-x_0}{h}\right) + hy_0\Psi_0\left(\frac{x-x_0}{h}\right)$$

方法 2　基于承袭性构造 $H_2(x)$。

过曲线 $y=f(x)$ 上两点 (x,y) 和 (x_0,y_0) 构造一次 Lagrange 插值函数 $p_1(x)$，设 $H_2(x) = p_1(x) + c(x-x_0)(x-x_1)$，可以看出，这样构造的 $H_2(x)$ 是二次式，且 $H_2(x_0) = y_0$，$H_2(x) = y_1$。下面确定常数 c。

由

$$H_2(x) = y_0 + \frac{y_1 - y_0}{x_1 - x_0}(x - x_0) + c(x-x_0)(x-x_1)$$

得

$$H_2'(x) = \frac{y_1 - y_0}{x_1 - x_0} + c(x - x_1 + x - x_0)$$

$$H_2'(x_0) = \frac{y_1 - y_0}{x_1 - x_0} + c(x_0 - x_1) = y_0'$$

所以

$$c = \frac{1}{x_0 - x_1}\left(y_0' - \frac{y_1 - y_0}{x_1 - x_0}\right) = \frac{1}{x_1 - x_0}\left(\frac{y_1 - y_0}{x_1 - x_0} - y_0'\right)$$

$$H_2(x) = y_0 + \frac{y_1 - y_0}{x_1 - x_0}(x - x_0) + \frac{1}{x_1 - x_0}\left(\frac{y_1 - y_0}{x_1 - x_0} - y_0'\right)(x-x_0)(x-x_1)$$

例 4.8　依据如表 4.3 所示的数据表构造插值多项式。

表 4.3　数据表

x	0	1
y	0	1
y'	3	9

解　由式（4.19）有

$$H_3(x) = \sum_{i=0}^{1}\left[y_i\left(1 - 2(x-x_i)\sum_{\substack{k=0\\k\neq i}}^{1}\frac{1}{x_i - x_k}\right)l_i^2(x) + y_i'(x-x_i)l_i^2(x)\right]$$

$$= y_0\left(1 - 2(x-x_0)\frac{1}{x_0 - x_1}\right)l_0^2(x) + y_0'(x-x_0)l_0^2(x)$$

$$+y_1\left(1-2(x-x_i)\frac{1}{x_1-x_0}\right)l_1^2(x)+y_1'(x-x_1)l_1^2(x)$$
$$=3x\left(\frac{x-1}{0-1}\right)^2+(1-2(x-1))x^2+9(x-1)x^2$$
$$=3x(x-1)^2+x^2-2x^2(x-1)+9x^2(x-1)$$
$$=10x^3-12x^2+3x$$

例 4.9 构造三次式 $H_3(x)$，使其满足

$$H_3(x)=y_i,\ H_3'(x_i)=y_i'\qquad i=0,1;\ x_0\neq x_1$$

解 设 $H_3(x)=y_0\varphi_0(x)+y_1\varphi_1(x)+y_0'\Psi_0(x)+y_1'\Psi_1(x)$，为了简化计算，先取 $x_0=0$，$x_1=1$，这里 $\varphi_0(x)$、$\varphi_1(x)$、$\Psi_0(x)$、$\Psi_1(x)$ 均为三次式，且分别满足以下条件：

$$\varphi_0(0)=1,\ \varphi_0(1)=0,\ \varphi_0'(0)=0,\ \varphi_0'(1)=0$$
$$\varphi_1(0)=0,\ \varphi_1(1)=1,\ \varphi_1'(0)=0,\ \varphi_1'(1)=0$$
$$\Psi_0(0)=0,\ \Psi_0(1)=0,\ \Psi_0'(0)=1,\ \Psi_0'(1)=0$$
$$\Psi_1(0)=0,\ \Psi_1(1)=0,\ \Psi_1'(0)=0,\ \Psi_1'(1)=1$$

因为 $\varphi_0(x)$ 是三次式，所以 $\varphi_0(x)$ 可以写成 $\varphi_0=ax^3+bx^2+cx+d$ 的形式，而 $x=1$ 是 $\varphi_0(x)$ 的零点，所以 $\varphi_0(x)$ 可以写成 $\varphi_0(x)=(x-1)(ax^2+bx+c)$ 的形式。

又因为当 $x=0$ 时，$\varphi_0(x)=1$，即 $-1\times c=1$，所以 $c=-1$。因此 $\varphi_0(x)$ 可以写成 $(x-1)(ax^2+bx-1)$ 的形式，则

$$\varphi_{(0)}'(x)=(ax^2+bx-1)+(x-1)(2ax+b)$$

根据条件 $\varphi_{(0)}'(0)=0$，所以 $\varphi_0'(0)=-1+(-1)\times b=-1-b=0$，即 $b=-1$。因此 $\varphi_0(x)$ 可以写成 $(x-1)(ax^2-x-1)$ 的形式，则

$$\varphi_0'(x)=(ax^2-x-1)+(x-1)(2ax-1)$$

所以，根据条件 $\varphi_0'(1)=a-2=0$，即 $a=2$，于是

$$\varphi_0(x)=(x-1)(2x^2-x-1)=(x-1)^2(2x+1)$$

同理可得

$$\varphi_1(x)=x^2(-2x+3),\quad \Psi_0(x)=x(x-1)^2,\quad \Psi_1(x)=x^2(x-1)$$

即当 $x_0=0$，$x_1=1$ 时，满足条件 $H_3(x_i)=y_i$，$H_3'(x_i)=y_i'$ $(i=0,1)$ 的三次式为

$$H_3(x)=y_0(x-1)^2(2x+1)+y_1x^2(-2x+3)+y_0'x(x-1)^2+y_1'x^2(x-1)$$

若 x_0,x_1 是任意的两个节点，记 $x_1-x_0=h$，则这时问题的解为

$$H_3(x)=y_0\varphi_0\left(\frac{x-x_0}{h}\right)+y_1\left(\frac{x-x_0}{h}\right)+hy_0'\Psi_0\left(\frac{x-x_0}{h}\right)+hy_1'\Psi_1\left(\frac{x-x_0}{h}\right)$$

若 $f(x)$ 在 $[a,b]$ 区间上有四阶导数，则当 $x\in[a,b]$ 时，插值余项为

$$f(x)-H_3(x)=\frac{f^{(4)}(\xi)}{4!}(x-x_0)^2(x-x_1)^2\quad \xi\in[a,b]$$

例 4.10 设 $f(x)=\dfrac{1}{x}$，节点 $x_0=2$，$x_1=2.5$，$x_2=4$，构造五次多项式 $H_5(x)$ 逼近 $f(x)$，计算 $f(3)$ 的近似值并估计误差。

解　由 $f(x)=\dfrac{1}{x}$ 得到数据表，如表 4.4 所示。

表 4.4　数据表

x	2	2.5	4
y	$\frac{1}{2}$	$\frac{1}{2.5}$	$\frac{1}{4}$
y'	$-\frac{1}{4}$	$-\frac{1}{6.25}$	$-\frac{1}{16}$

基于承袭性，设 $H_5(x)$ 为

$$H_5(x)=p_2(x)+(ax^2+bx+c)(x-2)(x-2.5)(x-4)$$

其中 $p_2(x)$ 是以 2, 2.5, 4 为插值节点的 Lagrange 插值多项式。利用上述数据表求得

$$a=-0.029325,\quad b=0.02389,\quad c=-0.0612$$

由

$$p_2(x)=0.05x^2-0.42485x+1.15$$

得

$$H_5(x)=-0.029325x^5+0.29315x^4-0.93874x^3+1.70647x^2-2.31025x+2.374$$

$$H_5(3)\approx 0.40$$

因为

$$\left|H_5(x)-\frac{1}{x}\right|=\frac{1}{6!}\left|\left(\frac{1}{x}\right)^{(6)}_{x=\xi}\right|(x-2)^2(x-2.5)^2(x-4)\qquad \xi\in[2,4]$$

所以

$$\left|H_5(3)-\frac{1}{3}\right|\leqslant\frac{1}{6!}\max_{2\leqslant x\leqslant 4}\left|\left(\frac{1}{x}\right)^{(6)}\right|\times 0.5^2\leqslant\frac{1}{6!}\max_{2\leqslant x\leqslant 4}\left(6!\frac{1}{x^7}\right)\times 0.5^2$$

$$\leqslant\frac{1}{2^7}\times 0.5^2=\frac{1}{2^9}=0.00195$$

4.5　分段插值

4.5.1　高次插值的龙格（Runge）现象

在区间 $[a,b]$ 上给定一个无穷三角矩阵

$$\begin{bmatrix} x_1^{(1)} & & & & \\ x_1^{(2)}, & x_2^{(2)} & & & \\ x_1^{(3)}, & x_2^{(3)}, & x_3^{(3)} & & \\ \vdots & & & & \\ x_1^{(n)}, & x_2^{(n)}, & x_3^{(n)}, & \cdots & x_n^{(n)} \\ \vdots & & & & \end{bmatrix} \tag{4.21}$$

设在$[a,b]$上给定一个函数$f(x)$，用式（4.21）的每一行中的点作为插值节点，求出$f(x)$的插值多项式$p_0(x),p_1(x),p_2(x),\cdots,p_n(x),\cdots$，则$p_{n-1}\left(x_k^{(n)}\right)=f\left(x_k^{(n)}\right)(k=1,2,\cdots,n;\ n=1,2,3,\cdots)$。

由此可以看出，当在整个插值区间$[a,b]$上采用一个多项式插值时，随着插值节点的个数的增加，插值多项式的次数越来越高。我们称这种用高次插值多项式去替代被插值函数的方法为高次插值法。显然，高次插值可以使插值函数与被插值函数在更多的点上取相同的函数值，那么，当n无限增加时，是否在整个区间$[a,b]$上有

$$\lim_{n\to\infty} p_n(x)=f(x)$$

亦即，是否在固定的区间$[a,b]$上，加密插值节点，插值多项式会更逼近被插值函数？当插值节点的个数n趋近于无穷时，插值多项式$p_n(x)$的函数曲线和被插值函数$f(x)$的函数曲线是否趋于重合？

通过例 4.11 的分析，会看到答案是否定的。

例 4.11 已知函数

$$f(x)=\frac{1}{1+x^2} \qquad -5\leqslant x\leqslant 5$$

设将区间$[-5,5]n$等分，以$p_n(x)$表示取$n+1$个等分点作为插值节点的插值多项式。图 4.1 给出了$p_5(x)$和$p_{10}(x)$的图像。

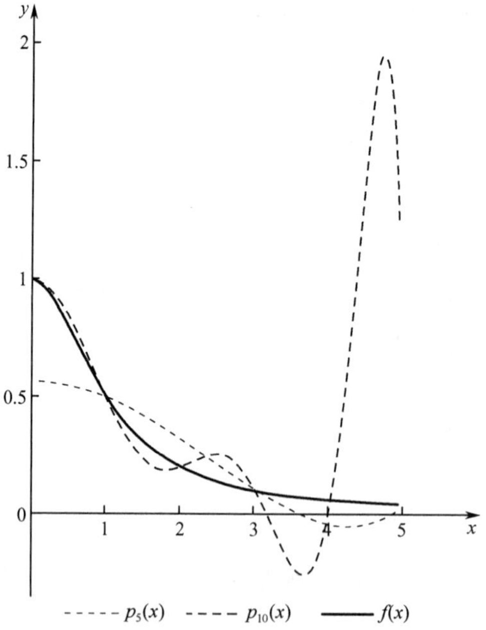

图 4.1 插值曲线

从图 4.1 可以看到，在$x=5$附近，$p_{10}(x)$偏离$f(x)$的程度远远大于$p_5(x)$偏离$f(x)$的程度。

在这个例子中，当n增大时，插值函数$p_n(x)$在插值区间$[-5,5]$的两端发生剧烈变化。即随着插值节点的增多，插值函数与被插值函数虽然在越来越多的点上取相同的函数值，但在插值节点之间，两者却相差甚远。因为这个例子是由 Runge 提供的，所以称这种现象为 Runge

现象。

Runge 现象说明在大范围内使用高次插值，逼近的效果往往并不理想。

4.5.2　分段插值的概念

由上面的讨论可知，在整个插值区间上，若用一个多项式来进行插值，那么随着插值节点的增多，插值多项式的次数必然增高。而高次插值会产生 Runge 现象，所以应当避免高次插值。

回顾讨论过的例 4.9，参考图 4.1，对于区间$[-5,5]$的 11 个等分点，如果将这 11 个插值节点对应于 $f(x)$ 函数曲线上的点，将相邻的两点连接起来，可获得一条折线。这条折线与 $p_{10}(x)$ 的曲线相比，其近似 $f(x)$ 的程度比 $p_{10}(x)$ 近似 $f(x)$ 的程度要好得多，而这一折线就是在相邻的两个插值节点之间进行线性插值得到的。这就启发我们，若将整个插值区段分成若干个区间，在每一小区间上都用一个低次插值多项式替代被插值函数，则会获得更好的逼近效果。

这种化整为零的方法就是所谓的分段插值法。分段插值法的使用步骤如下。

（1）将所考虑的区间$[a,b]$进行划分

$$\Delta: a = x_0 < x_1 < x_2 < \cdots < x_n = b$$

（2）在每个小区间$[x_i, x_{i+1}]$上构造插值多项式 $p_i(x)(i = 0,1,2,\cdots,n-1)$ 。

（3）将每个小区间上的插值多项式 $p_i(x)$ 拼接在一起，记为 $g(x)$ ，以 $g(x)$ 作为 $f(x)$ 在$[a,b]$区间上的插值多项式，即

$$g(x) = p_i(x) \qquad x \in [x_i, x_{i+1}]$$

如果函数 $s_k(x)$ 在划分Δ的每个小区间$[x_i, x_{i+1}]$上都是 k 次式，则称 $s_k'(x)$ 为具有分割Δ的分段 k 次式，点 $x_i(i = 0,1,2,\cdots,n)$ 称为 $s_k(x)$ 的节点。

4.5.3　分段线性插值

【问题 4.6】 假设在划分Δ的每个节点 x_i 上给出了相应的 y_i ，求构造具有划分Δ的分段一次式 $s_1(x)$ ，使

$$s_1(x_i) = y_i \qquad i = 0,1,2,\cdots,n$$

问题 4.6 所定义的插值问题称为分段线性插值。

分段线性插值的几何意义，就是用连接曲线 $f(x)$ 上相邻两点的折线来近似替代 $f(x)$ 。

由于在小区间$[x_i, x_{i+1}]$上要构造的 $s_1^{[i]}(x)$ 实际上是一个线性插值多项式，因此在小区间$[x_i, x_{i+1}]$上设

$$s_1^{[i]}(x) = y_i\varphi_0(x) + y_{i+1}\varphi_1(x)$$

这里 $\varphi_0(x)$ 和 $\varphi_1(x)$ 满足：

（1） $\varphi_0(x)$ 和 $\varphi_1(x)$ 都是一次式；

（2） $\varphi_0(x_i) = 1$， $\varphi_1(x_i) = 0$， $\varphi_0(x_{i+1}) = 0$， $\varphi_1(x_{i+1}) = 1$ 。

因此

$$\varphi_0(x)=c(x-x_{i+1}),\quad c=\frac{1}{x_i-x_{i+1}}$$

即

$$\varphi_0(x)=\frac{x-x_{i+1}}{x_i-x_{i+1}}$$

同理可得

$$\varphi_1(x)=\frac{x-x_i}{x_{i+1}-x_i}$$

所以

$$s_1^{[i]}(x)=y_i\frac{x-x_{i+1}}{x_i-x_{i+1}}+y_{i+1}\frac{x-x_i}{x_{i+1}-x_i}\qquad x_i\leqslant x\leqslant x_{i+1}\tag{4.22}$$

式（4.22）即为问题 4.6 的解。

对于取值 $f(x_i)=y_i(i=0,1,2,\cdots,n)$ 的被插值函数 $f(x)$，记 $h_i=x_{i+1}-x_i$，若 $f(x)$ 在 $[a,b]$ 上有二阶导数，则在小区间 $[x_i,x_{i+1}]$ 上有估算式

$$\left|f(x)-s_1(x)\right|\leqslant\frac{1}{8}h_i^2\max_{x_i\leqslant x\leqslant x_{i+1}}\left|f''(x)\right|$$

由 Lagrange 余项定理可知在 $[x_i,x_{i+1}]$ 上

$$f(x)-s_1(x)=\frac{f''(\xi)}{2!}(x-x_i)(x-x_{i+1})\qquad \xi\in[x_i,x_{i+1}]$$

即

$$\begin{aligned}f(x)-s_1(x)&=\frac{f''(\xi)}{2!}(x-x_i)(x-x_{i+1})\\&\leqslant\frac{1}{2}\max_{x_i\leqslant x\leqslant x_{i+1}}\left|f''(x)\right|\left|(x-x_i)(x-x_{i+1})\right|\qquad \xi\in[x_i,x_{i+1}]\end{aligned}$$

对于函数 $(x-x_i)(x-x_{i+1})$ 考察其一阶导数为零的点，令

$$[(x-x_i)(x-x_{i+1})]'=(x-x_i)+(x-x_{i+1})=0$$

则在 $x=\frac{1}{2}(x_i+x_{i+1})$ 处，函数 $(x-x_i)(x-x_{i+1})$ 的一阶导数为零。而 $(x-x_i)(x-x_{i+1})$ 是开口向上的抛物线，所以当 $x<\frac{1}{2}(x_i+x_{i+1})$ 时，$(x-x_i)(x-x_{i+1})$ 单调下降；当 $x>\frac{1}{2}(x_i+x_{i+1})$ 时，$(x-x_i)(x-x_{i+1})$ 单调上升。又由 $x=x_i$ 和 $x=x_{i+1}$ 是 $(x-x_i)(x-x_{i+1})$ 的零点可知，函数 $(x-x_i)(x-x_{i+1})$ 在 $[x_i,x_{i+1}]$ 上的值都小于或等于零，且在 $x=\frac{1}{2}(x_i+x_{i+1})$ 处取得最小值，所以有

$$\begin{aligned}\left|f(x)-s_1(x)\right|&\leqslant\frac{1}{2}\max_{x_i\leqslant x\leqslant x_{i+1}}\left|f''(x)\right|\left|(x-x_i)(x-x_{i+1})\right|\\&\leqslant\frac{1}{2}\max_{x_i\leqslant x\leqslant x_{i+1}}\left|f''(x)\right|\left|\left(\frac{1}{2}(x_i+x_{i+1})-x_i\right)\left(\frac{1}{2}(x_i+x_{i+1})-x_{i+1}\right)\right|\\&=\frac{1}{2}\max_{x_i\leqslant x\leqslant x_{i+1}}\left|f''(x)\right|\left|\frac{1}{2}(x_{i+1}-x_i)\cdot\frac{1}{2}(x_i-x_{i+1})\right|\end{aligned}$$

$$=\frac{1}{8}\max_{x_i\leqslant x\leqslant x_{i+1}}|f''(x)||(x_{i+1}-x_i)(x_{i+1}-x_i)|$$
$$=\frac{1}{2}\max_{x_i\leqslant x\leqslant x_{i+1}}|f''(x)|\left|\frac{1}{2}(x_{i+1}-x_i)\cdot\frac{1}{2}(x_{i+1}-x_i)\right|$$
$$=\frac{1}{8}h_i^2\max_{x_i\leqslant x\leqslant x_{i+1}}|f''(x)|$$

由此得如下定理。

【定理 4.6】 若 $f(x)$ 上有二阶导数，且 $f(x_i)=y_i(i=0,1,2,\cdots,n)$ 已给，又 $s_1(x)$ 是问题 4.6 的解，则当 $x\in[a,b]$ 时有

$$|f(x)-s_1(x)|\leqslant\frac{1}{8}h^2\max_{a\leqslant x\leqslant b}|f''(x)|,\quad h=\max h_i$$

这个不等式给出了一个当用 $s_1(x)$ 逼近 $f(x)$ 时只依赖于 h 而与 x 无关的界，即当 $h\to 0$ 时，$s_1(x)$ 一致收敛于 $f(x)$。因此，只要划分的每个小区间的范围足够小，就可以使分段线性插值函数达到任意的精度。

例 4.12　设 $f(x)=\dfrac{1}{1+x^2}$，将区间 $[-5,5]$ 10 等分，用分段线性插值法求 $f(3.5)$ 的近似值，并估计误差。

解　取 $x_i=3$，$x_{i+1}=4$，则 $y_i=\dfrac{1}{10}$，$y_{i+1}=\dfrac{1}{17}$。

$$s_1(3.5)=\frac{1}{10}\times\frac{3.5-4}{3-4}+\frac{1}{17}\times\frac{3.5-3}{4-3}=\frac{1}{10}\times\frac{1}{2}+\frac{1}{17}\times\frac{1}{2}=\frac{1}{2}\times\left(\frac{17}{170}+\frac{10}{170}\right)=\frac{27}{340}$$
$$f(3.5)\approx s_1(3.5)=\frac{27}{340}$$

由于当 $x\in[3,4]$ 时

$$|f(x)-s_1(x)|\leqslant\frac{1}{8}\max_{3\leqslant x\leqslant 4}|f''(x)|$$
$$f'(x)=\frac{-2x}{(1+x^2)^2}$$
$$f''(x)=-\frac{2(1+x^2)^2-2x\cdot 2(1+x^2)\cdot 2x}{(1+x^2)^4}=\frac{6x^2-2}{(1+x^2)^3}$$
$$f'''(x)=\frac{12x(1+x^2)^3-(6x^2-2)\cdot 3(1+x^2)^2\cdot 2x}{(1+x^2)^6}=\frac{24x(1-x^2)}{(1+x^2)^4}$$

当 $x\in[3,4]$ 时，$f'''(x)<0$，$f''(x)$ 在 $[3,4]$ 上非负单调递减，所以

$$|f(3.5)-s_1(3.5)|\leqslant\frac{1}{8}f''(3)=\frac{1}{8}\times\frac{6\times 9-2}{(1+9)^3}=\frac{1}{4}\times\frac{27-1}{1000}=6.5/1000=0.0065$$

4.5.4　分段三次埃尔米特插值

由前面的讨论我们知道，分段线性插值就是用一条折线去逼近一条曲线，它算法简单，计算量小；然而，这种逼近函数从整体上看是不够光滑的，在节点处，逼近函数的左、右导数不相等。为了对这种情形进行改进，在此讨论一种导数也连续的分段插值。

【问题 4.7】 设函数 $f(x)$ 在节点 $x_i(i=0,1,2,\cdots,n)$ 上相应的函数值 $f(x_i)=y_i$ 和导数值 $f'(x_i)=y_i'$ 为已知，求具有划分Δ的分段三次式 $s_3(x_i)=y_i$，$s_3'(x_i)=y_i'(i=0,1,2,\cdots,n)$。

$$\Delta: a=x_0<x_1<\cdots<x_n=b$$

问题 4.7 所定义的插值问题称为分段三次 Hermite 插值问题。

因为在每个小区间 $[x_i,x_{i+1}]$ 上，$s_3(x)$ 是三次多项式，且

$$s_3(x_i)=y_i,\quad s_3(x_{i+1})=y_{i+1}$$
$$s_3'(x_i)=y_i',\quad x_3'(x_{i+1})=y_{i+1}'$$

所以由例 4.9 的讨论可知问题 4.7 的解为

$$s_3(x)=y_i\varphi_0\left(\frac{x-x_i}{h_i}\right)+y_{i+1}\varphi_1\left(\frac{x-x_i}{h_i}\right)+h_iy_i'\varPsi_0\left(\frac{x-x_i}{h_i}\right)+h_iy_{i+1}'\varPsi_1\left(\frac{x-x_i}{h_i}\right) \tag{4.23}$$

这里

$$x_i\leqslant x\leqslant x_{i+1}$$
$$\varphi_0(x)=(x-1)^2(2x+1),\quad \varphi_1(x)=x^2(-2x+3)$$
$$\varPsi_0(x)=x(x-1)^2,\quad \varPsi_1(x)=x^2(x-1)$$
$$h_i=x_{i+1}-x_i$$

类似于分段线性插值，有如下定理。

【定理 4.7】 若 $f(x)$ 在 $[a,b]$ 上有四阶导数，且 $f(x_i)=y_i$，$f'(x_i)=y_i'(i=0,1,2,\cdots,n)$ 已给，$s_3(x)$ 是问题 4.7 的解，则当 $x\in[a,b]$ 时，有

$$|f(x)-s_3(x)|\leqslant\frac{h^4}{384}\max_{a\leqslant x\leqslant b}|f^{(4)}(x)|,\quad h=\max h_i$$

证明 因为由例 4.9 的余项公式可知，在小区间 $[x_i,x_{i+1}]$ 上有

$$f(x)-s_3(x)=\frac{f^{(4)}(\xi_i)}{4!}(x-x_i)^2(x-x_{i+1})^2$$

所以

$$|f(x)-s_3(x)|=\left|\frac{f^{(4)}(\xi_i)}{4!}(x-x_i)^2(x-x_{i+1})^2\right|$$
$$\leqslant\frac{1}{4!}\max_{x_i\leqslant x\leqslant x_{i+1}}|f^{(4)}(x)||(x-x_i)^2(x-x_{i+1})^2|$$

而

$$[(x-x_i)^2(x-x_{i+1})^2]=2(x-x_i)(x-x_{i+1})^2+2(x-x_i)^2(x-x_{i+1})$$
$$=2(x-x_i)(x-x_{i+1})(2x-x_i-x_{i+1})$$

即在 $x=x_i$，$x=x_{i+1}$，$x=\frac{1}{2}(x_i+x_{i+1})$ 处，函数 $(x-x_i)^2(x-x_{i+1})^2$ 的一阶导数等于零。

可以验证在区间 $\left[x_i,\frac{1}{2}(x_i+x_{i+1})\right]$ 上，函数 $(x-x_i)^2(x-x_{i+1})^2$ 的一阶导数大于零，在区间 $\left[\frac{1}{2}(x_i+x_{i+1}),x_{i+1}\right]$ 上，函数 $(x-x_i)^2(x-x_{i+1})^2$ 的一阶导数小于零。因为函数 $(x-x_i)^2(x-x_{i+1})^2$ 非负，所以它在 $x=\frac{1}{2}(x_i+x_{i+1})$ 处取最大值。

即

$$\left|f(x)-s_3(x)\right| \leqslant \frac{1}{4!}\max_{x_i \leqslant x \leqslant x_{i+1}}\left|f^{(4)}(x)\right|\frac{1}{2^4}(x_{i+1}-x_i)^4$$
$$=\frac{1}{4!}\cdot\frac{h^4}{2^4}\max_{x_i \leqslant x \leqslant x_{i+1}}\left|f^{(4)}(x)\right|$$

所以，当 $x\in[a,b]$ 时，有

$$\left|f(x)-s_3(x)\right| \leqslant \frac{h^4}{384}\max_{a\leqslant x\leqslant b}\left|f^{(4)}(x)\right|，\ h=\max h_i$$

定理 4.7 表明当 $h\to 0$ 时，$s_3(x)$ 一致收敛于 $f(x)$。

比较分段线性插值的插值余项和分段三次 Hermite 插值的插值余项，可以看到，只要 $h\leqslant 1$，则分段三次 Hermite 插值的插值余项远远小于分段线性插值的插值余项。也就是说分段三次 Hermite 插值的精度比分段线性插值的精度高，因此与分段线性插值比较，分段三次 Hermite 插值的逼近效果有了明显的改善。

例 4.13　求 $f(x)=x^4$ 在 $[0,2]$ 上的分段三次 Hermite 插值，并估计误差。

解　将区间 $[0,2]$ 进行二等分，得分点 $x_0=0$，$x_1=1$，$x_2=2$，则 $f(x)=x^4$。

在 $x_i(i=0,1,2)$ 处：$y_0=0$，$y_1=1$，$y_2=16$，$f'(x)$。

在 $x_i(i=0,1,2)$ 处：$y_0'=0$，$y_1'=4$，$y_2'=320$。

所以，由例 4.9 有

$$s_3(x)=x^2(-2x+3)+4x^2(x-1)=2x^3-x^2\quad x\in[0,1]$$
$$\begin{aligned}s_3(x)&=(x-2)^2(2(x-1)+1)+16(x-1)^2(-2(x-1)+3)\\&\quad+4(x-1)(x-2)^2+32(x-1)^2(x-2)\\&=6x^3-13x^2+12x-4\quad x\in[1,2]\end{aligned}$$

即

$$s_3(x)=\begin{cases}2x^3-x^2 & x\in[0,1]\\ 6x^3-13x^2+12x-4 & x\in[1,2]\end{cases}$$

由定理 4.7 有

$$\left|f(x)-s_3(x)\right| \leqslant \frac{1}{4!}\cdot\frac{1}{2^4}\max_{0\leqslant x\leqslant 2}\left|f^{(4)}(x)\right|=\frac{1}{16}$$

由前面的讨论可知，分段插值法的算法简单，而且只要插值节点的间距足够小，分段插值法总能获得所要求的精度，即收敛性总能得到保证，而不会像高次插值那样发生 Runge 现象。

分段插值法的另一个显著的优点是它的局部性质，即如果修改某个数据，那么插值曲线仅在某个局部范围内受到影响，整体代数多项式插值会使插值曲线在整个插值区间内受影响。

然而分段低次 Lagrange 插值的一个很大的缺点就是在插值节点处插值曲线不光滑，分段三次 Hermite 插值虽然使这种情形得到改善，提高了精度，但这种插值要求给出插值节点上相应的导数值，这就要求提供更多的信息，同时，它的光滑性也不高。

为了改进分段插值的逼近效果，以克服上述缺点，从而提出了三次样条插值问题。

4.6 三次样条插值

通过平面上 $n+1$ 个不同的已知点 $(x_i, y_i)(i=0,1,2,\cdots,n)$，或者说依据 $n+1$ 个插值条件，可以作一条光滑的 n 次代数曲线。但当点很多时，除插值多项式的次数高、计算复杂外，如从逼近的程度来看，随着插值多项式次数的增高，逼近的效果并不会随之越来越理想，相反还会产生 Runge 现象。因此，便采用分段低次插值的办法来克服这一缺点。例如，用分段线性插值函数去逼近被插值函数，也就是用折线去替代原曲线，或者用分段抛物插值函数去逼近被插值函数，也就是用分段二次曲线去替代原曲线等。然而，对于这种分段插值函数，虽然具有次数低，并能保持较好的逼近效果的优点，但是这样的插值函数的曲线在节点上仅能保证连续，却并不再是光滑的。

但是，在生产和科学实验中，对所构造的插值曲线，往往既要求简单，又要求较光滑。即所构造的分段插值函数在分段上要求插值多项式次数低，在分点上不但连续，而且还存在连续的低阶导数，满足这样条件的插值函数，称为样条函数，这种插值法称为样条插值法。

【定义 4.2】 具有划分 $\Delta: a=x_0<x_1<x_2<\cdots<x_n=b$ 的分段 k 次式 $s_k(x)$，若在每个节点 $x_i(i=0,1,2,\cdots,n-1)$ 上具有直到 $k-1$ 阶的连续导数，则称 $s_k(x)$ 为 k 次样条。

例如，常用的阶梯函数和折线函数分别是零次样条和一次样条。

所谓的样条插值就是用样条函数通过给定的数据点去逼近所研究的函数，实质上是一种改进的分段 Hermite 插值。由于三次样条的应用较广泛，因此下面主要研究三次样条插值。

设在区间 $[a,b]$ 上取 $n+1$ 个节点

$$a=x_0<x_1<x_2<\cdots<x_n=b$$

并在这些点上给定了 $f(x)$ 的函数值 $f(x_i)=y_i(i=0,1,2,\cdots,n)$，若在此以外还给定了 $f(x)$ 在 $x_i(i=0,1,2,\cdots,n)$ 的导数值 $f'(x_i)$，求分段三次式 $s_3(x)$，使其满足 $s_3(x_i)=f(x_i)$，$s_3'(x_i)=f'(x_i)$，结果得到的就是前面所讨论的分段三次 Hermite 插值，这个插值函数在插值区间 $[a,b]$ 上具有连续的一阶导数。如果要得到更光滑的插值函数，就要将给定的条件放宽才行。如果不要求插值函数的导数在节点上的值和 $f'(x_i)$ 相同，而只要求它在 $[a,b]$ 上具有连续的一阶和二阶导数，那么得到的是三次样条插值函数。

如上所述，三次样条插值可以看成分段三次 Hermite 插值的一种改进。

对于具有划分 $\Delta: a=x_0<x_1<x_2<\cdots<x_n=b$ 的三次样条函数 $s_3(x)$，由于它在每个子段 $[x_i, x_{i+1}]$ 上都是三次式，所以不妨假设 $s_3(x)$ 在子段 $[x_i, x_{i+1}]$ 上是 $a_0+a_1x+a_2x^2+a_3x^3$ 的形式，则 $s_3(x)$ 在子段 $[x_i, x_{i+1}]$ 上有 4 个待定的参数 a_0, a_1, a_2, a_3，而区间 $[a,b]$ 共分为 n 个子段，所以 $s_3(x)$ 在区间 $[a,b]$ 上共有 $4n$ 个待定的参数。由于 $s_3(x)$ 在每个节点处连续，而且具有连续的一阶导数和二阶导数，即对于 $i=1,2,\cdots,n-1$，有

$$s_3(x_i-0)=s_3(x_i+0)$$
$$s_3'(x_i-0)=s_3'(x_i+0)$$
$$s_3''(x_i-0)=s_3''(x_i+0)$$

亦即 $s_3(x)$ 必须满足 $3(n-1)$ 个光滑性约束条件，因此 $s_3(x)$ 的自由度为

$$4n-3(n-1)=n+3$$

这也就是说，为了确定三次样条函数 $s_3(x)$，还必须再给出 $n+3$ 个条件。这样，就提出了如下的插值问题。

【问题 4.8】 求作具有划分 $\Delta: a=x_0<x_1<x_2<\cdots<x_n=b$ 的三次样条函数 $s_3(x)$，使其满足：

$$\begin{aligned} s_3(x_i)&=y_i \qquad i=0,1,2,\cdots,n \\ s_3'(x_0)&=y_0' \\ s_3'(x_n)&=y_n' \end{aligned} \tag{4.24}$$

问题 4.8 所定义的插值问题称为三次样条插值问题。

如何构造问题 4.8 的解 $s_3(x)$ 呢？由上面的分析知 $s_3(x)$ 在 $[a,b]$ 区间上共有 $4n$ 个需要确定的参数，而这 $4n$ 个参数应满足下列 $4n$ 个约束条件。

$$\begin{aligned} &s_3(x_i-0)=s_3(x_i+0) \\ &s_3'(x_i-0)=s_3'(x_i+0) \\ &s_3''(x_i-0)=s_3''(x_i+0) \qquad i=1,2,\cdots,n-1 \\ &s_3(x_i)=y_i \qquad i=0,1,2,\cdots,n \\ &s_3'(x_0)=y_0' \\ &s_3'(x_n)=y_n' \end{aligned}$$

所以，按通常的办法，用 $s_3(x)$ 应满足的 $4n$ 个约束条件，可以列出具有 $4n$ 个方程的线性方程组。原则上可以通过解线性方程组确定这 $4n$ 个参数，从而得到问题 4.8 的解——三次样条函数 $s_3(x)$

但是，求解 $4n$ 个方程的线性方程组的计算量太大。为了简化计算，选取 $s_3(x)$ 在节点 $x_i(i=0,1,2,\cdots,n)$ 上的导数值 $s_3'(x_i)=m_i$ 作为参数，令

$$s_3(x)=y_i\varphi_0\left(\frac{x-x_i}{h_i}\right)+y_{i+1}\varphi_1\left(\frac{x-x_i}{h_i}\right)+m_ih_i\Psi_0\left(\frac{x-x_i}{h_i}\right)+m_{i+1}h_i\Psi_1\left(\frac{x-x_i}{h_i}\right) \tag{4.25}$$

式中

$$x_i \leqslant x \leqslant x_{i+1}$$
$$h_i=x_{i+1}-x_i$$
$$\varphi_0(x)=(x-1)^2(2x+1),\quad \varphi_1(x)=x^2(-2x+3)$$
$$\Psi_0(x)=x(x-1)^2,\quad \Psi_1(x)=x^2(x-1)$$

由例 4.9 的讨论可知

在 $[x_i,x_{i+1}]$ 上

$$s_3(x_i)=y_i,\quad s_3(x_{i+1})=y_{i+1},\quad s_3'(x_i)=m_i,\quad s_3'(x_{i+1})=m_{i+1}$$

在 $[x_{i-1},x_i]$ 上

$$s_3(x_{i-1})=y_{i-1},\quad s_3(x_i)=y_i,\quad s_3'(x_{i-1})=m_{i-1},\quad s_3'(x_i)=m_i$$

这样构造的 $s_3(x)$，不论参数 $m_i(i=0,1,2,\cdots,n)$ 怎样取值，$s_3(x)$ 在每个节点 $x_i(i=1,2,\cdots,n-1)$ 上必定连续，而且具有连续的一阶导数。

但是，实际上 $m_i(i=1,2,\cdots,n-1)$ 是未知的。因此，必须求出 $m_i(i=1,2,\cdots,n-1)$，才能由式（4.25）确定 $s_3(x)$。

为了确定 $m_i(i=1,2,\cdots,n-1)$ 的值，可以利用条件

$$s_3''(x_i-0)=s_3''(x_i+0) \qquad i=1,2,\cdots,n-1$$

即通过选取参数 $m_i(i=1,2,\cdots,n-1)$ 的值，使 $s_3(x)$ 在 $x_i(i=1,2,\cdots,n-1)$ 上的二阶导数也连续，为此，对 $s_3(x)$ 求两次导数得

$$s_3'(x)=\frac{1}{h_i}y_i\varphi_0'\left(\frac{x-x_i}{h_i}\right)+\frac{1}{h_i}y_{i+1}\varphi_1'\left(\frac{x-x_i}{h_i}\right)+m_i\Psi_0'\left(\frac{x-x_i}{h_i}\right)+m_{i+1}\Psi_1'\left(\frac{x-x_i}{h_i}\right)$$

$$s_3''(x)=\frac{1}{h_i^2}y_i\varphi_0''\left(\frac{x-x_i}{h_i}\right)+\frac{1}{h_i^2}y_{i+1}\varphi_1''\left(\frac{x-x_i}{h_i}\right)+\frac{1}{h_i}m_i\Psi_0''\left(\frac{x-x_i}{h_i}\right)+\frac{1}{h_i}m_{i+1}\Psi_1''\left(\frac{x-x_i}{h_i}\right)$$

而

$$\begin{aligned}\varphi_0'(x)&=2(x-1)(2x+1)+2(x-1)^2=2(x-1)(2x+1+x-1)\\&=2(x-1)\cdot 3x=6x(x-1)\end{aligned}$$

$$\varphi_0''(x)=6(x-1+x)=6(2x-1)$$

所以

$$\varphi_0''\left(\frac{x-x_0}{h_i}\right)=6\left[2\left(\frac{x-x_i}{h_i}\right)-1\right]$$

同样有

$$\varphi_1'(x)=2x(-2x+3)+x^2\cdot(-2)=-6x^2+6x$$

$$\varphi_1''(x)=-12x+6=-6(2x-1)$$

$$\varphi_1''\left(\frac{x-x_i}{h_i}\right)=-6\left[2\left(\frac{x-x_i}{h_i}\right)-1\right]$$

$$\Psi_0'(x)=(x-1)^2+2(x-1)x=(x-1)(x-1+2x)=(x-1)(3x-1)$$

$$\Psi_0''(x)=(3x-1)+3(x-1)=6x-4$$

$$\Psi_0''(x)\left(\frac{x-x_i}{h_i}\right)=6\left(\frac{x-x_i}{h_i}\right)-4$$

$$\Psi_1'(x)=2x(x-1)+x^2=3x^2-2x$$

$$\Psi_1''(x)=6x-2$$

$$\Psi_1''\left(\frac{x-x_i}{h_i}\right)=6\left(\frac{x-x_i}{h_i}\right)-2$$

因此

$$\begin{aligned}s_3''(x)=&\frac{1}{h_i^2}y_i6\left[2\left(\frac{x-x_i}{h_i}\right)-1\right]-\frac{1}{h_i^2}y_{i+1}6\left[2\left(\frac{x-x_i}{h_i}\right)-1\right]+\frac{1}{h_i}m_i\left[6\left(\frac{x-x_i}{h_i}\right)-4\right]\\&+\frac{1}{h_i}m_{i+1}\left[6\left(\frac{x-x_i}{h_i}\right)-2\right]\end{aligned}$$

在 $[x_i,x_{i+1}]$ 的左、右两端有

$$\begin{aligned}s_3''(x_i)&=\frac{1}{h_i^2}y_i\times 6\times(-1)-\frac{1}{h_i^2}y_{i+1}\times 6\times(-1)+\frac{1}{h_i}m_i\times(-4)+\frac{1}{h_i}m_{i+1}\times(-2)\\&=\frac{6y_{i+1}-6y_i}{h_i^2}-\frac{4m_i+2m_{i+1}}{h_i}\end{aligned}$$

$$s_3''(x_{i+1}) = \frac{1}{h_i^2} y_i \times 6 \times (2-1) - \frac{1}{h_i^2} y_{i+1} \times 6 \times (2-1) + \frac{1}{h_i} m_i \times (6-4) + \frac{1}{h_i} m_{i+1} \times (6-2)$$
$$= -\frac{6y_{i+1} - 6y_i}{h_i^2} + \frac{2m_i + 4m_{i+1}}{h_i}$$

在 $[x_{i-1}, x_i]$ 的左、右两端有

$$s_3''(x_{i-1}) = \frac{6y_i - 6y_{i-1}}{h_{i-1}^2} - \frac{4m_{i-1} + 2m_i}{h_{i-1}}$$
$$s_3''(x_i) = -\frac{6y_i - 6y_{i-1}}{h_{i-1}^2} + \frac{2m_{i-1} + 4m_i}{h_{i-1}}$$

为了保证二阶导数的连续性，应该有

$$s_3''(x_i - 0) = s_3''(x_i + 0) \qquad i = 1, 2, \cdots, n-1$$

亦即应该有

$$-6\frac{y_i - y_{i-1}}{h_{i-1}^2} + \frac{2m_{i-1} + 4m_i}{h_{i-1}} = 6\frac{y_{i+1} - y_i}{h_i^2} - \frac{4m_i + 2m_{i+1}}{h_i} \qquad i = 1, 2, \cdots, n-1$$

即

$$\frac{m_{i-1} + 2m_i}{h_{i-1}} + \frac{2m_i + m_{i+1}}{h_i} = 3\left(\frac{y_i - y_{i-1}}{h_{i-1}^2} + \frac{y_{i+1} - y_i}{h_i^2}\right) \qquad i = 1, 2, \cdots, n-1 \qquad (4.26)$$

令

$$\alpha_i = \frac{h_{i-1}}{h_{i-1} + h_i}$$
$$\beta_i = 3\left[(1-\alpha_i)\frac{y_i - y_{i-1}}{h_{i-1}} + \alpha_i \frac{y_{i+1} - y_i}{h_i}\right] \qquad i = 1, 2, \cdots, n-1$$

则式（4.26）可以表示为

$$(1-\alpha_i) m_{i-1} + 2m_i + \alpha_i m_{i+1} = \beta_i \qquad i = 1, 2, \cdots, n-1 \qquad (4.27)$$

而由条件式（4.24）给出的 $m_0 = y_0'$，$m_n = y_n'$，从式（4.27）中消去 m_0 和 m_n，则式（4.27）实质上是关于未知参数 $m_0, m_1, \cdots, m_{n-1}$ 的线性方程组

$$\begin{cases} 2m_1 + \alpha_1 m_2 = \beta_1 - (1-\alpha_1) y_0' \\ (1-\alpha_2) m_1 + 2m_2 + \alpha_2 m_3 = \beta_2 \\ \qquad \vdots \\ (1-\alpha_{n-2}) m_{n-3} + 2m_{n-2} + \alpha_{n-2} m_{n-1} = \beta_{n-2} \\ (1-\alpha_{n-1}) m_{n-2} + 2m_{n-1} = \beta_{n-1} - \alpha_{n-1} y_n' \end{cases}$$

其系数矩阵称为对角占优的三对角矩阵，求解这类方程组的一种有效方法是在第 3 章介绍的追赶法。这样解得 $m_i (i = 0, 1, 2, \cdots, n-1)$ 后，代回式（4.25），即得所要求的三次样条函数 $s_3(x)$。

例 4.14 已知函数 $f(x)$ 的函数表如表 4.5 所示，求在区间 $[0, 3]$ 上的三次样条插值函数。

表 4.5　函数表

x	0	1	2	3
$f(x)$	0	2	3	6
$f'(x)$	1			0

解　此时 $n=3$，$h_i=1(i=0,1,2)$，所以 $\alpha_1=\dfrac{1}{2}(i=1,2)$。

$$\beta_1=3\left[\frac{1}{2}(y_1-y_0)+\frac{1}{2}(y_2-y_1)\right]=\frac{3}{2}\times(2+1)=\frac{9}{2}$$

$$\beta_2=3\left[\frac{1}{2}(y_2-y_1)+\frac{1}{2}(y_3-y_2)\right]=\frac{3}{2}\times(1+3)=6$$

代入式（4.27），且由 $m_0=1$，$m_3=0$ 得

$$\begin{cases}\dfrac{1}{2}+2m_1+\dfrac{1}{2}m_2=\dfrac{9}{2}\\ \dfrac{1}{2}m_1+2m_2+\dfrac{1}{2}\times 0=6\end{cases}\quad 即\quad \begin{cases}2m_1+\dfrac{1}{2}m_2=4\\ \dfrac{1}{2}m_1+2m_2=6\end{cases}$$

解得

$$m_1=\frac{4}{3},\quad m_2=\frac{8}{3}$$

将 $x_0=0$，$x_1=1$，$f(x_0)=0$，$f(x_1)=2$，$m_0=1$，$m_1=\dfrac{4}{3}$ 代入式（4.25）得

$$\begin{aligned}s_3(x)&=2x^2(-2x+3)+x(x-1)^2+\frac{4}{3}x^2(x-1)\\&=2x^2(3-2x)+x(x^2-2x+1)+\frac{4}{3}x^2(x-1)\\&=6x^2-4x^3+x^3-2x^2+x+\frac{4}{3}x^3-\frac{4}{3}x^2\\&=-\frac{5}{3}x^3+\frac{8}{3}x^2+x\qquad 0\leqslant x\leqslant 1\end{aligned}$$

同理，将 $x_1=1$，$x_2=2$，$f(x_1)=2f(x_2)=3$，$m_1=\dfrac{4}{3}$，$m_2=\dfrac{8}{3}$ 和 $x_2=2$，$x_3=3$，$f(x_2)=3$，$f(x_3)=6$，$m_2=\dfrac{8}{2}$，$m_3=0$ 分别代入式（4.25），即可得到在区间 $[2,3]$ 上 $s_3(x)$ 的表达式

$$s_3(x)=2x^3-\frac{25}{3}x^2+12x-\frac{11}{3}\qquad 1\leqslant x\leqslant 2$$

$$s_3(x)=-\frac{10}{3}x^3+\frac{71}{3}x^2-52x+\frac{108}{3}\qquad 2\leqslant x\leqslant 3$$

即

$$s_3(x)=\begin{cases}-\dfrac{5}{3}x^3+\dfrac{8}{3}x^2+x & x\in[0,1]\\ 2x^3-\dfrac{25}{3}x^2+12x-\dfrac{11}{3} & x\in[1,2]\\ -\dfrac{10}{3}x^3+\dfrac{71}{3}x^2-52x+\dfrac{108}{3} & x\in[2,3]\end{cases}$$

当用样条插值函数计算函数值 $f(a)$ 时，只要判定点 a 所在的区间，然后将它代入该区间所对应的样条插值函数的表达式，计算样条插值函数在点 a 处的函数值，就可得到 $f(a)$ 的近似值。

4.7　曲线拟合的最小二乘法

到目前为止，我们讨论的逼近函数的逼近方式都是插值逼近，即构造的函数 $f(x)$ 的近似函数 $g(x)$ 必须精确地通过由已知离散数据确定的离散点。而这些已知的离散数据往往是通过观测得到的，经常带有观测误差。因此，如果要求构造的函数曲线精确地通过由已知离散数据确定的所有离散点，那么，一方面这条曲线还继续保留着一切观测误差，另一方面当观测的数据较多时，建立插值多项式，若采用整体插值，会产生 Runge 现象，且计算量很大，在实际应用中并不方便。

如果不要求构造的逼近函数 $g(x)$ 精确地通过所有由已知离散数据确定的离散点，而只要求 $g(x)$ 是某给定函数类 H 中的一个函数，且按某种准则，$g(x)$ 是相对于同一函数类 H 中的其他函数达到最优即可，即希望找到一条曲线，它既能反映给定数据的总体分布形式，又不至于出现局部较大的波动。这种逼近方式，只要求所构造的逼近函数 $g(x)$ 与被逼近函数 $f(x)$ 在区间 $[a,b]$ 上的偏差满足其要求即可。这就是所谓的“曲线拟合”的思想，至于函数类 H，可以取次数较低的多项式或其他较简单的函数。

设给定数据点 $(x_i,y_i)(i=1,2,\cdots,N)$，记 $\varepsilon_i=y_i-g(x_i)(i=1,2,\cdots,N)$，并称 ε_i 为残差，则曲线拟合的最小二乘法指在函数类 H 中找一个函数 $g(x)$，使得残差的平方和最小。

$$\sum_{i=1}^{N}\varepsilon_i^2=\sum_{i=1}^{N}(y_i-g(x_i))^2=\min_{h(x)\in H}\sum_{i=1}^{N}(y_i-h(x_i))^2$$

即在函数类 H 中，以使得残差的平方和最小为标准，挑出 $g(x)$ 去逼近所考察的函数 $f(x)$。当用最小二乘法求拟合曲线 $g(x)$ 时，首先要确定拟合曲线 $g(x)$ 的形式，这与给定的数据和研究问题的运动规律有关，通常是由给定的数据描图，来反映研究问题的运动规律，从而确定 $g(x)$ 的形式。

4.7.1　直线拟合

假设给定的数据点 $(x_i,y_i)(i=1,2,\cdots,N)$ 的分布大致呈直线状，故可选择线性函数作拟合曲线。

【问题 4.9】 对于给定的数据点 $(x_i,y_i)(i=1,2,\cdots,N)$，求作一次式 $y=a+bx$，使总误差最小。

$$Q=\sum_{i=1}^{N}[y_i-(a+bx_i)]^2$$

问题 4.9 所定义的问题称为用最小二乘法求拟合直线问题。

这里 Q 是关于未知参数 a 和 b 的二元函数，此问题也就是要确定 a 和 b 取何值时，二元函数 $Q(a,b)=\sum_{i=1}^{N}[y_i-(a+bx_i)]^2$ 的值最小。

由微积分的知识可知，这一问题的求解，可归结为求二元函数 $Q(a,b)$ 的极值，即 a 和 b 应满足

$$\frac{\partial Q}{\partial a}=0,\quad \frac{\partial Q}{\partial b}=0$$

而

$$\frac{\partial Q}{\partial a}=\sum_{i=1}^{N}2[y_i-(a+bx_i)]\times(-1)=0$$

即

$$Na+b\sum_{i=1}^{N}x_i=\sum_{i=1}^{N}y_i$$

$$\frac{\partial Q}{\partial b}=\sum_{i=1}^{N}2[y_i-(a+bx_i)](-x_i)=0$$

即

$$a\sum_{i=1}^{N}x_i+b\sum_{i=1}^{N}x_i^2=\sum_{i=1}^{N}x_iy_i$$

即

$$\begin{cases} Na+b\sum_{i=1}^{N}x_i=\sum_{i=1}^{N}y_i \\ a\sum_{i=1}^{N}x_i+b\sum_{i=1}^{N}x_i^2=\sum_{i=1}^{N}x_iy_i \end{cases} \tag{4.28}$$

4.7.2 多项式拟合

有时所给数据点的分布并不一定近似地呈直线状，这时若仍用直线拟合显然是不合适的。对于这种情况，可以考虑用多项式拟合。

【问题 4.10】 对于给定的一组数据 $(x_i,y_i)(i=1,2,\cdots,N)$，求作 m ($m\ll N$)次多项式 $y=\sum_{j=0}^{m}a_jx^j$，使总误差最小。

$$Q=\sum_{i=1}^{m}\left(y_i-\sum_{j=0}^{n}a_jx_i^j\right)^2$$

问题 4.10 所定义的问题称为用最小二乘法求拟合多项式曲线问题。

这里 Q 可以视为关于未知参数 $a_j(j=0,1,2,\cdots,m)$ 的 $m+1$ 元函数，所以上述拟合多项式的构造问题归结为求多元函数的极值问题，即 $a_j(j=0,1,\cdots,m)$ 应满足

$$\frac{\partial Q}{\partial a_j}=0 \qquad j=0,1,2,\cdots,m$$

因此得到

$$\sum_{i=1}^{N}\left(y_i-\sum_{j=0}^{m}a_j x_i^j\right)x_i^k=0 \qquad k=0,1,2,\cdots,m \tag{4.29}$$

即

$$\begin{cases} a_0 N+a_1\sum_{i=1}^{N}x_i+\cdots+a_m\sum_{i=1}^{N}x_i^m=\sum_{i=1}^{N}y_i \\ a_0\sum_{i=1}^{N}x_i+a_1\sum_{i=1}^{N}x_i^2+\cdots+a_m\sum_{i=1}^{N}x_i^{m+1}=\sum_{i=1}^{N}x_i y_i \\ a_0\sum_{i=1}^{N}x_i^m+a_1\sum_{i=1}^{N}x_i^{m+1}+\cdots+a_m\sum_{i=1}^{N}x_i^{2m}=\sum_{i=1}^{N}x_i^m y_i \end{cases} \tag{4.30}$$

这是关于 $a_0,a_1,\cdots,a_m$ 的线性方程组。若记 $1,x,x^2,\ldots,x^m$ 分别为 $\varphi_0(x),\varphi_1(x),\varphi_2(x),\cdots,\varphi_m(x)$，记 $(\varphi_i,\varphi_j)=\sum_{l=1}^{N}\varphi_i(x_l)\varphi_j(x_l)$，$(f,\varphi_i)=\sum_{l=1}^{N}y_l\varphi_i(x_l)$，则式（4.30）可以表示为

$$\sum_{j=0}^{m}(\varphi_j,\varphi_k)a_j=(f,\varphi_k) \qquad k=0,1,2,\cdots,m \tag{4.31}$$

称式（4.31）为正规方程组。

现在的问题是上述正规方程组是否有解？若有解，则该解是否是 $Q(a_0,a_1,\cdots,a_m)$ 的最小值点？对此，有如下定理。

【定理 4.8】 正规方程组（4.29）的解存在且唯一，而且其解就是使 $Q(a_0,a_1,\cdots,a_m)$ 达到最小值的极值点。

证明 只需证明方程组（4.29）的系数行列式不等于零，则该方程组的解存在且唯一。用反证法，假设方程组（4.29）的系数行列式等于零，则对应于式（4.29）的齐次线性方程组有非零解。

$$\sum_{j=0}^{m}a_j\left(\sum_{i=1}^{N}x_i^{k+j}\right)=0 \qquad k=0,1,2,\cdots,m$$

因为

$$\sum_{j=0}^{m}a_j\left(\sum_{i=1}^{N}x_i^{k+j}\right)=0$$

所以

$$a_k\left(\sum_{j=0}^{m}a_j\left(\sum_{i=1}^{N}x_i^{k+j}\right)\right)=0 \qquad k=0,1,2,\cdots,m$$

即

$$\sum_{k=0}^{m}a_k\left(\sum_{j=0}^{m}a_j\left(\sum_{i=1}^{N}x_i^{k+j}\right)\right)=0$$

而有限项求和，求和顺序可以交换，即

$$0=\sum_{k=0}^{m}a_k\left(\sum_{j=0}^{m}a_j\left(\sum_{i=1}^{N}x_i^{k+j}\right)\right)=\sum_{i=1}^{N}\sum_{j=0}^{m}\sum_{k=0}^{m}a_k a_j x_i^{k+j}$$

$$=\sum_{i=1}^{N}\left(\sum_{j=0}^{m}a_j x_i^j\right)\left(\sum_{k=0}^{m}a_k x_i^k\right)=\sum_{i=1}^{N}\left(\sum_{j=0}^{m}a_j x_i^j\right)^2$$

因此有

$$\sum_{j=0}^{m}a_j x_i^j=0 \qquad i=1,2,\cdots,N$$

即拟合多项式 $y=\sum_{j=0}^{m}a_j x^j$ 有 N 个零点 $x_i(i=1,2,\cdots,N)$，当 $N>m$ 时，由 m 次多项式最多有 m 个互不相同的根，得

$$\sum_{j=0}^{m}a_j x^j\equiv 0$$

从而 $a_j=0(j=1,2,\cdots,m)$，即式（4.29）对应的齐次线性方程组只有零解，与假设矛盾。所以式（4.29）的解存在且唯一。

其次证明式（4.29）的解，使 $Q(a_0,a_1,\cdots,a_m)$ 取最小值。假设 $F(x)=\sum_{k=0}^{m}b_k x^k$ 是不同于 $g(x)=\sum_{k=0}^{m}a_k x^k$ 的任意 m 次多项式，则

$$\sum_{i=1}^{N}[F(x_i)-y_i]^2-\sum_{i=1}^{N}[g(x_i)-y_i]^2$$

$$=\sum_{i=1}^{N}F(x_i)^2-2\sum_{i=1}^{N}F(x_i)y_i+\sum_{i=1}^{N}y_i^2-\sum_{i=1}^{N}g(x_i)^2+2\sum_{i=1}^{N}g(x_i)y_i-\sum_{i=1}^{N}y_i^2$$

$$=\sum_{i=1}^{N}[F(x_i)-g(x_i)]^2+2\sum_{i=1}^{N}[(F(x_i)-g(x_i))(g(x_i)-y_i)]$$

而

$$2\sum_{i=1}^{N}\{[F(x_i)-g(x_i)][g(x_i)-y_i]\}=2\sum_{i=1}^{N}\left\{\left[\sum_{k=0}^{m}(b_k-a_k)x_i^k\right][g(x_i)-y_i]\right\}$$

$$=2\sum_{k=0}^{m}\left\{(b_k-a_k)\sum_{i=1}^{N}[g(x_i)-y_i]x_i^k\right\}$$

由式（4.29）知，此项为零，于是

$$\sum_{i=1}^{N}[F(x_i)-g(x_i)]^2>0$$

也就是任意不同于 $g(x)=\sum_{j=0}^{m}a_j x^j$ 的 m 次多项式与所考察的函数 $f(x)$ 的偏差的平方和都大于 $g(x)$ 与 $f(x)$ 的偏差的平方和。

即式（4.29）的解使 $Q(a_0,a_1,\cdots,a_m)$ 达到最小。

例 4.15 有一滑轮组，要举起 W 千克的重物需要用 F 牛顿的力，实验所得的数据如表

4.6 所示，求适合该关系的近似公式。

表 4.6　实验数据表

W/kg	20	40	60	80	100
F/N	4.35	7.55	10.40	13.80	16.80

解　首先，将这些数据点画在直角坐标系中，从图形上看，数据点的分布大致呈一条直线状，所以用最小二乘法作直线拟合。

设所求的拟合直线为 $y = a + bx$，则由式（4.28）得到关于 a 和 b 的线性方程组。

$$\begin{cases} 5a + 300b = 52.90 \\ 300a + 22000b = 3797 \end{cases}$$

解后得

$$a = \frac{247}{200}, \quad b = \frac{623}{4000}$$

所以所求的近似公式为

$$y = \frac{247}{200} + \frac{623}{4000}x$$

例 4.16　表 4.7 提供了离散数据 $(x_i, y_i)(0 \leqslant i \leqslant 4)$，用最小二乘法求拟合多项式。

表 4.7　数据表

i	0	1	2	3	4
x_i	0	0.25	0.50	0.75	1.00
y_i	1.000	1.2840	1.6487	2.1170	2.7183

解　将给定的数据点画在直角坐标系中，可以看出其分布大致呈抛物线状，所以用二次多项式进行拟合。设所求的拟合多项式为

$$\varphi(x) = c_0 + c_1 x + c_2 x^2$$

则由式（4.29）得

$$\begin{cases} 5c_0 + 2.5c_1 + 1.875c_2 = 8.7680 \\ 2.5c_0 + 1.875c_1 + 1.5625c_2 = 5.4514 \\ 1.875c_0 + 1.5625c_1 + 1.3828c_2 = 4.4015 \end{cases}$$

解得

$$c_0 = 1.0052, \quad c_1 = 0.8641, \quad c_2 = 0.8437$$

所以所求的二次多项式为

$$\varphi(x) = 1.0052 + 0.8641x + 0.8437x^2$$

4.7.3　其他函数曲线拟合

最小二乘法并不只限于使用多项式，也可以使用任何具体给出的函数形式。即可取

$$g(x)\in H,\ g(x)=\sum_{j=0}^{n}c_j\varphi_j(x)$$

则在最小二乘法的意义下拟合数据表 $(x_i,y_i)(i=1,2,\cdots,n)$，可以考虑函数

$$Q(c_0,c_1,\cdots,c_n)=\sum_{i=1}^{n}\left(\sum_{j=0}^{n}c_j\varphi_j(x_i)-y_i\right)^2$$

并让

$$\frac{\partial Q}{\partial c_j}=0 \qquad j=0,1,2,\cdots,n$$

这样即得如前式（4.31）所表示的关于 $c_j(j=1,2,\cdots,m)$ 的线性方程组

$$\sum_{j=0}^{n}(\varphi_j,\varphi_k)c_j=(f,\varphi_k) \qquad k=0,1,2,\cdots,n \tag{4.32}$$

可知式（4.32）是正规方程组，所以此方程组的解存在且唯一，并且该解使 $Q(c_0,c_1,\cdots,c_n)$ 达到最小值。

例如，假定要用形如

$$a\ln x+b\cos x+c\mathrm{e}^x$$

的函数在最小二乘法的意义下拟合数据表 $(x_i,y_i)(i=1,2,\cdots,n)$，可考虑函数

$$Q(a,b,c)=\sum_{i=1}^{n}(a\ln x_i+b\cos x_i+c\mathrm{e}^{x_i}-y_i)$$

并让

$$\frac{\partial Q}{\partial a}=0,\quad \frac{\partial Q}{\partial b}=0,\quad \frac{\partial Q}{\partial c}=0$$

这就产生了下面三个方程

$$\begin{cases}a\sum_{i=1}^{n}(\ln x_i)^2+b\sum_{i=1}^{n}(\ln x_i)(\cos x_i)+c\sum_{i=1}^{n}(\ln x_i)\mathrm{e}^{x_i}=\sum_{i=1}^{n}y_i\ln x_j\\ a\sum_{i=1}^{n}(\ln x_i)(\cos x_i)+b\sum_{i=1}^{n}(\cos x_i)^2+c\sum_{i=1}^{n}(\cos x_i)\mathrm{e}^{x_i}=\sum_{i=1}^{n}y_i\cos x_i\\ a\sum_{i=1}^{n}(\ln x_i)\mathrm{e}^{x_i}+b\sum_{i=1}^{n}(\cos x_i)\mathrm{e}^{x_i}+c\sum_{i=1}^{n}(\mathrm{e}^{x_i})^2=\sum_{i=1}^{n}y_i\mathrm{e}^{x_i}\end{cases} \tag{4.33}$$

若给定数据表 4.8，

表 4.8　数据表

x	0.24	0.65	0.95	1.24	1.73	2.01	2.23	2.52	2.77	2.99
y	0.23	−0.26	−1.10	−0.45	0.27	0.10	−0.29	0.24	0.56	1.00

则由式（4.30）得到如下方程组

$$\begin{cases}6.79410a-5.34749b+63.25889c=1.61627\\ -5.34749a+5.10842b-49.00859c=-2.38271\\ 63.25889a-49.00859b+1002.50650c=26.77277\end{cases}$$

解之得

$$a = -1.04103,\ b = -1.26132,\ c = 0.03073$$

所以曲线

$$y = -1.04103\ln x - 1.26132\cos x + 0.03073e^x$$

即在最小二乘法意义下拟合上述给定的数据表的函数。

例 4.17　已知一组实验数据如表 4.9 所示，试用最小二乘法求一个函数拟合表中所给定的数据。

表 4.9　实验数据

i	x_i	y_i	i	x_i	y_i	i	x_i	y_i
1	2	106.42	5	8	109.93	9	16	110.76
2	3	108.20	6	10	110.49	10	18	111.00
3	4	109.50	7	11	110.59	11	19	111.20
4	7	110.00	8	14	110.60			

解　在直角坐标平面上描出各点 $(x_i, y_i)(i = 1,2,\cdots,11)$，并大致描出如图 4.2 所示的曲线。

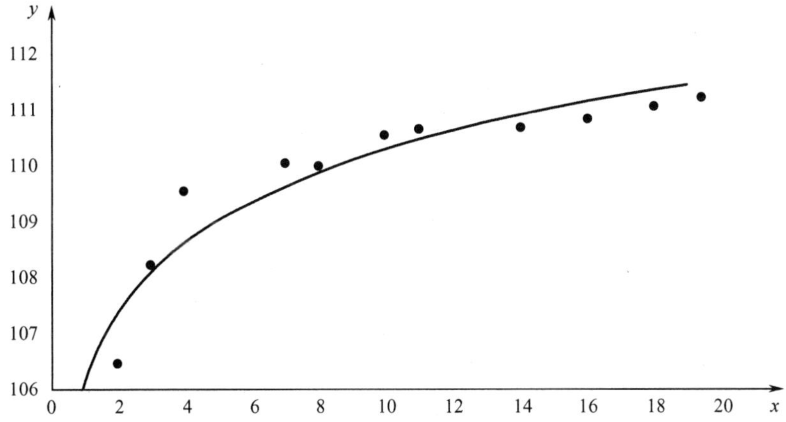

图 4.2　函数拟合示意图

凭观察，这条曲线与双曲线型的函数及指数型的函数近似，故可以用最小二乘法分别在这两种类型的函数中选择函数拟合所给定的数据。

（1）选择双曲线型的函数。

设

$$g(x) = c_1 + \frac{c_2}{x}$$

即

$$\varphi_1(x) \equiv 1,\ \varphi_2(x) = \frac{1}{x}$$

则

$$Q = \sum_{i=1}^{11}\left(c_1 + \frac{c_2}{x_i} - y_i\right)^2$$

令

$$\frac{\partial Q}{\partial c_1}=0,\quad \frac{\partial Q}{\partial c_2}=0$$

$$\begin{cases}11c_1+1.7842c_2=1208.69\\1.7842c_1+0.49277c_2=194.052\end{cases}$$

解得

$$c_1=111.476,\quad c_2=-9.83206$$

所以

$$g(x)=111.476-\frac{9.83206}{x}$$

（2）选择指数型的函数。

设

$$g(x)=a\mathrm{e}^{\frac{b}{x}}$$

因为 $g(x)$ 并非一组已知函数的线性组合，所以对上式两边取对数得

$$\ln g(x)=\ln a+\frac{b}{x}$$

记

$$u(x)=\ln g(x),\quad c_1=\ln a,\quad c_2=b$$

则有

$$u(x)=c_1+\frac{c_2}{x}$$

将原 (x_i,y_i) 的数据表变换成 (x_i,u_i) 的数据表，如表 4.10 所示（$u_i=\ln y_i$）。

表 4.10　数据表

i	x_i	u_i	i	x_i	u_i	i	x_i	u_i
1	2	4.66739	5	8	4.69984	9	16	4.70737
2	3	4.68398	6	10	4.70493	10	18	4.70953
3	4	4.69592	7	11	4.70583	11	19	4.71133
4	7	4.70048	8	14	4.70592			

由（1）可得

$$\begin{cases}11c_1+1.7842c_2=51.6925\\1.7842c_1+0.49277c_2=8.36623\end{cases}$$

解得

$$c_1=4.7140,\quad c_2=-0.090321$$

因此得

$$a=\mathrm{e}^{c_1}=111.494,\quad b=c_2=-0.090321$$

所以

$$g(x)=111.494\mathrm{e}^{-0.090321/x}$$

小结

本章介绍了两种构造函数 $f(x)$ 的逼近函数的方法——插值法和曲线拟合。

关于插值法，本章讨论的是多项式插值，它要求所构造的多项式函数严格地通过给定的所有数据点。由 Lagrange 插值基函数的讨论，导出了 Lagrange 插值公式及其余项公式。作为对 Lagrange 插值的改进，建立了具有承袭性的 Newton 插值公式。Hermite 插值是一种在插值节点上，插值函数与被插值函数不仅有相同的函数值，还有相同的若干阶导数值的多项式插值。

由于高次插值会产生 Runge 现象，因此本章讨论了分段插值法，且证明了分段多项式插值具有良好的收敛性，作为对分段三次 Hermite 插值的改进，讨论了三次样条插值。

关于曲线拟合，本章讨论了曲线拟合的最小二乘法。曲线拟合不要求所构造的逼近函数严格地通过给定的所有数据点，只是在某一函数类 H 中，以使得残差的平方和最小为标准，选择函数 $g(x)\in H$，以 $g(x)$ 作为被逼近函数 $f(x)$ 的近似替代，主要讨论的是多项式拟合。

习题

4-1　已知函数表如表 4.11 所示，求 $x=3.8$ 的函数值。

表 4.11　函数表

x	3	4
y	0.5	0.64

4-2　已知函数表如表 4.12 所示，求二次 Lagrange 插值多项式 $p_2(x)$。

表 4.12　函数表

x	3	1	4
y	4	2	5

4-3　已知函数表如表 4.13 所示，试不用开方的方法而用抛物插值计算 $\sqrt{115}$ 的值，并估计误差。

表 4.13　函数表

x	100	121	144
y	10	11	12

4-4　证明下面两个多项式都是表 4.14 的插值多项式，并解释为什么不违背定理 4.1。

$$p(x)=5x^3-27x^2+45x-21$$

$$q(x)=x^4-5x^3+8x^2-5x+3$$

表 4.14　函数表

x	1	2	3	4
y	2	1	6	47

4-5 证明下面两个多项式

$$p(x)=3+2(x-1)+4(x-1)(x+2)$$

$$q(x)=4x^2+6x-7$$

都是表 4.15 的插值多项式，并解释为什么不违背定理 4.1。

表 4.15　函数表

x	1	−2	0
y	3	−3	7

4-6 多项式 $p(x)=x^4-x^3+x^2-x+1$ 的值如表 4.16 所示。

表 4.16　函数表

x	−2	−1	0	1	2	3
$p(x)$	31	5	1	1	11	61

试找一多项式 $q(x)$，取值如表 4.17 所示。

表 4.17　函数表

x	−2	−1	0	1	2	3
$q(x)$	31	5	1	1	11	30

4-7 如何判断给定数值（表 4.18）来自一个三次多项式？试进行解释。

表 4.18　函数表

x	−2	−1	0	1	2	3
y	1	4	11	16	13	−4

4-8 设 $x_i\,(i=0,1,2,\cdots,n)$ 为互异节点，证明

（1）$\sum\limits_{i=0}^{n}x_i^k l_i(x)=x^k\quad(k=0,1,2,\cdots,n)$；

（2）$\sum\limits_{i=0}^{n}(x_i-x)^k l_i(x)=0\quad(k=0,1,2,\cdots,n)$。

4-9 证明任何 n 次多项式，都可以改写成 Lagrange 插值多项式。

4-10 证明若 Lagrange 插值多项式的首项系数为 $f(x_0,x_1,\cdots,x_n)$，则 $f(x_0,x_1,\cdots,x_n)=\sum\limits_{i=0}^{n}\dfrac{y_i}{\omega'(x_i)}$，其中 $\omega(x)=(x-x_0)(x-x_1)\cdots(x-x_n)$。

4-11 已知连续函数 $f(x)$ 的函数表如表 4.19 所示，求方程 $f(x)=0$ 在[−1,2]内的近似根。

表 4.19　函数表

x	-1	0	1	2
$f(x)$	-2	-1	1	2

4-12 证明 n 阶差商的性质，若

$$F(x)=cf(x)+dg(x)$$

则

$$F[x_0,x_1,\cdots,x_n]=cf[x_0,x_1,\cdots,x_n]+dg[x_0,x_1,\cdots,x_n]$$

4-13 证明 n 次多项式的 n 阶差商为常数。

4-14 已知函数表如表 4.20 所示，求 Newton 插值多项式。

表 4.20　函数表

x	0	1	4	3	6
y	0	-7	8	5	14

4-15 已知正弦函数表如表 4.21 所示，用 Newton 插值法求 $\sin 23^\circ$ 的近似值。

表 4.21　函数表

x	21°	22°	24°	25°
y	0.35837	0.37461	0.40674	0.42262

4-16 求满足表 4.22 的 Hermite 插值多项式。

表 4.22　函数表

x	1	2
y	2	3
y'	1	-1

4-17 若已知

$$\sin 0^\circ=0.000,\quad \cos 0^\circ=1.000$$
$$\sin 30^\circ=0.500,\quad \cos 30^\circ=0.865$$

试计算 $\sin 15^\circ$ 的近似值。

4-18 设 $f(x)=\dfrac{1}{1+x^2}$ 将区间[−5,5]分为 10 等份，用分段线性插值法求各段中点的值，并估计误差。

4-19 怎样选择步长才能使分段线性插值函数与 $\sin x$ 的误差不超过 $\dfrac{1}{2}\times 10^{-4}$？

4-20 怎样选择步长才能使分段三次 Hermite 插值函数与 $\sin x$ 的误差不超过 $\dfrac{1}{2}\times 10^{-4}$？

4-21 在[−4,4]上给出 $f(x)=e^x$ 的等距节点函数表，若用分段三次 Hermite 插值求 e^x 的近似值，要使截断误差不超过 10^{-6}，问函数表的步长 h 应取多少？

4-22 设 $f(x)\in c[a,b]$ 将 $[a,b]$ 分成 n 等份，试构造一个阶梯形的零次分段插值函数 $s_0(x)$，并证明当 $n\to\infty$ 时，$s_0(x)$ 在 $[a,b]$ 上一致收敛到 $f(x)$。

4-23 求满足表 4.23 条件的插值多项式及余项。

表 4.23 函数表

x	1	2	3
y	2	4	12
y'		3	

4-24 已知函数表如表 4.24 所示，求一个二次插值函数 $H(x)$，使其满足以下条件。

表 4.24 函数表

x	x_0	x_1	x_2
y	y_0		y_2
y'		y'	

$$H(x_0)=y_0,\ H'(x_1)=y_1',\ H(x_2)=y_2$$

4-25 已知函数表如表 4.25 所示，求三次样条插值函数。

表 4.25 函数表

x	1	2	3
y	2	4	12
y'	1		−1

4-26 已知函数表如表 4.26 所示，求在[0,3)上的三次样条插值函数。

表 4.26 函数表

x	0	1	2	3
y	0	2	3	6
y'	1		0	

4-27 已知函数表如表 4.27 所示，试用最小二乘法求拟合直线 $g(x)=a_1x+a_0$。

表 4.27 函数表

x	0	1	2	3	5
y	1.1	1.9	3.1	3.9	4.9

4-28 在某个低温过程中，函数 y 依赖于温度 Q（℃）的数据如表 4.28 所示，若已知经验公式是 $g(Q)=aQ+bQ^2$，试用最小二乘法求出 a 和 b。

表 4.28 函数表

Q	1	2	3	4
y	0.8	1.5	1.8	2.0

第5章　数值积分与数值微分

微积分的发明是世界数学史上一项辉煌的成就。但经典的微积分方法存在非常多的局限性。在复杂力学计算和数据处理领域，常常遇见原函数过于复杂、只有特定离散点的数值等情形，传统的牛顿-莱布尼茨（Newton-Leibniz）公式难以适用，例如，在天气预报领域，斜压流体力学方程组包含大气可压缩性，内能与动能相互转换，密度、压力和温度三者包含于气体状态方程中，还有水汽相变、辐射能传输等各种复杂物理过程，它们构成了一组复杂的而且是非线性的偏微分方程式组，难以用公式化方法求解。数学家回到了微积分的本源，用有限差分来近似微分，用求和来近似积分，把求解微分方程变成算术运算过程，创造出“数值求解”法，尝试用它来求解斜压流体力学方程，由此催生出“数值天气预报”一词。

当前，在网络空间安全领域，计算机病毒传播或者舆论传播模型就是一个微分方程，如何求解病毒传播的稳态、最终状态，其实就是微分方程的求解过程。积分分析是重要的分组密码分析技术，已经被应用到许多算法中，如 SQUARE。它是通过选择特定的明文进行加密，再对密文进行积分的，通过积分值的判别来确定密钥是否恢复成功，若积分值等于 0，则恢复成功，若积分值为随机值，则恢复失败。该过程其实就是数值积分求解过程。

为解决这些问题，本章主要讲解常用的近似计算的数值积分和数值微分方法。

5.1　数值积分

我们知道，若函数 $f(x)$ 在区间 $[a,b]$ 上连续且其原函数为 $F(x)$，则可用 Newton-Leibniz 公式

$$\int_a^b f(x)\mathrm{d}x = F(b) - F(a)$$

求得定积分 $I = \int_a^b f(x)\mathrm{d}x$。Newton-Leibniz 公式无论在理论上或是在解决实际问题上，都起了很大的作用。但是在许多情况下，被积函数 $f(x)$ 并不一定能够找到用初等函数的有限形式表示的原函数，如对于

$$\int_0^1 \frac{\sin x}{x}\mathrm{d}x \quad 和 \quad \int_0^1 \mathrm{e}^{-x^2}\mathrm{d}x$$

Newton-Leibniz 公式就无能为力了；另外还有这样的情况，被积函数 $f(x)$ 的原函数尽管能用初等函数的有限形式表示，但由于表达式太复杂，因此也是不便于使用的，例如，

$$\int_a^b \frac{1}{1+x^4}\mathrm{d}x$$

特别是在实际问题中，许多函数关系是用表格表示的，对于这种函数的积分，Newton-Leibniz

公式就更失去了作用。这些都说明，通过原函数来计算积分有它的局限性，因此，研究关于积分的数值方法具有很重要的意义。

5.1.1 机械求积公式和代数精度

1. 机械求积法

积分

$$I=\int_a^b f(x)\mathrm{d}x$$

的值在几何上可以解释为由 $x=a$、$x=b$、$y=0$ 以及 $y=f(x)$ 这 4 条曲线所围成的曲边梯形的面积（如图 5.1 所示）。

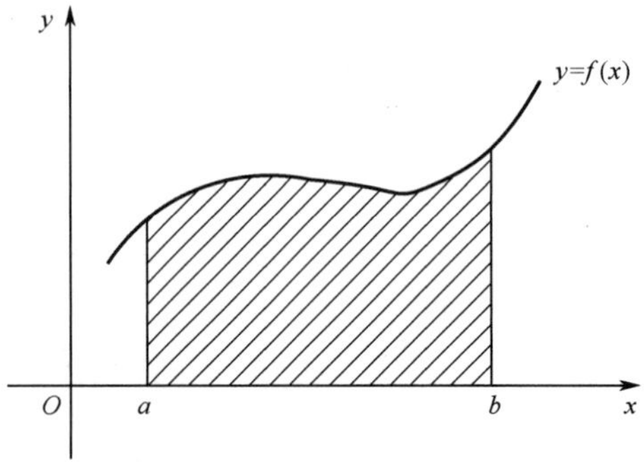

图 5.1 积分几何示意图

而这个曲边梯形的面积之所以难以计算，是因为它有一条曲边 $y=f(x)$。

由积分中值定理可知，对于连续函数 $f(x)$，在积分区间 $[a,b]$ 内存在一点 ξ，使得

$$\int_a^b f(x)\mathrm{d}x=(b-a)f(\xi)$$

即所求的曲边梯形的面积恰好等于底为 $(b-a)$、高为 $f(\xi)$ 的矩形面积。但是点 ξ 的具体位置一般是未知的，因此 $f(\xi)$ 的值也是未知的。称 $f(\xi)$ 为 $f(x)$ 在区间 $[a,b]$ 上的平均高度。那么，只要对平均高度 $f(\xi)$ 提供一种算法，相应地就获得一种数值求积的方法。

下面是三个求积公式。

（1）梯形公式。

$$\int_a^b f(x)\mathrm{d}x\approx\frac{1}{2}(b-a)[f(a)+f(b)]$$

（2）中矩形公式。

$$\int_a^b f(x)\mathrm{d}x\approx(b-a)f\left(\frac{a+b}{2}\right)$$

（3）辛普森（Simpson）公式。

$$\int_a^b f(x)\mathrm{d}x\approx\frac{1}{6}(b-a)\left[f(a)+4f\left(\frac{a+b}{2}\right)+f(b)\right]$$

在这 3 个公式中，梯形公式实质上就是以函数 $f(x)$ 在 a、b 两点处的函数值 $f(a)$、$f(b)$ 的

加权平均值$\frac{1}{2}\left[f(a)+f(b)\right]$作为平均高度$f(\xi)$的近似值而获得的一种数值求积方法；中矩形公式实质上就是以函数$f(x)$在区间$[a,b]$的中点$\frac{a+b}{2}$处的函数值$f\left(\frac{a+b}{2}\right)$作为平均高度$f(\xi)$的近似值而获得的一种数值求积方法；对于 Simpson 公式，实质上就是以函数$f(x)$在a、b、$\frac{a+b}{2}$这 3 点处的函数值$f(a)$、$f(b)$、$f\left(\frac{a+b}{2}\right)$的加权平均$\frac{1}{6}(b-a)\left[f(a)+4f\left(\frac{a+b}{2}\right)+f(b)\right]$作为平均高度$f(\xi)$的近似值而获得的一种数值求积方法。

一般地，可以在区间$[a,b]$上选取$n+1$个点$x_i(i=0,1,2,\cdots,n)$，用$f(x)$在$x_i(i=0,1,2,\cdots,n)$处的函数值$f(x_i)(i=0,1,2,\cdots,n)$的加权平均的方法获得平均高度$f(\xi)$的近似值，这样构造出的求积公式具有下列形式。

$$\int_a^b f(x)\mathrm{d}x \approx (b-a)[c_0 f(x_0)+c_1 f(x_1)+\cdots+c_n f(x_n)]$$

其中

$$c_0+c_1+\cdots+c_n=1$$

亦即

$$\int_a^b f(x)\,\mathrm{d}x \approx \sum_{i=0}^{n} A_i f(x_i) \tag{5.1}$$

式中x_i称为求积节点，A_i称为求积系数。求积系数A_i仅仅与求积节点x_i的选取有关，而不依赖于被积函数$f(x)$的具体形式。

例如，取区间$[a,b]$上的点

$$a=x_0<x_1<\cdots<x_n=b$$

这$n+1$个点把区间$[a,b]$分成了n个小区间$[x_{i-1},x_i](i=1,2,\cdots,n)$，在小区间$[x_{i-1},x_i]$上的积分$\int_{x_{i-1}}^{x_i} f(x)\mathrm{d}x$用$(x_i-x_{i-1})f(x_{i-1})$近似替代，于是有

$$\int_a^b f(x)\mathrm{d}x \approx \sum_{i=1}^{n}(x_i-x_{i-1})f(x_{i-1})$$

这种直接利用被积函数$f(x)$在积分区间$[a,b]$上某些点处的函数值来计算积分值$\int_a^b f(x)\mathrm{d}x$，从而将积分求值问题归结为函数值的计算问题的求积方法称为机械求积法。式（5.1）称为机械求积公式。

2．代数精度的概念

机械求积公式（5.1）也可以写成如下形式

$$\int_a^b f(x)\mathrm{d}x = \sum_{i=0}^{n} Af(x_i)+R \tag{5.2}$$

式中的R称为余项。

衡量一个求积公式的精确程度，可通过余项的大小来判断。

例 5.1　设$[a,b]=[0,2]$，则梯形公式和 Simpson 公式分别为

$$\int_0^2 f(x)\mathrm{d}x \approx f(0)+f(2)$$

$$\int_0^2 f(x)\mathrm{d}x \approx \frac{1}{3}[f(0)+4f(1)+f(2)]$$

解 下面选择几个初等函数作为被积函数，并将计算结果列入表格，如表 5.1 所示。

表 5.1 计算结果

$f(x)$	1	x	x^2	x^3	x^4	e^x
积分的准确值	2	2	2.67	4	6.40	6.389
由梯形公式所得的值	2	2	4	8	16	8.389
由Simpson公式所得的值	2	2	2.67	4	6.67	6.421

由上表，可以看出 Simpson 公式比梯形公式更精确。且梯形公式对于 $f(x)=1$ 和 $f(x)=x$ 都是准确的，由此可以推出梯形公式对于所有不超过一次的多项式

$$p_1(x)=a_0+a_1x$$

都准确成立的结论；Simpson 公式对于 $f(x)=1$、$f(x)=x$、$f(x)=x^2$和$f(x)=x^3$ 都是准确的，由此可以推出 Simpson 公式对于所有不超过三次的多项式

$$p_3(x)=a_0+a_1x+a_2x^2+a_3x^3$$

都准确成立的结论。

此例启发我们，使求积公式准确成立的多项式的次数，可以作为一种衡量求积公式精确程度的标准。

【定义 5.1】 若式(5.1)对于一切次数小于等于 m 的多项式是准确的，而对于次数为 $m+1$ 的某一多项式并不准确成立，则称该求积公式具有 m 次代数精度。

由定义 5.1 可知，若式（5.1）具有 m 次代数精度，则这个公式对于一切次数小于等于 m 的多项式是准确的，但对于次数为 $m+1$ 的某一多项式并不准确成立。这句话等价于，式(5.1)对于 $x^k(k=0,1,2,\cdots,m)$ 准确成立，但对于 x^{m+1} 不准确。

这是因为可以证明，若式（5.1）对于函数 $f(x)$ 和 $g(x)$ 准确成立，则它对于函数 $\alpha f(x)+\beta g(x)(\alpha,\beta$为常数) 亦准确成立。

因为由式（5.1）对于 $f(x)$ 和 $g(x)$ 准确成立，即有

$$\int_a^b f(x)\mathrm{d}x=\sum_{i=0}^{n}A_i f(x_i)$$

$$\int_a^b g(x)\mathrm{d}x=\sum_{i=0}^{n}A_i g(x_i)$$

而

$$\begin{aligned}\int_a^b[\alpha f(x)+\beta g(x)]\mathrm{d}x &= \int_a^b \alpha f(x)\mathrm{d}x+\int_a^b \beta g(x)\mathrm{d}x\\ &=\alpha\int_a^b f(x)\mathrm{d}x+\beta\int_a^b g(x)\mathrm{d}x=\alpha\sum_{i=0}^{n}A_i f(x_i)+\beta\sum_{i=0}^{n}A_i g(x_i)\\ &=\sum_{i=0}^{n}A_i\alpha f(x_i)+\sum_{i=0}^{n}A_i\beta g(x_i)=\sum_{i=0}^{n}A_i[\alpha f(x_i)+\beta g(x_i)]\end{aligned}$$

所以式（5.1）对于 $\alpha f(x)+\beta g(x)$ 也准确成立。

因此，由式(5.1)对于 $x^k(k=0,1,2,\cdots,m)$ 准确成立，可得式(5.1)对于 $\sum_{i=0}^{k} a_i x^i[k=0,1,2,\cdots,m$ 和 $a_i(i=0,1,2,\cdots,k)$ 为常数] 准确成立，即式（5.1）至少具有 m 次代数精度。又由式（5.1）对 x^{m+1} 不准确，即存在 $m+1$ 次多项式 x^{m+1}，使得式（5.1）对于 x^{m+1} 并不准确成立，所以，由定义 5.1，可知式（5.1）具有 m 次代数精度。

例 5.2 考察梯形公式的代数精度，梯形公式为 $\int_a^b f(x)\mathrm{d}x \approx \frac{1}{2}(b-a)[f(a)+f(b)]$。

解 设 $f(x)=1$，则

$$\int_a^b \mathrm{d}x = b-a$$

$$\frac{1}{2}(b-a)[f(a)+f(b)] = \frac{1}{2}(b-a)(1+1) = (b-a)$$

即梯形公式对于一切零次多项式准确成立。

设 $f(x)=x$，则

$$\int_a^b x\mathrm{d}x = \left.\frac{x^2}{2}\right|_a^b = \frac{1}{2}(b^2-a^2)$$

$$\frac{1}{2}(b-a)[f(a)+f(b)] = \frac{1}{2}(b-a)(b+a) = \frac{1}{2}(b^2-a^2)$$

即梯形公式对于一切一次多项式准确成立。

设 $f(x)=x^2$，则

$$\int_a^b x^2\mathrm{d}x = \left.\frac{x^3}{3}\right|_a^b = \frac{1}{3}(b^3-a^3)$$

而

$$\frac{1}{2}(b-a)\big[f(a)+f(b)\big] = \frac{1}{2}(b-a)(a^2+b^2)$$

故

$$\int_a^b x^2\mathrm{d}x \neq \frac{1}{2}(b-a)(a^2+b^2)$$

即梯形公式对于 x^2 不是准确的，所以，梯形公式具有一次代数精度。

例 5.3 设有近似求积公式

$$\int_{-1}^1 f(x)\mathrm{d}x \approx Af(-1)+Bf(0)+Cf(1)$$

试确定求积系数 A,B,C，使这个公式具有最高的代数精度。

解 分别取 $f(x)=1,x,x^2$，使求积公式准确成立，即得如下方程组

$$\begin{cases} A+B+C=2 \\ -A+C=0 \\ A+C=\dfrac{2}{3} \end{cases}$$

解之得

$$A=\frac{1}{3},\ B=\frac{4}{3},\ C=\frac{1}{3}$$

所以得到求积公式为

$$\int_{-1}^{1} f(x)\mathrm{d}x \approx \frac{1}{3}f(-1)+\frac{4}{3}f(0)+\frac{1}{3}f(1)$$

此求积公式对于 $f(x)=1,x,x^2$ 都准确成立。继续验证发现，对于 $f(x)=x^3$，它也是准确的。而对于 $f(x)=x^4$，此公式就不准确成立了。所以，这个求积公式具有三次代数精度。

在引进了代数精度的概念之后，用 $n+1$ 个互异的点 $x_0,x_1,\cdots,x_n$ 作为求积节点，能构造具有多高代数精度的求积公式呢？对此有如下定理。

【定理 5.1】 对于任意给定的 $n+1$ 个互异的节点

$$a=x_0<x_1<\cdots<x_n=b$$

总存在系数 $A_0,A_1,\cdots,A_n$，使得式（5.1）的代数精度最低为 n。

证明 设以 $x_0,x_1,\cdots,x_n$ 为插值节点的 $f(x)$ 的 Lagrange 插值多项式为

$$p_n(x)=\sum_{i=0}^{n} f(x_i)l_i(x)$$

其中 $l_i(x)$ 为 n 次 Lagrange 插值多项式的插值基函数。则

$$f(x)=p_n(x)+R(x)$$

由 Lagrange 插值余项定理知，若 $f(x)$ 在 $[a,b]$ 上有 n+1 阶导数，且 $x\in[a,b]$，则

$$R(x)=\frac{f^{(n+1)}(\xi)}{(n+1)!}\omega(x) \qquad \xi\in[a,b]$$

所以

$$\begin{aligned}\int_a^b f(x)\mathrm{d}x &= \int_a^b p_n(x)\mathrm{d}x+\frac{1}{(n+1)!}\int_a^b f^{(n+1)}(\xi)\omega(x)\mathrm{d}x \\ &= \sum_{i=0}^{n} f(x_i)\int_a^b l_i(x)\mathrm{d}x+\frac{1}{(n+1)!}\int_a^b f^{(n+1)}(\xi)\omega(x)\mathrm{d}x\end{aligned}$$

记

$$R(f)=\frac{1}{(n+1)!}\int_a^b f^{(n+1)}(\xi)\omega(x)\mathrm{d}x$$

由上式可知，对于任意一个不高于 n 次的多项式 $f(x)$，均有 $R(f)=0$。因此，以

$$A_i=\int_a^b l_i(x)\mathrm{d}x \qquad i=0,1,2,\cdots,n$$

为求积系数的式（5.1）具有不低于 n 次的代数精度。

定理 5.1 表明由 n+1 个点为求积节点所得到的式（5.1）的代数精度至少为 n，但并不一定等于 n。事实上，确有一些以 n+1 个点为求积节点的求积公式的代数精度高于 n，关于这一点将在后续内容中介绍。

例 5.4 确定求积节点 x_0 和 x_1，使得求积公式

$$\int_{-h}^{h} f(x)\mathrm{d}x \approx f(x_0)+f(x_1)$$

具有尽可能高的代数精度。

解 由

$$\int_{-h}^{h} \mathrm{d}x = 2h$$

$$\int_{-h}^{h} x\mathrm{d}x = 0$$

$$\int_{-h}^{h} x^2\mathrm{d}x = \frac{2}{3}h^3$$

得

$$\begin{cases} 1+1=2h \\ x_0+x_1=0 \\ x_0^2+x_1^2=\dfrac{2}{3}h^3 \end{cases} \Rightarrow \begin{cases} h=1 \\ x_0=-x_1 \\ x_0^2+(-x_0)^2=\dfrac{2}{3} \end{cases} \Rightarrow \begin{cases} x_0=\dfrac{1}{\sqrt{3}} \\ x_1=-\dfrac{1}{\sqrt{3}} \end{cases}$$

即求积公式为

$$\int_{-1}^{1} f(x)\mathrm{d}x \approx f\left(\frac{1}{\sqrt{3}}\right)+f\left(-\frac{1}{\sqrt{3}}\right)$$

此求积公式具有三次代数精度。

5.1.2　求积公式的构造方法

1. 用解代数方程组的方法构造求积公式

可以用代数精度作为标准来构造求积公式。例如，在两点公式中

$$\int_a^b f(x)\mathrm{d}x \approx A_0 f(a) + A_1 f(b) \tag{5.3}$$

令式（5.3）对于 $f(x)=1$，$f(x)=x$ 准确成立，得

$$\begin{cases} A_0+A_1=b-a \\ A_0 a+A_1 b=\dfrac{1}{2}(b^2-a^2) \end{cases}$$

即

$$(b-a-A_1)a+A_1 b=\frac{1}{2}(b^2-a^2)$$

$$A_1(b-a)=\frac{1}{2}(b^2-a^2)-a(b-a)$$

$$A_1=\frac{1}{2}(b+a)-a=\frac{1}{2}(b-a)$$

$$A_0=\frac{1}{2}(b-a)$$

所以，形如式（5.3）且具有一次代数精度的求积公式必为梯形公式。

一般地，对于给定的一组求积节点 $x_i(i=0,1,2,\cdots,n)$，可以确定相应的求积系数 $A_i(i=0,1,2,\cdots,n)$，使得式（5.1）至少具有 n 次代数精度。

令式（5.1）对于 $f(x)=1,x,x^2,\cdots,x^n$ 准确成立，得

$$\begin{cases} A_0 + A_1 + \cdots + A_n = b - a \\ A_0 x_0 + A_1 x_1 + \cdots + A_n x_n = \dfrac{1}{2}(b^2 - a^2) \\ \quad \vdots \\ A_0 x_0^n + A_1 x_1^n + \cdots + A_n x_n^n = \dfrac{1}{n+1}(b^{n+1} - a^{n+1}) \end{cases} \tag{5.4}$$

式（5.4）是关于 $A_0, A_1, \cdots, A_n$ 的线性方程组，其系数矩阵的行列式是范德蒙行列式，当 $x_i (i = 0,1,2,\cdots,n)$ 互异时，该行列式的值异于 0。因此，在求积节点给定的情况下，求积公式的构造本质上是求解线性方程组式（5.4）的代数问题。

2. 用插值法构造求积公式

若被积函数 $f(x)$ 在点 $x_0, x_1, \cdots, x_n$ 处的函数值已给出，则可以构造 $f(x)$ 的 Lagrange 插值多项式

$$p_n(x) = \sum_{i=0}^{n} f(x_i) l_i(x)$$

这里

$$l_i(x) = \prod_{\substack{j=0 \\ j \neq i}}^{n} \frac{x - x_j}{x_i - x_j}$$

因为多项式 $p_n(x)$ 的求积是容易的，所以用 $p_n(x)$ 代替 $f(x)$，将 $\int_a^b p_x(x)\mathrm{d}x$ 作为 $\int_a^b f(x)\mathrm{d}x$ 的近似值，从而获得求积公式

$$\int_a^b f(x)\mathrm{d}x \approx \int_a^b p_n(x)\mathrm{d}x \tag{5.5}$$

因为 $\int_a^b p_n(x)\mathrm{d}x = \int_a^b \left[\sum_{i=0}^{n} f(x_i) l_i(x) \right] \mathrm{d}x = \sum_{i=0}^{n} \int_a^b [f(x_i) l_i(x)] \mathrm{d}x = \sum_{i=0}^{n} f(x_i) \int_a^b l_i(x)\mathrm{d}x$，所以式（5.5）是式（5.1）形式的求积公式，其求积系数为

$$A_i = \int_a^b l_i(x)\mathrm{d}x \tag{5.6}$$

式（5.5）称为插值型的求积公式。若形如式（5.1）的求积公式的求积系数

$$A_i = \int_a^b l_i(x)\mathrm{d}x$$

则此求积公式是插值型的。

【定理 5.2】 形如式（5.1）的求积公式至少具有 n 次代数精度的充要条件是它是插值型的。

证明 设式（5.1）至少具有 n 次代数精度。则式（5.1）对于一切次数小于等于 n 的多项式准确成立。

则以 $x_0, x_1, \cdots, x_n$ 为插值节点的 Lagrange 插值基函数 $l_i(x) (i = 0,1,2,\cdots,n)$ 是一个 n 次多项式，因此，式（5.1）对于 $l_i(x) (i = 0,1,2,\cdots,n)$ 也应准确成立，即有

$$\int_a^b l_i(x)\mathrm{d}x = \sum_{j=0}^{n} A_j l_i(x_j)$$

而

$$l_i(x_j)=\begin{cases}1 & i=j\\ 0 & i\neq j\end{cases}$$

即

$$\int_a^b l_i(x)\mathrm{d}x = A_i$$

所以，式（5.1）是插值型的。

反之，设式（5.1）是插值型的。

因为对于任意次数小于等于 n 的多项式 $f(x)$，其 n 次插值多项式 $p(x)$ 就是其自身，所以

$$\int_a^b f(x)\mathrm{d}x=\int_a^b p_x(x)\mathrm{d}x=\sum_{i=0}^{n} f(x_i)\int_a^b l_i(x)\mathrm{d}x$$

即插值型的求积公式对于一切次数小于等于 n 的多项式准确成立。所以，式（5.1）至少具有 n 次代数精度。

例 5.5　给定求积公式

$$\int_0^1 f(x)\mathrm{d}x \approx \frac{1}{3}\left[2f\left(\frac{1}{4}\right)-f\left(\frac{1}{2}\right)+2f\left(\frac{3}{4}\right)\right]$$

证明此求积公式是插值型的求积公式。

证明　设 $x_0=\frac{1}{4}$，$x_1=-\frac{1}{2}$，$x_2=\frac{3}{4}$，则以这三点为插值节点的 Lagrange 插值基函数为

$$l_0(x)=\left(x-\frac{1}{2}\right)\left(x-\frac{3}{4}\right)\Big/\left(\frac{1}{4}-\frac{1}{2}\right)\left(\frac{1}{4}-\frac{3}{4}\right)=8\left(x-\frac{1}{2}\right)\left(x-\frac{3}{4}\right)$$

$$l_1(x)=\left(x-\frac{1}{4}\right)\left(x-\frac{3}{4}\right)\Big/\left(\frac{1}{2}-\frac{1}{4}\right)\left(\frac{1}{2}-\frac{3}{4}\right)=-16\left(x-\frac{1}{4}\right)\left(x-\frac{3}{4}\right)$$

$$l_2(x)=\left(x-\frac{1}{4}\right)\left(x-\frac{1}{2}\right)\Big/\left(\frac{3}{4}-\frac{1}{4}\right)\left(\frac{3}{4}-\frac{1}{2}\right)=8\left(x-\frac{1}{4}\right)\left(x-\frac{1}{2}\right)$$

$$\begin{aligned}\int_0^1 l_0(x)\mathrm{d}x&=\int_0^1 8\left(x-\frac{1}{2}\right)\left(x-\frac{3}{4}\right)\mathrm{d}x=8\int_0^1\left(x^2-\frac{5}{4}x+\frac{3}{8}\right)\mathrm{d}x\\&=8\left(\frac{1}{3}-\frac{5}{4}\times\frac{1}{2}+\frac{3}{8}\right)=8\left(\frac{1}{3}-\frac{2}{8}\right)=\frac{8}{3}-2=\frac{2}{3}\end{aligned}$$

$$\begin{aligned}\int_0^1 l_1(x)\mathrm{d}x&=\int_0^1(-16)\left(x-\frac{1}{4}\right)\left(x-\frac{3}{4}\right)\mathrm{d}x=(-16)\int_0^1\left(x^2-x+\frac{3}{16}\right)\mathrm{d}x\\&=(-16)\left(\frac{1}{3}-\frac{1}{2}+\frac{3}{16}\right)=(-16)\left(-\frac{1}{6}+\frac{3}{16}\right)=\frac{16}{6}-3=-\frac{1}{3}\end{aligned}$$

$$\begin{aligned}\int_0^1 l_2(x)\mathrm{d}x&=\int_0^1 8\left(x-\frac{1}{4}\right)\left(x-\frac{1}{2}\right)\mathrm{d}x=8\int_0^1\left(x^2-\frac{3}{4}x+\frac{1}{8}\right)\mathrm{d}x\\&=8\left(\frac{1}{3}-\frac{3}{4}\times\frac{1}{2}+\frac{1}{8}\right)=\frac{8}{3}-2=\frac{2}{3}\end{aligned}$$

由插值型求积公式的定义知，所给的求积公式是插值型的求积公式。

由上述讨论知，一旦求积节点 $x_i(i=0,1,2,\cdots,n)$ 已给出，则求积系数 $A_i(i=0,1,2,\cdots,n)$ 的

确定可使用两种方法，一是求解线性方程组式（5.4），二是计算式（5.6）。

例 5.6 以 $x_0=0$，$x_1=h$，$x_2=2h$ 为求积节点，推出计算积分 $\int_0^{3h} f(x)\mathrm{d}x$ 的插值型求积公式，并利用 $f(x)$ 的 Taylor 级数展开式证明求积公式的余项为

$$R=\frac{3}{8}h^4 f'''(0)+O(h^5)$$

解 设 $l_0(x)$、$l_1(x)$、$l_2(x)$ 是以 0、h、$2h$ 为插值节点的二次 Lagrange 插值多项式 $p_2(x)$ 的插值基函数。

$$l_0(x)=\frac{(x-h)(x-2h)}{(-h)(-2h)}=\frac{1}{2h^2}(x^2-3hx+2h^2)$$

$$l_1(x)=\frac{x(x-2h)}{h(-h)}=-\frac{1}{h^2}(x^2-2hx)$$

$$l_2(x)=\frac{x(x-h)}{2h\cdot h}=\frac{1}{2h^2}(x^2-hx)$$

则

$$\int_0^{3h} l_0(x)\mathrm{d}x=\frac{1}{2h^2}\int_0^{3h}(x^2-3hx+2h^2)\mathrm{d}x=\frac{3}{4}h$$

$$\int_0^{3h} l_1(x)\mathrm{d}x=-\frac{1}{h^2}\int_0^{3h}(x^2-2hx)\mathrm{d}x=0$$

$$\int_0^{3h} l_2(x)\mathrm{d}x=\frac{1}{2h^2}\int_0^{3h}(x^2-hx)\mathrm{d}x=\frac{9}{4}h$$

所以

$$\int_0^{3h} f(x)\mathrm{d}x=\frac{3}{4}hf(0)+\frac{9}{4}hf(2h)$$

因为

$$f(x)=f(0)+f'(0)x+\frac{1}{2}f''(0)x^2+\frac{1}{6}f'''(0)x^3+\frac{1}{24}f^{(4)}(\xi)x^4 \qquad \xi\in[0,x]$$

所以

$$\begin{aligned}\int_0^{3h} f(x)\mathrm{d}x&=\int_0^{3h}\left[f(0)+f'(0)x+\frac{1}{2}f''(0)x^2+\frac{1}{6}f'''(0)x^3+\frac{1}{24}f^{(4)}(\xi)x^4\right]\mathrm{d}x\\&=3hf(0)+\frac{1}{2}(3h)^2f'(0)+\frac{1}{6}(3h)^3f''(0)+\frac{1}{24}(3h)^4f'''(0)+\frac{1}{24}f^{(4)}(\eta)\frac{1}{5}(3h)^5 \quad \eta\in[0,x]\\&=3hf(0)+\frac{9}{2}h^2f'(0)+\frac{9}{2}h^3f''(0)+\frac{27}{8}h^4f'''(0)+O(h^5)\end{aligned}$$

而

$$f(2h)=f(0)+f'(0)(2h)+\frac{1}{2}f''(0)(2h)^2+\frac{1}{6}f'''(0)(2h)^3+\frac{1}{24}f^{(4)}(\xi_1)(2h)^4 \qquad \xi\in[0,2h]$$

所以

$$\begin{aligned}&\frac{3}{4}hf(0)+\frac{9}{4}hf(2h)\\&\quad=\frac{3}{4}hf(0)+\frac{9}{4}h\left[f(0)+f'(0)(2h)+\frac{1}{2}f''(0)(2h)^2+\frac{1}{6}f'''(0)(2h)^3+\frac{1}{24}f^{(4)}(\xi_1)(2h)^4\right]\end{aligned}$$

$$=3hf(0)+\frac{9}{2}h^2f'(0)+\frac{9}{2}h^3f''(0)+3h^4f'''(0)+O(h^5)$$

所以

$$R=\int_0^{3h}f(x)\mathrm{d}x-\left[\frac{3}{4}hf(0)+\frac{9}{4}hf(2h)\right]=\frac{3}{8}h^4f'''(0)+O(h^5)$$

5.1.3　牛顿-科茨求积公式

1．牛顿-科茨（Newton-Cotes）求积公式的概念

将积分区间 $[a,b]$ 分成 n 等份，以 $h=\dfrac{b-a}{n}$ 表示各小区间的长度，以等分点 $x_k=a+kh(k=0,1,2,\cdots,n)$ 作为插值节点，构造被积函数 $f(x)$ 的 Lagrange 插值多项式，从而得到如下形式的插值型的求积公式

$$\int_a^b f(x)\mathrm{d}x\approx(b-a)\sum_{k=0}^{n}C_kf(x_k)\tag{5.7}$$

式（5.7）称为 n 阶 Newton-Cotes 求积公式，其中 C_k 称为 Cotes 系数。

因为

$$\begin{aligned}\int_a^b f(x)\mathrm{d}x&\approx\int_a^b p_n(x)\mathrm{d}x\\&=\int_a^b\sum_{k=0}^{n}f(x_k)l_k(x)\mathrm{d}x=\sum_{k=0}^{n}f(x_k)\int_a^b l_k(x)\mathrm{d}x\\&=\sum_{k=0}^{n}f(x_k)\int_a^b\prod_{\substack{j=0\\j\neq k}}^{n}\frac{x-x_j}{x_k-x_j}\mathrm{d}x=(b-a)\sum_{k=0}^{n}C_kf(x_k)\end{aligned}$$

所以

$$C_k=\frac{1}{b-a}\int_a^b\prod_{\substack{j=0\\j\neq k}}^{n}\frac{x-x_j}{x_k-x_j}\mathrm{d}x$$

令 $x=a+th$，则

$$\mathrm{d}x=h\mathrm{d}t,\quad t=\frac{x-a}{h}$$

当 $x=a$ 时，$t=0$；当 $x=b$ 时，$t=n$。所以

$$\begin{aligned}C_k&=\frac{1}{b-a}\int_0^n\prod_{\substack{j=0\\j\neq k}}^{n}\frac{a+th-a-jh}{a+kh-a-jh}h\mathrm{d}t=\frac{1}{b-a}\int_0^n\prod_{\substack{j=0\\j\neq k}}^{n}\frac{t-j}{k-j}h\mathrm{d}t\\&=\frac{1}{n}\int_0^n\prod_{\substack{j=0\\j\neq k}}^{n}\frac{t-j}{k-j}\mathrm{d}t\\&=\frac{1}{n}\int_0^n\frac{1}{k-0}\cdot\frac{1}{k-1}\cdots\frac{1}{k-(k-1)}\cdot\frac{1}{k-(k+1)}\cdots\frac{1}{k-n}\prod_{\substack{j=0\\j\neq k}}^{n}(t-j)\mathrm{d}t\end{aligned}$$

$$=\frac{1}{n}\cdot\frac{1}{k!}\int_0^n \frac{1}{k-(k+1)}\cdots\frac{1}{k-(n-1)}\cdot\frac{1}{k-n}\prod_{\substack{j=0\\j\neq k}}^{n}(t-j)\mathrm{d}t$$

$$=\frac{(-1)^{n-k}}{n\cdot k!(n-k)!}\int_0^n \prod_{\substack{j=0\\j\neq k}}^{n}(t-j)\mathrm{d}t \tag{5.8}$$

因此，若给定 n，则 Cotes 系数 C_k 可由式（5.8）计算出来。表 5.2 列出了 $n=1\sim 8$ 的 Cotes 系数。

表 5.2　Cotes 系数

n	$C_0(n)$	$C_1(n)$	$C_2(n)$	$C_3(n)$	$C_4(n)$	$C_5(n)$	$C_6(n)$	$C_7(n)$	$C_8(n)$
1	1/2	1/2							
2	1/6	2/3	1/6						
3	1/8	3/8	3/8	1/8					
4	7/0	16/45	2/15	16/45	7/90				
5	19/288	25/96	25/144	25/144	25/96	19/288			
6	41/840	9/35	9/280	34/105	9/280	9/35	41/840		
7	751/17280	3577/17280	1323/17280	2989/17280	2989/17280	1323/17280	3577/17280	751/17280	
8	989/28350	5888/28350	−928/28350	10496/28350	−4540/28350	10496/28350	−928/28350	5888/28350	989/28350

2. Newton-Cotes 求积公式的数值稳定性

在设计算法时，首先关心的是由此算法能产生符合精度要求的可靠结果。计算结果可靠，指在运算过程中，舍入误差的积累不会对计算结果产生较大的影响。但是，对大量算法来说，要定量地分析舍入误差的积累是非常困难的，因此，为了推断算法的舍入误差是否影响结果的可靠性，我们建立了定性分析舍入误差积累的准则，即提出了算法的数值稳定性的概念。

一个算法，如果在执行过程中舍入误差在一定条件下能够得到控制，即舍入误差的增长不影响产生可靠的结果，则称它是数值稳定的；否则，称它是数值不稳定的。

现在，来考察 Newton-Cotes 求积公式的数值稳定性。

设当计算函数值为 $f(x_k)(k=0,1,2,\cdots,n)$ 时，产生的舍入误差为 $\varepsilon_k(k=0,1,2,\cdots,n)$，为了简化分析，进一步假设计算 $C_k(k=0,1,2,\cdots,n)$ 没有误差，且计算过程中的舍入也不予以考虑。则在式（5.7）的计算中，由 $\varepsilon_k(k=0,1,2,\cdots,n)$ 引起的误差为

$$\varepsilon_n=(b-a)\sum_{i=0}^{n}C_k f(x_k)-(b-a)\sum_{i=0}^{n}C_k(f(x_k)+\varepsilon_k)$$

$$=-(b-a)\sum_{k=0}^{n}C_k\varepsilon_k$$

所以

$$|\varepsilon_n|\leqslant(b-a)\sum_{k=0}^{n}|C_k||\varepsilon_k|$$

设 $\varepsilon=\max\limits_{0\leqslant k\leqslant n}|\varepsilon_k|$，则有

$$|\varepsilon_n| \leqslant \varepsilon(b-a)\sum_{k=0}^{n}|C_k|$$

若 $C_k(k=0,1,2,\cdots,n)$ 皆为正数，则由 $\sum_{k=0}^{n}C_k=1$，知 $\sum_{k=0}^{n}|C_k|=\sum_{k=0}^{n}C_k=1$，即

$$|\varepsilon_n| \leqslant \varepsilon(b-a)$$

所以 ε_n 是有界的，因此由 $\varepsilon_k(k=0,1,2,\cdots,n)$ 引起的误差受到控制，不超过 ε 的 $(b-a)$ 倍，保证了数值稳定性。但是，当 $n\geqslant 8$ 时，$C_k(k=0,1,2,\cdots,n)$ 将出现负数，$\sum_{k=0}^{n}|C_k|$ 随 n 的增大而增大，即序列 $\left\{\sum_{k=0}^{n}|C_k|\right\}$ 是无界的，从而舍入误差的干扰会随 n 的增大而增大。因此，高阶的 Newton-Cotes 求积公式不是数值稳定的，所以不宜采用。

3. Newton-Cotes 求积公式的截断误差

由 Lagrange 插值余项估计式（4.8）可知，若函数 $f(x)$ 在区间 $[a,b]$ 上足够光滑，则对于 $x\in[a,b]$ 有

$$R=\int_a^b f(x)\mathrm{d}x-\sum_{k=0}^{n}A_k f(x_k)=\int_a^b \frac{f^{(n+1)}(\xi)}{(n+1)!}\omega(x)\mathrm{d}x \qquad \xi\in[a,b]$$

令 $x=a+th$ 可得

$$\begin{aligned}R&=\int_0^n \frac{f^{(n+1)}(\xi)}{(n+1)!}(a+th-a-0h)(a+th-a-1h)\cdots(a+th-a-nh)h\mathrm{d}t\\&=\int_0^n \frac{f^{(n+1)}(\xi)}{(n+1)!}(t-0)(t-1)\cdots(t-n)h^{n+2}\mathrm{d}t\\&=\frac{h^{n+2}}{(n+1)!}\int_0^n f^{(n+1)}(\xi)\prod_{j=0}^{n}(t-j)\mathrm{d}t \qquad \xi\in[a,b]\end{aligned} \tag{5.9}$$

【定理 5.3】 当 n 为偶数时，n 阶 Newton-Cotes 求积公式的代数精度至少是 $n+1$。

证明　记 $n+1$ 次多项式为

$$q_{n+1}(x)=\sum_{k=0}^{n+1}b_k x^k$$

则其 $n+1$ 次导数为

$$q_{n+1}^{(n+1)}(x)=(n+1)!b_{n+1}$$

由 Lagrange 插值余项公式得

$$R=\int_a^b \frac{q_{n+1}^{(n+1)}(\xi)}{(n+1)!}\omega(x)\mathrm{d}x=b_{n+1}\int_a^b\omega(x)\mathrm{d}x=b_{n+1}h^{n+2}\int_0^n t(t-1)L(t-n)\mathrm{d}t$$

当 $n=2k$（k 是正整数）时，进行变换，$u=t-k$，得

$$\begin{aligned}&\int_0^n t(t-1)\cdots(t-n)\mathrm{d}t\\=&\int_0^{2k} t(t-1)\cdots(t-k)(t-k-1)\cdots(t-2k+1)(t-2k)\mathrm{d}t\\=&\int_{-k}^{k}(u+k)(u+k-1)\cdots u(u-1)\cdots(u-k+1)(u-k)\mathrm{d}u\end{aligned}$$

令

$$H(u)=(u+k)(u+k-1)\cdots(u)(u-1)\cdots(u-k+1)(u-k)$$

则

$$H(-u)=(-u+k)(-u+k-1)L(-u)(-u-1)L(-u-k+1)(-u-k)$$
$$=(-1)^{2k+1}H(u)=-H(u)$$

即 $H(u)$ 是一个奇函数。所以

$$\int_0^n t(t-1)\cdots(t-n)\mathrm{d}t=0$$

亦即当 n 为偶数时，n 阶 Newton-Cotes 公式对任意一个 $n+1$ 次多项式准确成立。

又由定理 5.2 知，n 阶 Newton-Cotes 公式至少具有 n 次代数精度。所以，当 n 为偶数时，n 阶 Newton-Cotes 公式至少具有 $n+1$ 次代数精度。

由于高阶 Newton-Cotes 公式不具有数值稳定性，因此有实用价值的仅仅是几种低阶的 Newton-Cotes 公式。下面讨论几种低阶的 Newton-Cotes 公式的截断误差。

由前面已列出的 $n=1$～8 的 Cotes 系数表可知，一阶和二阶的 Newton-Cotes 公式分别是梯形公式和 Simpson 公式，四阶的 Newton-Cotes 公式是 Cotes 公式。

（1）梯形公式。

$$\int_a^b f(x)\mathrm{d}x\approx\frac{1}{2}(b-a)[f(a)+f(b)]$$

设 $f(x)$ 在区间 $[a,b]$ 上有二阶连续导数，由式（5.9）得

$$R=\int_a^b f(x)\mathrm{d}x-\frac{1}{2}(b-a)[f(a)+f(b)]=\frac{1}{2}(b-a)^3\int_0^1 f''(\xi)t(t-1)\mathrm{d}t$$

其中 $\xi\in(a,b)$ 且依赖于 t。由于 $f''(x)$ 在 $[a,b]$ 上连续以及 $t(t-1)$ 在区间 $0<t<1$ 内正、负号不变，故根据积分中值定理，必有 $\eta\in[a,b]$，使

$$\int_0^1 f''(\xi)t(t-1)\mathrm{d}t=f''(\eta)\int_0^1 t(t-1)\mathrm{d}t$$

成立。因此得梯形公式的截断误差为

$$R=\frac{1}{2}(b-a)^3 f''(\eta)\int_0^1 t(t-1)\mathrm{d}t=-\frac{1}{12}(b-a)^3 f''(\eta)\qquad \eta\in[a,b] \tag{5.10}$$

（2）Simpson 公式。

$$\int_a^b f(x)\mathrm{d}x\approx\frac{1}{6}(b-a)\left[f(a)+4f\left(\frac{a+b}{2}\right)+f(b)\right]$$

设 $f(x)$ 在 $[a,b]$ 上有四阶连续导数。由定理 5.3 知，Simpson 公式至少具有三次代数精度。因此，只要将 $f(x)$ 表示为某个三次插值多项式与其余项之和，然后再求积分便可知 Simpson 公式的截断误差。

设 $p_3(x)$ 是三次多项式且满足

$$p_3(a)=f(a),\ p_3\left(\frac{a+b}{2}\right)=f\left(\frac{a+b}{2}\right),\ p_3(b)=f(b),\ p_3'\left(\frac{a+b}{2}\right)=f'\left(\frac{a+b}{2}\right)$$

构造 $f(x)$ 的三次 Hermite 插值多项式 $p_3(x)$，由定理 4.4 可知

$$f(x)=p_3(x)+\frac{f^{(4)}(\xi)}{4!}(x-a)\left(x-\frac{a+b}{2}\right)^2(x-b)$$

当 $x\in[a,b]$ 时，$\xi\in[a,b]$，所以

$$\int_a^b f(x)\mathrm{d}x-\int_a^b p_3(x)\mathrm{d}x=\int_a^b \frac{f^{(4)}(\xi)}{4!}(x-a)\left(x-\frac{a+b}{2}\right)^2(x-b)\mathrm{d}x$$

而

$$\begin{aligned}\int_a^b p_3(x)\mathrm{d}x&=\frac{1}{6}(b-a)\left[p_3(a)+4p_3\left(\frac{a+b}{2}\right)+p_3(b)\right]\\&=\frac{1}{6}(b-a)\left[f(a)+4f\left(\frac{a+b}{2}\right)+f(b)\right]\end{aligned}$$

因此 Simpson 公式的截断误差

$$\begin{aligned}R&=\int_a^b f(x)\mathrm{d}x-\frac{1}{6}(b-a)\left[f(a)+4f\left(\frac{a+b}{2}\right)+f(b)\right]\\&=\int_a^b \frac{f^{(4)}(\xi)}{4!}(x-a)\left(x-\frac{a+b}{2}\right)^2(x-b)\mathrm{d}x\end{aligned}$$

因为 $f^{(4)}(x)$ 在 $[a,b]$ 上连续，$(x-a)\left(x-\frac{a+b}{2}\right)^2(x-b)$ 在 (a,b) 内正、负号不变，故由积分中值定理知，存在 $\eta\in[a,b]$，使

$$\begin{aligned}R&=\frac{f^{(4)}(\eta)}{4!}\int_a^b (x-a)\left(x-\frac{a+b}{2}\right)^2(x-b)\mathrm{d}x=-\frac{1}{2880}(b-a)^5 f^{(4)}(\eta)\\&=-\frac{1}{90}\left(\frac{b-a}{2}\right)^5 f^{(4)}(\eta)\end{aligned}\tag{5.11}$$

（3）Cotes 公式。

$$\int_a^b f(x)\mathrm{d}x\approx\frac{1}{90}(b-a)\left[7f(a)+32f(a+h)+12f\left(\frac{a+b}{2}\right)+32f(a+3h)+7f(b)\right]$$

其中 $h=\frac{b-a}{4}$。对于 Cotes 公式的截断误差不再具体推导，直接给出。若 $f(x)$ 在 $[a,b]$ 上有六阶连续导数，则

$$\begin{aligned}R&=\int_a^b f(x)\mathrm{d}x-\frac{1}{90}(b-a)\left[7f(a)-32f(a+b)+12f\left(\frac{a+b}{2}\right)+32f(a+3h)+7f(b)\right]\\&=-\frac{8}{945}\left(\frac{b-a}{4}\right)^7 f^{(6)}(\eta)\qquad \eta\in[a,b]\end{aligned}\tag{5.12}$$

例 5.7　分别用梯形公式和 Simpson 公式计算积分 $\int_2^1 \mathrm{e}^{\frac{1}{x}}\mathrm{d}x$ 的近似值，并估计截断误差。

解　用梯形公式计算

$$\int_1^2 \mathrm{e}^{\frac{1}{x}}\mathrm{d}x\approx\frac{1}{2}(2-1)\left(\mathrm{e}+\mathrm{e}^{\frac{1}{2}}\right)=2.1835$$

$$f(x)=\mathrm{e}^{\frac{1}{x}},\ f'(x)=-\frac{1}{x^2}\mathrm{e}^{\frac{1}{x}},\ f''(x)=\left(\frac{2}{x^3}+\frac{1}{x^4}\right)\mathrm{e}^{\frac{1}{x}}$$

$$\max_{1\leqslant x\leqslant 2}|f''(x)| = f''(1) = 8.1548$$

截断误差估计为

$$|R| \leqslant \frac{1}{12}(2-1)^3 \max_{1\leqslant x\leqslant 2}|f''(x)| = 0.6796$$

用 Simpson 公式计算

$$\int_1^2 e^{\frac{1}{x}}dx \approx \frac{1}{6}(2-1)\left(e + 4e^{\frac{1}{1.5}} + e^{\frac{1}{2}}\right) = 2.0263$$

$$f'''(x) = \left(-\frac{6}{x^4} - \frac{6}{x^5} - \frac{1}{x^6}\right)e^{\frac{1}{x}}, \quad f^{(4)}(x) = \left(\frac{24}{x^5} + \frac{36}{x^6} + \frac{12}{x^7} + \frac{1}{x^8}\right)e^{\frac{1}{x}}$$

$$\max_{1\leqslant x\leqslant 2}|f^{(4)}(x)| = f^{(4)}(1) = 198.43$$

截断误差估计为

$$|R| \leqslant \frac{1}{2880}(2-1)^5 \max_{1\leqslant x\leqslant 2}|f^{(4)}(x)| = 0.06890$$

5.1.4 复化求积法

由上面的讨论可知，Newton-Cotes 公式是取等距节点作为插值节点，通过构造被积函数的 Lagrange 插值多项式而推导出来的求积公式。当然，随着插值节点的增多，求积公式的代数精度一般会提高。然而，由第 4 章的讨论可知，高次插值会产生 Runge 现象。同时，由本章前面的讨论可知，多节点的 Newton-Cotes 求积公式不具有数值稳定性，因此，通过提高插值多项式的次数而获得的求积公式的近似效果并不好。

但是，从 Newton-Cotes 求积公式的截断误差的讨论可以看到，当积分区间的长度较大时，低阶 Newton-Cotes 求积公式的截断误差较大。

为了提高求积公式的精度，将积分区间分成若干个小区间，在每个小区间上采用次数不高的插值多项式去替代被积函数，构造出相应的求积公式，然后再把它们加起来作为整个积分区间上的求积公式，就是复化求积法。

1．复化梯形公式

将区间 $[a,b]$ n 等分，分点 $x_k = a + kh$（$k = 0,1,2,\cdots,n;\ h = \frac{b-a}{n}$），对每个小区间 $[x_k, x_{k+1}]$ 用梯形公式计算被积函数 $f(x)$ 在其上的积分，即

$$\int_{x_k}^{x_{k+1}} f(x)dx \approx \frac{1}{2}(x_{k+1} - x_k)[f(x_k) + f(x_{k+1})]$$

则

$$\begin{aligned}\int_a^b f(x)dx &= \sum_{k=0}^{n-1}\int_{x_k}^{x_{k+1}} f(x)dx \approx \sum_{k=0}^{n-1}\frac{h}{2}[f(x_k) + f(x_{k+1})] \\ &= \frac{h}{2}\left[f(a) + 2\sum_{k=1}^{n-1} f(x_k) + f(b)\right] = T_n \qquad (5.13)\end{aligned}$$

式（5.13）称为复化梯形公式。

2．复化 Simpson 公式

因为 Simpson 公式用到了积分区间的中点，所以在构造复化 Simpson 公式时，必须将积分区间 $[a,b]$ 等分为偶数份。为此，令 $n=2m$（m 是正整数），将 $[a,b]n$ 等分，在每个小区间 $[x_{2k-2},x_{2k}](k=1,2,3,\cdots,m)$ 上用 Simpson 公式计算被积函数 $f(x)$ 在其上的积分，即

$$\int_{x_{2k-2}}^{x_{2k}} f(x)\mathrm{d}x \approx \frac{1}{6}\times 2h[f(x_{2k-2})+4f(x_{2k-1})+f(x_{2k})]$$

则

$$\begin{aligned}\int_a^b f(x)\mathrm{d}x &= \sum_{k=1}^{m}\int_{x_{2k-2}}^{x_{2k}} f(x)\mathrm{d}x \\ &\approx \sum_{k=1}^{n}\frac{h}{3}[f(x_{2k-2})+4f(x_{2k-1})+f(x_{2k})] \\ &= \frac{h}{3}\left[f(a)+4\sum_{k=1}^{m}f(x_{2k-1})+2\sum_{k=1}^{m-1}f(x_{2k})+f(b)\right]=S_n \end{aligned} \tag{5.14}$$

式（5.14）称为复化 Simpson 公式。

3．复化 Cotes 公式

因为 Cotes 公式是将积分区间 4 等分而导出的求积公式，所以在构造复化 Cotes 公式时，必须将积分区间 $[a,b]$ 等分为 $4m$ 份（m 是正整数）。为此，令 $n=4m$（m 是正整数），将 $[a,b]n$ 等分，在每个小区间 $[x_{4k-4},x_{4k}](k=1,2,3,\cdots,m)$ 上用 Cotes 公式计算被积函数 $f(x)$ 在其上的积分，即

$$\int_{x_{4k-4}}^{x_{4k}} f(x)\mathrm{d}x \approx \frac{1}{90}\times 4h[7f(x_{4k-4})+32f(x_{4k-3})+12f(x_{4k-2})+32f(x_{4k-1})+7f(x_{4k})]$$

则

$$\begin{aligned}\int_a^b f(x)\mathrm{d}x &= \sum_{k=1}^{m}\int_{x_{4k-4}}^{x_{4k}} f(x)\mathrm{d}x \\ &\approx \frac{1}{90}\times 4h\sum_{k=1}^{m}[7f(x_{4k-4})+32f(x_{4k-3})+12f(x_{4k-2})+32f(x_{4k-1})+7f(x_{4k})] \\ &= \frac{1}{90}\times 4h\Bigg[7f(a)+32\sum_{k=1}^{m}f(x_{4k-3})+12\sum_{k=1}^{m}f(x_{4k-2})+ \\ &\quad 32\sum_{k=1}^{m}f(x_{4k-1})+14\sum_{k=1}^{m-1}f(x_{4k})+7f(b)\Bigg]=C_n \end{aligned} \tag{5.15}$$

式（5.15）称为复化 Cotes 公式。

4．复化求积公式的截断误差

（1）复化梯形公式的截断误差。

设 $f(x)$ 在区间 $[a,b]$ 上有二阶连续导数，则复化梯形公式的截断误差为

$$R_{\mathrm{T}}=\int_a^b f(x)\mathrm{d}x-\frac{h}{2}\left[f(a)+2\sum_{k=1}^{n-1}f(x_k)+f(b)\right]$$

$$=-\frac{h^3}{12}\sum_{k=0}^{n-1}f''(\eta_k) \qquad \eta_k\in[x_k,x_{k+1}]$$

因为 $f''(x)$ 在 $[a,b]$ 上连续，故存在 $\eta\in[a,b]$，使 $f''(\eta)=\frac{1}{n}\sum_{k=0}^{n-1}f''(\eta_k)$，所以

$$R_{\mathrm{T}}\approx-\frac{1}{12}(b-a)h^2f''(\eta) \qquad \eta\in[a,b] \tag{5.16}$$

（2）复化 Simpson 公式的截断误差。

设 $f(x)$ 在区间 $[a,b]$ 上有四阶连续导数，则复化 Simpson 公式的截断误差为

$$R_{\mathrm{S}}=\int_a^b f(x)\mathrm{d}x-S_n\approx-\frac{1}{180}(b-a)\left(\frac{h}{2}\right)^4 f^{(4)}(\eta) \qquad \eta\in[a,b] \tag{5.17}$$

（3）复化 Cotes 公式的截断误差。

设 $f(x)$ 在区间 $[a,b]$ 上有六阶连续导数，则复化 Cotes 公式的截断误差为

$$R_{\mathrm{C}}=\int_a^b f(x)\mathrm{d}x-C_n\approx-\frac{2}{945}(b-a)\left(\frac{h}{4}\right)^6 f^{(6)}(\eta) \qquad \eta\in[a,b] \tag{5.18}$$

由式（5.16）、式（5.17）、式（5.18）可以看出，只要小区间的长度 h 足够小，则用这几种复化求积公式计算的积分值可以达到任意的精度，所以，复化求积法对于提高求积公式的精度是有效的。

例 5.8 将区间 $[1,2]$ 分为 10 等份，用复化 Simpson 公式计算积分 $\int_1^2 \mathrm{e}^{\frac{1}{x}}\mathrm{d}x$ 的近似值，并估计截断误差。

解 求积节点为

$$x_k=1+0.1k \qquad k=0,1,2,\cdots,10$$

节点处的函数值如表 5.3 所示。

表 5.3 函数值

k	x_k	$\mathrm{e}^{\frac{1}{x_k}}$	k	x_k	$\mathrm{e}^{\frac{1}{x_k}}$
0	1.0	2.718282	6	1.6	1.868246
1	1.1	2.482065	7	1.7	1.800808
2	1.2	2.300976	8	1.8	1.742909
3	1.3	2.158106	9	1.9	1.692685
4	1.4	2.042727	10	2.0	1.648721
5	1.5	1.947734			

由式（5.14）得

$$\int_1^2 \mathrm{e}^{\frac{1}{x}}\mathrm{d}x\approx\frac{0.1}{3}\left(\mathrm{e}+\mathrm{e}^{\frac{1}{2}}+4\sum_{i=1}^{5}\mathrm{e}^{\frac{1}{x_{2i-1}}}+2\sum_{i=1}^{4}\mathrm{e}^{\frac{1}{x_{2i}}}\right)=2.020077$$

由式（5.17）和例 5.7，截断误差估计为

$$|R_{\mathrm{S}}|\leqslant\frac{1}{180}\times(0.1)^4\times\max_{1\leqslant x\leqslant 2}|f^{(4)}(x)|=\frac{0.1^4}{180}\times198.43=0.0001102$$

例 5.9　如果用复化梯形公式计算积分 $\int_1^2 e^{\frac{1}{x}} dx$ 的近似值，并要求截断误差 R_T 满足

$$|R_T| \leqslant 0.0001102$$

则至少要将区间 $[1,2]$ 分成多少等份？

解　对于 $f(x)=e^{\frac{1}{x}}$，由例 5.7 已知 $\max\limits_{1\leqslant x\leqslant 2}|f''(x)|=8.1548$，根据式（5.16）有

$$|R_T| \leqslant \frac{(2-1)^3}{12n^2} \times 8.1548 \leqslant 0.0001102$$

即 $n^2 \geqslant 6166.67$，$n \geqslant 79$。所以，至少要将区间 $[1,2]$ 分为 79 等份。

从以上两例看到，为了达到相同的精度，使用复化梯形公式所需的计算比复化 Simpson 公式的计算量大；亦即，复化梯形公式收敛于积分精确值的收敛速度比复化 Simpson 公式慢。

5.1.5　龙贝格（Romberg）求积公式及算法

使用复化求积公式计算积分的近似值，其截断误差随节点数 n 的增大而减小。但是，节点数越大，计算量越大。而使用复化求积公式，必事先给定 n，即给定小区间的长度 h，称 h 为步长。显然，若步长取得太大，则精度难以保证，而步长取得太小又会导致计算量增加。对于一个给定的积分问题，若选定了某种求积的方法，如何确定最小的节点数 n，以达到精度的要求呢？通过用前面的误差估计式是可以求得所需的 n 的，但需要寻找被积函数的高阶导数在积分区间 $[a,b]$ 上的界，这是比较困难的。

解决上述矛盾的一个有效方法是让节点数目从小到大变化，且不断考察计算结果的精度，一旦结果满足精度要求，则整个过程终止。

例 5.10　用复化梯形公式、复化 Simpson 公式和六阶 Newton-Cotes 公式计算积分

$$I=\int_0^{\pi/2} \sin x dx$$

表 5.4 给出了 $\sin x$ 在 7 个节点上的值。

表 5.4　函数值

x	0	$\frac{\pi}{12}$	$\frac{2\pi}{12}$	$\frac{3\pi}{12}$	$\frac{4\pi}{12}$	$\frac{5\pi}{12}$	$\frac{\pi}{2}$
$\sin x$	0.00000	0.25882	0.50000	0.70711	0.86603	0.96593	1.00000

解

（1）用复化梯形公式。

$$I \approx T_n = \frac{h}{2}\left[f(a)+2\sum_{k=1}^{n-1} f(x_k)+f(b)\right]$$

$a=0$，$b=\frac{\pi}{2}$，$h=\frac{\pi}{12}$，$n=6$，则

$$I \approx T_6 = \frac{1}{2}\times\frac{\pi}{12}\left[\sin(0)+2\sum_{k=1}^{5}\sin(x_k)+\sin\left(\frac{\pi}{2}\right)\right] \approx 0.99429$$

（2）用复化 Simpson 公式。

$$I \approx S_n = \frac{h}{3}\left[f(a)+f(b)+4\sum_{k=1}^{m}f(x_{2k-1})+2\sum_{k=1}^{m-1}f(x_{2k})\right]$$

$m=3$，则

$$I \approx S_6 = \frac{1}{3}\times\frac{\pi}{12}\times\left[\sin(0)+\sin\left(\frac{\pi}{2}\right)+4\sum_{k=1}^{3}\sin(x_{2k-1})+2\sum_{k=1}^{2}\sin(x_{2k})\right]\approx 1.00003$$

（3）用六阶 Newton-Cotes 公式。

$$I=\frac{\pi}{2}\times\left[\frac{41}{840}\times\sin(x_0)+\frac{9}{35}\times\sin(x_1)+\frac{9}{280}\times\sin(x_2)+\frac{34}{105}\times\sin(x_3)\right.$$
$$\left.+\frac{9}{280}\times\sin(x_4)+\frac{9}{35}\times\sin(x_5)+\frac{41}{840}\times\sin(x_6)\right]\approx 1.000003$$

与精确值比较，复化梯形公式的误差为−0.00571，复化 Simpson 公式的误差为 0.00003，六阶 Newton-Cotes 公式的误差为 0.000003。

若要求上面的积分的绝对误差不超过 $\frac{1}{2}\times 10^5$，则用截断误差来判断 h 的取值。

用复化梯形公式计算：

由

$$\frac{b-a}{12}h^2 f''(\eta)\leqslant\frac{\frac{\pi}{2}}{12}h^2<0.000005$$

所以要求 $h<0.006$。

用复化 Simpson 公式计算：

由

$$\frac{b-a}{180}h^4 f^{(4)}(\eta)\leqslant\frac{\frac{\pi}{2}}{180}h^4<0.000005$$

所以要求 $h<0.15$，而函数表中给出的 $h\approx 0.26$。

下面将用变步长的方法给出的按复化 Simpson 公式计算的积分 $\int_0^{\frac{\pi}{2}}\sin x\mathrm{d}x$ 的值列入表 5.5。

表 5.5 计算结果

h	积分近似值	h	积分近似值
$\frac{\pi}{16}$	1.0001344	$\frac{\pi}{128}$	0.99999983
$\frac{\pi}{32}$	1.0000081	$\frac{\pi}{256}$	0.99999970
$\frac{\pi}{64}$	1.0000003	$\frac{\pi}{512}$	0.99999955

可以看出，只需将积分区间 $\left[0,\frac{\pi}{2}\right]$ 二分 5 次，就可达到所要求的精度。

1．梯形法的递推化

将积分区间 $[a,b]$ n 等分，分点 $x_k = a + kh$，其中 $h = (b-a)/n$，$k = 0,1,2,\cdots,n$。T_n 表示用复化梯形法求得的积分值。

在小区间 $[x_k, x_{k+1}]$ 上，记该区间的中点为 $x_{k+\frac{1}{2}} = \frac{1}{2}(x_k + x_{k+1})$，该小区间二分前、后的两个积分值分别记为 T_{k1} 和 T_{k2}，则

$$T_{k1} = \frac{h}{2}[f(x_k) + f(x_{k+1})]$$

$$\begin{aligned} T_{k2} &= \frac{h}{4}\left[f(x_k) + f\left(x_{k+\frac{1}{2}}\right)\right] + \frac{h}{4}\left[f\left(x_{k+\frac{1}{2}}\right) + f(x_{k+1})\right] \\ &= \frac{h}{4}\left[f(x_k) + 2f\left(x_{k+\frac{1}{2}}\right) + f(x_{k+1})\right] \end{aligned}$$

因此

$$T_{k2} = \frac{1}{2}T_{k1} + \frac{h}{2}f\left(x_{k+\frac{1}{2}}\right)$$

将 k 从 $0\sim(n-1)$ 累加求和，得

$$\sum_{k=0}^{n-1} T_{k2} = \sum_{k=0}^{n-1}\left[\frac{1}{2}T_{k1} + \frac{h}{2}f\left(x_{k+\frac{1}{2}}\right)\right]$$

即

$$T_{2n} = \frac{1}{2}T_n + \frac{h}{2}\sum_{k=0}^{n-1} f\left(x_{k+\frac{1}{2}}\right) \tag{5.19}$$

这一公式是递推形式的，$h = (b-a)/n$ 表示二分前的步长，即

$$x_{k+\frac{1}{2}} = a + \left(k + \frac{1}{2}\right)h$$

例 5.11　用变步长的梯形法计算

$$I = \int_0^1 \frac{\sin x}{x}\mathrm{d}x$$

解

（1）对整个求积区间 $[0,1]$ 使用梯形公式。

因为 $f(0) = 1$，$f(1) = 0.8414710$，所以

$$T_1 = \frac{1}{2}[f(0) + f(1)] = \frac{1}{2}(1 + 0.8414710) = \frac{1}{2}\times 1.8414710 = 0.9207355$$

（2）将区间 $[0,1]$ 二分成 $\left[0, \frac{1}{2}\right]$ 和 $\left[\frac{1}{2}, 1\right]$。

因为 $f\left(\frac{1}{2}\right) = 0.9588510$，所以

$$T_2=\frac{1}{2}T_1+\frac{1}{2}f\left(\frac{1}{2}\right)=\frac{1}{2}(0.9207355+0.9588510)=\frac{1}{2}\times1.8795865=0.9397933$$

（3）将区间$\left[0,\frac{1}{2}\right]$和$\left[\frac{1}{2},1\right]$二分成$\left[0,\frac{1}{4}\right]$、$\left[\frac{1}{4},\frac{1}{2}\right]$、$\left[\frac{1}{2},\frac{3}{4}\right]$和$\left[\frac{3}{4},1\right]$。

因为$f\left(\frac{1}{4}\right)=0.9896158$，$f\left(\frac{3}{4}\right)=0.9088516$，所以

$$T_4=\frac{1}{2}T_2+\frac{1}{2}\times\frac{1}{2}\left[f\left(\frac{1}{4}\right)+f\left(\frac{3}{4}\right)\right]=\frac{1}{2}\times0.9397933+\frac{1}{4}(0.9896158+0.9088516)$$
$$=\frac{1}{2}\times1.8890270=0.9445135$$

这样不断二分下去，计算结果如表 5.6 所示，积分的准确值为 0.9460831，用变步长的方法，二分 10 次得到这一结果。

表 5.6　计算结果

k	T_n	k	T_n
0	0.9207355	6	0.9460769
1	0.9397933	7	0.9460815
2	0.9445135	8	0.9460827
3	0.9456909	9	0.9460830
4	0.9459850	10	0.9460831
5	0.9460596		

2. Romberg 公式

变步长的梯形法算法简单，但收敛速度缓慢。如何提高收敛速度，以节省计算量，这是我们极为关心的问题。

因为复化梯形公式的截断误差

$$I-T_n=\sum_{k=0}^{n-1}\left[-\frac{1}{12}h^3f''(\xi_k)\right]\qquad \xi_k\in[x_k,x_{k+1}]$$

而由定积分的定义和 Newton-Leibniz 公式可得

$$\sum_{k=0}^{n-1}hf''(\xi_k)\approx\int_a^b f''(x)\mathrm{d}x=f'(b)-f'(a)$$

所以，当积分区间 n 等分时，截断误差为

$$I-T_n\approx-\frac{h^2}{12}[f'(b)-f'(a)]$$

即积分值 T_n 的截断误差大致与 h^2 成正比。因此，步长二分后其误差减至原误差的$\frac{1}{4}$，即

$$I-T_{2n}\approx-\frac{1}{12}\left(\frac{h}{2}\right)^2[f'(b)-f'(a)]=\frac{1}{4}\left(-\frac{h^2}{12}\right)[f'(b)-f'(a)]$$

所以

$$\frac{I-T_{2n}}{I-T_n} \approx \frac{1}{4}$$

$$I-T_{2n} \approx \frac{1}{4}(I-T_n)$$

$$I-T_{2n} \approx \frac{1}{3}(T_{2n}-T_n) \tag{5.20}$$

由此可见，只要二分前、后的两个积分值 T_n 与 T_{2n} 相当接近，就可以保证计算结果 T_{2n} 的误差很小，这种直接用计算结果来估计误差的方法称为误差的事后估计法。

按照式（5.20），积分值 T_{2n} 的误差大致为

$$\frac{1}{3}(T_{2n}-T_n)$$

如果用这个误差值来修正 T_{2n}，那么所得的积分值为

$$\overline{T} = T_{2n} + \frac{1}{3}(T_{2n}-T_n) = \frac{4}{3}T_{2n} - \frac{1}{3}T_n \tag{5.21}$$

我们希望 $\overline{T}$ 比 T_{2n} 更好。

现在再来考察例 5.11，其中 $T_4 = 0.9445135$、$T_8 = 0.9456909$，与精确值 0.9460831 比较，它们分别只有 2 位和 3 位有效数字，精度很低。但如果将它们按式（5.21）进行线性组合，则新的近似值为

$$\overline{T} = \frac{4}{3}T_8 - \frac{1}{3}T_4 = \frac{4}{3}\times 0.9456909 - \frac{1}{3}\times 0.9445135 = 0.9460834$$

其结果有 6 位有效数字。即将两个精度很低的计算结果按式（5.21）进行线性组合，可以使精度提高。

那么按式（5.21）进行线性组合，得到的近似值的实质是什么呢？

$$\begin{aligned}
\frac{4}{3}T_{2n} &= \frac{4}{3}\sum_{k=0}^{n-1}\left\{\frac{h}{4}\left[f(x_k)+f\left(x_{k+\frac{1}{2}}\right)\right]+\frac{h}{4}\left[f\left(x_{k+\frac{1}{2}}\right)+f(x_{k+1})\right]\right\} \\
&= \frac{4}{3}\sum_{k=0}^{n-1}\frac{h}{4}\left[f(x_k)+2f\left(x_{k+\frac{1}{2}}\right)+f(x_{k+1})\right] \\
&= \frac{h}{3}\left[f(a)+2\sum_{k=0}^{n-1}f\left(x_{k+\frac{1}{2}}\right)+2\sum_{k=1}^{n-1}f(x_k)+f(b)\right]
\end{aligned}$$

$$\frac{1}{3}T_n = \frac{1}{3}\cdot\frac{h}{2}\left[f(a)+2\sum_{k=1}^{n-1}f(x_k)+f(b)\right]$$

$$\begin{aligned}
\frac{4}{3}T_{2n}-\frac{1}{3}T_n &= \frac{h}{3}\left[f(a)+2\sum_{k=0}^{n-1}f\left(x_{k+\frac{1}{2}}\right)+2\sum_{k=1}^{n-1}f(x_k)+f(b)\right] \\
&\quad -\frac{1}{3}\cdot\frac{h}{2}\left[f(a)+2\sum_{k=1}^{n-1}f(x_k)+f(b)\right] \\
&= \frac{h}{6}\left[2f(a)+4\sum_{k=0}^{n-1}f\left(x_{k+\frac{1}{2}}\right)+4\sum_{k=1}^{n-1}f(x_k)+2f(b)\right]
\end{aligned}$$

$$-\frac{h}{6}\left[f(a)+2\sum_{k=1}^{n-1}f(x_k)+f(b)\right]$$

$$=\frac{h}{6}\left[f(a)+4\sum_{k=0}^{n-1}f\left(x_{k+\frac{1}{2}}\right)+2\sum_{k=1}^{n-1}f(x_k)+f(b)\right]=S_n$$

即

$$S_n=\frac{4}{3}T_{2n}-\frac{1}{3}T_n \tag{5.22}$$

这说明，用复化梯形法二分前、后的两个积分值 T_n 与 T_{2n}，按式（5.21）进行线性组合，结果得到复化 Simpson 的积分值 S_n。

由于复化 Simpson 求积公式的截断误差可以表示为

$$I-S_n\approx-\frac{1}{180}\left(\frac{h}{2}\right)^4[f'''(b)-f'''(a)]$$

即当积分区间 n 等分时，其截断误差与 h^4 成正比。因此，若将步长折半，则误差减至原误差的 $\frac{1}{16}$。即

$$\frac{I-S_{2n}}{I-S_n}\approx\frac{1}{16}$$

$$I\approx\frac{16}{15}S_{2n}-\frac{1}{15}S_n$$

可以验证上式右端的值等于 C_n，即由复化 Simpson 二分前、后的两个积分值 S_n 和 S_{2n}，按上式进行线性组合，结果得到复化 Cotes 的积分值 C_n，即

$$C_n=\frac{16}{15}S_{2n}-\frac{1}{15}S_n \tag{5.23}$$

重复同样的步骤，可导出下列公式

$$R_n=\frac{64}{63}C_{2n}-\frac{1}{63}C_n \tag{5.24}$$

此计算过程还可以继续进行下去，其一般形式是

$$\begin{cases} T_0^{(0)}=\dfrac{b-a}{2}[f(a)+f(b)] \\ \text{对于}m=1,2,\cdots\text{，依次计算} \\ \text{(1)}\ h_m=\dfrac{b-a}{2^m} \\ \text{(2)}\ T_m^{(0)}=\dfrac{1}{2}T_{m-1}^{(0)}+h_m\displaystyle\sum_{i=1}^{2m-1}f(a+(2i-1)h_m) \\ \text{(3)}\ T_{m-j}^{(j)}=\dfrac{T_{m-j+1}^{(j-1)}-\left(\frac{1}{2}\right)^{(2j)}T_{m-j}^{(j-1)}}{1-\left(\frac{1}{2}\right)^{2j}}=\dfrac{4^jT_{m-j+1}^{(j-1)}-T_{m-j}^{(j-1)}}{4^j-1}\qquad j=1,2,\cdots,m \end{cases} \tag{5.25}$$

式（5.25）称为 Romberg 积分法。它的计算顺序如下。

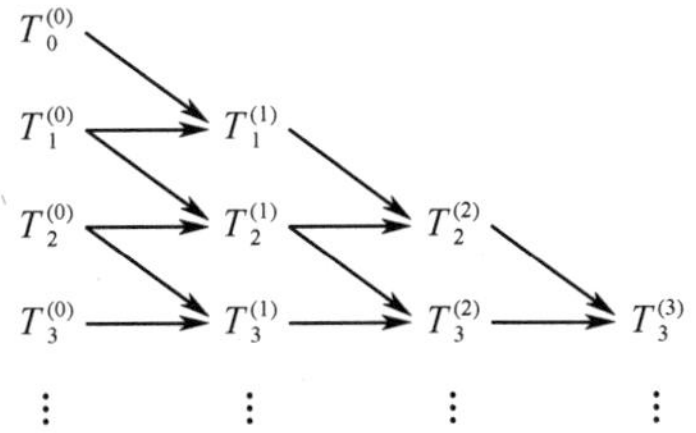

其中第 1 列称为梯形值序列，第 2 列称为 Simpson 值序列，第 3 列称为 Cotes 值序列，第 4 列称为 Romberg 值序列。

从 Romberg 算法的计算顺序表可以看出，Romberg 算法实际上是计算其中各元素的值，而其中各元素是逐行生成的，且每个元素都是第 1 列元素的线性组合。

由 Romberg 算法，可以将收敛缓慢的梯形值序列加工成收敛迅速的 Romberg 值序列。Romberg 算法的不足之处是每当将区间二分后，就要计算被积函数 $f(x)$ 在新分点处的函数值，而这些函数值的个数是成倍增加的。

例 5.12　用 Romberg 算法加工例 5.11 得到的梯形值，计算结果列入表 5.7。

表 5.7　计算结果

m	$T_m^{(0)}$	$T_m^{(1)}$	$T_m^{(2)}$	$T_m^{(3)}$
0	0.9207355			
1	0.9397933	0.94614590		
2	0.9445135	0.94608690	0.94608297	
3	0.9456909	0.94608337	0.94608313	0.9460831

这里用二分 3 次的数据，通过 3 次加速，即可获得例 5.11 中二分 10 次才能获得的结果。而由于在加速过程中，不需再计算函数值，只需做几次四则运算，加速过程的计算量可以忽略不计，因此，Romberg 加速过程的效果是极其显著的。

5.2　数值微分

5.2.1　差商型数值微分

设函数 $f(x)$ 在区间 $[a,b]$ 上可微，则对任何 $x\in[a,b]$ 有

$$f'(x)=\lim_{h\to 0}\frac{f(x+h)-f(x)}{h}$$

这使我们很自然地用公式

$$f'(x)=\frac{f(x+h)-f(x)}{h} \tag{5.26}$$

来计算 $f(x)$ 在 x 处导数的近似值。式（5.26）称为差商型数值微分公式。

差商型的数值微分公式虽然计算简单，但计算的精度却往往很差。这是因为，由微分的

定义，若按式（5.26）计算 $f'(x)$，应当让 h 尽可能小。但当 h 过小时，$f(x+h)$ 和 $f(x)$ 一般来说是两个很接近的数，两个相近的数相减会造成有效数字的严重损失，因此，式（5.26）中分子的计算将是很不准确的，这使得最后的计算结果产生较大的误差。

例 5.13 设 $f(x)=\mathrm{e}^x$，按式（5.26），以不同的 h 值计算 $f(x)$ 在 $x=0$ 处的一阶导数值。计算结果及误差列入表 5.8（用 8 位有效数字进行计算）。

表 5.8 计算结果及误差

h	$[f(h)-f(0)]/h$	误差
10^{-1}	1.0517092	-0.517092×10^{-1}
10^{-2}	1.0050163	-0.501630×10^{-2}
10^{-3}	1.0004937	-0.493700×10^{-3}
10^{-4}	1.0000169	-0.169000×10^{-4}
10^{-5}	0.99986792	-0.133080×10^{-3}
10^{-6}	0.9983778	-0.162220×10^{-2}
10^{-7}	0.10430813	-0.89569187
10^{-8}	0	1

例 5.13 的结果说明，当 h 取值较大时，结果不准确；当 h 取值太小时，计算结果也很不准确。因此，h 应取值适当，才能获得较满意的结果。例 5.13 中，取 $h=10^{-4}$ 是较理想的。

分析式（5.26）不难看出，为了得到好的导数近似，h 必须很小，但当 h 过小时，式（5.26）中的分子是两个很接近的数相减，这会使计算结果损失很多的有效数字，为了保证计算的准确度，我们既要求 h 足够小，以保证误差小，又要避免在计算中损失有效数字，因此在实际计算中使用式（5.26）相当困难。

5.2.2 插值型数值微分

构造数值微分公式的一种普遍的方法是用一个易于计算其微分的函数 $g(x)$，近似替代原问题中的函数 $f(x)$。

若已知 $f(x)$ 在点 $x_k(k=0,1,2,\cdots,n)$ 处的函数值，则可列 $f(x)$ 的 n 次 Lagrange 插值多项式 $p_n(x)$，用 $p_n(x)$ 来近似替代 $f(x)$，于是 $f(x)$ 的各阶导数可以用 $p_n(x)$ 的各阶导数来近似，即

$$f^{(k)}(x)\approx p_n^{(k)}(x) \tag{5.27}$$

式（5.27）称为插值型数值微分公式。若 $f(x)$ 在 $[a,b]$ 上具有 $n+1+k$ 阶导数，则由 Lagrange 插值余项定理

$$f(x)-p_n(x)=\frac{f^{(n+1)}(\xi)}{(n+1)!}\omega(x)$$

得

$$f^{(k)}(x)-p_n^{(k)}(x)=\frac{\mathrm{d}^k}{\mathrm{d}x^k}\left[\frac{f^{(n+1)}(\xi)}{(n+1)!}\omega(x)\right] \tag{5.28}$$

若以 $p_n^{(k)}(x)$ 作为 $f^{(k)}(x)$ 的近似值，其误差是难以估计的。这里只对一些特殊情形给出近似求导公式及其误差估计。

当 $k=1$ 时，

$$f'(x)-p_n'(x)=\left[\frac{f^{(n+1)}(\xi)}{(n+1)!}\omega(x)\right]'=\frac{f^{(n+1)}(\xi)}{(n+1)!}\omega'(x)+\frac{\omega(x)}{(n+1)!}\cdot\frac{\mathrm{d}}{\mathrm{d}x}[f^{(n+1)}(\xi)]$$

在这一余项公式中，ξ 属于 $x_0,x_1,\cdots,x_n$ 和 x 所界定的范围，对于不同的 x，ξ 是不同的，所以 ξ 是 x 的未知函数。我们无法对此公式的第 2 项 $\frac{\omega(x)}{(n+1)!}\cdot\frac{\mathrm{d}}{\mathrm{d}x}[f^{(n+1)}(\xi)]$ 进行进一步的说明，因此，对于任意给出的点 x，误差 $f'(x)-p_n'(x)$ 是无法预估的。但是，若求某个节点 x_j 处的导数值，则 $\omega(x_j)=0$，这时有余项公式

$$f'(x_j)-p_n'(x_j)=\frac{f^{(n+1)}(\xi)}{(n+1)!}\omega'(x_j)$$

若 $n=1$，则

$$f'(x_j)-p_1'(x_j)=\frac{f''(\xi)}{2}\omega'(x_j)\qquad j=0,1$$

$$\begin{cases}f'(x_0)=\dfrac{f(x_1)-f(x_0)}{x_1-x_0}+\dfrac{1}{2}f''(\xi)(x_0-x_1)\\ f'(x_1)=\dfrac{f(x_1)-f(x_0)}{x_1-x_0}+\dfrac{1}{2}f''(\xi)(x_1-x_0)\end{cases}\tag{5.29}$$

在式（5.29）中，若取 $x_0=x$、$x_1=x+h$，即得式（5.26）形式的求积公式，因此，式（5.26）的误差是 $\frac{1}{2}f''(\xi)h$。

若 $n=2$，则

$$\begin{aligned}f'(x)&=f(x_0)\frac{2x-x_1-x_2}{(x_0-x_1)(x_0-x_2)}+f(x_1)\frac{2x-x_0-x_2}{(x_1-x_0)(x_1-x_2)}+f(x_2)\frac{2x-x_0-x_1}{(x_2-x_0)(x_2-x_1)}\\&\quad+\frac{1}{6}f''(\xi)[x-x_1(x-x_2)+(x-x_0)(x-x_2)+(x-x_0)(x-x_1)]\\&\quad+\frac{1}{6}(x-x_0)(x-x_1)(x-x_2)\frac{\mathrm{d}}{\mathrm{d}x}f''(\xi)\end{aligned}\tag{5.30}$$

为简单起见，取 $x_j(j=0,1,2)$ 为等距节点，$x_{j+1}-x_j=h(j=0,1)$，则

$$\begin{cases}f'(x_0)=\dfrac{1}{2h}[-3f(x_0)+4f(x_1)-f(x_2)]+\dfrac{h^2}{3}f''(\xi)\\ f'(x_1)=\dfrac{1}{2h}[f(x_2)-f(x_0)]-\dfrac{h^2}{6}f''(\xi)\\ f'(x_2)=\dfrac{1}{2h}[f(x_0)-4f(x_1)+3f(x_2)]+\dfrac{h^2}{3}f''(\xi)\end{cases}\tag{5.31}$$

上述 3 个公式中，第 2 个公式较引人注目，它以两个点上的函数值获得了较式（5.29）更高精度的近似导数。

利用上述公式计算 $f(x)$ 的微分数值，除了截断误差，计算过程中的舍入误差对结果也有较大的影响。因为，在计算过程中，无论用上述哪一个公式，都要先计算 $f(x)$ 在某些点 x_i 处的函数值 $f(x_i)$，而计算得到的只是 $f(x_i)$ 的近似值 $\overline{f}(x_i)=f(x_i)+\varepsilon_i$，$\varepsilon_i$ 是计算 $f(x_i)$ 的舍入

误差或观测误差。例如，用式（5.26）计算 $f(x)$ 在 x_i 处的一阶导数时，记 $x_{i+1}=x_i+h$，则

$$\frac{\bar{f}(x_{i+1})-\bar{f}(x_i)}{h}=\frac{f(x_{i+1})-f(x_i)}{h}+\frac{\varepsilon_{i+1}-\varepsilon_i}{h}$$

由式（5.29）得

$$\frac{\bar{f}(x_{i+1})-\bar{f}(x_i)}{h}-f'(x_0)=\frac{h}{2}f''(\xi)+\frac{\varepsilon_{i+1}-\varepsilon_i}{h}$$

记 $M=\max|f''(x)|$，$\varepsilon=\max|\varepsilon_i|$，则

$$\left|\frac{\bar{f}(x_{i+1})-\bar{f}(x_i)}{h}-f'(x_0)\right|\leqslant\frac{h}{2}M+2\frac{\varepsilon}{h} \tag{5.32}$$

这表明，计算结果的误差由两部分组成：截断误差和舍入误差。当 $h\to 0$ 时，截断误差趋向于零，但舍入误差却趋向于无穷大。我们一方面希望 h 小，而保证截断误差小，另一方面又希望 h 大，而使舍入误差小。选取计算步长 h 的这一矛盾是数值微分的困难所在。

选取一个适当的步长，使整个计算的误差小，可按如下方法进行。由式（5.32）误差函数

$$E(h)=\frac{h}{2}M+2\frac{\varepsilon}{h}$$

为使其最小，必须

$$\frac{\mathrm{d}E}{\mathrm{d}h}=0$$

由此得

$$h=2\sqrt{\frac{\varepsilon}{M}} \tag{5.33}$$

例 5.14 对于例 5.13 中考察的函数 $f(x)=\mathrm{e}^x$，求 $f'(0)$ 的值。

解 由式（5.33），因为 $f''(x)=\mathrm{e}^x$ 在 $x=0$ 的附近有 $|f''(x)|\leqslant 2$，所以步长 h 可取为 $h=\sqrt{2\varepsilon}$。当 $\varepsilon=10^{-8}$ 时，$h\approx 10^{-4}$，这与例 5.13 的计算结果中所列的实际计算结果一致。

此方法依赖于对 $f(x)$ 的二阶导数 $f''(x)$ 的界 M 的估计。在很多情况下，M 的估计值无法获得，因此，不能用此方法选取步长。

5.2.3 样条插值型数值微分

由于利用 $f(x)$ 在 $n+1$ 个节点 $x_i(i=0,1,2,\cdots,n)$ 的 n 次 Lagrange 插值多项式 $p_n(x)$ 的各阶微分作为 $f(x)$ 的各阶微分的近似值的不可靠性，因此这里讨论样条插值法求数值微分。

因为通过数据点 $(x_i,y_i)(i=0,1,2,\cdots,n)$ 的三次样条函数 $s_3(x)$ 满足插值条件

$$s_3(x_i)=y_i \qquad i=0,1,2,\cdots,n \tag{5.34}$$

且 $s_3(x)$ 在每个子区间 $[x_{i-1},x_i]$ 上都是三次多项式，所以，它的二阶导数是一次多项式。用 M_i 记 $s_3(x)$ 在 x_i 处的二阶导数值 $s''(x_i)$，则在区间 $[x_{i-1},x_i]$ 上

$$s_3''(x)=M_{i-1}\frac{x_i-x}{h_i}+M_i\frac{x-x_{i-1}}{h_i} \tag{5.35}$$

式中 $h_i=x_i-x_{i-1}$。将式（5.35）积分两次得

$$s_3(x)=M_{i-1}\frac{(x_i-x)^3}{6h_i}+M_i\frac{(x-x_{i-1})^3}{6h_i}+cx$$

因为 cx 是一次多项式，故可设

$$cx = c_1 \frac{x_i - x}{h_i} + c_2 \frac{x - x_{i-1}}{h_i}$$

由插值条件式（5.34）可得

$$c_1 = y_{i-1} - M_{i-1} \frac{h_i^2}{6}，\ c_2 = y_i - M_i \frac{h_i^2}{6}$$

从而

$$s_3(x) = M_{i-1} \frac{(x_i - x)^3}{6h_i} + M_i \frac{(x - x_{i-1})^3}{6h_i} + \left(y_{i-1} - M_{i-1} \frac{h_i^2}{6} \right) \frac{x_i - x}{h_i} + \left(y_i - M_i \frac{h_i^2}{6} \right) \frac{x - x_{i-1}}{h_i} \tag{5.36}$$

于是

$$f^{(k)}(x) \approx s_3^{(k)}(x) \qquad k = 1,2,3 \tag{5.37}$$

式（5.37）称为样条插值型数值微分公式。

$$f'(x) \approx s_3'(x) = -M_{i-1} \frac{(x_i - x)^2}{2h_i} + M_i \frac{(x - x_{i-1})^2}{2h_i} + \frac{y_i - y_{i-1}}{h_i} - \frac{M_i - M_{i-1}}{6} h_i \tag{5.38}$$

$$f''(x) \approx M_{i-1} + \frac{M_i - M_{i-1}}{h_i}(x - x_{i-1}) \tag{5.39}$$

$$f'''(x) \approx \frac{M_i - M_{i-1}}{h_i} \tag{5.40}$$

若 $s_3(x)$ 为满足条件 $s_3'(x_0) = f'(x_0)$， $s_3'(x_n) = f'(x_n)$ 的样条插值，且 $f(x)$ 在 $[a,b]$ 上有四阶连续导数，则可以证明

$$|f^{(i)}(x) - s_3^{(i)}(x)| < c_i h^{4-i} \qquad i = 0,1,2,3$$

这里 $h = \max\limits_i (x_{i+1} - x_i)$， c_i 为与划分 $\Delta : a = x_0 < x_i < \cdots < x_n = b$ 无关的常数。因此，利用样条插值型数值微分公式，能保证得到收敛的结果。

5.2.4 理查森外推型数值微分

由上面的讨论可知，许多数值微分方法得到的数值解都与步长 h 有关，所以这种数值解实际上是步长 h 的函数，若记这种数值解为 $F(h)$，则数值解 $F(h)$ 和精确解 a_0 之间往往满足形如以下的关系

$$F(h) = a_0 + a_1 h^p + O(h^r) \qquad r > p \tag{5.41}$$

其中 $a_1 h^p + O(h^r)$ 为截断误差， $a_1 h^p$ 为截断误差的主要部分。由式（5.41）得

$$F\left(\frac{h}{2}\right) = a_0 + a_1 2^{-p} h^p + O(h^r) \tag{5.42}$$

通过数值解 $F(h)$ 和 $F\left(\frac{h}{2}\right)$ 的线性组合来构成精确解 a_0 的新的近似解，选择线性组合的系数让新的近似解的误差的主要部分等于零，以使得近似解的精度有所提高。

由式（5.41）和式（5.42），消去 a_1，得

$$F\left(\frac{h}{2}\right)+\frac{F\left(\frac{h}{2}\right)-F(h)}{2^p-1}=a_0+O(h^r) \tag{5.43}$$

以上式左端的表达式作为 a_0 的近似值，截断误差为 $O(h^r)$。忽略以上三式中的 $O(h^r)$，则式（5.41）和式（5.42）说明直线

$$y(x)=a_0+a_1x \tag{5.44}$$

经过数据点

$$(h^p,F(h)),\ \left(2^{-p}h^p,F\left(\frac{h}{2}\right)\right) \tag{5.45}$$

而式（5.43）说明

$$y(0)=a_0=F\left(\frac{h}{2}\right)+\frac{F\left(\frac{h}{2}\right)-F(h)}{2^p-1} \tag{5.46}$$

这一过程相当于用线性插值法，求经过式（5.45）数据点的线性函数式（5.44）在原点的值。由于原点不在节点 h^p 和 $2^{-p}h^p$ 之间，故此法称为外推法。式（5.43）称为理查森（Richardson）外推型数值微分公式。

在一定的条件下，可以反复多次使用 Richardson 外推法，陆续消去式（5.41）中的截断误差的主要部分 $O(h^p)$。记 $G(h)=\dfrac{[f(a+h)-f(a-h)]}{2h}$，则

$$f(a+h)=f(a)+f'(a)h+\frac{f''(a)}{2!}h^2+\frac{f'''(a)}{3!}h^3+\frac{f^{(4)}(a)}{4!}h^4+\frac{f^{(5)}(a)}{5!}h^5+\cdots$$

$$f(a-h)=f(a)-f'(a)h+\frac{f''(a)}{2!}h^2-\frac{f'''(a)}{3!}h^3+\frac{f^{(4)}(a)}{4!}h^4+\frac{f^{(5)}(a)}{5!}h^5+\cdots$$

$$\frac{f(a+h)-f(a-h)}{2h}=f'(a)+\frac{f'''(a)}{3!}h^2+\frac{f^{(5)}(a)}{5!}h^4+\cdots$$

所以

$$G(h)=f'(a)+a_1h^2+a_2h^4+a_3h^6+\cdots$$

其中系数 $a_1,a_2,a_3,\cdots$ 均与 h 无关，则

$$G\left(\frac{h}{2}\right)=f'(a)+\frac{a_1}{4}h^2+b_2h^4+b_3h^6+\cdots$$

其中系数 $\dfrac{a_1}{4},b_2,b_3,\cdots$ 均与 h 无关。

考察以下组合式

$$\frac{4}{3}G\left(\frac{h}{2}\right)-\frac{1}{3}G(h)=\frac{4}{3}\left[f'(a)+\frac{a_1}{4}h^2+b_2h^4+b_3h^6+L\right]$$
$$-\frac{1}{3}\left[f'(a)+a_1h^2+a_2h^4+a_3h^6+L\right]$$

即可从余项展开式中消去误差的主要部分 h^2 项，记

$$G_1(h)=\frac{4}{3}G\left(\frac{h}{2}\right)-\frac{1}{3}G(h)$$

则

$$G_1(h)=f'(a)+c_1h^4+c_2h^4+\cdots$$

其中系数 $c_1,c_2,\cdots$ 均与 h 无关。

$$G_1\left(\frac{h}{2}\right)=f'(a)+\frac{c_2}{16}h^4+d_2h^6+\cdots$$

若令

$$G_2(h)=\frac{16}{15}G_1\left(\frac{h}{2}\right)-\frac{1}{15}G_1(h)$$

则又可进一步从余项展开式中消去 h^4 项，从而

$$G_2(h)=f'(a)+\varepsilon_1h^6+\varepsilon_2h^8+\cdots$$

重复同样的步骤，可以再导出下列加速公式

$$G_3(h)=\frac{64}{63}G_2\left(\frac{h}{2}\right)-\frac{1}{63}G_2(h)$$

这种加速过程还可以继续下去，不过加速的效果越来越不显著。这种加速方法称为 Richardson 外推加速法。

例 5.15 设 $f(x)=e^x$，取步长 $h=0.8$，用 Richardson 外推加速法求 $f'(1)$ 的近似值。

解 计算结果列入表 5.9。

表 5.9 计算结果

h	$G(h)$	$G_1(h)$	$G_2(h)$	$G_3(h)$
0.8	3.01765	2.715917	2.718265	2.71828
0.4	2.79135	2.718137	2.718276	
0.2	2.73644	2.718267		
0.1	2.72281			

小结

本章介绍的数值积分和数值微分方法都是基于对被积函数和被求导函数作插值逼近，用逼近函数的积分或微分去近似原积分或原微分。

Newton-Cotes 公式是一种等距节点的插值型的求积公式。由于 $n\geqslant 8$ 的 n 阶 Newton-Cotes 求积公式不具有数值稳定性，所以，常用 $n=1,2,4$ 阶的 Newton-Cotes 公式，但它们的精度不高。

复化求积法对于提高精度是非常有效的，但此种方法必须选择合适的步长，以达到既节省计算量，又满足精度要求的目的。步长的确定，可以通过复化求积公式的积分余项来估计，也可以在计算过程中进行自动选择。

Romberg 积分法是在积分步长逐次折半的过程中，用低精度求积公式的组合得到较高精

度求积公式的一种方法，它算法简单，收敛速度快，是一种常用的方法。

这些数值积分公式都是被积函数在积分区间内一些点上函数值的线性组合，主要的计算工作量花在函数求值上，因此，这些方法的计算效率可用函数求值的次数来度量。

差商型和插值型的数值微分法都存在选择步长的矛盾，所以应该小心使用。样条插值型数值微分法是一种较好的方法。

习题

5-1 确定下列求积公式的代数精度。

（1）$\int_{-1}^{1} f(x)\mathrm{d}x \approx \frac{1}{3}[f(-1)+4f(0)+f(1)]$

（2）$\int_{-1}^{1} f(x)\mathrm{d}x \approx \frac{2}{3}[f(-1)+f(0)+f(1)]$

（3）$\int_{-1}^{1} f(x)\mathrm{d}x \approx \frac{1}{9}\left[5f(-0.6)+8f(0)+5f(0.6)\right]$

5-2 求积公式

$$\int_a^b f(x)\mathrm{d}x \approx (b-a)f(a)$$

称为左矩形求积公式，试推出它的截断误差表达式，并确定它的代数精度。

5-3 求积公式

$$\int_a^b f(x)\mathrm{d}x \approx (b-a)f\left(\frac{a+b}{2}\right)$$

称为中矩形求积公式，试推出它的截断误差表达式，并确定它的代数精度。

5-4 确定下列求积公式的代数精度。

（1）$\int_{-1}^{1} f(x)\mathrm{d}x \approx \frac{1}{2}[f(-1)+2f(0)+f(1)]$

（2）$\int_{-1}^{1} f(x)\mathrm{d}x \approx f\left(-\frac{1}{\sqrt{3}}\right)+f\left(\frac{1}{\sqrt{3}}\right)$

5-5 确定习题 5-1 中的三个求积公式是否为插值型，并证明。

5-6 在区间 $[-1,1]$ 中，取 $x_0=-1$、$x_1=0$、$x_2=1$ 构造插值型的求积公式，并求它的代数精度。

5-7 证明 n 阶 Newton-Cotes 求积公式的所有求积系数 $c_k(k=0,1,2,\cdots,n)$ 之和等于 1，即 $\sum_{k=0}^{n} c_k = 1$。

5-8 设 $f''(x)>0$，$x\in[a,b]$，证明：用梯形公式计算积分 $\int_a^b f(x)\mathrm{d}x$ 所得的结果比准确值大，并说明其几何意义。

5-9 分别用梯形公式、Simpson 公式及 Cotes 公式计算 $\int_1^2 \ln x\mathrm{d}x$ 的近似值，并给出其误差界。

5-10 将区间[0,1]分成 10 等份，通过复化 Simpson 公式和公式

$$\int_0^1 \frac{\mathrm{d}x}{1+x^2} = \frac{\pi}{4}$$

来计算 π 的值。

5-11 若用复化梯形公式计算积分 $\int_0^1 \mathrm{e}^{-x^2}\mathrm{d}x$，问积分区间要等分多少份才能保证计算结果有 4 位有效数字（假定计算过程无舍入误差）？

5-12 用区间逐次折半的复化梯形公式计算积分 $\int_2^3 \frac{\mathrm{d}x}{x}$，要求 $|T_{2n} - T_n| < 10^{-3}$。

5-13 若用复化梯形公式和复化 Simpson 公式计算积分 $\int_1^3 \mathrm{e}^x \sin x\mathrm{d}x$，要求截断误差不超过 10^{-4}，舍入误差不计，问各需要计算多少个节点上的函数值？

5-14 用 Romberg 算法计算下列积分。

（1）$\int_1^3 \frac{\mathrm{d}x}{x}$，精确至 10^{-4}　　（2）$\int_1^{10} \ln x\mathrm{d}x$，精确至 10^{-3}

5-15 设 $f(x) = (1+x)^2$，取步长 $h = 0.1$，用式（5.31）计算 $f'(1.0)$ 和 $f'(1.2)$，并估计其误差。

5-16 取 $h = 0.8$，用外推法计算 $f(x) = \ln x$ 在 $x = 3$ 处的一阶导数的值，使误差不超过 10^{-5}。

第 6 章　常微分方程数值解法

科学研究和工程技术中的许多实际问题，都需要求解常微分方程或常微分方程组。然而，在实际问题中所遇到的常微分方程往往具有很复杂的形式，不但很多方程的解不能用解析表达式表示，而且即使具有解析表达式，这个表达式也可能非常复杂而不易计算。因此，对于这两种情况都有必要在一定精度范围内直接求解在某些点的近似值，而不通过解的解析表达式求解。当前，计算机病毒传播或者舆论传播的模型就是一个微分方程，如何求解病毒传播的稳态、最终状态，其实就是求解微分方程的过程，这个需要用到微分方程的数值求解过程。这就是研究微分方程数值解法的必要性。

本章重点研究这类问题最简单的形式，即一阶方程的初值问题。

在此问题中，已知二元函数 $f(x,y)$ 及函数 $y(x)$ 在初始点 x_0 的函数值 y_0，求函数 $y(x)$，使其满足式（6.1）和式（6.2）。

$$y' = f(x,y) \tag{6.1}$$

$$y(x_0) = y_0 \tag{6.2}$$

从理论上说，只要函数 $f(x,y)$ 适当光滑，譬如对于 y 满足利普希茨（Lipschitz）条件，即存在 $L \geqslant 0$，对于任意的 y 和 $\overline{y}$，就有

$$|f(x,y) - f(x,\overline{y})| \leqslant L|y - \overline{y}|$$

理论上就可以保证初值问题式（6.1）、式（6.2）的解 $y = y(x)$ 存在并且唯一。

所谓初值问题的数值解法，就是能算出精确解 $y(x)$ 在自变量 x 的一系列离散节点上的近似解的方法。

离散节点

$$x_1 < x_2 < \cdots < x_{n-1} < x_n < \cdots$$

相应的近似解是

$$y_1, y_2, \cdots, y_{n-1}, y_n, \cdots$$

这里，把 $y_k(k=1,2,\cdots)$ 称为初值问题在点列 x_k 上的数值解。

初值问题式（6.1）、式（6.2）的数值解法有其基本特点，即它们都采用“步进式”，指在求解过程中，可顺着节点排列的次序一步一步地向前推进，描述这类算法，只要给出用已知结果 $y_n, y_{n-1}, y_{n-2}, \cdots$ 计算 y_{n+1} 的递推公式即可。下面将分别讨论常微分方程初值问题的几种常用的数值解法，如欧拉（Euler）法、改进的欧拉法、龙格–库塔（Runge-Kutta）法，并引进一些重要的概念，如收敛性、稳定性等。

6.1　欧拉法、隐式欧拉法和二步欧拉法

一阶常微分方程初值问题的数值解法通常是将区间 $[x_0,+\infty]$ 按取定的步长 h 进行划分，划分点为 $x_0,x_1,x_2,\cdots$，其中，$x_n=x_0+nh(n=0,1,2,\cdots)$，记 $y(x_n)$ 的近似值为 y_n ①，建立关于 y_n 的递推公式，由递推公式和初始条件，即式（6.2），求出 $y_1,y_2,y_3,\cdots$。

在上述过程中，关键是如何建立关于 y_n 的递推公式，下面将采用一阶向前差商、向后差商和中心差商近似替代 $y'(x_n)=f(x_n,y(x_n))$ 的方法产生三种不同的近似递推公式，即 Euler 法、隐式 Euler 法和二步 Euler 法。

6.1.1　欧拉法

对于式（6.1），在 x_n 处的导数 $y'(x_n)$ 可以近似地表示成一阶向前差商

$$y'(x_n)\approx\frac{y(x_{n+1})-y(x_n)}{x_{n+1}-x_n}=\frac{y(x_{n+1})-y(x_n)}{h}$$

用 y_n 近似地代替 $y(x_n)$，从而常微分方程初值问题式（6.1）、式（6.2）就转换成了差分方程的初值问题

$$\begin{cases}\dfrac{y_{n+1}-y_n}{h}=f(x_n,y_n) \qquad n=0,1,2,\cdots\\ y_0=y(x_0)\end{cases}$$

由此产生

$$\begin{cases}y_{n+1}=y_n+hf(x_n,y_n)\\ y_0=y(x_0)\end{cases}$$

这就是一阶方程初值问题式（6.1）、式（6.2）的 Euler 法。不难看出，根据此方法，由 y_0 可一步一步地计算函数 $y=y(x)$ 在 $x_1,x_2,\cdots$ 上的近似值 $y_1,y_2,\cdots$。

例 6.1　用 Euler 法求初值问题

$$\begin{cases}y'=x-y^2\\ y(0)=0\end{cases}$$

的数值解（取 $h=0.1$）。

解　因为

$$f(x,y)=x-y^2;\quad x_0=y_0=0;\quad h=0.1$$

故由 Euler 法的递推公式得

$$\begin{cases}y_{n+1}=y_n+0.1(x_n-{y_n}^2) \qquad n=0,1,2,\cdots\\ y_0=0\end{cases}$$

由上式计算所得的数值见表 6.1（保留 5 位小数）。

---

① 本章中 y_n 均表示 $y(x_n)$ 的近似值。

表 6.1　数值

n	0	1	2	3	4	…
x_n	0	0.1	0.2	0.3	0.4	…
y_n	0	0	0.01000	0.02999	00.05990	…

Euler 法不难在计算机上编程实现，其框架图见图 6.1。

Euler 法有明显的几何意义（见图 6.2）。设 $y=y(x)$ 是方程（6.1）经过点 $p_0=(x_0,y_0)$ 的解曲线，因此点 $p_1=(x_1,y_1)$（$x_1=x_0+h$，$y_1=y_0+hf(x_0,y_0)$）就是解曲线 $y=y(x)$ 在点 p_0 的切线上的一个点；而以 $x_2=x_1+h$，$y_2=y_1+hf(x_1,y_1)$ 为坐标的点 $p_2=(x_2,y_2)$ 又是方程（6.1）经过点 p_1 的解曲线在点 p_1 的切线上的一个点。

一般以 $x_{k+1}=x_k+h$，$y_{k+1}=y_k+hf(x_k,y_k)$ 为坐标的点 $p_{k+1}=(x_{k+1},y_{k+1})$ 是方程（6.1）经过点 $p_k=(x_k,y_k)$ 的解曲线在点 p_k 的切线上的一个点。以此方法推得的 $y_k(k=0,1,2,\cdots,n)$ 就取为初值问题式（6.1）、式（6.2）在点列 $x_k(k=0,1,2,\cdots,n)$ 上的数值解。把点 $p_0,p_1,\cdots,p_n$ 连成折线，在几何上把这条折线看成与初值问题式（6.1）、式（6.2）的解曲线 $y=y(x)$ 近似的曲线。因此，Euler 法也称为折线法。

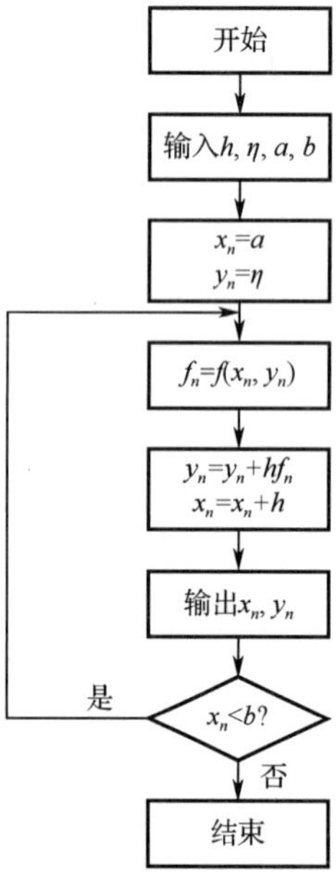

图 6.1　Euler 法计算框架图

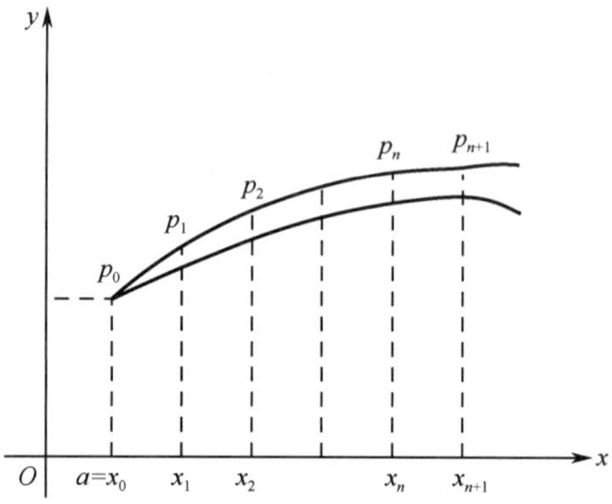

图 6.2　Euler 法几何示意图

6.1.2　隐式欧拉法和二步欧拉法

在差商方法中，改用向后差商 $\frac{[y(x_{n+1})-y(x_n)]}{h}$ 替代方程 $y'(x_{n+1})=f(x_{n+1},y(x_{n+1}))$ 中的导数项 $y'(x_{n+1})$，即可导出一个新的计算方法。

$$\begin{cases} y_{n+1}=y_n+hf(x_{n+1},y_{n+1}) \\ y_0=y(x_0) \end{cases}$$

此公式与 Euler 法有着本质的区别，后者是关于 y_{n+1} 的一个直接的计算公式，这类公式称为显式的；然而此公式的右端含有未知的 y_{n+1}，它实际上是关于 y_{n+1} 的一个函数方程，因此称为隐式 Euler 法。

显式与隐式两类方法各有特点。考虑到数值稳定性等其他因素，人们有时需要选用隐式方法，但使用显式方法远比隐式方便。

在实际计算中，不能直接利用隐式 Euler 法求出 $y_1, y_2, \cdots$，可采用下述两种方法对隐式 Euler 法进行改造，使其在计算上可行。

1. 将隐式递推转换为显式递推

如同解方程时将未知数移至左边一样，将隐式 Euler 法 $y_{n+1} = y_n + hf(x_{n+1}, y_{n+1})$ 中右边含 y_{n+1} 的项移至左边，由此产生一个显式递推公式。

例 6.2　用隐式 Euler 法求初值问题

$$\begin{cases} y' = x^3 - y + 4 \\ y(0) = 0 \end{cases}$$

的数值解（取 $h = 0.1$）。

解　由隐式 Euler 法产生隐式递推公式

$$y_{n+1} = y_n + h(x^3_{n+1} - y_{n+1} + 4)$$

将其转换为显式递推公式

$$y_{n+1} = \frac{1}{1+h}[y_n + h(x^3_{n+1} + 4)]$$

取 $h = 0.1$ 和 $y_0 = 0$，则可由显式递推公式依次求出 $y_1, y_2, \cdots$。

必须看到，当 $f(x, y)$ 比较复杂时，这种化隐式为显式的方法通常是不可行的，因此更多的是采用下述第 2 种方法。

2. 预报-校正法

将隐式递推公式

$$y_{n+1} = y_n + hf(x_{n+1}, y_{n+1})$$

中右边的 y_{n+1} 用 Euler 法先进行计算，此过程称为预报过程，然后将算得的结果替代隐式递推公式右边的 y_{n+1}，此过程称为校正过程。由此产生的递推公式为

$$\begin{cases} \bar{y}_{n+1} = y_n + hf(x_n, y_n) \\ y_{n+1} = y_n + hf(x_{n+1}, \bar{y}_{n+1}) \\ y_0 = y(x_0) \end{cases}$$

在差商方法中，若改用中心差商 $\dfrac{1}{2h}[y(x_{n+1}) - y(x_{n-1})]$ 替代方程 $y'(x_n) = f(x_n, y(x_n))$ 中的导数项，便可得到下列公式。

$$\begin{cases} y_{n+1} = y_{n-1} + 2hf(x_n, y_n) \\ y_0 = y(x_0) \end{cases}$$

当利用此公式计算 y_{n+1} 时，需调用前面两步的信息 y_n 和 y_{n-1}，因此称为二步 Euler 法。

当利用二步 Euler 法进行实际计算时，首先必须知道 y_0 和 y_1，其中 y_1 可利用 Euler 法求得。

6.1.3 局部截断误差与精度

在一阶常微分方程初值问题中，当利用某一递推公式计算出 $y_1, y_2, y_3, \cdots$ 时，每一次都会产生误差；若算到 x_{n+1}，则误差为 $\varepsilon_{n+1} = y(x_{n+1}) - y_{n+1}$，称为方法在 x_{n+1} 点的整体截断误差。因为整体截断误差 ε_{n+1} 与每一步产生的误差都有关，所以分析和确定整体截断误差是很复杂的。为此仅考虑从 x_n 到 x_{n+1} 的局部情况，并假设在 x_n 及其之前的计算没有误差，由此引入局部截断误差的概念。

【定义 6.1】 对于求解一阶常微分方程初值问题的某一计算方法，若假定在求 y_{n+1} 的递推公式中等式右边所有的量为精确的，在此前提下，$y(x_{n+1}) - y_{n+1}$ 称为此方法的局部截断误差。若局部截断误差为 $O(h^{p+1})$，则称此方法的精度为 p 阶。

由下面三个例题推出了 Euler 法、隐式 Euler 法和二步 Euler 法的精度分别是一阶、一阶和二阶，即它们的局部截断误差分别是 $O(h^2)$、$O(h^2)$ 和 $O(h^3)$。

例 6.3 分析 Euler 法的精度。

解 对于 Euler 法

$$y_{n+1} = y_n + hf(x_n, y_n)$$

假定 $y_n = y(x_n)$，所以 $y_{n+1} = y(x_n) + hy'(x_n)$，按泰勒（Taylor）公式

$$y(x_{n+1}) = y(x_n) + hy'(x_n) + \frac{h^2}{2!}y''(\varepsilon) \qquad x_n < \varepsilon < x_{n+1}$$

所以

$$y(x_{n+1}) = y(x_n) + hy'(x_n) + O(h^2)$$

因此

$$y(x_{n+1}) - y_{n+1} = O(h^2)$$

即 Euler 法精度为一阶。

例 6.4 分析隐式 Euler 法的精度。

解 对于隐式 Euler 法

$$y_{n+1} = y_n + hf(x_{n+1}, y_{n+1})$$

假定 $y_n = y(x_n)$，上式右边的 $y_{n+1} = y(x_{n+1})$，所以 $y_{n+1} = y(x_n) + hy'(x_{n+1})$，将 $y'(x_{n+1})$ 按泰勒公式展开，得

$$y_{n+1} = y(x_n) + h[y'(x_n) + O(h)] = y(x_n) + hy'(x_n) + O(h^2)$$

再将 $y(x_{n+1})$ 按泰勒公式展开，得

$$y(x_{n+1}) = y(x_n) + hy'(x_n) + O(h^2)$$

所以

$$y(x_{n+1}) - y_{n+1} = O(h^2)$$

即隐式 Euler 法的精度为一阶。

例 6.5 分析二步 Euler 法的精度。

解 对于二步 Euler 法

$$y_{n+1} = y_{n-1} + 2hf(x_n, y_n)$$

假定 $y_{n-1}=y(x_{n-1})$， $y_n=y(x_n)$，所以 $y_{n+1}=y(x_{n-1})+2hy'(x_n)$，将 $y(x_{n-1})$ 按泰勒公式展开，得

$$\begin{aligned}y_{n+1}&=y(x_n)-hy'(x_n)+\frac{h^2}{2!}y''(x_n)+O(h^3)+2hy'(x_n)\\&=y(x_n)+hy'(x_n)+\frac{h^2}{2!}y''(x_n)+O(h^3)\end{aligned}$$

再将 $y(x_{n+1})$ 按泰勒公式展开，得

$$y(x_{n+1})=y(x_n)+hy'(x_n)+\frac{h^2}{2!}y''(x_n)+O(h^3)$$

所以

$$y(x_{n+1})-y_{n+1}=O(h^3)$$

即二步 Euler 法的精度为二阶。

例 6.6　给定初值问题 $\begin{cases}y'=-2y-4x\\y(0)=2\end{cases}$，取 $h=0.1$，分别用 Euler 法、隐式 Euler 法和二步 Euler 法计算 $x=0.1,0.2,\cdots,0.5$ 时的函数近似值，并与精确解 $y(x)=\mathrm{e}^{-2x}-2x+1$ 比较。

解　首先针对模型建立三个公式的递推式。

（1）Euler 法： $y_{n+1}=y_n+h(-2y_n-4x_n)$，所以 $y_{n+1}=(1-2h)y_n-4hx_n$。

（2）隐式 Euler 法： $y_{n+1}=y_n+h(-2y_{n+1}-4x_{n+1})$，所以 $y_{n+1}=\dfrac{1}{1+2h}(y_n-4hx_{n+1})$。

（3）二步 Euler 法： $y_{n+1}=y_{n-1}+2h(-2y_n-4x_n)$。

取 $h=0.1$，在二步 Euler 法中， y_1 用 Euler 法算，计算结果见表 6.2。

表 6.2　用三种方法计算的函数近似值

x_n	0.0	0.1	0.2	0.3	0.4	0.5
Euler 法	2	1.600	1.2550	0.9363	0.6390	0.3595
隐式 Euler 法	2	1.6333	1.2823	0.9586	0.6573	0.3744
二步 Euler 法	2	1.600	1.2800	0.9280	0.6688	0.3405
精确解	2	1.6187	1.2703	0.9488	0.6493	0.3679

尽管二步 Euler 法的精度比 Euler 法和隐式 Euler 法的精度高，但由上表可以看出二步 Euler 法在 $x=0.3,0.4,0.5$ 时算出的结果比前两种方法算出的结果的误差还大一些，可以从两个方面解释这一现象：第一，根据局部截断误差的定义，当计算局部截断误差时，有一个附加限制条件，而此条件在实际计算中通常是不成立的；第二，按照精度的定义，只有当 h 足够小时，精度越高才能保证局部截断误差越小。

6.2　梯形法和改进的欧拉法

前面用一阶差商近似地替代一阶导数产生了三个关于 y_n 的近似递推公式，下面用定积分的方法产生近似递推公式。

6.2.1 梯形法

将方程 $y' = f(x,y)$ 的两端从 x_n 到 x_{n+1} 求积分，得

$$y(x_{n+1}) = y(x_n) + \int_{x_n}^{x_{n+1}} f(x, y(x))\mathrm{d}x$$

利用数值积分中的梯形公式

$$\int_{x_n}^{x_{n+1}} f(x, y(x))\mathrm{d}x \approx \frac{h}{2}[f(x_n, y(x_n)) + f(x_{n+1}, y(x_{n+1}))]$$

并将式中的 $y(x_n)$、$y(x_{n+1})$分别用 y_n、y_{n+1} 替代，于是导出下列计算公式

$$y_{n+1} = y_n + \frac{h}{2}[f(x_n, y_n) + f(x_{n+1}, y_{n+1})]$$

称此公式为梯形公式。

下面分析梯形公式的性质。

1．梯形公式是 Euler 法与隐式 Euler 法的算术平均

证明 对于梯形公式

$$y_{n+1} = y_n + \frac{h}{2}[f(x_n, y_n) + f(x_{n+1}, y_{n+1})]$$

有

$$2y_{n+1} = y_n + hf(x_n, y_n) + y_n + hf(x_{n+1}, y_{n+1})$$

所以

$$y_{n+1} = \frac{[y_n + hf(x_n, y_n)] + [y_n + hf(x_{n+1}, y_{n+1})]}{2}$$

结论成立。

2．梯形公式的精度为二阶

证明 假定

$$y_n = y(x_n)$$

则在梯形公式中，将

$$f(x_n, y_n) = f(x_n, y(x_n)) = y'(x_n)$$

利用微分中值定理，得

$$\begin{aligned} f(x_{n+1}, y_{n+1}) &= f(x_{n+1}, y(x_{n+1})) + f'_y(x_{n+1}, \eta)\cdot[y_{n+1} - y(x_{n+1})] \\ &= y'(x_{n+1}) + f'_y(x_{n+1}, \eta)\cdot[y_{n+1} - y(x_{n+1})] \end{aligned}$$

其中 η 介于 y_{n+1} 与 $y(x_{n+1})$ 之间。于是得

$$y_{n+1} = y(x_n) + \frac{h}{2}[y'(x_n) + y'(x_{n+1})] + \frac{h}{2}f'_y(x_{n+1}, \eta)[y_{n+1} - y(x_{n+1})]$$

又把 $y'(x_{n+1})$ 在 x_n 处展开得

$$y'(x_{n+1}) = y'(x_n) + hy''(x_n) + O(h^2)$$

即

$$y''(x_n)=\frac{y'(x_{n+1})-y'(x_n)}{h}+O(h)$$

代入泰勒展开式

$$y(x_{n+1})=y(x_n)+hy'(x_n)+\frac{h^2}{2}y''(x_n)+O(h^3)$$

得

$$y(x_{n+1})=y(x_n)+\frac{h}{2}[y'(x_n)+y'(x_{n+1})]+O(h^3)$$

即

$$y(x_{n+1})-y_{n+1}=-(y_{n+1}-y(x_{n+1}))=-\frac{1}{1-\frac{h}{2}f_y'(x_{n+1},\eta)}O(h^3)$$

因此梯形公式的局部截断误差为$O(h^3)$，即此公式的精度为二阶。

例 6.7　用梯形公式求下面初值问题的解在$x=0.01$上的值$y(0.01)$。

$$\frac{\mathrm{d}y}{\mathrm{d}x}=y;\ \ y(0)=1$$

解　取$h=0.01$，由梯形公式得$y_1=y_0+\frac{h}{2}(y_0+y_1)$，所以

$$y_1=\frac{1+\frac{h}{2}}{1-\frac{h}{2}}y_0\approx 1.01005$$

6.2.2　改进的欧拉法

Euler 法是一个显式算法，计算量小，但精度很低。梯形公式虽然提高了精度，但它是一种隐式算法，计算量大。

综合使用两种方法，先用 Euler 法求得一个初步的近似值，记作$\overline{y}_{n+1}$，称为预报值；预报值$\overline{y}_{n+1}$的精度不高，但可用它替代梯形公式右端的y_{n+1}，再直接计算，得到校正值y_{n+1}。这样建立的预报-校正系统如下。

预报　$\overline{y}_{n+1}=y_n+hf(x_n,y_n)$

校正　$y_{n+1}=y_n+\frac{h}{2}[f(x_n,y_n)+f(x_{n+1},\overline{y}_{n+1})]$

上式称为改进的 Euler 法，或称为预报-校正法。

下面对改进的 Euler 法进行性能分析。

1. 改进的 Euler 法的另外两种等价表现形式

嵌套形式：

$$y_{n+1}=y_n+\frac{h}{2}[f(x_n,y_n)+f(x_{n+1},y_n+hf(x_n,y_n))]$$

证明　只需将改进的 Euler 法中的预报值$\overline{y}_{n+1}$代入校正过程即可。

平均化形式：

$$\begin{cases} y_p = y_n + hf(x_n, y_n) \\ y_c = y_n + hf(x_{n+1}, y_p) \\ y_{n+1} = \dfrac{1}{2}(y_p + y_c) \end{cases}$$

证明 将 y_p 和 y_c 的表达式代入 y_{n+1} 表达式，得

$$\begin{aligned} y_{n+1} &= \frac{1}{2}[y_n + hf(x_n, y_n) + y_n + hf(x_{n+1}, y_n + hf(x_n, y_n))] \\ &= y_n + \frac{h}{2}[f(x_n, y_n) + f(x_{n+1}, y_n + hf(x_n, y_n))] \end{aligned}$$

因此平均化形式与嵌套形式等价。

在改进的 Euler 法的平均化形式中，y_p 可视为 Euler 法，y_c 可视为近似隐式 Euler 法；因此，此形式是 Euler 法与近似隐式 Euler 法的算术平均。

2．改进的 Euler 法的实际计算

在用改进的 Euler 法解一阶常微分方程初值问题时，可选用三种等价形式中的任意一种。例如，当选用平均化形式时，其计算流程图如图 6.3 所示。

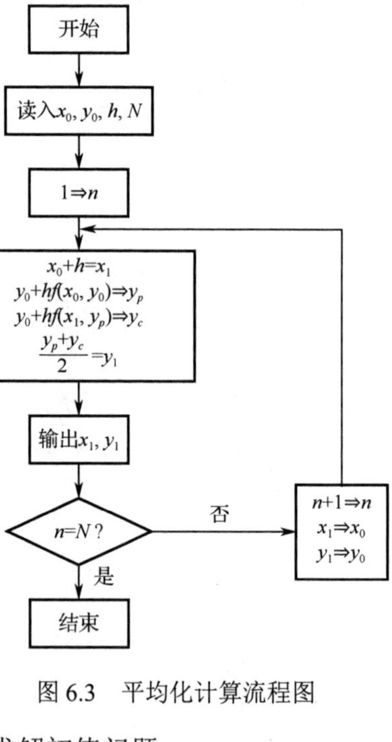

图 6.3 平均化计算流程图

例 6.8 用改进的 Euler 法求解初值问题

$$\begin{cases} \dfrac{dy}{dx} = y - \dfrac{2x}{y} \\ y(0) = 1 \end{cases}$$

在区间 $[0,1.0]$ 上，步长 $h = 0.1$ 的数值解（用 6 位小数进行计算）。

解 对于此例，改进的 Euler 法的具体形式是

$$\begin{cases} \bar{y}_{n+1} = y_n + h\left[y_n - \dfrac{2x_n}{y_n}\right] \\ y_{n+1} = y_n + \dfrac{h}{2}\left[\left(y_n - \dfrac{2x_n}{y_n}\right) + \left(\bar{y}_{n+1} - \dfrac{2x_{n+1}}{\bar{y}_{n+1}}\right)\right] \end{cases}$$

取步长 $h = 0.1$，初值 $y_0 = 1$，具体计算结果如表 6.3 所示。

表 6.3 计算结果

x_n	y_n	x_n	y_n
0.1	1.095909	0.6	1.485956
0.2	1.184096	0.7	1.552515
0.3	1.266201	0.8	1.616476
0.4	1.343360	0.9	1.678168
0.5	1.416402	1.0	1.737869

例 6.9 用改进的 Euler 法解初值问题

$$\begin{cases} \dfrac{dy}{dx} = y^2 \\ y(0) = 1 \end{cases}$$

在区间 $[0,0.4]$ 上，步长 $h = 0.1$ 的解，并比较与精确解的差异。

解 此问题的精确解为 $y = \dfrac{1}{1-x}$，下面推出对于此问题改进的 Euler 法的具体形式

$$\bar{y}_{n+1} = y_n + hy_n^{\ 2}$$

$$\begin{aligned} y_{n+1} &= y_n + \frac{h}{2}[f(x_n, y_n) + f(x_{n+1}, y_n + hf(x_n, y_n))] \\ &= y_n + \frac{h}{2}[y_n^{\ 2} + (y_n + hy_n^{\ 2})^2] \\ &= y_n + hy_n^{\ 2} + h^2 y_n^{\ 3} + \frac{h^3}{2} y_n^{\ 4} \end{aligned}$$

计算结果和误差列表如表 6.4 所示。

表 6.4 计算结果和误差列表

n	x_n	y_n	$y(x_n)$	$y_n - y(x_n)$
1	0.1	1.1118	1.1111	0.0007
2	0.2	1.2521	1.2500	0.0021
3	0.3	1.4345	1.4236	0.0059
4	0.4	1.6782	1.6667	0.015

3. 改进的 Euler 法的几何解释

将 $y(x_{n+1})$ 在点 x_n 处用泰勒公式展开，得

$$y(x_{n+1}) = y(x_n) + y'(\xi)h \qquad x_n < \xi < x_{n+1}$$

再考察改进的 Euler 法，它亦可改写成下列平均化形式

$$\begin{cases} y_{n+1} = y_n + \dfrac{h}{2}(k_1 + k_2) \\ k_1 = f(x_n, y_n) \\ k_2 = f(x_{n+1}, y_n + hk_1) \end{cases}$$

因此，改进的 Euler 法是函数 $y(x)$ 在 x_n 和 x_{n+1} 两个点的导数的近似值的算术平均代替在点 ξ 上的导数值。

改进的 Euler 法有明显的几何解释，如图 6.4 所示。

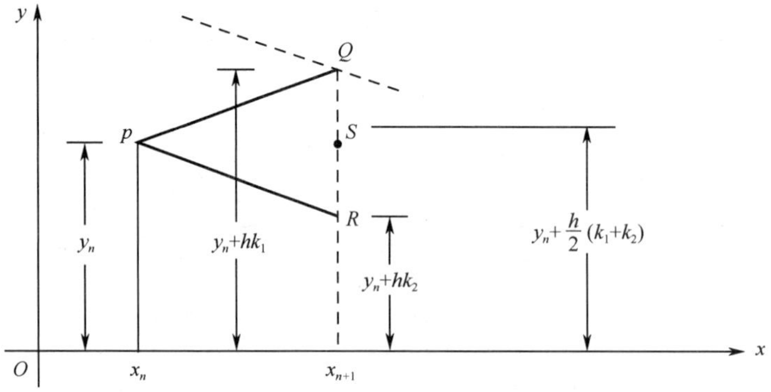

图 6.4　改进的 Euler 法几何解释图

（1）过 p 点，以在此点上的函数值 k_1 为斜率作直线，交 $x = x_{n+1}$ 于 Q，则 Q 点的纵坐标为 $y_n + hk_1$。

（2）过 p 点，以在 Q 点的函数值 k_2 为斜率作直线，交 $x = x_{n+1}$ 于 R，则 R 点的纵坐标为 $y_n + hk_2$。

（3）线段 $\overline{QR}$ 的中点 S 的纵坐标即为改进的 Euler 公式

$$y_{n+1} = y_n + \frac{h}{2}(k_1 + k_2)$$

4．改进的 Euler 法的精度

改进的 Euler 法的精度为二阶。

证明　令 $y_n = y(x_n)$，对于改进的 Euler 法的平均化形式

$$\begin{cases} y_{n+1} = y_n + \dfrac{h}{2}(k_1 + k_2) \\ k_1 = f(x_n, y_n) \\ k_2 = f(x_{n+1}, y_n + hk_1) \end{cases}$$

有

$$k_1 = y'(x_n)$$

$$\begin{aligned} k_2 &= f(x_n + h, y_n + hy'(x_n)) = f(x_n, y_n) + f_x'(x_n, y_n)h + f_y'(x_n, y_n)hy'(x_n) + O(h^2) \\ &= y'(x_n) + hy''(x_n) + O(h^2) \end{aligned}$$

所以

$$y_{n+1} = y(x_n) + \frac{h}{2}[2y'(x_n) + hy''(x_n) + O(h^2)]$$
$$= y(x_n) + hy'(x_n) + \frac{h^2}{2!}y''(x_n) + O(h^2)$$

又

$$y(x_{n+1}) = y(x_n + h) = y(x_n) + hy'(x_n) + \frac{h^2}{2}y''(x_n) + O(h^3)$$

所以 $y(x_{n+1}) - y_{n+1} = O(h^3)$，即改进的 Euler 法的精度为二阶。

例 6.10 给定初值问题

$$\begin{cases} y' = -2y - 4x \\ y(0) = 2 \end{cases}$$

取 $h = 0.1$，用梯形公式计算此问题在 $0 \leqslant x \leqslant 0.5$ 内的近似解。

解 对于此初值问题，梯形公式为

$$y_{n+1} = y_n + \frac{h}{2}[f(x_n, y_n) + f(x_{n+1}, y_{n+1})]$$
$$= y_n + \frac{h}{2}[-2y_n - 4x_n - 2y_{n+1} - 4x_{n+1}]$$

所以

$$y_{n+1} = \frac{1}{1+h}[y_n - h(y_n + 2(x_n + x_{n-1}))]$$

取 $h = 0.1$，$y_0 = 2$，依次产生

$$y_1 = 1.6182，y_2 = 1.2699，y_3 = 0.9484，y_4 = 0.6490，y_5 = 0.3676$$

例 6.11 用改进的 Euler 法计算初值问题

$$\begin{cases} y' = \frac{1}{x}y - \frac{1}{x}y^2 & 1 < x < 5 \\ y(1) = 0.5 \end{cases}$$

取步长 $h = 0.1$，并与精确解 $y(x) = \frac{x}{1+x}$ 比较。

解 因为 $f(x, y) = \frac{1}{x}y - \frac{1}{x}y^2$，所以改进的 Euler 法为

$$\begin{cases} \overline{y}_{n+1} = y_n + h\left(\frac{1}{x_n}y_n - \frac{1}{x_n}{y_n}^2\right) \\ y_{n+1} = y_n + \frac{h}{2}\left(\frac{1}{x_n}y_n - \frac{1}{x_n}{y_n}^2 + \frac{1}{x_{n+1}}\overline{y}_{n+1} - \frac{1}{x_{n+1}}{\overline{y}_{n+1}}^2\right) \end{cases}$$

取步长 $h = 0.1$，$y_0 = 0.5$，计算结果见表 6.5。

表 6.5 计算结果

x_n	1.0	1.1	1.2	1.3	1.4	1.5
$f(x_n, y_n)$	0.25	0.226756	0.206608	0.189030	0.173630	
$\overline{y}_{n+1}$	0.525	0.546511	0.566160	0.584179	0.600783	

续表

$f(x_{n+1},\bar{y}_{n+1})$	0.226704	0.206531	0.188941	0.173510	0.159898	
y_n	0.5	0.523835	0.545499	0.565276	0.583403	0.600078
$y(x_n)$	0.5	0.523809	0.545455	0.565216	0.58333	0.600000
Δy_n	0.0238835	0.021664	0.019777	0.018127	0.016675	

6.3 龙格-库塔法

前面讨论了 5 种求解初值问题式（6.1）、式（6.2）的方法，这些方法的精度至多是二阶的。如何构造各种新的二阶公式和更高精度的公式呢？本节将介绍构造一类高精度公式的方程，即龙格-库塔法。

6.3.1 龙格-库塔法的基本思想

对于一阶常微分方程初值问题

$$\begin{cases} y'(x) = f(x,y) \\ y(x_0) = y_0 \end{cases}$$

首先想到的是求其在 $x_0,x_1,x_2,\cdots,x_n,\cdots$ 的精确解 $y(x_0),y(x_1),y(x_2),\cdots,y(x_n),\cdots$，即建立精确的递推公式。这可以用泰勒展开式完成。

$$y(x_{n+1}) = y(x_n) + hy'(\xi) \qquad x_n < \xi < x_{n+1}$$

由于 ξ 在实际计算中无法确定，因此上述递推公式无法进行实际计算。

下面将这个精确的递推公式与 Euler 法、梯形公式等近似递推公式相比较，找出它们之间的关系。

1．与 Euler 法相比较

对于 Euler 法

$$y_{n+1} = y_n + hf(x_n,y_n)$$

$f(x_n,y_n)$ 是 $y'(x_n)$ 的近似值，因此，Euler 法可以用 x_n 这一点上函数 $y(x)$ 的导数近似值来替代精确递推公式中难以计算的 $y'(\xi)$，由此产生了一个精度为一阶的近似递推公式。

2．与梯形公式相比较

对于梯形公式

$$y_{n+1} = y_n + \frac{h}{2}[f(x_n,y_n) + f(x_{n+1},y_{n+1})]$$

由于 $f(x_n,y_n)$ 和 $f(x_{n+1},y_{n+1})$ 分别是 $y'(x_n)$ 和 $y'(x_{n+1})$ 的近似值，因此，梯形公式可以用 x_n 和 x_{n+1} 这两点上函数 $y(x)$ 的导数近似值的平均值来替代精确递推公式中难以计算的 $y'(\xi)$，由此产生了一个精度为二阶的近似递推公式。

由上述比较我们产生了一个想法：用两个点上函数 $y'(x)$ 的近似值的适当组合来替代 $y'(\xi)$，可以产生二阶精度的公式，用三个点上函数 $y'(x)$ 的近似值的适当组合来替代 $y'(\xi)$，可以产生三阶精度的公式……因此，随着所取点的个数和点的位置的不同，可以产生各种各样的不同精度的求解式（6.1）、式（6.2）的公式，这就是龙格-库塔法的基本思想。下面具体推导一些常用的龙格-库塔法。

6.3.2　二阶龙格-库塔法

在$[x_n, x_{n+1}]$中取两点x_n和$x_{n+p} = x_n + ph,\quad 0 < p \leqslant 1$，记这两点上$y'(x)$的近似值为$k_1$和$k_2$，用$k_1$和$k_2$的组合替代$y'(\xi)$。因此有

$$\begin{cases} y_{n+1} = y_n + h(c_1 k_1 + c_2 k_2) \\ k_1 = f(x_n, y_n) \\ k_2 = f(x_n + ph, y_n + phk_1) \end{cases}$$

上式中有三个参数c_1, c_2, p可供选择。如何选取这三个参数，使近似公式的精度为二阶，也就是使局部截断误差为$O(h^3)$，下面利用泰勒展开式求出三个参数的取值范围，使公式的精度为二阶。

令$y_n = y(x_n)$，因此

$$k_1 = f(x_n, y(x_n)) = y'(x_n)$$

$$\begin{aligned} k_2 &= f(x_n + ph, y_n + phy'(x_n)) \\ &= f(x_n, y_n) + f_x'(x_n, y_n)ph + f_y'(x_n, y_n)phy'(x_n) + O(h^2) \\ &= y'(x_n) + ph\frac{\mathrm{d}}{\mathrm{d}x}f'(x_n, y_n) + O(h^2) \\ &= y'(x_n) + phy''(x_n) + O(h^2) \end{aligned}$$

$$\begin{aligned} y_{n+1} &= y(x_n) + h[c_1 y'(x_n) + c_2 y'(x_n) + phc_2 y''(x_n) + O(h^2)] \\ &= y(x_n) + h(c_1 + c_2)y'(x_n) + ph^2 c_2 y''(x_n) + O(h^3) \end{aligned}$$

将$y(x_{n+1})$在x_n处用泰勒公式展开

$$y(x_{n+1}) = y(x_n + h) = y(x_n) + hy'(x_n) + \frac{h^2}{2}y''(x_n) + O(h^3)$$

因此，当满足下列条件时，$y(x_{n+1}) - y_{n+1} = O(h^3)$，即局部截断误差为$O(h^3)$。

$$c_1 + c_2 = 1,\quad pc_2 = \frac{1}{2}$$

由上述分析，产生如下定理。

【定理 6.1】 二阶龙格-库塔法为

$$\begin{cases} y_{n+1} = y_n + h((1-\lambda)k_1 + \lambda k_2) \\ k_1 = f(x_n, y_n) \\ k_2 = f(x_n + ph, y_n + phk_1) \end{cases}$$

其中，$\lambda p = \dfrac{1}{2}$。在此方法中含有无穷多个公式，每个公式的精度都是二阶的。

在二阶龙格-库塔法所包含的一组二阶精度公式中，最常用的有两个。

1．改进的 Euler 法

当取 $\lambda=\dfrac{1}{2}$，$p=1$ 时，

$$\begin{cases}y_{n+1}=y_n+\dfrac{h}{2}(k_1+k_2)\\ k_1=f(x_n,y_n)\\ k_2=f(x_n+h,y_n+hf(x_n,y_n))\end{cases}$$

显然，这就是改进的 Euler 法。

2．变形的 Euler 法

当取 $\lambda=1$，$p=\dfrac{1}{2}$ 时，得到另一个二阶龙格-库塔法的计算公式

$$\begin{cases}y_{n+1}=y_n+hk_2\\ k_1=f(x_n,y_n)\\ k_2=f\left(x_n+\dfrac{h}{2},y_n+\dfrac{h}{2}f(x_n,y_n)\right)\end{cases}$$

此公式称为变形的 Euler 法，也称为中点方法。

例 6.12　证明改进的 Euler 法能精确地解初值问题。

$$\begin{cases}y'(x)=ax+b\\ y(0)=0\end{cases}$$

证明　因为此问题的精确解为 $y(x)=\dfrac{1}{2}ax^2+bx$，所以

$$\begin{aligned}y(x_{n+1})=y(x_n+h)&=\frac{1}{2}a(x_n+h)^2+b(x_n+h)\\&=\left(\frac{1}{2}a{x_n}^2+bx_n\right)+h(ax_n+b)+\frac{h^2}{2}a\\&=y(x_n)+h(ax_n+b)+\frac{h^2}{2}a\end{aligned}$$

对于上述初值问题，因为 $f(x_n,y_n)=ax_n+b$，所以改进的 Euler 法为

$$\begin{aligned}y_{n+1}&=y_n+\frac{h}{2}[f(x_n,y_n)+f(x_n+h,y_n+hf(x_n,y_n))\\&=y_n+\frac{h}{2}[ax_n+b+a(x_n+h)+b]\\&=y_n+h(ax_n+b)+\frac{h^2}{2}a\end{aligned}$$

因此，当 $y_n=y(x_n)$ 时，$y_{n+1}=y(x_{n+1})$。因为 $y_0=y(x_0)$，所以 $y_1=y(x_1)$，$y_2=y(x_2)$ 等，即改进的 Euler 法能精确地解此初值问题。

例 6.13　考察下列方程式

$$\begin{cases} y_{n+1} = y_n + h(\lambda k_1 + \mu k_2) \\ k_1 = f(x_n, y_n) \\ k_2 = f(x_n + ph, y_n + phk_1) \end{cases}$$

求证若公式的精度为二阶，则此公式必为二阶龙格-库塔法。

证明　设此公式的精度为二阶。令 $y_n = y(x_n)$，所以

$$k_1 = f(x_n, y(x_n)) = y'(x_n)$$

$$\begin{aligned} k_2 &= f(x_n, y_n) + f_x'(x_n, y_n)ph + f_y'\left(x_n, y_n\right)phy'(x_n) + O(h^2) \\ &= y'(x_n) + ph[f_x'(x_n, y_n) + f_y'(x_n, y_n)y'(x_n)] + O(h^2) \\ &= y'(x_n) + phf'(x_n, y(x_n)) + O(h^2) \\ &= y'(x_n) + phy''(x_n) + O(h^2) \end{aligned}$$

$$\begin{aligned} y_{n+1} &= y(x_n) + h[\lambda y'(x_n) + \mu y'(x_n) + \mu phy''(x_n)] + O(h^3) \\ &= y(x_n) + h(\lambda + \mu)y'(x_n) + h^2 \mu py''(x_n) + O(h^3) \end{aligned}$$

又因为

$$y(x_{n+1}) = y(x_n + h) = y(x_n) + hy'(x_n) + \frac{h^2}{2}y''(x_n) + O(h^3)$$

所以，只有满足下列条件

$$\begin{cases} \lambda + \mu = 1 \\ \mu p = \dfrac{1}{2} \end{cases}$$

公式的精度才为二阶，此时 $\lambda = 1 - \mu$，$\mu p = \dfrac{1}{2}$ 显然是二阶龙格-库塔法。

6.3.3　高阶龙格-库塔法

高阶龙格-库塔法的推导方法与上面讨论的二阶龙格-库塔法推导类似，只是随着阶数的增高，推导的工作量也随之增大。例如，三阶龙格-库塔法是用关于三个点 x_n、$x_{n+a_2} = x_n + a_2 h$ 和 $x_{n+a_3} = x_n + a_3 h$ 上的导函数 $y'(x)$ 的近似值 k_1、k_2 和 k_3 的线性组合来替代精确递推公式

$$y(x_{n+1}) = y(x_n) + hy'(\xi)$$

中的 $y'(\xi)$。其一般形式为

$$\begin{cases} y_{n+1} = y_n + c_1 k_1 + c_2 k_2 + c_3 k_3 \\ k_1 = hf(x_n, y_n) \\ k_2 = hf(x_n + a_2 h, y_n + b_{21} k_1) \\ k_3 = hf(x_n + a_3 h, y_n + b_{31} k_1 + b_{32} k_2) \end{cases}$$

仿照二阶情况的推导，把 k_1, k_2, k_3 代入 y_{n+1} 的表达式，在 (x_n, y_n) 处进行泰勒展开，再与 $y(x_{n+1})$ 在点 x_n 处的泰勒展开式比较，欲使公式的局部截断误差 $y(x_{n+1}) = y_{n+1} = O(h^4)$，可得含有 8 个参数 $c_1, c_2, c_3, a_2, a_3, b_{21}, b_{31}, b_{32}$ 的 6 个方程组成的方程组

$$\begin{cases} c_1+c_2+c_3=1 \\ a_2=b_{21} \\ a_3=b_{31}+b_{32} \\ c_2a_2+c_3a_3=\dfrac{1}{2} \\ c_2a_2^{\ 2}+c_3a_3^{\ 2}=\dfrac{1}{3} \\ c_3b_{32}a_2=\dfrac{1}{6} \end{cases}$$

显然，有无穷多个解能满足上述方程组，而且每个这样的解构成的三阶龙格-库塔法的局部截断误差都为$O(h^4)$。

下面给出一个比较简单而重要的三阶龙格-库塔公式，称为库塔公式，即

$$\begin{cases} y_{n+1}=y_n+\dfrac{1}{6}(k_1+4k_2+k_3) \\ k_1=hf(x_n,y_n) \\ k_2=hf\left(x_n+\dfrac{1}{2}h,y_n+\dfrac{1}{2}k_1\right) \\ k_3=hf(x_n+h,y_n-k_1+2k_2) \end{cases}$$

在实际应用中，最常用的是四阶龙格-库塔公式，但其推导十分烦琐，要涉及求解含有 13 个参数的 11 个方程组成的方程组，此处不再推导，仅给出两个常用的四阶龙格-库塔公式。

1．标准四阶龙格-库塔公式（也称为经典公式）

$$\begin{cases} y_{n+1}=y_n+\dfrac{1}{6}(k_1+2k_2+2k_3+k_4) \\ k_1=hf(x_n,y_n) \\ k_2=hf\left(x_n+\dfrac{1}{2}h,y_n+\dfrac{1}{2}k_1\right) \\ k_3=hf\left(x_n+\dfrac{1}{2}h,y_n+\dfrac{1}{2}k_2\right) \\ k_4=hf\left(x_n+h,y_n+k_3\right) \end{cases}$$

2．吉尔（Gill）公式

$$\begin{cases} y_{n+1}=y_n+\dfrac{1}{6}[k_1+(2-\sqrt{2})k_2+(2+\sqrt{2})k_3+k_4] \\ k_1=hf(x_n,y_n) \\ k_2=hf\left(x_n+\dfrac{1}{2}h,y_n+\dfrac{1}{2}k_1\right) \\ k_3=hf\left(x_n+\dfrac{1}{2}h,y_n+\dfrac{\sqrt{2}-1}{2}k_1+\dfrac{2-\sqrt{2}}{2}k_2\right) \\ k_4=hf\left(x_n+h,y_n-\dfrac{\sqrt{2}}{2}k_2+\dfrac{2+\sqrt{2}}{2}k_3\right) \end{cases}$$

上述两种四阶龙格–库塔公式的局部截断误差均为$O(h^5)$。

从理论上说，任意高阶的计算方法都是可构造的，但需注意，精度的阶数与计算函数值的次数之间的关系并非等量增加。应该指出，四阶及四阶以下的龙格–库塔法，每一步需调用函数 $f(x,y)$ 的次数与阶数一致。如二阶公式需调用二次 $f(x,y)$，而四阶公式需调用四次 $f(x,y)$。但对于更高阶的情形则不然，需要调用 $f(x,y)$ 的次数远远大于方法的阶数。由于计算量较大，因此很少使用更高阶的龙格–库塔法。事实上，对于大量的实际问题，四阶龙格–库塔法已可满足对精度的要求。

例 6.14　取步长 $h=0.2$，$0\leqslant x\leqslant 1$，用标准四阶龙格–库塔法求解初值问题

$$\begin{cases}\dfrac{\mathrm{d}y}{\mathrm{d}x}=y-\dfrac{2x}{y}\\ y(0)=1\end{cases}$$

解　已知$f(x,y)=y-\dfrac{2x}{y}$，$y(0)=1$，$h=0.2$，在$[0,1]$上求$x=0.2,0.4,0.6,0.8,1.0$上的数值解。只要将 f,h 代入标准的四阶龙格–库塔公式，得具体计算公式为

$$\begin{cases}y_{n+1}=y_n+\dfrac{1}{6}(k_1+2k_2+2k_3+k_4)\\ k_1=0.2\left(y_n-\dfrac{2x_n}{y_n}\right)\\ k_2=0.2\left(y_n+\dfrac{k_1}{2}-\dfrac{2(x_n+0.1)}{y_n+\dfrac{k_1}{2}}\right)\\ k_3=0.2\left(y_n+\dfrac{k_2}{2}-\dfrac{2(x_n+0.1)}{y_n+\dfrac{k_2}{2}}\right)\\ k_4=0.2\left(y_n+k_3-\dfrac{2(x_n+0.2)}{y_n+k_3}\right)\\ (n=0,1,2,\cdots)\end{cases}$$

从$n=0$开始，将每算得的 4 个 k_i $(i=1,2,3,4)$ 值代入经典公式，得 y_1，再由$n=1$算得 4 个 k_i 值，代入上式得 y_2；以此类推，得方程的精确解在节点$x=0.2,0.4,0.6,0.8,1.0$上的数值解 y_1,y_2,y_3,y_4,y_5，其计算结果见表 6.6。

表 6.6　计算结果

n	x_n	y_n	n	x_n	y_n
0	0	1	3	0.6	1.48328
1	0.2	1.18323	4	0.8	1.61251
2	0.4	1.34167	5	1.0	1.73214

与例 6.8 的结果相比较，可以看出，虽然这里步长增大了一倍，但精确度却比改进的 Euler

法好，这是高阶龙格-库塔法的优点，但计算量增大。

龙格-库塔法在求解范围较大而精确度要求较高的解时是比较好的方法，它与 Euler 法和改进的 Euler 法一样可以直接从头算起，而且为了能达到同样的精确度，它所用的步长可以比 Euler 法和改进的 Euler 法所用的步长大得多。但值得指出的是，由于龙格-库塔法的推导基于泰勒展开方法，因此它要求所求的解具有较好的光滑性。反之，如果解的光滑性差，那么，使用四阶龙格-库塔法求得的数值解，其精度可能反而不如改进的 Euler 法。在实际计算时，应当针对问题的具体特点选择合适的算法。

对于标准的四阶龙格-库塔公式有以下几何解释（见图 6.5）。

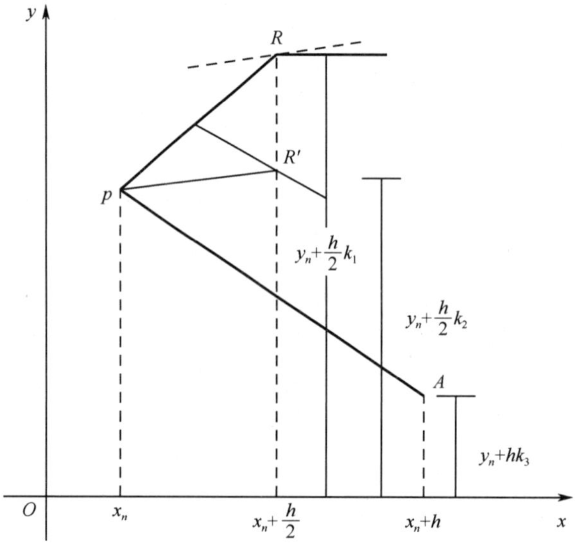

图 6.5　龙格-库塔公式几何解释

（1）从 p 点出发，以 $k_1=f(x_n,y_n)$ 为斜率，作直线，交 $x=x_n+\frac{h}{2}$ 于 R 点，R 的坐标为 $\left(x_n+\frac{h}{2},y_n+\frac{h}{2}k_1\right)$。

（2）从 p 点出发，以 R 点的函数值 $k_2=f\left(x_n+\frac{h}{2},y_n+\frac{h}{2}k_1\right)$ 为斜率，作直线，交 $x=x_n+\frac{h}{2}$ 于 R' 点，R' 的坐标为 $\left(x_n+\frac{h}{2},y_n+\frac{h}{2}k_2\right)$。

（3）从 p 点出发，以在 R' 点的函数值 $k_3=f\left(x_n+\frac{h}{2},y_n+\frac{h}{2}k_2\right)$ 为斜率，作直线，交 $x=x_n+h$ 于 A 点，其坐标为 (x_n+h,y_n+hk_3)，且在该点的函数值为 $k_4=f(x_n+h,y_n+hk_3)$。

（4）对 k_1、k_2、k_3、k_4 加权平均 $\frac{h}{6}(k_1+2k_2+2k_3+k_4)$，再与 y_n 相加即可得到 y_{n+1}，即

$$y_{n+1}=y_n+\frac{h}{6}(k_1+2k_2+2k_3+k_4)$$

6.3.4 变步长龙格-库塔法

怎样选取合适的步长，这在实际计算中是很重要的。因为步长越小，每步计算的截断误差就越小，但在一定的求解范围内，需要完成的步数就越多，这不但会引起计算量增大，而且会造成舍入误差的严重积累。在选择步长时，需要考虑两个问题：一是怎样衡量和检验计算结果的精度；二是如何依据所获得的精度处理步长。

对于问题一，假定选用 p 阶龙格-库塔法。从节点 x_n 出发，先以 h 为步长求出一个近似值，记为 $y_{n+1}^{(h)}$，由于公式的局部截断误差为 $O(h^{p+1})$，故有

$$y = y(x_{n+1}) - y_{n+1}^{(h)} \approx ch^{p+1}$$

然后将步长折半，即取 $\dfrac{h}{2}$ 为步长，从 x_n 跨两步到 x_{n+1}，再求得一个近似值 $y_{n+1}^{\left(\frac{h}{2}\right)}$，每跨一步的截断误差是 $c\left(\dfrac{h}{2}\right)^{p+1}$，因此有

$$y(x_{n+1}) - y_{n+1}^{\left(\frac{h}{2}\right)} \approx 2c\left(\frac{h}{2}\right)^{p+1}$$

比较上面两式可以看到，步长折半后，误差大约减小到 $\dfrac{1}{2^p}$，因此

$$\frac{y(x_{n+1}) - y_{n+1}^{\left(\frac{h}{2}\right)}}{y(x_{n+1}) - y_{n+1}^{(h)}} \approx \frac{1}{2^p}$$

由此可得下列估计式

$$y(x_{n+1}) - y_{n+1}^{\left(\frac{h}{2}\right)} \approx \frac{1}{2^p - 1}\left[y_{n+1}^{\left(\frac{h}{2}\right)} - y_{n+1}^{(h)}\right]$$

这样，可以通过检查步长折半前、后两次计算结果的偏差

$$\Delta = \frac{1}{2^p - 1}\left|y_{n+1}^{\left(\frac{h}{2}\right)} - y_{n+1}^{(h)}\right|$$

由 Δ 来检验 $y_{n+1}^{\left(\frac{h}{2}\right)}$ 是否满足精度要求。

对于问题二，在计算 $y(x_{n+1})$ 的近似值时，首先选取一步长 h，再根据 Δ 值判定选取的步长是否合适。具体说，将区分以下两种情况处理。

（1）对于给定的精度 ε，如果 $\Delta > \varepsilon$，那么将步长折半反复进行计算，直到 $\Delta < \varepsilon$ 为止，这时取最终得到的 $y_{n+1}^{\left(\frac{h}{2}\right)}$ 为结果。

（2）如果 $\Delta < \varepsilon$，那么将步长反复加倍，直到 $\Delta > \varepsilon$ 为止，这时再将步长折半一次，就得到所要的结果。

这种通过加倍或者折半处理步长的方法称为变步长龙格-库塔法。

由上面处理过程不难看出，变步长龙格-库塔法的基本思想是，在满足精度要求的前提下，步长尽量取大。表面上看，为了选择步长，每一步的计算量增加了，但从总体考虑来看

往往是合适的。

例 6.15 证明三段龙格-库塔法的精度为三阶。

$$
\begin{cases}
k_1 = hf(x_n, y_n) \\
k_2 = hf\left(x_n + \dfrac{h}{3}, y_n + \dfrac{k_1}{3}\right) \\
k_3 = hf\left(x_n + \dfrac{2}{3}h, y_n + \dfrac{2}{3}k_2\right) \\
y_{n+1} = y_n + \dfrac{1}{4}(k_1 + 3k_3)
\end{cases}
$$

证明 在三阶龙格-库塔法中，有

$$
\begin{cases}
y_{n+1} = y_n + c_1k_1 + c_2k_2 + c_3k_3 \\
k_1 = hf(x_n, y_n) \\
k_2 = hf(x_n + a_2h, y_n + b_{21}k_1) \\
k_3 = hf(x_n + a_3h, y_n + b_{31}k_1 + b_{32}k_2) \\
c_1 + c_2 + c_3 = 1 \\
a_2 = b_{21} \\
a_3 = b_{31} + b_{32} \\
c_2a_2 + c_3a_3 = \dfrac{1}{2} \\
c_2{a_2}^2 + c_3{a_3}^2 = \dfrac{1}{3} \\
c_3b_{32}a_2 = \dfrac{1}{6}
\end{cases}
$$

取 $c_1 = \dfrac{1}{4}$，$c_2 = 0$，$c_3 = \dfrac{3}{4}$，$a_2 = \dfrac{1}{3}$，$a_3 = \dfrac{2}{3}$，$b_{21} = \dfrac{1}{3}$，$b_{31} = 0$，$b_{32} = \dfrac{2}{3}$，则三阶龙格-库塔法就成了三段龙格-库塔法，因此，三段龙格-库塔法的精度为三阶。

6.4 单步法的收敛性与稳定性

收敛性与稳定性从不同角度描述了数值方法的可靠性。只有既收敛又稳定的方法，才能提供比较可靠的计算结果。为了简单起见，本节重点讨论单步法的收敛性与稳定性。单步法是只需利用 x_n 及 $y(x)$ 在 x_n 上的近似值 y_n，就可以确定 $y(x)$ 在 x_{n+1} 上的近似值 y_{n+1} 的数值方法。Euler 法、改进的 Euler 法和龙格-库塔法都是单步法的例子。显式单步法的计算公式可以统一地写成如下形式

$$y_{n+1} = y_n + h\varphi(x_n, y_n, h) \tag{6.3}$$

其中 h 为步长，$x_n = a + nh$，y_n 为方程的精确解 $y(x)$ 在点 x_n 处的近似值，而 $\varphi(x_n, y_n, h)$ 称为方法的增量函数，它依赖于 f，且仅仅是 x_n、y_n 和 h 的函数。

6.4.1　收敛性

微分方程初值问题的数值解法的基本思路是：通过某种离散化方法，将微分方程转换为差分方程来求解。这里，首先的一个问题就是这种离散化是否合理，也就是当 $h\to 0$ 时，差分方程 $y_{n+1}=y_n+h\varphi(x_n,y_n,h)$ 的解是否会收敛到微分方程的精确解。但这里要注意，若只考虑 $h\to 0$，则节点 $x_n=x_0+nh$ 对固定的 n 将趋于 x_0，这对讨论收敛性是没有意义的。因此，当 $h\to 0$ 时，必须同时有 $n\to\infty$。

【定义 6.2】 若单步法（参见式（6.3））对于任意固定的 $x_n=x_0+nh$ 有数值解 y_n，当 $h\to 0$（同时 $n\to\infty$）时，趋向于准确解 $y(x_n)$，则称该单步法是收敛的。

前面介绍的一些单步法，它们的局部截断误差 $|y(x_{n+1})-y_{n+1}|$ 都是关于步长 h 的无穷小量。但必须注意，在分析 y_{n+1} 的局部截断误差时有一个前提，即假定在计算 y_{n+1} 时 y_n 为准确的。在实际计算中，这一前提并不能保证，因此，不能根据局部截断误差是否趋向于零（当 $h\to 0$ 时）来判定方法是否收敛。

【定义 6.3】 在单步法（参见式（6.3））中定义 $|y(x_n)-y_n|$ 为近似值 y_n 的整体截断误差。

由定义不难看出，当 $h\to 0$（同时 $n\to\infty$）时，若某一个单步法的整体截断误差趋向于 0，则此方法是收敛的。

下面以 Euler 法为例，讨论该方法的收敛性。

设 y_{n+1} 表示 $y_n=y(x_n)$ 按 Euler 格式

$$y_{n+1}=y_n+hf(x_n,y_n) \tag{6.4}$$

求得的结果，即

$$\overline{y}_{n+1}=y(x_n)+hf(x_n,y(x_n)) \tag{6.5}$$

则局部截断误差为

$$y(x_{n+1})-\overline{y}_{n+1}=\frac{h^2}{2}y''(\xi)\qquad x_n<\xi<x_{n+1}$$

因此存在定数 c，使

$$|y(x_{n+1})-\overline{y}_{n+1}|<ch^2 \tag{6.6}$$

进一步考察整体截断误差。令 $\varepsilon_n=|y(x_n)-y_n|$，由于

$$|y(x_{n+1})-y_{n+1}|\leqslant|y_{n+1}-\overline{y}_{n+1}|+|y(x_{n+1})-\overline{y}_{n+1}| \tag{6.7}$$

将式（6.4）与式（6.5）相减，得

$$|y_{n+1}-\overline{y}_{n+1}|\leqslant(1+hL)|y(x_n)-y_n|$$

式中 L 是 f 关于 y 的利普希茨常数。再利用式（6.6），由式（6.7）得

$$\varepsilon_{n+1}\leqslant(1+hL)\varepsilon_n+ch^2$$

据此反复递推，有

$$\varepsilon_n\leqslant(1+hL)^n\varepsilon_0+\frac{ch}{L}[(1+hL)^n-1]$$

注意到 $1+hL\leqslant e^{hL}$，设 $x_n-x_0=nh\leqslant T$（T 为定数），则

$$(1+hL)^n\leqslant e^{nhL}\leqslant e^{TL}$$

因此有

$$\varepsilon_n \leqslant e^{TL}\varepsilon_0 + \frac{c}{L}(e^{TL}-1)h$$

这样，如果初值 y_0 是准确的，即 $\varepsilon_0 = 0$，则当 $h \to 0$ 时，有 $\varepsilon \to 0$。这说明 Euler 法是收敛的。

关于单步法有下述收敛性定理。

【定理 6.2】 假设单步法（参见式（6.3））具有 p 阶精度，且增量函数 $\varphi(x,y,h)$ 关于 y 满足利普希茨条件

$$|\varphi(x,y,h)-\varphi(x,\bar{y},h)| \leqslant L_\varphi|y-\bar{y}| \tag{6.8}$$

又设初值 y_0 是准确的，即 $y_0 = y(x_0)$，则其整体截断误差为

$$y(x_n)-y_n = O(h^p) \tag{6.9}$$

证明 设 $\bar{y}_{n+1}$ 表示 $y_n = y(x_n)$ 时用式（6.3）求得的结果，即

$$\bar{y}_{n+1} = y(x_n) + h\varphi(x_n, y(x_n), h) \tag{6.10}$$

则 $y(x_{n+1})-\bar{y}_{n+1}$ 为局部截断误差，由于所给方法具有 p 阶精度，按定义 6.1，存在定数 c，使

$$|y(x_{n+1})-\bar{y}_{n+1}| \leqslant ch^{p+1}$$

又由式（6.10）、式（6.3）得

$$|\bar{y}_{n+1}-y_{n+1}| \leqslant |y(x_n)-y_n| + h|\varphi(x_n,y(x_n),h)-\varphi(x_n,y_n,h)|$$

利用假设条件（式（6.8）），有

$$|\bar{y}_{n+1}-y_{n+1}| \leqslant (1+hL_\varphi)|y(x_n)-y_n|$$

从而有

$$\begin{aligned}|y(x_{n+1})-y_{n+1}| &\leqslant |\bar{y}_{n+1}-y_{n+1}| + |y(x_{n+1})-\bar{y}_{n+1}| \\ &\leqslant (1+hL_\varphi)|y(x_n)-y_n| + ch^{p+1}\end{aligned}$$

即对整体截断误差 $\varepsilon_n = y(x_n)-y_n$，有下列递推关系式

$$|\varepsilon_{n+1}| \leqslant (1+hL_\varphi)|\varepsilon_n| + ch^{p+1}$$

据此不等式反复递推，可得

$$|\varepsilon_n| \leqslant (1+hL_\varphi)^n|\varepsilon_0| + \frac{ch^p}{L_\varphi}[(1+hL_\varphi)^n - 1]$$

再注意到当 $x_n - x_0 = hn \leqslant T$ 时，有

$$(1+hL_\varphi)^n \leqslant (e_\varphi^h)^h \leqslant e^{TL_\varphi}$$

最终得下列估计式

$$|\varepsilon_n| \leqslant |\varepsilon_0| e^{TL_\varphi} + \frac{ch^p}{L_\varphi}(e^{TL\varphi}-1)$$

由此可以断定，如果初值是准确的，即 $\varepsilon_0 = 0$，则式（6.9）成立。

依据这一定理，判断单步法（参见式（6.3））的收敛性可归结为验证增量函数 φ 能否满足利普希茨条件（参见式（6.8））。

例 6.16 考察改进的 Euler 法的收敛性。

解 因为改进的 Euler 法的增量函数为

$$\varphi = \frac{1}{2}[f(x,y) + f(x+h, y+hf(x,y))]$$

因此有

$$|\varphi(x,y,h)-\varphi(x,\bar{y},h)| \leqslant \frac{1}{2}(|f(x,y)-f(x,\bar{y})| + |f(x+h,y+hf(x,y))-f(x+h,\bar{y}+hf(x,\bar{y}))|)$$

假设 f 关于 y 满足利普希茨条件，记利普希茨常数为 L，则由上式推得

$$|\varphi(x,y,h)-\varphi(x,\bar{y},h)| \leqslant L\left(1+\frac{h}{2}L\right)|y-\bar{y}|$$

设限定 $h \leqslant h_0$（h_0 为定数），上式表明 φ 关于 y 的利普希茨常数为

$$L_\varphi = L\left(1+\frac{h_0}{2}L\right)$$

所以改进的 Euler 法也是收敛的。

以此类推，不难验证其他单步法的收敛性。

下面应用这个定理来讨论标准四阶龙格-库塔法的收敛性。

标准四阶龙格-库塔法格式为

$$\begin{cases} y_{n+1} = y_n + \frac{1}{6}(k_1+2k_2+2k_3+k_4) \\ k_1 = hf(x_n,y_n) \\ k_2 = hf\left(x_n+\frac{h}{2}, y_n+\frac{k_1}{2}\right) \\ k_3 = hf\left(x_n+\frac{h}{2}, y_n+\frac{k_2}{2}\right) \\ k_4 = hf(x_n+h, y_n+k_3) \end{cases}$$

假设 $f(x,y)$ 在区域 $a \leqslant x \leqslant b$ 和 $-\infty < y < +\infty$ 上关于 y 满足利普希茨条件，即

$$|f(x,y_1)-f(x,y_2)| \leqslant L|y_1-y_2|$$

下面验证其增量函数 $\varphi(x,y,h)$ 关于 y 也满足利普希茨条件，从而推出标准四阶龙格-库塔法是收敛的。

显然，龙格-库塔法的增量函数为

$$\varphi(x,y,h) = \frac{1}{6h}[k_1(x,y,h)+2k_2(x,y,h)+2k_3(x,y,h)+k_4(x,y,h)]$$

其中：

$$k_1(x,y,h) = hf(x,y)$$

$$k_2(x,y,h) = hf\left(x+\frac{h}{2}, y+\frac{k_1(x,y,h)}{2}\right)$$

$$k_3(x,y,h) = hf\left(x+\frac{h}{2}, y+\frac{k_2(x,y,h)}{2}\right)$$

$$k_4(x,y,h) = hf(x+h, y+k_3(x,y,h))$$

由于 $f(x,y)$ 关于 y 满足利普希茨条件，从而

$$|k_1(x,y,h)-k_1(x,y^*,h)| \leqslant hL|y-y^*|$$

$$|k_2(x,y,h)-k_2(x,y^*,h)|$$

$$
\begin{aligned}
&=\left|hf\left(x+\frac{h}{2},y+\frac{k_1(x,y,h)}{2}\right)-hf\left(x+\frac{h}{2},y^*+\frac{k_1(x,y^*,h)}{2}\right)\right|\\
&\leqslant hL\left|y+\frac{k_1(x,y,h)}{2}-\left(y^*+\frac{k_1(x,y^*,h)}{2}\right)\right|\\
&\leqslant hL\left(|y-y^*|+\frac{1}{2}hL|y-y^*|\right)\\
&=hL\left(1+\frac{1}{2}hL\right)|y-y^*|
\end{aligned}
$$

同理，可得以下不等式

$$
|k_3(x,y,h)-k_3(x,y^*,h)|\leqslant hL\left[\left(1+\frac{1}{2}hL\right)+\frac{1}{4}(hL)^2\right]|y-y^*|
$$

$$
|k_4(x,y,h)-k_4(x,y^*,h)|\leqslant hL\left[(1+hL)+\frac{1}{2}(hL)^2+\frac{1}{4}(hL)^3\right]|y-y^*|
$$

于是作为 $k_i(i=1,2,3,4)$ 线性组合的 $\varphi(x,y,h)$，在 $a\leqslant x\leqslant b$，$-\infty<y<+\infty$，$0\leqslant h\leqslant h_0$ 上有

$$
\begin{aligned}
&|\varphi(x,y,h)-\varphi(x,y^*,h)|\\
&\leqslant L\left(1+\frac{1}{2}h_0L+\frac{1}{6}(h_0L)^2+\frac{1}{24}(h_0L)^3\right)|y-y^*|\\
&=\overline{L}|y-y^*|
\end{aligned}
$$

即 $\varphi(x,y,h)$ 关于 y 满足利普希茨条件，其利普希茨常数为

$$
\overline{L}=L\left[1+\frac{1}{2}h_0L+\frac{1}{6}(h_0L)^2+\frac{1}{24}(h_0L)^3\right]
$$

所以，标准四阶龙格-库塔法收敛。

6.4.2 稳定性

前面关于收敛性的讨论有一个前提，必须假定数值方法本身的计算是精确的，这样得到的数值解称为初值问题式（6.1）、式（6.2）的精确数值解。但在实际计算时，初值 y_0 不一定是完全精确的，可能存在一定的误差。同时由于计算机的字长有限，在运算中一般总会产生舍入误差，这些误差都会被传播下去，对以后的结果产生影响。所谓稳定性问题，就是指误差的积累是否受到控制的问题。

设某数值方法在节点 x_n 处的初值问题式（6.1）、式（6.2）的数值解仍记为 y_n，而实际计算得到的近似值记为 $\tilde{y}_n$，其差值为 $\delta_n=\tilde{y}_n-y_n$，称为第 n 步数值解的扰动。

假设 $\delta_n\neq 0$，即第 n 步确有扰动，则稳定性定义如下。

【定义 6.4】 若一种数值方法在节点 x_n 处的数值解 y_n 有大小为 δ_n 的扰动，而在以后各节点值 $y_m(m>n)$ 上产生的扰动的绝对值均不超过 $|\delta_n|$，即

$$
|\delta_m|\leqslant|\delta_n| \qquad m=n+1,n+2,\cdots
$$

则称该数值方法是稳定的。

数值稳定性的分析是相当复杂的，为简单起见，只考虑典型的常微分方程 $y'=\lambda y$ 的问题，

其中 λ 是小于零的常数。

先考虑 Euler 法的稳定性。模型方程 $y' = \lambda y$ 的 Euler 公式为

$$y_{n+1} = (1 + h\lambda) y_n$$

设在节点值 y_n 上有一扰动值 ε_n，它的传播使节点值 y_{n+1} 上产生大小为 ε_{n+1} 的扰动值，假设 Euler 法的计算过程不再引进新的误差，则扰动值满足

$$\varepsilon_{n+1} = (1 + h\lambda)\varepsilon_n$$

因此，Euler 法是条件稳定的，其稳定性条件为

$$|1 + h\lambda| \leqslant 1$$

即

$$0 < h \leqslant -\frac{2}{\lambda}$$

再考虑隐式 Euler 法。对于模型方程 $y' = \lambda y$，其隐式 Euler 公式为

$$y_{n+1} = y_n + h\lambda y_{n+1}$$

解出 y_{n+1}，有

$$y_{n+1} = \frac{1}{1 - h\lambda} y_n$$

设在节点值 y_n 上有一扰动值 ε_n，它的传播使节点值 y_{n+1} 上产生大小为 ε_{n+1} 的扰动值，则满足

$$\varepsilon_{n+1} = \frac{1}{1 - h\lambda} \varepsilon_n$$

由于 $\lambda < 0$，这时 $\left|\frac{1}{1 - h\lambda}\right| \leqslant 1$ 恒成立，这说明隐式 Euler 式是恒稳定（无条件稳定）的。

对于梯形公式

$$y_{n+1} = y_n + \frac{1}{2}h[f(x_n, y_n) + f(x_{n+1} + y_{n+1})]$$

在这种特殊情形，即 $f(x, y) = \lambda y$，$\lambda < 0$ 时，便成为

$$y_{n+1} = y_n + \frac{1}{2}h(\lambda y_n + \lambda y_{n+1})$$

或

$$y_{n+1} = \frac{1 + \frac{1}{2}h\lambda}{1 - \frac{1}{2}h\lambda} y_n$$

设在节点值 y_n 上有一扰动值 ε_n，它的传播使节点值 y_{n+1} 上产生大小为 ε_{n+1} 的扰动值，所以得到

$$\varepsilon_{n+1} = \frac{1 + \frac{1}{2}h\lambda}{1 - \frac{1}{2}h\lambda} \varepsilon_n$$

由于

$$\left|\frac{1+\frac{1}{2}h\lambda}{1-\frac{1}{2}h\lambda}\right|<1$$

所以

$$|\varepsilon_{n-1}|<|\varepsilon_n|$$

因此梯形公式是稳定的。

对于标准的四阶龙格-库塔法，计算公式为

$$y_{n+1}=\left(1+\mu+\frac{\mu^2}{2}+\frac{\mu^3}{6}+\frac{\mu^4}{24}\right)y_n$$

其中 $\mu=\lambda h$，由此得到其稳定性条件为

$$\left|1+\mu+\frac{\mu^2}{2}+\frac{\mu^3}{6}+\frac{\mu^4}{24}\right|\leqslant 1$$

由上式可近似地得到 $0<h\leqslant\dfrac{-2.78}{\lambda}$。

例 6.17 对于模型方程 $y'(x)=\lambda y$，$\lambda<0$，讨论改进的 Euler 法的稳定性。

解 因为 $f(x,y)=\lambda y$，所以改进的 Euler 法为

$$\begin{aligned}y_{n+1}&=y_n+\frac{h}{2}[f(x_n,y_n)+f(x_{n+1},y_n+hf(x_n,y_n))]\\&=y_n+\frac{h}{2}[\lambda y_n+\lambda(y_n+h\lambda y_n)]\\&=\left(1+h\lambda+\frac{h^2}{2}\lambda^2\right)y_n\end{aligned}$$

设在节点值 y_n 上有一扰动值 ε_n，它的传播使节点值 y_{n+1} 上产生大小为 ε_{n+1} 的扰动值，所以

$$y_{n+1}+\varepsilon_{n+1}=\left(1+h\lambda+\frac{h^2}{2}\lambda^2\right)(y_n+\varepsilon_n),\quad \varepsilon_{n+1}=\left(1+h\lambda+\frac{h}{2}\lambda^2\right)\varepsilon_n$$

其稳定性条件为

$$\left|1+h\lambda+\frac{h^2\lambda^2}{2}\right|\leqslant 1$$

解此不等式，并考虑到 $\lambda<0$，$h>0$，最后得到改进的 Euler 法的稳定性条件为

$$\lambda\geqslant\frac{-2}{h}$$

6.5 一阶方程组及高阶方程

6.5.1 一阶方程组

考虑常微分方程组的初值问题

$$\begin{cases} y_1'(x) = f_1(x, y_1(x), y_2(x), \cdots, y_m(x)) \\ y_2'(x) = f_2(x, y_1(x), y_2(x), \cdots, y_m(x)) \\ \qquad\qquad \vdots \\ y_m'(x) = f_m(x, y_1(x), y_2(x), \cdots, y_m(x)) \\ y_1(a) = s \\ y_2(a) = s_2 \\ \qquad\qquad \vdots \\ y_m(a) = s_m \\ (a \leqslant x \leqslant b) \end{cases} \tag{6.11}$$

引向量记号

$$\boldsymbol{y}(x) = (y_1(x), y_2(x), \cdots, y_m(x))^{\mathrm{T}}$$
$$\boldsymbol{f}(x, y) = (f_1(x, y), f_2(x, y), \cdots, f_m(x, y))^{\mathrm{T}}$$
$$\boldsymbol{s} = (s_1, s_2, \cdots, s_m)^{\mathrm{T}}$$

则初值问题式（6.11）可改写为向量形式

$$\begin{cases} \boldsymbol{y}'(x) = \boldsymbol{f}(x, y(x)) \\ \boldsymbol{y}(a) = \boldsymbol{s} \end{cases} \tag{6.12}$$

它在形式上跟单个微分方程的初值问题式（6.1）、式（6.2）完全相同，只是函数变成了向量函数。

其实，把前面讨论中的函数换成向量函数也是成立的。所以前面介绍的一切数值方法都可以推广到式（6.11）中去，只要把函数换成向量函数就行了。

譬如，对于方程组

$$\begin{cases} y' = f(x, y, z), \quad y(x_0) = y_0 \\ z' = q(x, y, z), \quad z(x_0) = z_0 \end{cases}$$

令 $x_n = x_0 + nh$，$n = 1, 2, \cdots$，以 y_n, z_n 表示节点 x_n 上的近似解，则有以下公式。

（1）Euler 法的计算公式为

$$y_{n+1} = y_n + hf(x_n, y_n, z_n), \quad y(x_0) = y_0$$
$$z_{n+1} = z_n + hq(x_n, y_n, z_n), \quad z(x_0) = z_0$$

（2）隐式 Euler 法的近似计算公式为

$$\begin{cases} y_{n+1}^{(0)} = y_n + hf(x_n, y_n, z_n) \\ z_{n+1}^{(0)} = z_n + hq(x_n, y_n, z_n) \\ y_{n+1} = y_n + hf(x_{n+1}, y_{n+1}^{(0)}, z_{n+1}^{(0)}) \\ z_{n+1} = z_n + hq(x_{n+1}, y_{n+1}^{(0)}, z_{n+1}^{(0)}) \\ (n = 0, 1, 2, \cdots) \end{cases}$$

（3）改进的 Euler 法的计算公式为

$$\begin{cases} y_{n+1}^{(0)} = y_n + hf(x_n, y_n, z_n) \\ z_{n+1}^{(0)} = z_n + hq(x_n, y_n, z_n) \\ y_{n+1} = y_n + \dfrac{h}{2}(f(x_n, y_n, z_n) + f(x_{n+1}, y_{n+1}^{(0)}, z_{n+1}^{(0)})) \\ z_{n+1} = z_n + \dfrac{h}{2}(q(x_n, y_n, z_n) + q(x_{n+1}, y_{n+1}^{(0)}, z_{n+1}^{(0)})) \\ (n = 0,1,2,\cdots) \end{cases}$$

（4）标准四阶龙格-库塔法计算公式为

$$\begin{cases} y_{n+1} = y_n + \dfrac{h}{6}(K_1 + 2K_2 + 2K_3 + K_4) \\ z_{n+1} = z_n + \dfrac{h}{6}(L_1 + 2L_2 + 2L_3 + L_4) \end{cases}$$

式中各有关符号按下式计算。

$$\begin{cases} K_1 = f(x_n, y_n, z_n) \\ L_1 = q(x_n, y_n, z_n) \\ K_2 = f\left(x_{n+\frac{1}{2}}, y_n + \dfrac{h}{2}K_1, z_n + \dfrac{h}{2}L_1\right) \\ L_2 = q\left(x_{n+\frac{1}{2}}, y_n + \dfrac{h}{2}K_1, z_n + \dfrac{h}{2}L_1\right) \\ K_3 = f\left(x_{n+\frac{1}{2}}, y_n + \dfrac{h}{2}K_2, z_n + \dfrac{h}{2}L_2\right) \\ L_3 = q\left(x_{n+\frac{1}{2}}, y_n + \dfrac{h}{2}K_2, z_n + \dfrac{h}{2}L_2\right) \\ K_4 = f(x_{n+1}, y_n + hK_3, z_n + hL_3) \\ L_4 = q(x_{n+1}, y_n + hK_3, z_n + hL_3) \end{cases}$$

这是一步法，利用节点值 y_n, z_n，按公式顺序计算 $K_1, L_1, K_2, L_2, K_3, L_3, K_4, L_4$，然后将它们代入公式即可求得节点值 y_{n+1}, z_{n+1}。

6.5.2 高阶方程的初值问题

关于高阶方程的初值问题，一般可用引进新变量，化为一阶方程组初值问题的方法求解。下面以一般二阶微分方程为例，说明如何构造高阶微分方程初值问题的数值计算公式。设

$$\begin{cases} y'' = f(x, y, y') \\ y(x_0) = y_n，\ y'(x_0) = y_0' \end{cases}$$

若引进新的变量 $z = y'$，即可化为一阶方程组的初值问题：

$$\begin{cases} y' = z, & y(x_0) = y_0 \\ z' = f(x,y,z), & z(x_0) = y_0' \end{cases}$$

针对这个问题应用四阶龙格-库塔公式，有

$$\begin{cases} y_{n+1} = y_n + \dfrac{h}{6}(K_1 + 2K_2 + 2K_3 + K_4) \\ z_{n+1} = z_n + \dfrac{h}{6}(L_1 + 2L_2 + 2L_3 + L_4) \end{cases}$$

$$K_1 = z_n, \quad L_1 = f(x_n, y_n, z_n)$$

$$K_2 = z_n + \frac{h}{2}L_1, \quad L_2 = f\left(x_{n+\frac{1}{2}}, y_n + \frac{h}{2}K_1, z_n + \frac{h}{2}L_1\right)$$

$$K_3 = z_n + \frac{h}{2}L_2, \quad L_3 = f\left(x_{n+1}, y_n + hK_2, z_n + hL_2\right)$$

$$K_4 = z_n + hL_3, \quad L_4 = f(x_{n+1}, y_n + hK_3, z_n + hL_3)$$

消去 K_1, K_2, K_3, K_4，上述结果简化为

$$\begin{cases} y_{n+1} = y_n + hz_n + \dfrac{h^2}{6}(L_1 + L_2 + L_3) \\ z_{n+1} = z_n + \dfrac{h}{6}(L_1 + 2L_2 + 2L_3 + L_4) \end{cases}$$

这里

$$\begin{cases} L_1 = f(x_n, y_n, z_n) \\ L_2 = f\left(x_{n+\frac{1}{2}}, y_n + \dfrac{h}{2}z_n, z_n + \dfrac{h}{2}L_1\right) \\ L_3 = f\left(x_{n+\frac{1}{2}}, y_n + \dfrac{h}{2}z_n + \dfrac{h^2}{4}L_1, z_n + \dfrac{h}{2}L_2\right) \\ L_4 = f\left(x_{n+1}, y_n + hz_n + \dfrac{h^2}{2}L_2, z_n + hL_3\right) \end{cases}$$

即得到了进一步简化了的只含有 $L_i(i=1,2,3,4)$ 的龙格-库塔公式。

对于一般的高阶方程初值问题

$$\begin{cases} y^{(m)}(x) = f(x, y(x), y'(x), \cdots, y^{(m-1)}(x)) \\ y^{(m)}(x_0) = t_r \qquad r = 0,1,2,\cdots,m-1 \end{cases}$$

可作代换

$$z_j(x) = y^{(j-1)}(x) \qquad j = 1,2,\cdots,m$$

这样就有

$$z_j'(x) = y^{(j)}(x) = z_{j+1}(x) \qquad j = 1,2,\cdots,m-1$$

由此，可以把上述高阶方程改写成一阶方程组

$$\begin{cases} z_1'(x) = z_2(x) \\ z_2'(x) = z_3(x) \\ \quad\vdots \\ z_{m-1}'(x) = z_m(x) \\ z_m'(x) = f(x, z_1(x), z_2(x), \cdots, z_m(x)) \\ z_1(x_0) = t_0, z_2(x_0) = t_1, \cdots, z_m(x_0) = t_{m-1} \end{cases}$$

也有些适用于高阶常微分方程，特别是二阶微分方程的特殊数值方法，限于篇幅这里就不介绍了。

例 6.18 将三阶方程的初值问题

$$\begin{cases} y''' = f(x, y, y', y'') \\ y(x_0) = y_0，\ y'(x_0) = y_0'，\ y''(x_0) = y_0'' \end{cases}$$

降为一阶方程组，并利用 Euler 法建立递推公式。

解 引入新的变量 $y_1 = y'$，$y_2 = y''$，就可将这个三阶方程化为如下的一阶方程组

$$\begin{cases} y' = y_1，\ y(x_0) = y_0 \\ y_1' = y_2，\ y_1(x_0) = y_0' \\ y_2' = f(x, y, y_1, y_2)，\ y_2(x_0) = y_0'' \end{cases}$$

由 Euler 法，建立关于三个变量 y, y_1, y_2 的递推公式为

$$y^{(n+1)} = y^{(n)} + hy_1^{(n)}$$
$$y_1^{(n+1)} = y_1^{(n)} + hy_2^{(n)}$$
$$y_2^{(n+1)} = y_2^{(n)} + hf(x_n, y^{(n)}, y_1^{(n)}, y_2^{(n)})$$

6.6 边值问题的数值解法

现仅讨论二阶线性常微分方程

$$y'' + p(x)y' + q(x)y = r(x) \qquad a < x < b$$

的边值问题。其边值条件可分为下面三类。

（1）第一边值条件

$$y(a) = \alpha，\ y(b) = \beta$$

（2）第二边值条件

$$y'(a) = \alpha，\ y'(b) = \beta$$

（3）第三边值条件

$$\begin{cases} y'(a) - \alpha_0 y(a) = \alpha_1 \\ y'(b) - \beta_0 y(b) = \beta_1 \end{cases}$$

其中

$$\alpha_0，\ \beta_0 \geqslant 0，\ \alpha_0 + \beta_0 > 0$$

对于边值问题，由于已知条件中包含了起始点和终止点的有关信息，因此，若采用初值问题的解法，即通过建立递推公式并仅根据起始点提供的信息进行递推是不可行的。下面采

用建立线性方程组的方法求解边值问题。

将区间$[a,b]$划分为N等份，步长$h=(b-a)/N$，节点$x_n=x_0+nh$，$n=0,1,2,\cdots,N$。将x_n代入模型$y''+p(x)y'+q(x)y=r(x)$，产生$N+1$个方程

$$y''(x_n)+p(x_n)y'(x_n)+q(x_n)y(x_n)=r(x_n) \qquad n=0,1,2,\cdots,N$$

为了使$N+1$个方程中仅含有$N+1$个未知量$y(x_0)$，$y(x_1),\cdots,y(x_N)$，可采用差商来近似替代$y''(x_n)$和$y'(x_n)$。

（1）采用一阶中心差商替代一阶导数

$$y'(x_n)\approx\frac{y(x_n+h)-y(x_n-h)}{2h}$$

因此

$$y'(x_n)\approx\frac{y_{n+1}-y_{n-1}}{2h} \qquad n=1,2,\cdots,N-1$$

（2）用二阶差商求$y''(x_n)$的近似值

因为

$$\begin{aligned}y[x_{n-1},x_n,x_{n+1}]&=\frac{y[x_{n+1},x_n]-y[x_n-x_{n-1}]}{2h}\\&=\frac{\dfrac{y(x_{n+1})-y(x_n)}{h}-\dfrac{y(x_n)-y(x_{n-1})}{h}}{2h}\\&=\frac{y(x_{n+1})-2y(x_n)+y(x_{n-1})}{2h^2}\end{aligned}$$

又因为

$$y[x_{n-1},x_n,x_{(n+1)}]=\left(\frac{y''(\xi)}{2!}\right) \qquad x_{n-1}<\xi<x_{n+1}$$

所以

$$y''(x_n)\approx y''(\xi)=\frac{y(x_{n+1})-2y(x_n)+y(x_{n-1})}{h^2}$$

即

$$y''(x_n)\approx\frac{y_{n+1}-2y_n+y_{n-1}}{h^2} \qquad n=1,2,\cdots,N-1$$

于是导出第一边值问题的差分方程组

$$\begin{cases}\dfrac{y_{n+1}-2y_n+y_{n-1}}{h^2}+p_n\dfrac{y_{n+1}-y_{n-1}}{2h}+q_ny_n=r_n\\(n=1,2,\cdots,N-1)\\y_0=\alpha,\ y_N=\beta\end{cases} \tag{6.13}$$

式中p_n,q_n,r_n的下标n表示在节点x_n处取值。

对于第二边值问题，将第二边值条件$y'(a)=\alpha$、$y'(b)=\beta$中的$y'(a)$、$y'(b)$，用最简单的一阶差商来代替，得

$$y'_0\approx\frac{y_1-y_0}{h},\ y'_N\approx\frac{y_N-y_{N-1}}{h}$$

若要求误差达到$O(h^2)$，则用过三点的一阶微分公式来代替，即

$$y_0' \approx \frac{-y_2+4y_1-3y_0}{2h}，\ y_N' \approx \frac{3y_N-4y_{N-1}+y_{N-2}}{2h}$$

从而得到第二边值问题的差分方程组

$$\begin{cases} \dfrac{y_{n+1}-2y_n+y_{n-1}}{h^2} p_n \dfrac{y_{n+1}-y_{n-1}}{2h}+q_n y_n = r_n \\ (n=1,2,\cdots,N-1) \\ \dfrac{-y_2+4y_1-3y_0}{2h}=\alpha \\ \dfrac{3y_N-4y_{N-1}+y_{N-2}}{2h}=\beta \end{cases} \tag{6.14}$$

同样可得第三边值条件的差分方程组

$$\begin{cases} \dfrac{y_{n+1}-2y_n+y_{n-1}}{h^2} p_n \dfrac{y_{n+1}-y_{n-1}}{2h}+q_n y_n = r_n \\ (n=1,2,\cdots,N-1) \\ \dfrac{-y_2+4y_1-3y_0}{2h}-a_0 y_0=\alpha_1 \\ \dfrac{3y_N-4y_{N-1}+y_{N-2}}{2h}+\beta_0 y_N=\beta_1 \end{cases} \tag{6.15}$$

由前述三种不同的边值问题建立了差分方程组（6.13）～（6.15），之后如何对其求解呢？对此，这里可由第一边值问题建立起的差分方程组（6.13）为例进行讨论。在式（6.13）中把y_0、y_n消去可得下列方程组

$$\begin{cases} (-2+h^2q_1)y_1+\left(1+\dfrac{n}{2}p_1\right)y_2=h^1r_1-\left(1-\dfrac{h}{2}p_1\right)\alpha \\ \left(1-\dfrac{h}{2}p_n\right)y_{n-1}+(-2+h^2q_n)y_n+\left(1+\dfrac{h}{2}p_n\right)y_{n+1}=h^2r_n \\ (2\leqslant n\leqslant N-2) \\ \left(1-\dfrac{h}{2}p_{N-1}\right)y_{N-2}+(-2+h^2q_{N-1})y_{N-1}=h^2r_{N-1}-\left(1+\dfrac{h}{2}p_{N-1}\right)\beta \end{cases}$$

故可用第 3 章中介绍的追赶法来求解，并且可以证明追赶法在计算过程中是稳定的，它是解差分方程组的有效方法。

例 6.19 解边值问题：

$$\begin{cases} y''-y=x \qquad 0<x<1 \\ y(0)=0，\ y(1)=1 \end{cases}$$

取步长$h=\dfrac{1}{10}$，则节点$x_i=\dfrac{i}{10}(i=0,1,2,\cdots,10)$，上述初值问题的差分方程可写成下列线性方程组

$$\begin{bmatrix} -(2+10^{-2}) & 1 & \cdots & \cdots & \cdots & \cdots & 0 \\ 1 & -(2+10^{-2}) & 1 & \cdots & \cdots & \cdots & 0 \\ 0 & 1 & -(2+10^{-2}) & 1 & \cdots & \cdots & 0 \\ \vdots & \vdots & 1 & \vdots & \vdots & \vdots & \vdots \\ \vdots & \vdots & \vdots & \vdots & \vdots & \vdots & \vdots \\ \vdots & \vdots & \vdots & \vdots & \vdots & \vdots & \vdots \\ \vdots & \vdots & \vdots & \vdots & \vdots & \vdots & 1 \\ 0 & 0 & \cdots & \cdots & \cdots & 1 & -(2+10^{-2}) \end{bmatrix} \begin{bmatrix} y_1 \\ y_2 \\ \vdots \\ \vdots \\ \vdots \\ y_9 \end{bmatrix} = \begin{bmatrix} 0.1\times10^{-2} \\ 0.2\times10^{-2} \\ \vdots \\ \vdots \\ \vdots \\ -1+0.9\times10^{-2} \end{bmatrix}$$

用追赶法求解上述方程组，所得到的解为

$$y_1 = 0.07048938，\ y_2 = 0.1426836$$
$$y_3 = 0.21830475，\ y_4 = 0.2991089$$
$$y_5 = 0.38690415，\ y_6 = 0.48356844$$
$$y_7 = 0.59106841，\ y_8 = 0.71147906$$
$$y_9 = 0.84700451$$

小结

本章重点研究了一阶常微分方程初值问题

$$\begin{cases} y'(x) = f(x,y) \\ y(x_0) = y_0 \end{cases}$$

读者需熟练地掌握下述几点。

（1）约定 y_n 表示 $y(x_n)$ 的近似值。

（2）构造近似递推公式的两种方法。

① 利用一阶差商产生三个公式。

- 用向前差商产生 Euler 法：$y_{n+1} = y_n + hf(x_n, y_n)$。
- 用向后差商产生隐式 Euler 法：$y_{n+1} = y_n + hf(x_{n+1}, y_{n+1})$。
- 用中心差商产生二步 Euler 法：$y_{n+1} = y_{n-1} + 2hf(x_n, y_n)$。

② 利用定积分产生两个公式。

- 梯形公式：$y_{n+1} = y_n + \dfrac{h}{2}[f(x_n, y_n) + f(x_{n+1}, y_{n+1})]$。
- 改进的 Euler 法的三种等价形式。

（3）隐式公式的两种计算方法。

- 化显式。
- 预报-校正技术。

（4）局部截断误差和精度的定义，在判定公式的局部截断误差和精度时需注意以下问题。

- 采用的方法是泰勒公式。
- 必须首先假定 $y_n = y(x_n)$。

● 记住常用公式的精度。

（5）龙格-库塔法。

基本思想：用若干个点上的导函数近似值组合替代精确公式 $y(x_{n+1})=y(x_n)+hy'(\xi)$ 中的 $y'(\xi)$。

二阶龙格-库塔法及其两个特例。

（6）收敛性与稳定性的定义，对于模型 $y'=\lambda y(\lambda<0)$，Euler 法、隐式 Euler 法和梯形公式的稳定性分析方法。

（7）一阶方程组的解法是对于含有 n 个函数的方程组建立 n 个递推公式。高阶方程的解法是设置过渡函数，降阶产生方程组。

（8）边值问题。

边值问题与初值问题的区别。

一阶、二阶导数的差商近似表示方法：

$$y'(x_n)\approx\frac{y_{n+1}-y_{n-1}}{2h},\quad y''(x_n)\approx\frac{y_{n+1}-2y_n+y_{n-1}}{h^2}$$

对于三类边值条件所建立的求解 $y_0,y_1,\cdots,y_n$ 的三组线性方程组。

习题

6-1 用 Euler 法解初值问题

$$\begin{cases}y'=-y+x+1 & 0\leqslant x\leqslant 1\\ y(0)=1\end{cases}$$

取步长 $h=0.1$。

6-2 用 Euler 法解初值问题

$$y'=ax+b,\quad y(0)=0$$

证明其截断误差

$$y(x_n)-y_n=\frac{1}{2}anh^2$$

这里 $x_n=nh$，y_n 是 Euler 法的近似解，而 $y(x)=\frac{1}{2}ax^2+bx$ 为原初值问题的精确解。

6-3 用改进的 Euler 法解初值问题

$$\begin{cases}y'=x+y & 0\leqslant x\leqslant 1\\ y(0)=1\end{cases}$$

取步长 $h=0.2$。

6-4 在区间 $[0,0.5]$ 上用改进的 Euler 法解初值问题

$$y'=y-\frac{2x}{y},\quad y(0)=2$$

取步长 $h=0.1$。

6-5 用四阶龙格-库塔法，在区间 $[0,1]$ 上以 $h=0.2$ 为步长解初值问题

$$\begin{cases} y' = y - 2\dfrac{x}{y} \\ y(0) = 1 \end{cases}$$

6-6 利用 Euler 法计算积分

$$\int_0^x e^{t^2} dt$$

在点 $x = 0.5, 1, 1.5, 2$ 上的近似值。

6-7 写出用标准四阶龙格–库塔法求解两个方程的初值问题的计算公式。

$$\begin{cases} \dfrac{dy}{dx} = f(x,y,z), \ y(x_0) = y_0 \\ \dfrac{dz}{dx} = g(x,y,z), \ z(x_0) = z_0 \end{cases}$$

6-8 证明：对于任意参数，下列格式都是二阶的。

$$\begin{cases} y_{n+1} = y_n + \dfrac{h}{2}(k_2 + k_3) \\ k_1 = f(x_n, y_n) \\ k_2 = f(x_n + th, y_n + thk_1) \\ k_3 = f(x_n + (1-t)h, y_n + (1-t)hk_1) \end{cases}$$

6-9 证明下列差分公式是二阶的。

$$y_{n+1} = \frac{1}{2}(y_n + y_{n+1}) + \frac{h}{4}(4y'_{n+1} - y'_n + 3y'_{n-1})$$

6-10 用梯形法解初值问题 $y' + y = 0$，$y(0) = 1$，证明其近似解

$$y_n = \left(\frac{2-h}{2+h}\right)^n$$

并证明当 $h \to 0$ 时，它收敛到原初值问题的精确解 $y = e^{-x}$。

6-11 讨论变形的 Euler 法的稳定性。

6-12 用四阶龙格–库塔法解初值问题

$$\begin{cases} y'' - 2y^3 = 0 \qquad 1 < x < 1.5 \\ y(1) = y'(1) = -1 \end{cases}$$

取步长 $h = 0.1$，计算 $x = 1.5$ 时 y 的近似值，并与精确解 $y = \dfrac{1}{x-2}$ 相比较。

6-13 用差分方法解边值问题

$$\begin{cases} y'' + y = 0 \qquad 0 < x < 1 \\ y(0) = 0, \ y(1) = 1.68 \end{cases}$$

取步长 $h = 0.25$。

第 7 章　矩阵特征值的计算

许多工程问题、振动问题和稳定性问题的求解都会划归为求 n 阶矩阵 $\boldsymbol{A}$ 的特征值和特征向量的问题。由线性代数理论可知，求矩阵的特征值实际上就是求 n 次多项式 $P_n(\lambda)=|\lambda\boldsymbol{I}-\boldsymbol{A}|$ 的零点。而数学上已经证明：五阶以上多项式的根一般不能通过有限次运算求得。

矩阵特征值在大数据分析和人工智能领域的应用较为广泛，比如网页排名（Page Rank，PR）算法是由 Google 研发的主要应用于评估网站可靠度和重要性的一种算法，是数据挖掘领域的经典算法之一。其中 PR 的初值和迭代值的求解过程本质上就是一个特殊矩阵中的特征向量的求解过程。机器学习中的主成分分析（Principal Component Analysis，PCA）是无监督特征学习中的一种方法。PCA 算法过程的本质是变量（维度）协方差矩阵对角化，通过求解协方差矩阵得到结果，即为按顺序排列的特征值向量。

本章将介绍几种常用的计算方法，即求模最大特征值的乘幂法和求全部特征值的 QR 方法。

7.1　乘幂法与反幂法

在稳定性问题中，我们仅需要求模最大特征值。乘幂法是计算矩阵的模最大特征值和对应的特征向量的一种迭代方法。

7.1.1　计算模最大特征值的乘幂法

假设 n 阶矩阵 $\boldsymbol{A}$ 的特征值满足

$$|\lambda_1|>|\lambda_2|\geqslant\cdots\geqslant|\lambda_n|$$

且对应的 n 个特征向量 $\boldsymbol{x}_1,\cdots,\boldsymbol{x}_n$ 线性无关。

任取 n 维非零向量 $\boldsymbol{v}_0$，构造向量序列 $|\boldsymbol{v}_k|$ 如下：

$$\boldsymbol{v}_k=\boldsymbol{A}\boldsymbol{v}_{k-1}\qquad k=1,2,\cdots \tag{7.1}$$

则有

$$\boldsymbol{v}_k=\boldsymbol{A}^k\boldsymbol{v}_0\qquad k=1,2,\cdots$$

由于 $\boldsymbol{x}_1,\cdots,\boldsymbol{x}_n$ 线性无关，故它们构成了 n 维空间的一组基，于是 $\boldsymbol{v}_0$ 可用它们线性表示，设

$$\boldsymbol{v}_0=\alpha_1\boldsymbol{x}_1+\alpha_2\boldsymbol{x}_2+\cdots+\alpha_n\boldsymbol{x}_n$$

注意到 $\boldsymbol{A}\boldsymbol{x}_i=\lambda_i\boldsymbol{x}_i(i=1,2,\cdots,n)$，所以就有

$$\boldsymbol{A}^k\boldsymbol{v}_0=\alpha_1\lambda_1^k\boldsymbol{x}_1+\alpha_2\lambda_2^k\boldsymbol{x}_2+\cdots+\alpha_n\lambda_2^k\boldsymbol{x}_n$$

$$= \lambda_1^k \left[\alpha_1 \boldsymbol{x}_1 + \alpha_2 \left(\frac{\lambda_2}{\lambda_1} \right)^k \boldsymbol{x}_2 + \cdots + \alpha_n \left(\frac{\lambda_n}{\lambda_1} \right)^k \boldsymbol{x}_n \right]$$

因为$\left|\frac{\lambda_2}{\lambda_1}\right| < 1(i=2,3,\cdots,n)$，故当$k$充分大时，$\left(\frac{\lambda_i}{\lambda_1}\right)^k \approx 0(i=2,3,\cdots,n)$。于是

$$\boldsymbol{v}_k = \boldsymbol{A}^k \boldsymbol{v}_0 \approx \lambda_1^k \alpha_1 \boldsymbol{x}_1 \tag{7.2}$$

因此

$$\boldsymbol{A}\boldsymbol{v}_k = \boldsymbol{v}_{k+1} \approx \lambda_1^{k+1} \alpha_1 \boldsymbol{x}_1 \approx \lambda_1 \boldsymbol{v}_k$$

所以，若$\alpha_1 \neq 0$，则当k充分大时，$\boldsymbol{v}_k$就是矩阵$\boldsymbol{A}$对应于特征值λ_1的近似特征向量，而向量$\boldsymbol{v}_{k+1}$与$\boldsymbol{v}_k$的比就是λ_1的近似值。这种迭代方法称为乘幂法（Power Method）。

例 7.1　求矩阵$\boldsymbol{A} = \begin{pmatrix} 3 & 2 & 5 \\ 12 & 1 & 3 \\ 10 & 4 & 5 \end{pmatrix}$的模最大特征值和对应的特征向量的近似值。

解　取$\boldsymbol{v}_0 = (1,1,1)^{\mathrm{T}}$，则所得迭代序列如表 7.1 所示。

表 7.1　迭代序列

k	0	1	2	3	4	5	6	7
$\boldsymbol{v}_k$	1	10	157	2152	30349	425830	5979025	83946556
	1	16	193	2854	39589	557140	7819453	109790098
	1	19	259	3637	51121	717451	10074115	141438637
$\boldsymbol{v}_k$与$\boldsymbol{v}_{k-1}$各分量比		10	15.70	13.71	14.10	14.03	14.04	14.04
		16	12.06	14.79	13.87	14.07	14.03	14.04
		19	13.63	14.04	14.06	14.03	14.04	14.04

故矩阵$\boldsymbol{A}$模最大特征值$\lambda_1 \approx 14.04$，对应的特征向量为

$$\boldsymbol{v} \approx (83946556,109790098,141438637)^{\mathrm{T}}$$

上例说明，迭代过程可能造成各分量的绝对值越来越大（或越来越小），超出计算机浮点数的表示范围，而产生“上溢”（或“下溢”），为此需要将迭代过程中的向量进行规范化。

构造向量序列$\{\boldsymbol{v}_k\}$和实数序列$\{\mu_k\}$如下：

$$\boldsymbol{u}_k = \boldsymbol{A}\boldsymbol{v}_{k-1}$$
$$\mu_k = \max(\boldsymbol{u}_k)$$
$$\boldsymbol{v}_k = \boldsymbol{u}_k / \mu_k$$

其中$\max(\boldsymbol{u}_k)$表示向量$\boldsymbol{u}_k$中模最大的分量，那么

$$\boldsymbol{u}_1 = \boldsymbol{A}\boldsymbol{v}_0, \qquad \boldsymbol{v}_1 = \frac{\boldsymbol{u}_1}{\max(\boldsymbol{u}_1)} = \frac{\boldsymbol{A}\boldsymbol{v}_0}{\max(\boldsymbol{A}\boldsymbol{v}_0)}$$

$$\boldsymbol{u}_2 = \boldsymbol{A}\boldsymbol{v}_1 = \frac{\boldsymbol{A}^2\boldsymbol{v}_0}{\max(\boldsymbol{A}\boldsymbol{v}_0)}, \quad \boldsymbol{v}_2 = \frac{\boldsymbol{u}_2}{\max(\boldsymbol{u}_2)} = \frac{\boldsymbol{A}^2\boldsymbol{v}_0}{\max(\boldsymbol{A}^2\boldsymbol{v}_0)}$$

$$\cdots \qquad \cdots$$

$$\boldsymbol{u}_k = \frac{\boldsymbol{A}^k \boldsymbol{v}_0}{\max(\boldsymbol{A}^{k-1}\boldsymbol{v}_0)}, \qquad \boldsymbol{v}_k = \frac{\boldsymbol{A}^k \boldsymbol{v}_0}{\max(\boldsymbol{A}^k \boldsymbol{v}_0)}$$

由式（7.2）知，若 $\alpha \neq 0$，则当 k 充分大时，

$$\boldsymbol{v}_k = \frac{\boldsymbol{A}^k \boldsymbol{v}_0}{\max(\boldsymbol{A}^k \boldsymbol{v}_0)} \approx \frac{\lambda_1^k \alpha_1 \boldsymbol{x}_1}{\max(\lambda_1^k \alpha_1 \boldsymbol{x}_1)} = \frac{\boldsymbol{x}_1}{\max(\boldsymbol{x}_1)}$$

于是

$$\mu_k = \max(\boldsymbol{u}_k) = \max(\boldsymbol{A}\boldsymbol{v}_{k-1}) \approx \max\left(\frac{\boldsymbol{A}\boldsymbol{x}_1}{\max(\boldsymbol{x}_1)}\right) = \max\left(\frac{\lambda_1 \boldsymbol{x}_1}{\max(\boldsymbol{x}_1)}\right) = \lambda_1$$

这说明，μ_k 是 λ_1 的近似值，而 $\boldsymbol{v}_k$ 是对应的特征向量 $\boldsymbol{x}_1$ 规范化的近似值。迭代计算过程当 $\boldsymbol{v}_k \approx \boldsymbol{v}_{k-1}$ 时结束。

例 7.2 用规范向量的乘幂法求例 7.1 中矩阵 $\boldsymbol{A}$ 模最大特征值和对应特征向量的近似值。

解 仍取 $\boldsymbol{v}_0 = (1,1,1)^{\mathrm{T}}$，则所得迭代序列如表 7.2 所示。

表 7.2 迭代序列

k	0	1	2	3	4	5	6	7
$\boldsymbol{u}_k$		10	8.2632	8.3089	8.3445	8.3298	8.3337	8.3329
		16	10.1579	11.0193	10.8851	10.8985	10.8989	10.8982
		19	13.6316	14.0425	14.0558	14.0344	14.0415	14.0398
μ_k		19.00	13.63	14.04	14.06	14.03	14.04	14.04
$\boldsymbol{v}_k$	1	0.5263	0.6062	0.5917	0.5937	0.5935	0.5935	0.5935
	1	0.8421	0.7452	0.7847	0.7744	0.7766	0.7762	0.7762
	1	1	1	1	1	1	1	1

由于 $\boldsymbol{v}_7 \approx \boldsymbol{v}_6$，故矩阵 $\boldsymbol{A}$ 模最大特征值 $\lambda_1 \approx \mu_7 \approx 14.04$，对应的特征向量 $\boldsymbol{v} \approx \boldsymbol{v}_7 \approx (0.5935, 0.7762, 1)^{\mathrm{T}}$。

7.1.2 算法实现

下面是求矩阵的模最大特征值及所对应特征向量的算法描述。

```
Input：矩阵 A[]，阶数 n，初始向量 v0[]，误差限 ε
Output：所求特征值
v ← v0
repeat
u ← λ*v                     //这里的*表示矩阵乘积
mu ← Max Component(u)       // Max Component 是计算向量模最大的分量的函数
v0 ← u/mu                   //产生的新向量放入 v0
until(||v0 – v|| < ε )      // || • || 表示向量的范数
return mu， v0
```

7.1.3 反幂法

在量子力学等问题中，常需要求模最小特征值，其对应着最低能态（真空态）的能级。

设 $\boldsymbol{A}$ 是 n 阶非奇异矩阵，其特征值为

$$|\lambda_1| \geqslant |\lambda_2| \geqslant \cdots \geqslant |\lambda_{n-1}| > |\lambda_n|$$

且对应的 n 个特征向量 $\boldsymbol{x}_1,\cdots,\boldsymbol{x}_n$ 线性无关。

由于 $\boldsymbol{A}$ 非奇异，所以 $\lambda_i \neq 0 (i=1,\cdots,n)$。又由 $\boldsymbol{A}\boldsymbol{x}_i=\lambda_i \boldsymbol{x}_i$ 可得 $\boldsymbol{A}^{-1}\boldsymbol{x}_i=\dfrac{1}{\lambda}\boldsymbol{x}_i \quad (i=1,\cdots,n)$，这说明 $\dfrac{1}{\lambda_i}$ 恰好是 $\boldsymbol{A}^{-1}$ 的特征值，而对应的特征向量仍是 $\boldsymbol{x}_i$。对 $\boldsymbol{A}^{-1}$ 施以乘幂法，则可求得 $\boldsymbol{A}^{-1}$ 模最大特征值 $\dfrac{1}{\lambda_n}$，从而求得 $\boldsymbol{A}$ 模最小特征值 λ_n。

为避免求矩阵的逆，将乘幂法的迭代过程改为

$$\boldsymbol{A}\boldsymbol{u}_k=\boldsymbol{v}_{k-1}$$
$$\mu_k=\max(\boldsymbol{u}_k)$$
$$\boldsymbol{v}_k=\boldsymbol{u}_k/\mu_k$$

上面的第一个式子是求解 $\boldsymbol{u}_k$ 的方程组。由于迭代过程中，系数矩阵 $\boldsymbol{A}$ 保持不变，所以常利用三角分解法求解该方程组。

由乘幂法知，当 k 充分大，使得 $\boldsymbol{v}_k \approx \boldsymbol{v}_{k-1}$ 时，便得到 $\mu_k \approx 1/\lambda_n$，即有 $\lambda_n \approx 1/\mu_k$，这种方法称为反幂法（Inverse Power Method）。

另外，任给常数 ξ，若 $\boldsymbol{A}\boldsymbol{x}_i=\lambda_i\boldsymbol{x}_i$，则 $(\boldsymbol{A}-\xi\boldsymbol{I})\boldsymbol{x}_i=(\lambda_i-\xi)\boldsymbol{x}_i$，这表明 $\lambda_i-\xi(i=1,\cdots,n)$ 恰好是 $\boldsymbol{A}-\xi\boldsymbol{I}$ 的全部特征值，而且对应的特征向量都不变。对 $\boldsymbol{A}-\xi\boldsymbol{I}$ 施以反幂法，则可求得 $\boldsymbol{A}-\xi\boldsymbol{I}$ 模最小特征值 $\lambda_0-\xi$，这样便得到 $\boldsymbol{A}$ 最接近 ε 的特征值 λ_0 及对应的特征向量。

例 7.3 用反幂法求 $\boldsymbol{A}=\begin{bmatrix} 3 & 2 & 5 \\ 12 & 1 & 3 \\ 10 & 4 & 5 \end{bmatrix}$ 最接近 14 的特征值和对应特征向量的近似值。

解 考虑矩阵

$$\boldsymbol{B}=\boldsymbol{A}-14\boldsymbol{I}=\begin{bmatrix} -11 & 2 & 5 \\ 12 & -13 & 3 \\ 10 & 4 & -9 \end{bmatrix}$$

取 $\boldsymbol{v}_0=(1,1,1,)^{\mathrm{T}}$，则对 $\boldsymbol{B}$ 用反幂法，所得迭代序列如表 7.3 所示。

表 7.3 迭代序列

k	$\boldsymbol{u}_k$			μ_k	$\boldsymbol{v}_k$			$1/\mu_k$
0					1	1	1	
1	19.4545	25.4545	32.8182	32.818	0.5928	0.7756	1	0.03
2	14.7925	19.3465	24.9234	24.923	0.5935	0.7762	1	0.04
3	14.8015	19.3583	24.9387	24.939	0.5935	0.7762	1	0.04
4	14.8015	19.3582	24.9386	24.939	0.5935	0.7762	1	0.04

故矩阵 $\boldsymbol{B}$ 模最小特征值约为 0.04，因此 $\boldsymbol{A}$ 最接近 14 的特征值约为 $14+0.04=14.04$，对应的特征向量 $\boldsymbol{v}\approx(0.5935,0.7762,1)^{\mathrm{T}}$。

7.2 QR 方法

QR 方法是求解一般矩阵全部特征值最有效的方法之一，它基于矩阵的正交三角分解。

7.2.1 镜像矩阵与 QR 分解

设 $\boldsymbol{u}$ 是 n 维向量空间中的单位向量，即 $\|\boldsymbol{u}\|_2^2=\boldsymbol{u}^{\mathrm{T}}\boldsymbol{u}=1$，则称

$$\boldsymbol{H}=\boldsymbol{I}-2\boldsymbol{u}\boldsymbol{u}^{\mathrm{T}}$$

为 Householder 矩阵或镜像矩阵，其中 $\boldsymbol{I}$ 是 n 阶单位矩阵。

镜像矩阵是对称的正交矩阵。事实上

$$\boldsymbol{H}^{\mathrm{T}}=\boldsymbol{I}-2(\boldsymbol{u}\boldsymbol{u}^{\mathrm{T}})^{\mathrm{T}}=\boldsymbol{I}-2(\boldsymbol{u}^{\mathrm{T}})^{\mathrm{T}}\boldsymbol{u}^{\mathrm{T}}=\boldsymbol{I}-2\boldsymbol{u}\boldsymbol{u}^{\mathrm{T}}=\boldsymbol{H}$$

而

$$\boldsymbol{H}\boldsymbol{H}^{\mathrm{T}}=\boldsymbol{H}^2=\boldsymbol{I}-4\boldsymbol{u}\boldsymbol{u}^{\mathrm{T}}+4\boldsymbol{u}(\boldsymbol{u}^{\mathrm{T}}\boldsymbol{u})\boldsymbol{u}^{\mathrm{T}}=\boldsymbol{I}-4\boldsymbol{u}\boldsymbol{u}^{\mathrm{T}}+4\boldsymbol{u}\boldsymbol{u}^{\mathrm{T}}=\boldsymbol{I}$$

【定理 7.1】 任意 n 阶矩阵 $\boldsymbol{A}$ 都可以分解为一个正交矩阵 $\boldsymbol{Q}$ 和一个上三角矩阵 $\boldsymbol{R}$ 的乘积

$$\boldsymbol{A}=\boldsymbol{Q}\boldsymbol{R}$$

若 $\boldsymbol{A}$ 是非奇异矩阵，且限定 $\boldsymbol{R}$ 对角线上的元素均为正数，则此分解是唯一的。

矩阵的 QR 分解可以按如下步骤构造完成。记 $\boldsymbol{A}$ 的第 1 列为 $\boldsymbol{x}=(a_{11},\cdots,a_{n1})^{\mathrm{T}}$，设 $\boldsymbol{e}_1=(1,0,\cdots,0)^{\mathrm{T}}$ 是 n 维单位向量。令

$$\boldsymbol{u}=\frac{\boldsymbol{x}-k_1\boldsymbol{e}_1}{\|\boldsymbol{x}-k_1\boldsymbol{e}_1\|_2},\quad \boldsymbol{Q}_1=\boldsymbol{H}_1=\boldsymbol{I}-2\boldsymbol{u}\boldsymbol{u}^{\mathrm{T}}$$

其中 $k_1=-\mathrm{sign}(a_{11})\|\boldsymbol{x}\|_2$，则 $\|\boldsymbol{u}\|_2=1$，且 $\boldsymbol{x}^{\mathrm{T}}\boldsymbol{x}=\|\boldsymbol{x}\|_2^2=k_1^2$。于是

$$\begin{aligned}\|\boldsymbol{x}-k_1\boldsymbol{e}_1\|_2^2&=(\boldsymbol{x}-k_1\boldsymbol{e}_1)^{\mathrm{T}}(\boldsymbol{x}-k_1\boldsymbol{e}_1)\\&=\boldsymbol{x}^{\mathrm{T}}\boldsymbol{x}-k_1\boldsymbol{x}^{\mathrm{T}}\boldsymbol{e}_1-k_1\boldsymbol{e}_1^{\mathrm{T}}\boldsymbol{x}+k_1^2\boldsymbol{e}_1^{\mathrm{T}}\boldsymbol{e}_1=2k_1^2-2k_1a_{11}\end{aligned}$$

$$\boldsymbol{u}^{\mathrm{T}}\boldsymbol{x}=\frac{1}{\|\boldsymbol{x}-k_1\boldsymbol{e}_1\|_2}(\boldsymbol{x}-k_1\boldsymbol{e}_1)^{\mathrm{T}}\boldsymbol{x}=\frac{1}{\|\boldsymbol{x}-k_1\boldsymbol{e}_1\|_2}(\boldsymbol{x}^{\mathrm{T}}\boldsymbol{x}-k_1\boldsymbol{e}_1^{\mathrm{T}}\boldsymbol{x})=\frac{k_1^2-k_1a_{11}}{\|\boldsymbol{x}-k_1\boldsymbol{e}_1\|_2}$$

因此

$$\boldsymbol{H}_1\boldsymbol{x}=\boldsymbol{x}-2\boldsymbol{u}\boldsymbol{u}^{\mathrm{T}}\boldsymbol{x}=\boldsymbol{x}-2\boldsymbol{u}(\boldsymbol{u}^{\mathrm{T}}\boldsymbol{x})=\boldsymbol{x}-(\boldsymbol{x}-k_1\boldsymbol{e}_1)=k_1\boldsymbol{e}_1$$

所以就有

$$\boldsymbol{Q}_1\boldsymbol{A}=\begin{bmatrix}k_1 & a_{12}^{(1)} & \cdots & a_{1n}^{(1)}\\ 0 & a_{22}^{(1)} & & a_{2n}^{(1)}\\ \vdots & \vdots & \ddots & \vdots\\ 0 & a_{n2}^{(1)} & \cdots & a_{nn}^{(1)}\end{bmatrix}$$

再对 $\boldsymbol{H}_1\boldsymbol{A}$ 右下角的 $n-1$ 阶子矩阵类似地构造矩阵 $\boldsymbol{H}_2$，并令

$$\boldsymbol{Q}_2=\begin{bmatrix}1 & 0_{n-1}^{\mathrm{T}}\\ 0_{n-1} & H_2\end{bmatrix}$$

其中 0_{n-1} 是 $n-1$ 维零向量，则

$$\boldsymbol{Q}_2(\boldsymbol{Q}_1\boldsymbol{A})=\begin{bmatrix}k_1 & a_{12}^{(1)} & a_{13}^{(1)} & \cdots & a_{1n}^{(1)}\\ 0 & k_2 & a_{23}^{(2)} & \cdots & a_{2n}^{(2)}\\ 0 & 0 & a_{33}^{(2)} & \cdots & a_{3n}^{(2)}\\ \vdots & \vdots & \vdots & \ddots & \vdots\\ 0 & 0 & a_{n3}^{(2)} & \cdots & a_{nn}^{(2)}\end{bmatrix}$$

依次进行 $n-1$ 步，便得到

$$\boldsymbol{Q}_{n-1}\cdots\boldsymbol{Q}_2\boldsymbol{Q}_1\boldsymbol{A}=\boldsymbol{R}$$

其中 $\boldsymbol{R}$ 是上三角矩阵，记

$$\boldsymbol{Q}=(\boldsymbol{Q}_{n-1}\cdots\boldsymbol{Q}_2\boldsymbol{Q}_1)^{\mathrm{T}}$$

由于 $\boldsymbol{Q}_1,\boldsymbol{Q}_2,\cdots,\boldsymbol{Q}_{n-1}$ 均为正交矩阵，故 $\boldsymbol{Q}$ 也是正交矩阵，且 $\boldsymbol{A}=\boldsymbol{Q}\boldsymbol{R}$，即得到 $\boldsymbol{A}$ 的 QR 分解。

例 7.4　用 Householder 变换对矩阵 $\boldsymbol{A}$ 进行 QR 分解，其中

$$\boldsymbol{A}=\begin{bmatrix}2 & 0 & 3\\ 2 & -15 & 3\\ 1 & -15 & 0\end{bmatrix}$$

解　第 1 步：构造 $\boldsymbol{Q}_1$。取 $\boldsymbol{A}$ 的第 1 列 $\boldsymbol{x}=(2,2,1)^{\mathrm{T}}$，则由 $\|\boldsymbol{x}\|_2=3$ 得

$$k_1=-\mathrm{sign}(2)\|\boldsymbol{x}\|_2=-3$$

这样 $\boldsymbol{x}-k_1\boldsymbol{e}_1=(5,2,1)^{\mathrm{T}}$，$\|\boldsymbol{x}-k_1\boldsymbol{e}_1\|_2=\sqrt{30}$，故

$$\boldsymbol{u}=\frac{\boldsymbol{x}-k_1\boldsymbol{e}_1}{\|\boldsymbol{x}-k_1\boldsymbol{e}_1\|}=\left(\frac{5}{\sqrt{30}},\frac{2}{\sqrt{30}},\frac{1}{\sqrt{30}}\right)^{\mathrm{T}}$$

于是

$$\boldsymbol{Q}_1=\boldsymbol{H}_1=\boldsymbol{I}-2\boldsymbol{u}\boldsymbol{u}^{\mathrm{T}}=\begin{bmatrix}-\frac{2}{3} & -\frac{2}{3} & -\frac{1}{3}\\ -\frac{2}{3} & \frac{11}{15} & -\frac{2}{15}\\ -\frac{1}{3} & -\frac{2}{15} & \frac{14}{15}\end{bmatrix}$$

因而

$$\tilde{\boldsymbol{A}}=\boldsymbol{Q}_1\boldsymbol{A}=\begin{bmatrix}-3 & 15 & -4\\ 0 & -9 & \frac{1}{5}\\ 0 & -12 & -\frac{7}{5}\end{bmatrix}$$

第 2 步：构造 $\boldsymbol{Q}_2$。取 $\tilde{\boldsymbol{A}}$ 右下角的二阶子矩阵 $\begin{bmatrix} -9 & \frac{1}{5} \\ -12 & -\frac{7}{5} \end{bmatrix}$ 的第 1 列 $\boldsymbol{x}=(-9,-12)^{\mathrm{T}}$，则由 $\|\boldsymbol{x}\|_2=15$ 得

$$k_2=-\mathrm{sign}(-9)\|\boldsymbol{x}_2\|=15$$

再用 $\boldsymbol{e}_1$ 表示二维单位向量 $(1,0)^{\mathrm{T}}$，于是 $\boldsymbol{x}-k_2\boldsymbol{e}_1=(-24,-12)^{\mathrm{T}}$，$\|\boldsymbol{x}-k_2\boldsymbol{e}_1\|_2=12\sqrt{5}$，因此

$$\boldsymbol{u}=\frac{\boldsymbol{x}-k_2\boldsymbol{e}_1}{\|\boldsymbol{x}-k_2\boldsymbol{e}_1\|_2}=\left[-\frac{2}{\sqrt{5}},-\frac{1}{\sqrt{5}}\right]^{\mathrm{T}}$$

令

$$\boldsymbol{H}_2=\boldsymbol{I}-2\boldsymbol{u}\boldsymbol{u}^{\mathrm{T}}=\begin{bmatrix} -\frac{3}{5} & -\frac{4}{5} \\ -\frac{4}{5} & \frac{3}{5} \end{bmatrix}$$

再令

$$\boldsymbol{Q}_2=\begin{bmatrix} 1 & 0 & 0 \\ 0 & -\frac{3}{5} & -\frac{4}{5} \\ 0 & -\frac{4}{5} & \frac{3}{5} \end{bmatrix}$$

则

$$\boldsymbol{Q}_2\tilde{\boldsymbol{A}}=\begin{bmatrix} -3 & 15 & -4 \\ 0 & 15 & 1 \\ 0 & 0 & -1 \end{bmatrix}$$

因此 $\boldsymbol{A}$ 的 QR 分解的结果为

$$\boldsymbol{Q}=(\boldsymbol{Q}_2\boldsymbol{Q}_1)^{\mathrm{T}}=\begin{bmatrix} -\frac{2}{3} & \frac{2}{3} & \frac{1}{3} \\ -\frac{2}{3} & -\frac{1}{3} & -\frac{2}{3} \\ -\frac{1}{3} & -\frac{2}{3} & \frac{2}{3} \end{bmatrix},\quad \boldsymbol{R}=\boldsymbol{Q}_2\tilde{\boldsymbol{A}}=\begin{bmatrix} -3 & 15 & -4 \\ 0 & 15 & 1 \\ 0 & 0 & -1 \end{bmatrix}$$

MATLAB 中矩阵的 QR 分解函数是 qr，其调用格式为

[Q,R]=qr(A)或[Q,R,E]=qr(A)

前一种格式返回一个正交矩阵 $\boldsymbol{Q}$ 和一个上三角矩阵 $\boldsymbol{R}$，使得 $\boldsymbol{A}=\boldsymbol{QR}$；后一种格式返回一个正交矩阵 $\boldsymbol{Q}$ 和一个上三角矩阵 $\boldsymbol{R}$ 及一个置换矩阵 $\boldsymbol{E}$，使得 $\boldsymbol{AE}=\boldsymbol{QR}$。

例 7.5 求矩阵 $\begin{bmatrix} 0 & 2 & 0 \\ 2 & 1 & 2 \\ 0 & 2 & 1 \end{bmatrix}$ 的 QR 分解。

命令如下：

```
>>A=[0,2,0;2,1,2;0,2,1];
>>[q,r]=qr(A)
q=
        0   0.7071   -0.7071
  -1.0000        0         0
        0   0.7071    0.7071
r =
  -2.0000  -1.0000   -2.0000
        0   2.8284    0.7071
        0        0    0.7071
```

7.2.2　QR 方法实现

记 $\boldsymbol{A}_1 = \boldsymbol{A}$，构造如下迭代过程：

$$\begin{cases} \boldsymbol{A}_k = \boldsymbol{Q}_k \boldsymbol{R}_k \\ \boldsymbol{A}_{k+1} = \boldsymbol{R}_k \boldsymbol{Q}_k \end{cases}$$

即对 $\boldsymbol{A}_k$ 进行 QR 分解后，交换 $\boldsymbol{Q}$ 和 $\boldsymbol{R}$ 的顺序，相乘得到 $\boldsymbol{A}_{k+1}$，再对 $\boldsymbol{A}_{k+1}$ 重复上述过程。可以证明，$\boldsymbol{A}_k$ 本质收敛于上三角矩阵，或对角线上均为 1×1 和 2×2 分块的上三角矩阵。所谓本质收敛是指对角块和下三角部分是收敛的，其他元素不一定收敛。

因为

$$\boldsymbol{A}_{k+1} = \boldsymbol{R}_k\boldsymbol{Q}_k = (\boldsymbol{Q}_k^{-1}\boldsymbol{Q}_k)(\boldsymbol{R}_k\boldsymbol{Q}_k) = \boldsymbol{Q}_k^{-1}(\boldsymbol{Q}_k\boldsymbol{R}_k)\boldsymbol{Q}_k = \boldsymbol{Q}_k^{-1}\boldsymbol{A}_k\boldsymbol{Q}_k$$

所以迭代生成的矩阵序列 $\boldsymbol{A}_k$ 都正交相似，因此它们具有相同的特征值。当 k 充分大，使 $\boldsymbol{A}_k$ 近似为上三角矩阵或分块上三角矩阵时，上三角的对角线上 1×1 块的元素都是 $\boldsymbol{A}_k$ 特征值的近似值，而 2×2 块的特征值也是 $\boldsymbol{A}_k$ 的一对近似特征值。

例 7.6　求矩阵

$$\boldsymbol{A} = \begin{bmatrix} 2 & 1 \\ 1 & 2 \end{bmatrix}$$

的所有特征值（近似到 0.01）。

解　对矩阵 $\boldsymbol{A}_1 = \boldsymbol{A}$ 进行 QR 分解得

$$\boldsymbol{Q}_1 = \begin{bmatrix} 0.8944 & -0.4472 \\ 0.4472 & 0.8944 \end{bmatrix},\quad \boldsymbol{R}_1 = \begin{bmatrix} 2.2361 & 1.7889 \\ 0 & 1.3416 \end{bmatrix}$$

于是

$$\boldsymbol{A}_2 = \boldsymbol{R}_1\boldsymbol{Q}_1 = \begin{bmatrix} 2.8000 & 0.6000 \\ 0.6000 & 1.2000 \end{bmatrix}$$

再分解得

$$\boldsymbol{A}_2 = \boldsymbol{Q}_2\boldsymbol{R}_2 = \begin{bmatrix} 0.9778 & -0.2095 \\ 0.2095 & 0.9778 \end{bmatrix}\begin{bmatrix} 2.8636 & 0.8381 \\ 0 & 1.0476 \end{bmatrix}$$

因此

$$A_3 = R_2 Q_2 = \begin{bmatrix} 2.9756 & 0.2195 \\ 0.2195 & 1.0244 \end{bmatrix}$$

重复上述过程得

$$A_4 = \begin{bmatrix} 2.9837 & 0.2943 \\ 0 & 1.0055 \end{bmatrix}\begin{bmatrix} 0.9973 & -0.0736 \\ 0.0736 & 0.9973 \end{bmatrix} = \begin{bmatrix} 2.9973 & 0.0740 \\ 0.0740 & 1.0027 \end{bmatrix}$$

$$A_5 = \begin{bmatrix} 2.9982 & 0.0987 \\ 0 & 1.0006 \end{bmatrix}\begin{bmatrix} 0.9997 & -0.0247 \\ 0.0247 & 0.9997 \end{bmatrix} = \begin{bmatrix} 2.9997 & 0.0247 \\ 0.0247 & 1.0003 \end{bmatrix}$$

$$A_6 = \begin{bmatrix} 2.9998 & 0.0329 \\ 0 & 1.0001 \end{bmatrix}\begin{bmatrix} 1.0000 & -0.0082 \\ 0.0082 & 1.0000 \end{bmatrix} = \begin{bmatrix} 3.0000 & 0.0082 \\ 0.0082 & 1.0000 \end{bmatrix}$$

由于 A_6 已接近对角矩阵，所以其对角线上的元素即为 A 的特征值，因此有

$$\lambda_1 \approx 3.00，\lambda_2 \approx 1.00$$

例 7.7 求矩阵

$$A = \begin{bmatrix} 5 & -2 & -5 & -1 \\ 1 & 0 & -3 & 2 \\ 0 & 2 & 2 & -3 \\ 0 & 0 & 1 & -2 \end{bmatrix}$$

的特征值。

解 重复 QR 分解和换位相乘的过程，经过 22 次后得

$$A_{22} = \begin{bmatrix} 3.999995 & -5.943477 & 1.878725 & 0.845270 \\ -0.000003 & 2.380912 & -2.840494 & 2.698953 \\ 0.000000 & 2.079537 & -0.380906 & 2.989853 \\ 0.000000 & 0.000000 & -0.000000 & -1.000000 \end{bmatrix}$$

它近似于一个分块上三角矩阵，对角线上的矩阵块包括由 3.999995 和−1.000000 组成的一阶方阵和二阶方阵 $B_2 = \begin{bmatrix} 2.380912 & -2.840494 \\ 2.079537 & -0.380906 \end{bmatrix}$，因此 $\lambda_1 = 4.000000$ 和 $\lambda_2 = -1.000000$ 是 A 的两个特征值，A 的另外两个特征值也是 B_2 的特征值，由此可得 $\lambda_{3,4} = 1.000003 \pm 2.000001i$。事实上矩阵 A 的特征值分别为 4、−1 和 $1 \pm 2i$。

MATLAB 中求矩阵特征值和特征向量的函数是 eig，其格式是

E=eig(A)或 V,D=eigA

前者直接返回矩阵 A 的全部特征值，后者返回由特征值构成的对角矩阵 D 和以特征向量为列向量构成的矩阵 V。

例 7.8 求例 7.1 中矩阵 A 的全部特征值和对应的特征向量。

命令如下：

```
>>A=[3,2,5;12,1,3;10,4,5];
>>eig(A)
ans=14.0401     -2.5200+1.1886i     -2.5200     -1.1886i
>>[q,e]=eig(A)
q=
```

```
        0.4245      -0.2350+0.1458i     -0.2350-0.1458i
        0.5552      0.9249              0.9249
        0.7152      -0.1452-0.2169i     -0.1452+0.216
    e =
        14.0401     0                   0
        0           -2.5200+1.1886i     0
        0           0                   -2.5200-1.1886i
```

小结

本章主要介绍求矩阵特征值和特征向量的 3 种算法。

乘幂法只能求矩阵模最大特征值和对应的特征向量，且收敛速度依赖于$|\lambda_1/\lambda_2|$（其中λ_1和λ_2分别是$\boldsymbol{A}$的模的最大和次大的两个特征值）。反幂法是乘幂法的一种变形，它可以求非奇异矩阵模最小特征值和矩阵最接近某已知数的特征值，以及所对应的特征向量。QR 方法通过 QR 分解可以求矩阵所有特征值的近似值。

实验　求矩阵特征值的乘幂法与反幂法

1．用乘幂法求矩阵

$$\boldsymbol{A}=\begin{bmatrix}1&5&2\\6&-1&7\\1&3&1\end{bmatrix}$$

模最大特征值及对应的特征向量，精确到 0.0001。

2．一个振动固有频率问题可被离散化为矩阵$\boldsymbol{A}$的特征值问题，其中

$$\boldsymbol{A}=\begin{bmatrix}4&-1&0&0\\-1&2&-1&0\\0&-1&5&-1\\0&0&-1&3\end{bmatrix}$$

用反幂法求矩阵$\boldsymbol{A}$模最小特征值及对应的特征向量，精确到 0.0001。

习题

7-1 用乘幂法计算下列矩阵模最大特征值及对应的特征向量，精确到 0.01。

（1）$\begin{bmatrix}0&1\\1&1\end{bmatrix}$　　（2）$\begin{bmatrix}2&-1\\-1&2\end{bmatrix}$

（3）$\begin{bmatrix} 7 & 3 & -2 \\ 3 & 4 & -1 \\ -2 & -1 & 3 \end{bmatrix}$　　（4）$\begin{bmatrix} 6 & 2 & 1 \\ 2 & 3 & 1 \\ 1 & 1 & 1 \end{bmatrix}$

7-2 求矩阵$\begin{bmatrix} 6 & 2 & 1 \\ 2 & 3 & 1 \\ 1 & 1 & 1 \end{bmatrix}$最接近 6 的特征值和对应的特征向量。

7-3 求下列矩阵的 QR 分解。

（1）$\begin{bmatrix} 1 & 4 & 5 \\ 2 & 5 & 6 \\ 2 & 2 & 0 \end{bmatrix}$　　（2）$\begin{bmatrix} 1 & 1 & -1 \\ 2 & 1 & 0 \\ 1 & -1 & 0 \end{bmatrix}$

7-4 用 QR 方法求矩阵$\begin{bmatrix} 4 & 1 \\ 1 & \frac{5}{2} \end{bmatrix}$的特征值。

*7-5 已知矩阵$\boldsymbol{A}=\begin{bmatrix} 2 & 0 & 1 \\ 1 & 1 & 2 \\ -1 & 0 & 2 \end{bmatrix}$，有一对模最大的共轭复特征值$\lambda_1$和$\lambda_2$，试用乘幂法求$\lambda_1$和$\lambda_2$及对应的特征向量$\boldsymbol{x}_1$和$\boldsymbol{x}_2$。

提示 这种情况下，当 k 充分大时，按乘幂法得到$\boldsymbol{v}_k \approx \alpha_1\boldsymbol{x}_1+\alpha_2\boldsymbol{x}_2$，于是$\boldsymbol{v}_{k+1}=\boldsymbol{A}\boldsymbol{v}_k \approx \lambda_1\alpha_1\boldsymbol{x}_1+\lambda_2\alpha_2\boldsymbol{x}_2$，而$\boldsymbol{v}_{k+2} \approx \lambda_1^2\alpha_1\boldsymbol{x}_1+\lambda_2^2\alpha_2\boldsymbol{x}_2$。由于这 3 个向量均是特征向量$\boldsymbol{x}_1$和$\boldsymbol{x}_2$的线性组合，所以它们线性相关。确定常数$a,b,c$，使$a\boldsymbol{v}_{k+2}+b\boldsymbol{v}_{k+1}+c\boldsymbol{v}_k=0$，则有$(a\lambda_1^2+b\lambda_1+c)\alpha_1\boldsymbol{x}_1+(a\lambda_2^2+b\lambda_2+c)\alpha_2\boldsymbol{x}_2\approx 0$。再由$\boldsymbol{x}_1$和$\boldsymbol{x}_2$线性无关可知，$\lambda_{1,2}$均满足方程$a\lambda^2+b\lambda+c=0$。

*7-6 设$\boldsymbol{A}$是实对称非奇异矩阵，其 QR 分解为$\boldsymbol{A}=\boldsymbol{QR}$。令$\boldsymbol{B}=\boldsymbol{RQ}$，证明$\boldsymbol{B}$是与$\boldsymbol{A}$相似的对称矩阵。

第 8 章　智能计算基本算法

当前，在计算机处理数据的过程中，涉及的许多重要问题都需要从众多参数中选取一个最佳方案，在不改变现有条件的情况下，进一步提高生产效率，这样的问题可以归结为优化问题。随着科学技术的进步和生产经营方式的变化，优化问题几乎遍布了人类生产和生活的各个方面，优化方法成为现代科学的重要理论基础和不可缺少的方法，被广泛应用到各个领域，发挥着越来越重要的作用，因此对优化方法的研究具有十分重要的意义。

经典的背包问题（求解将哪些物品装入背包可使这些物品的重量总和不超过背包容量，且价值总和最大）以及旅行商问题（常被称为“旅行推销员问题”，是指一名推销员要拜访多个地点，求解拜访每个地点后再回到起点的最短路径）都是经典的组合优化问题，这些问题描述非常简单，并且有很强的工程代表性，但最优化求解很困难，其主要原因是求解这些问题的算法需要极长的运行时间与极大的存储空间。正是这些问题的代表性和复杂性激起了人们对组合优化理论与算法的研究兴趣。

随着人们对生物学研究的深入，人们逐渐发现自然界中个体的行为简单、能力非常有限，但是当其一起协同工作时，表现出的并不仅是简单的个体能力的叠加，而是非常复杂的行为特征。例如，鸟群在没有集中控制的情况下能够协同飞行；蜂群能够协同工作，完成诸如采蜜、御敌等任务；个体能力有限的蚂蚁组成的蚁群，能够完成觅食、筑巢等复杂行为。一直以来，人类从大自然中不断得到启迪，通过发现自然界中的一些规律，或模仿其他生物的行为模式，从而获得灵感，以解决各种问题。智能优化算法大多以模仿自然界中不同生物种群的群体体现出来的社会分工和协同合作机制为目标，而非生物的个体行为，属于群智能的范畴，因此也被广泛称为群体智能优化算法。群体智能优化算法的基本思想是用分布搜索优化空间中的点来模拟自然界中的个体，将个体的进化或觅食过程类比为随机搜索最优解的过程，用求解问题的目标函数度量个体对于环境的适应能力，根据适应能力采取优胜劣汰的选择机制，用好的可行解代替差的可行解，将整个群体逐步向最优解靠近的过程类比为迭代的随机搜索过程。

随着大数据与人工智能技术的飞速发展，人们对神经网络的研究掀起一轮高潮。神经网络尤其是各种结构的深度神经网络已经得到广泛应用，并取得良好效果。无论是哪一种神经网络结构，都涉及大量参数训练。这些参数求解过程也可以认为是一种迭代求解过程，如何理解神经网络基本训练过程，对计算机应用有着重要的支撑作用。

8.1 遗传算法

8.1.1 遗传算法概述

遗传算法（Genetic Algorithm，GA）是 1975 年由美国密歇根大学的荷兰博士首先提出的，是模拟自然界生物进化过程与机制来求解极值问题的一类自组织、自适应人工智能技术，是一种仿生随机优化算法。遗传算法的操作对象是一组二进制串或实数串，即种群（Population）。每一个串称为染色体（Chromosome）或个体（Individual），每个染色体或个体都对应于问题的一个解。从初始种群出发，采用基于适应值比例的选择策略，在当前种群中选择个体，使用交叉（Crossover）和变异（Mutation）来产生下一代种群，如此一代一代进化下去，直至满足期望的条件终止。

遗传算法采用了自然进化模型，如选择、交叉、迁移等。基本遗传算法大体上是在三个基本操作机制的引导下进行的。首先进行初始化操作，即通过随机编码机制产生一个种群或种族，其中每一个染色体代表一个可行解。在每一代进化过程中，通过选择操作，代表较好的可行解的染色体会被挑选出来，并通过交叉操作和变异操作重新组合，以产生性能不断提高的后代。当种群的自然进化达到预先设定的进化代数，或者一个满足条件的问题解找到时，算法就结束。

遗传算法包含以下主要步骤。

（1）对优化问题的解的编码。称一个解的编码为一个染色体，组成编码的元素为基因。编码的主要作用是优化问题解的表现形式和方便之后遗传算法的计算。

（2）适应度函数的构造和应用。适应度是解的质量的一种度量，是进化过程中进行选择的重要依据。它通常依赖于解的行为与环境的关系，一般以目标函数的形式来表示。

（3）染色体的结合。双亲的遗传基因结合通过编码之间的交配实现，进而产生下一代，新一代的产生是一个生殖过程，它产生了一个新解。

（4）变异。新解产生的过程中可能发生基因变异，变异使某些解的编码发生变化，使解有更大的遍历性。

生物遗传基本概念及其在遗传算法中所起作用的对应关系见表 8.1。

表 8.1　生物遗传基本概念及其在遗传算法中所起作用的对应关系

基本概念	在遗传算法中的作用
适者生存	在算法停止时，最优目标值的解有最大的可能性被留住
个体	解
染色体	解的编码
基因	解中每一分量的特征
适应体	适应度函数值
群体	选定的一组解
种群	根据适应度函数值选取的一组解

续表

基本概念	在遗传算法中的作用
交配	通过交配原则产生一组新解的过程
交异	编码的某一个分量发生变化的过程

最优化问题的求解过程是从众多的解中选出最优的解。生物进化的适者生存规律，使得具有生存能力的染色体以最大的可能性生存。这样的共同点使得遗传算法能应用于优化问题求解中。

8.1.2 遗传算法原理

对于自然界中生物遗传与进化机理的模仿，针对不同的问题，很多学者设计了许多不同的编码方法来表示问题的可行解，开发出了许多种不同的遗传算子来模仿不同环境下的生物遗传特性。这样，由不同的编码方法和不同的遗传算子就构成了各种不同的遗传算法。但这些遗传算法都有共同的特点，即通过对生物遗传和进化过程中选择、交叉、变异机理的模仿来完成对问题最优解的自适应搜索过程。基于这个共同特点，Goldberg 总结出了一种统一的、最基本的遗传算法——基本遗传算法（SGA）。基本遗传算法只使用选择算子、交叉算子和变异算子 3 种基本遗传算子，其遗传进化操作过程简单，容易理解，它给各种遗传算法提供了一个基本框架。目前基本遗传算法已经做了很多改进，并广泛应用于各个领域。

1. 基本遗传算法的构成要素

1）染色体编码方法

基本遗传算法使用固定长度的二进制符号串来表示群体中的个体，其等位基因由二值符号集$\{0,1\}$组成。初始群体中各个个体的基因值用均匀分布的随机数来生成。例如：

$$X = 100111001000101101$$

就可表示一个个体，该个体的染色体长度是$n = 18$。

2）个体适应度评价

基本遗传算法按与**个体适应度成正比的概率来确定当前群体中每个个体遗传到下一代群体中的机会有多少**。为正确计算这个概率，这里要求所有个体的适应度必须为正数或零。这样，根据不同种类的问题，必须预先确定好由目标函数值到个体适应度之间的转换规则，特别是要预先确定好当目标函数值为负数时的处理方法。

3）遗传算子

基本遗传算法使用下述三种遗传算子。

① 选择运算：使用**比例选择算子**。

② 交叉运算：使用**单点交叉算子**。

③ 变异运算：使用**基本位变异算子**。

4）基本遗传算法的运行参数

基本遗传算法有下述 4 个运行参数需要提前设定。

① M ——群体大小，即群体中所含个体的数量，一般取 20～100。

② T ——遗传运算的终止进化代数，一般取 100～500。

③ p_c——交叉概率，一般取 0.4～0.99。

④ p_m——变异概率，一般取 0.0001～0.1。

需要说明的是，这 4 个运行参数对遗传算法的求解结果和求解效率都有一定的影响，但目前尚无合理选择它们的理论依据。在遗传算法的实际应用中，往往需要多次试算后才能确定出这些参数合理的取值或取值范围。

2. 基本遗传算法原理

下面给出基本遗传算法的伪代码描述：

```
Begin
        初始化种群数目为 M；初始化种群为 P；T 为最大迭代次数；
当前迭代次数为 0；
While (t≤T) do
      For i = 1 to M do
                计算种群 P(t)的适应度值；
End
      For i = 1 to M do
                对种群 P(t)做选择操作；
End
      For i = 1 to M/2 do
                对种群 P(t)做交叉操作；
End
      For i = 1 to M do
                对种群 P(t)做变异操作，得到新的种群；
End
      For i = 1 to M do
                计算种群 P(t)的适应度值，更新种群；
End
      t = t+1；
End
End
```

关于 SGA 的收敛性有如下定理。

【定理 8.1】 若变异概率 $0< p_m <1$，交叉概率 $0\leqslant p_c \leqslant 1$，则简单遗传算法不能收敛到全局最优解。

定理 8.1 从概率的意义说明简单遗传算法不能收敛到全局最优解。但是只要对简单遗传算法做一点改动，记录前面各代遗传的最优解并存放在群体的第 1 位，这个染色体只起一个记录的功能而不参与遗传运算，则改进的遗传算法收敛到全局最优解，于是有定理 8.2。

【定理 8.2】 如果改进简单遗传算法按交叉、变异、种群选取之后更新当前最优染色体的进化循环过程，那么可收敛于全局最优解。

定理 8.2 说明了当执行无穷多代时，选择前保留最优解，就总能找到全局最优解，但实际上，算法总是在有穷时代终止的。因此，一般来说，算法只能得到一定精度的结果。

3. 基本遗传算法的形式化定义

基本遗传算法可定义为一个元组：

$$\mathrm{SGA} = (C, E, P_0, M, \Phi, \Gamma, \Psi, T)$$

式中

C ——个体的编码方法；

E ——个体适应度评价函数；

P_0 ——初始种群；

M ——群体大小；

Φ ——选择算子；

Γ ——交叉算子；

Ψ ——变异算子；

T ——遗传运算终止条件。

8.1.3 遗传算法实现

根据上面对基本遗传算法构成要素的分析和算法描述，我们可以很方便地用计算机语言来实现这个基本遗传算法。现对具体实现过程中的问题进行以下说明。

1. 编码和解码

用遗传算法求解问题时，不是对所求解问题的实际决策变量直接进行操作，而是对表示可行解的个体编码进行操作，不断搜索出适应度较高的个体，并在群体中增加其数量，最终寻找到问题的最优解或近似最优解。因此，必须建立问题的可行解的实际表示和遗传算法的染色体位串结构之间的联系。在遗传算法中，把一个问题的可行解从其解空间转换到遗传算法所能处理的搜索空间的转换方法称为**编码**。反之，将个体从搜索空间的基因型变换到解空间的表现型的方法称为**解码**。

编码是应用遗传算法需要解决的首要问题，也是一个关键步骤。迄今为止，人们已经设计出了许多种不同的编码方法。基本遗传算法使用的是二进制符号 0 和 1 所组成的二进制符号集$\{0,1\}$，也就是说，把问题空间的参数表示为基于字符集$\{0,1\}$构成的染色体位串。每个个体的染色体中所包含的数字的个数 L 称为染色体的长度或符号串的长度。一般染色体的长度 L 为一个固定的数，如

$$X = 10011100100011010100$$

表示一个个体，该个体的染色体长度 $L = 20$。

二进制编码符号串的长度与问题所要求的精度有关。假设某一参数的取值范围是$[a,b]$，我们用长度为 L 的二进制编码符号串来表示该参数，总共能产生 2^L 种不同的编码，若参数与编码的对应关系为

$$\begin{array}{lcll}
0000000000\cdots0000000 & = & 0 & \to a \\
0000000000\cdots00000001 & = & 1 & \to a+\delta \\
 & \vdots & & \\
1111111111\cdots1111111 & = & 2^L-1 & \to b
\end{array}$$

则二进制编码的编码精度 $\delta=\dfrac{b-a}{2^L-1}$。

假设某一个个体的编码 $x_k=a_{k1}a_{k2}\cdots a_{kL}$，则对应的解码公式为

$$x_k=a+\frac{b-a}{2^L-1}\left(\sum_{j=1}^{L}a_{kj}2^{L-j}\right) \tag{8.1}$$

例如，对于 $x\in[0,1023]$，若用长度为 10 的二进制编码来表示该参数的话，则下述符号串

$$x=0010101111$$

就表示一个个体，它对应的参数值是 $x=175$。此时的编码精度为 1。

二进制编码方法相对于其他编码方法的优点，首先是编码、解码操作简单易行，其次是交叉遗传操作便于实现，再次是便于对算法进行理论分析。

2. 个体适应度评价

在遗传算法中，我们会根据个体适应度的大小来确定该个体在选择操作中的概率。个体的适应度越大，该个体被遗传到下一代的概率也越大；反之，个体的适应度越小，该个体被遗传到下一代的概率也越小。基本遗传算法使用比例选择操作方法来确定群体中各个个体是否有可能遗传到下一代群体中。为了正确计算不同情况下各个个体的选择概率，要求所有个体的适应度必须为正数或为零，不能是负数。这样，根据不同种类的问题，必须预先确定好由目标函数值到个体适应度之间的转换规则，特别是要预先确定好目标函数值为负数时的处理方法。

设所求解的问题为 $\max f(x)$，$x\in D$。

对于求目标函数最小值的优化问题，理论上只需简单地对目标函数最大值增加一个负号就可将其转化为求目标函数最小值的问题，即 $\min f(x)=\max(-f(x))$。当优化问题是求函数最大值，并且目标函数总取正值时，可以直接设定个体的适应度函数值 $F(x)$ 等于相应的目标函数值 $f(x)$，即 $F(x)=f(x)$。

但实际目标优化问题中的目标函数有正有负，优化目标有求函数最大值的，也有求函数最小值的，显然上面两式保证不了所有情况下个体的适应度都是非负数这个要求，因此必须寻求出一种通用且有效的由目标函数值到适应度之间的转换关系，由它来保证个体适应度总取非负值。

为满足适应度取非负值的要求，基本遗传算法一般采用下面方法将目标函数值 $f(x)$ 变换为个体的适应度 $F(x)$。

对于求目标函数最大值的优化方法问题，变换方法为

$$F(x)=\begin{cases}f(x)+C_{\min}, & \text{当}f(x)+C_{\min}>0\text{时}\\ 0, & \text{当}f(x)+C_{\min}\leqslant 0\text{时}\end{cases} \tag{8.2}$$

式中，$C_{\min}$ 为一个适当的相对比较小的数，它可以是预先指定的一个较小的数，或是进化到当前代为止的最小目标函数值，又或是当前代、最近几代群体中的最小目标函数值。

3. 比例选择算子

选择算子是对达尔文进化论中“自然选择”学说的核心思想“适者生存，优胜劣汰”的简单模拟。选择的目的是从当前群体中选出优良的个体，使它们有机会作为父代为下一代繁殖子孙，从而为进化创造较好的环境条件。选择操作是建立在群体个体的适应度评价基础上

的，其对遗传搜索过程具有较大的影响，因此，选择操作在遗传算法中是非常重要的。

基于适应度比例的选择法又称轮盘赌选择法，即采用和适应度成比例的概率方法来进行选择。首先计算种群中所有个体适应度值的总和，再计算每个个体的适应度所占的比例，作为个体相应的选择概率，然后在每一轮计算中产生一个随机数，并将随机数作为选择指针来确定被选择的个体。

4. 单点交叉算子

交叉操作是把两个父个体的部分结构加以替换重组而产生新的个体，其目的是能够在下一代中产生新的个体。交叉操作的方法很多，并且在遗传算法中起着关键作用，是产生新个体的主要方法，它决定着遗传算法的全局搜索能力。下面介绍最为常用的单点交叉。

在单点交叉中，交叉点为个体变量中的任意一点。进行交叉时，该点后的两个个体的部分结构互换，从而生成两个个体。考虑如下两个变量的父个体：

父个体 1：01110011010

父个体 2：10101100101

交叉点位置为 5，交叉后产生的子个体为：

子个体 1：01110100101

子个体 2：10101011010

5. 基本位变异算子

变异是指将个体染色体编码中的某些基因座上的基因值用该基因座的其他基因值来替换，从而形成新的个体。它虽然只是产生新个体的辅助方法，但却是不可缺少的一个运算步骤。它决定了遗传算法的局部搜索能力。**基本位变异算子是最简单、最基本的变异操作算子。**

对于基本遗传算法中用二进制编码符号串所表示的个体，若需要进行变异操作的某一基因座上的原有基因值为 0，则变异操作将该基因值变为 1；反之，若原有基因值为 1，则变异操作将其变为 0。

基本位变异算子的具体执行过程：

① 对个体的每个基因座，依变异概率 p_m 指定其为变异点。

② 对每个指定的变异点，将其基因值进行取反运算或用其他等位基因值来替换，从而产生出一个新的个体。

基本位变异运算的示例如下所示。

$$A：1010\quad 1\quad 01010 \rightarrow A'：1010\quad 0\quad 01010$$

8.1.4 遗传算法应用

由上述内容可知，基本遗传算法是一个迭代过程，它模仿生物在自然环境中的遗传和进化机理，反复将选择操作、交叉操作、变异操作作用于群体，最终可得到问题的最优解或近似最优解。虽然算法的思想比较简单，但它却具有一定的实用价值，能够解决一些复杂系统的优化计算问题。

遗传算法提供了一种求解复杂系统优化问题的通用框架，它不依赖于问题的领域和种类。

对一个需要进行优化计算的实际应用问题，一般可按下述步骤来构造求解该问题的遗传算法。

第 1 步：建立优化模型，即确定出目标函数、决策变量及各种约束条件以及数学描述形式或量化方法。

第 2 步：确定表示可行解的染色体编码方法，即确定出个体的基因型 X 及遗传算法的搜索空间。

第 3 步：确定编码方法，即确定出个体基因型 X 到个体表现型 X 的对应关系或转换方法。

第 4 步：确定个体适应度的量化评价方法，即确定出由目标函数值 $f(X)$ 到个体适应度 $F(X)$ 的转换规则。

第 5 步：设计遗传操作方法，即确定出选择运算、交叉运算、变异运算等具体操作方法。

第 6 步：确定遗传算法的有关运行参数，即确定出遗传算法的 M、T、p_c、p_m 等参数。

由上述构造步骤可以看出，可行解的编码方法、遗传操作的设计是构造遗传算法时需要考虑的两个主要问题，也是设计遗传算法时的两个关键步骤。对不同的优化问题需要使用不同的编码方法和不同的遗传操作，它们与所求解的具体问题密切相关，因此对所求解问题的理解程度是遗传算法应用成功与否的关键。

例 8.1 求解优化问题。

$$\max f(x_1,x_2)=x_1^2+x_2^2,\ \ x_1\in\{0,1,2,\cdots,7\},\ \ x_2\in\{0,1,2,\cdots,7\}$$

解 主要运算过程如表 8.2 所示。

表 8.2 主要运算过程

①个体编码 i	1	2	3	4
②初始群体 $P(0)$	011101	101011	011100	111001
③ x_1	3	5	3	7
④ x_2	5	3	4	1
⑤ $f_i(x_1,x_2)$	34	34	25	50
	$\sum f_i=143$ $f_{\max}=50$ $\bar{f}=35.75$			
⑥ $f_i/\sum f_i$	0.24	0.24	0.17	0.35
⑦ 选择次数	1	1	0	2
⑧ 选择结果	011101	111001	101011	111001
⑨ 配对情况	1-2 3-4			
⑩ 交叉点	1-2:2 3-4:4			
⑪ 交叉结果	011001	111101	101001	111011
⑫ 变异点	5			
⑬ 变异结果	011001	111111	101001	111011
⑭ 子代群体 $P(1)$	011001	111111	101001	111011
⑮ x_1	3	7	5	7
⑯ x_2	1	7	1	3
⑰ $f_i(x_1,x_2)$	10	98	26	58
	$\sum f_i=192$ $f_{\max}=98$ $\bar{f}=48$			

① 个体编码。遗传算法的运算对象是表示个体的符号串，所以必须把变量 x_1、x_2 编码为一种符号串。由于 x_1 和 x_2 取 0～7 之间的整数，因此可分别用 3 位无符号二进制整数来表示，将它们连接在一起所组成的 6 位无符号二进制整数就形成了个体的基因型，表示一个可行解。例如，基因型 x= 101110 所对应的表现型是 $x=(5,6)$。

② 初始群体的产生。遗传算法指对群体进行遗传操作，需要准备一些表示起始搜索点的初始群体数据。本例中群体规模的大小 M 取为 4，即群体由 4 个个体组成，每个个体可通过随机方法产生。一个随机产生的初始群体如表 8.2 中②所示。

③ 适应度计算。本例中，目标函数总取非负值，并且是以求函数最大值为优化目标的，故可直接利用目标函数值作为个体的适应度，即 $F(x)=f(x)$。为计算函数的目标值，需先对个体基因型 x 进行解码。表 8.2 中的③和④为初始群体各个个体的解码结果，⑤为各个个体所对应的目标函数值，它也是个体的适应度，⑤中还给出了群体中适应度的最大值和平均值。

④ 选择操作。具体操作过程是先计算出群体中所有个体的适应度的总和 $\sum f_i$ 及每个个体的相对适应度的大小 $f_i/\sum f_i$，如表 8.2 中⑤和⑥所示。表 8.2 中⑦和⑧表示随机产生的选择次数和选择结果。

⑤ 交叉操作。本例中采用单点交叉的方法，并取交叉概率 $p_c=1.00$。表 8.2 中⑪为交叉运算的结果。

⑥ 变异操作。为了能显示变异操作，取变异概率 $p_m=0.25$，并采用基本位变异的方法进行变异运算。表 8.2 中⑬为变异运算的结果。

对群体 $P(t)$ 进行一轮选择、交叉、变异操作之后得到新一轮群体 $P(t+1)$。如表 8.2 中⑭所示。表中⑮、⑯、⑰分别表示新群体的解码值、适应度和适应度的最大值及平均值等。从表 8.2 中可以看出群体经过一代进化以后，其适应度的最大值、平均值都得到了明显的改进。事实上，这里已经找到了最佳个体 11111，即变量都为 1。

需要说明的是，表中②、⑦、⑨、⑩、⑫的数据是随机产生的。这里为了说明问题，我们特意选择了一些较好的数值，以便能够得到较好的结果。在实际运算过程中有可能需要一定的循环次数才能达到这个结果。

8.2 蚁群算法

20 世纪 90 年代意大利学者 M. Dorigo、V. Maniezzo、A. Colorni 等从生物进化的机制中受到启发，通过模拟自然界蚂蚁搜索路径的行为，提出一种新型的模拟进化算法——蚁群算法，它是群智能理论研究领域的一种主要算法。用该方法求解 TSP（Traveling Solesman Problem，旅行推销员）问题、分配问题、Job-Shop 调度问题，取得了较好的测试结果。虽然方法研究时间不长，但就当前的研究显示，蚁群算法在求解复杂优化问题（特别是离散优化问题）方面有一定优势，这表明它是一种有发展前景的算法。

8.2.1 蚁群算法原理

1. 蚁群行为描述

根据仿生学家的长期研究发现，蚂蚁虽没有视觉，但运动时会通过在路径上释放出一种特殊的分泌物——信息素来寻找路径。当它们碰到一个还没有走过的路口时，就随机地挑选一条路径前行，同时释放出与路径长度有关的信息素。蚂蚁走的路径越长，释放的信息量就越小。而当后来的蚂蚁再次碰到这个路口时，选择信息量较大的路径的概率相对较大，这样便形成了一个正反馈机制。最优路径上的信息量越来越大，而其他路径上的信息量却会随着时间的流逝而逐渐削减，最终整个蚁群会找出最优路径。同时，蚁群还能适应环境的变化，当在蚁群的运动路径上突然出现障碍时，蚂蚁也能很快地修正并找到最优路径。可见在整个寻径中，虽然单只蚂蚁的选择能力有限，但是通过信息素的作用可使整个蚁群行为具有非常高的自组织性，蚂蚁之家交换着路径信息，最终可通过集体催化行为找出最优路径。

在图 8.1 中，蚂蚁从 *A* 点出发，速度相同，目的地是食物所在 *D* 点，可能的随机选择路线为 *ABD* 或 *ACD*。假设初始每条分配路线有一只蚂蚁，每个时间单位行走一步，图 8.1（a）为经过 9 个时间单位的情形：走 *ABD* 的蚂蚁到达终点，而走 *ACD* 的蚂蚁刚好走到 *C* 点，为一半路程。图 8.1（b）为从开始算起，经过 18 个时间单位的情形：走 *ABD* 的蚂蚁到达终点后得到食物又返回了起点 *A*，而走 *ACD* 的蚂蚁刚好走到 *D* 点。

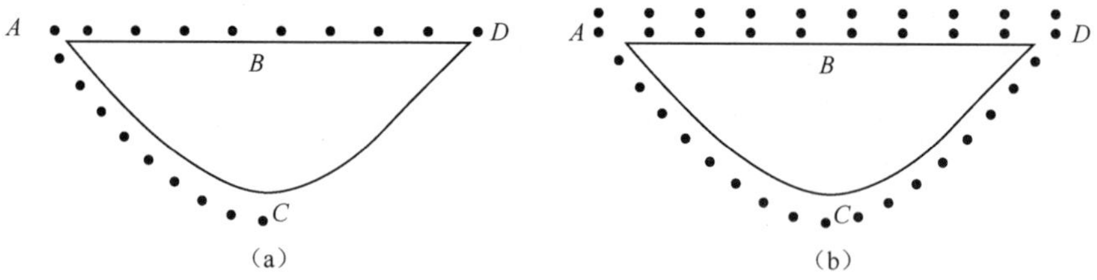

图 8.1　简化的蚂蚁寻食过程

假设蚂蚁每经过一处留下的信息素为一个单位，则经过 36 个时间单位后，所有开始一起出发的蚂蚁都经过不同路径从 *D* 点取得了食物，此时选择 *ABD* 路线的往返了 2 趟，每处的信息素为 4 个单位，选择 *ACD* 路线的往返了 1 趟，每处的信息素为 2 个单位，其比值为 2 : 1。寻找食物的过程继续进行，则按信息素的指导，蚁群在 *ABD* 路线上增派 1 只蚂蚁（共 2 只），而 *ACD* 路线上仍然为 1 只蚂蚁。再经过 36 个时间单位后，两条线路上的信息素单位积累为 12 和 4，比值为 3 : 1。若按以上规则继续，蚁群在 *ABD* 路线上再增派 1 只蚂蚁（共 3 只），而 *ACD* 路线上仍然为 1 只蚂蚁。再经过 36 个时间单位后，两条线路上的信息素单位积累为 24 和 6，比值为 4 : 1。若继续进行，则按信息素的指导，最终所有的蚂蚁会放弃 *ACD* 路线，而选择 *ABD* 路线。这也就是前面所提到的正反馈效应。

2. 基本蚁群算法的机制原理

模拟蚂蚁群体觅食行为的蚁群算法是作为一种新的计算智能模式引入的，该算法基于如下基本假设。

① 蚂蚁之间通过信息素和环境进行通信，每只蚂蚁仅根据其周围的局部环境做出反应，

也只对其周围的局部环境产生影响。

② 蚂蚁对环境的反应由其内部模式决定。因为蚂蚁是基因生物，蚂蚁的行为实际上是其基因的适应性表现，即蚂蚁是反应型适应性主体。

③ 在个体水平上，每只蚂蚁仅根据环境做出独立选择；在群体水平上，单只蚂蚁的行为是随机的，但蚁群可通过自组织过程形成高度有序的群体行为。

由上述假设和分析可见，基本蚁群算法的寻优机制包含两个基本阶段：适应性阶段和协作阶段。在适应性阶段，各候选解根据积累的信息不断调整自身结构，路径上经过的蚂蚁越多，信息量就越大，从而该路径越容易被选择；时间越长，信息量就越小；在协作阶段，候选解之间通过信息交流，以期望产生性能更好的解，类似于自动机的学习机制。

蚁群算法实际上是一类智能多主体系统，其自组织机制使得蚁群算法不需要对所求问题的每个方面都有详尽的认识。自组织本质上是蚁群算法机制在没有外界作用的情况下使系统熵增加的过程，体现了其从无序到有序的动态演化过程。

8.2.2　蚁群算法的数学模型

1．TSP 描述

设 $C=\{c_1,c_2,\cdots,c_n\}$ 是 n 个城市的集合，$L=\{l_{ij}|c_i,c_j\in C\}$ 是集合 C 中元素（城市）两两连接的集合，$d_{ij}(i,j=1,2,\cdots,n)$ 是 l_{ij} 的欧氏距离，即

$$d_{ij}=\sqrt{(x_i-x_j)^2+(y_i-y_j)^2} \tag{8.3}$$

$G=(C,L)$是一个有向图，求解 TSP 问题的目的是从有向图 G 中寻出长度最短的哈密顿圈，即一条对 $C=\{c_1,c_2,\cdots,c_n\}$ 中 n 个元素（城市）进行访问且只访问一次的最短封闭曲线。

TSP 问题的简单形象描述是：给定 n 个城市，有一个旅行商从某一城市出发，访问各个城市一次且仅有一次回到原出发城市，要求找出一条最短的巡回路径。

TSP 问题可分为对称 TSP（Symmetric Traveling Salesman Problem）问题和非对称 TSP（Asymmetric Traveling Salesman Problem）问题两大类，若两城市往返距离相同，则为对称 TSP 问题，否则为非对称 TSP 问题。

对于 TSP 问题解的任意一个猜想，若要验证它是否为最优，则需要将其与其他所有的可行遍历进行比较，而这些比较有指数级个，故根本不可能在多项式时间内对任何猜想进行验证。因此，从本质上说，TSP 问题是一类被证明了的 NP-C 计算复杂度的组合优化难题，如果这一问题得到解决，则同一类型中的多个问题都可以迎刃而解。

TSP 问题的已知数据包括一个有限完全图中各条边的权重，其目标是寻找一个具有最小总权重的哈密顿圈。对于 n 个城市的规模，则存在 $\frac{(n-1)!}{2}$ 条不同的闭合路径。求解该问题最完美的方法应该是全局搜索，但是当 n 较大时，用全局搜索法精确地求出其最优解几乎不可能。而 TSP 问题具有广泛的代表意义和应用前景，许多现实问题均可抽象为 TSP 问题的求解。

2．基本蚁群算法数学模型的建立

设 $b_i(t)$ 表示 t 时刻位于元素 i 的蚂蚁数目，$\tau_{ij}(t)$ 表示 t 时刻路径 (i,j) 上的信息量，n 表

示 TSP 问题规模， m 表示蚁群中蚂蚁的总数目， $m=\sum_{i=1}^{n}b_i(t)$， $\Gamma=\{\tau_{ij}|c_i,c_j\in C\}$ 是 t 时刻集合 C 中元素两两连接 l_{ij} 上残留信息量的集合。在初始时刻各条路径上信息量相等，并设 $\tau_{ij}(0)=\text{const}$ ，基本蚁群算法的寻优是通过有向图 $g=(C,L,\Gamma)$ 实现的。

蚂蚁 $k(k=1,2\cdots,m)$ 在运动过程中，根据各条路径上的信息量决定其转移方向。这里用禁忌表 $\text{tabu}_k(k=1,2\cdots,m)$ 来记录蚂蚁 k 当前所走过的城市，集合随着 tabu_k 的进化进行动态调整。在搜索过程中，蚂蚁根据各条路径上的信息量及路径的启发信息来计算状态转移概率。$P_{ij}^k(t)$ 表示在 t 时刻由元素 i 转移到元素 j 的状态转移概率，定义如下：

$$P_{ij}^k(t)=\begin{cases}\dfrac{[\tau_{ij}(t)]^\alpha\times[\eta_{ik}(t)]^\beta}{\sum_{s\in\text{allowed}_k}[\tau_{is}(t)]^\alpha\times[\eta_{is}(t)]^\beta}, & j\in\text{allowed}_k\\ 0, & \text{otherwise}\end{cases} \tag{8.4}$$

式中， $\text{allowed}_k=\{C-\text{tabu}_k\}$ 表示蚂蚁 k 下一步允许选择的城市； α 为信息启发式因子，表示轨迹的相对重要性，反映了蚂蚁在运动过程中积累的信息在蚂蚁运动时所起的作用，其值越大，该蚂蚁越倾向于选择其他蚂蚁所经过的路径，蚂蚁之间协作性越强； β 为期望启发式因子，表示能见度的相对重要性，反映了蚂蚁在运动过程中的启发信息在蚂蚁选择路径中的受重视程度，其值越大，该状态转移概率越接近于贪婪规则； $\eta_{ij}(t)$ 为启发函数，其表达式为

$$\eta_{ij}(t)=\frac{1}{d_{ij}} \tag{8.5}$$

式中， d_{ij} 表示两个相邻城市之间的距离。对蚂蚁 k 而言， d_{ij} 越小， $\eta_{ij}(t)$ 越大， $P_{ij}^k(t)$ 也就越大。显然，该启发函数表示蚂蚁从元素 i 转移到元素 j 的期望程度。

为了避免残留信息素过多而埋没启发信息，在每只蚂蚁走完一步或者完成对所有 n 个城市的遍历后，要对残留信息进行更新处理。这种更新策略模仿了人类大脑记忆的特点，在新信息不断存入大脑的同时，存储在大脑中的旧的信息随着时间的推移逐渐淡化，甚至忘记。由此， $t+n$ 时刻在路径 (i,j) 上的信息量可按如下规则进行调整：

$$\tau_{ij}(t+n)=(1-\rho)\tau_{ij}(t)+\Delta\tau_{ij}(t) \tag{8.6}$$

$$\tau_{ij}(t)=\sum_{k=1}^{n}\Delta\tau_{ij}^k(t) \tag{8.7}$$

式中， ρ 表示信息素挥发系数，$(1-\rho)$ 表示信息残留因子，为了阻止信息的无限积累， ρ 的取值范围为 $\Delta\tau_{ij}(t)$，表示本次循环中路径 (i,j) 上的信息素增量，初始时刻 $\Delta\tau_{ij}(t)=0$ ，$\Delta\tau_{ij}^k(t)$ 表示第 k 只蚂蚁在本次循环中留在路径 (i,j) 上的信息量。

根据信息素更新策略的不同，M. Dorigo 提出了 3 种不同的基本蚁群算法模型，分别称为 Ant-Cycle 模型、Ant-Quantity 模型和 Ant-Density 模型，其差别在于 $\Delta\tau_{ij}^k(t)$ 的求法不同。

在 Ant-Cycle 模型中

$$\Delta\tau_{ij}^k(t)=\begin{cases}\dfrac{Q}{L_k}, & \text{若第}k\text{只蚂蚁在本次循环中经过路径}(i,j)\\ 0, & \text{otherwise}\end{cases} \tag{8.8}$$

式中，Q 表示信息素强度，它在一定程度上影响算法的收敛速度；L_k 表示第 k 只蚂蚁在本次循环中所走路径的总长度。

在 Ant-Quantity 模型中

$$\Delta\tau_{ij}^{k}(t)=\begin{cases}\dfrac{Q}{d_{ij}}，若第k只蚂蚁在t和t+1之间经过路径(i,j)\\ 0，\text{otherwise}\end{cases} \tag{8.9}$$

在 Ant-Density 模型中

$$\Delta\tau_{ij}^{k}(t)=\begin{cases}Q，若第k只蚂蚁在t和t+1之间经过路径(i,j)\\ 0，\text{otherwise}\end{cases} \tag{8.10}$$

区别：式（8.9）和式（8.10）中利用的是局部信息，即蚂蚁完成一步后更新路径上的信息素；而式（8.8）中利用的是整体信息，即蚂蚁完成一个循环后更新所有路径上的信息素，在求解 TSP 问题时性能较好，因此通常采用式（8.8）作为蚁群算法的基本模型。

8.2.3　蚁群算法实现

以 TSP 问题为例，基本蚁群算法的具体实现步骤如下。

第 1 步：参数初始化。令时间 $t=0$，循环次数 $N_c=0$，设置最大循环次数 N_{cmax}，将 m 只蚂蚁置于 n 个元素（城市）上，令有向图上每条边 (i,j) 的初始化信息量 $\tau_{ij}(t)=\text{const}$，其中 const 表示常数，且初始时刻 $\Delta\tau_{ij}(t)=0$。

第 2 步：循环次数 $N_c\leftarrow N_c+1$。

第 3 步：蚂蚁的禁忌表索引号 $k=1$。

第 4 步：蚂蚁数目 $k\leftarrow k+1$。

第 5 步：蚂蚁个体根据状态转移概率公式（8.4）计算的概率，选择元素 j 并前进，$j\in \text{allowed}_k=\{C-\text{tabu}_k\}$

第 6 步：修改禁忌表指针，即选择好之后将蚂蚁移动到新的元素上，并把该元素移动到该蚂蚁个体的禁忌表中。

第 7 步：若集合 C 中元素未遍历完，即 $k<m$，则转到第 4 步，否则执行第 8 步。

第 8 步：根据式（8.6）和式（8.7）更新每条路径上的信息量。

第 9 步：若满足结束条件，即循环次数 $N_c\geqslant N_{\text{cmax}}$，则循环结束并输出程序计算结果，否则清空禁忌表并转到第 2 步。

例 8.2　4 城市非对称 TSP 问题如图 8.2 所示，其中，没有箭头的连线为双向的，即往返距离相同。距离矩阵为

$$\boldsymbol{D}=(d_{ij})=\begin{bmatrix}0 & 1 & 0.5 & 1\\ 1 & 0 & 1 & 1\\ 1.5 & 5 & 0 & 1\\ 1 & 1 & 1 & 0\end{bmatrix}$$

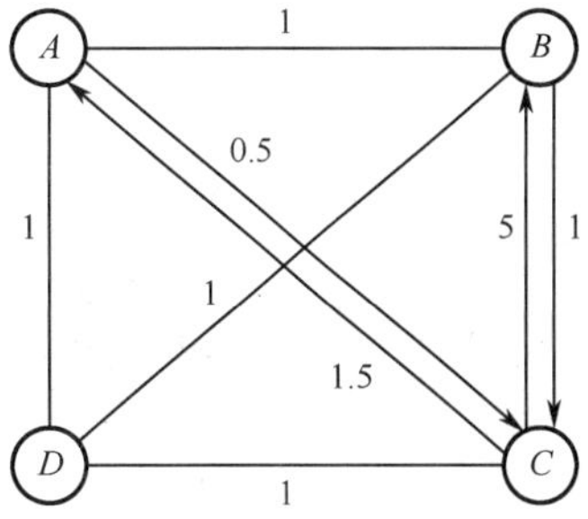

图 8.2　4 城市非对称 TSP 问题

解　假设蚁群中有 4 只蚂蚁，所有蚂蚁都从 A 城市出发，挥发系数 $\rho_k=0.5$，$k=1,2,3$，观察计算过程。

首先有一个初始的记忆表，记录信息素痕迹。一共有 12 条有向弧。

$$\boldsymbol{\tau}(0)=(\tau_{ij}(0))=\begin{bmatrix}0 & \frac{1}{12} & \frac{1}{12} & \frac{1}{12}\\ \frac{1}{12} & 0 & \frac{1}{12} & \frac{1}{12}\\ \frac{1}{12} & \frac{1}{12} & 0 & \frac{1}{12}\\ \frac{1}{12} & \frac{1}{12} & \frac{1}{12} & 0\end{bmatrix}$$

按式（8.4）计算，每只蚂蚁到达下一个城市的可能性均等，执行完算法的第 5 步，假设蚁群的 4 只蚂蚁行走的路线分别为

第 1 只 W_1：$A\to B\to C\to D\to A$，$f(W_1)=4$

第 2 只 W_2：$A\to C\to D\to B\to A$，$f(W_2)=3.5$

第 3 只 W_3：$A\to D\to C\to B\to A$，$f(W_3)=8$

第 4 只 W_4：$A\to B\to D\to C\to A$，$f(W_4)=4.5$

当前最优解（实际为全局最优解）为 W_2，第 8 步的信息更新为

$$\boldsymbol{\tau}(1)=(\tau_{ij}(1))=\begin{bmatrix}0 & \frac{1}{24} & \frac{1}{6} & \frac{1}{24}\\ \frac{1}{6} & 0 & \frac{1}{24} & \frac{1}{24}\\ \frac{1}{24} & \frac{1}{24} & 0 & \frac{1}{6}\\ \frac{1}{24} & \frac{1}{6} & \frac{1}{24} & 0\end{bmatrix}$$

结束一个循环。如果再循环一次，因为 W_2 为全局最优解，由第 8 步的信息素痕迹更新规则，无论 4 只蚂蚁行走的路线如何，第 8 步的信息更新为

$$\boldsymbol{\tau}(2)=(\tau_{ij}(2))=\begin{bmatrix}0 & \frac{1}{48} & \frac{5}{24} & \frac{1}{48}\\ \frac{5}{24} & 0 & \frac{1}{48} & \frac{1}{48}\\ \frac{1}{48} & \frac{1}{48} & 0 & \frac{5}{24}\\ \frac{1}{48} & \frac{5}{24} & \frac{1}{48} & 0\end{bmatrix}$$

这一步，信息素痕迹更新不依赖于蚁群所行走的路线，主要原因是 W_2 已经是全局最优解，而基本蚁群算法只记录第 1 个最优解。因此，一旦得到一个全局最优解，信息素痕迹更新将不依赖于蚁群后面的行为。再循环一次，得到

$$\boldsymbol{\tau}(3)=(\tau_{ij}(3))=\begin{bmatrix} 0 & \frac{1}{96} & \frac{11}{48} & \frac{1}{96} \\ \frac{11}{48} & 0 & \frac{1}{96} & \frac{1}{96} \\ \frac{1}{96} & \frac{1}{96} & 0 & \frac{11}{48} \\ \frac{1}{96} & \frac{11}{48} & \frac{1}{96} & 0 \end{bmatrix}$$

8.3　粒子群算法

8.3.1　粒子群算法概述

1995 年，J. Kennedy 和 R. C. Eberhart 在 IEEE 神经网络国际会议的论文中首次提出了粒子群算法（Particle Swarm Optimization，PSO）。粒子群算法是一种基于群智能方法的演化计算技术，它同遗传算法类似，是一种基于群体的优化工具。系统会初始化为一组随机解，通过迭代搜寻最优值，它没有遗传算法中的交叉和变异操作，仅仅是通过粒子在解空间追随最优的粒子，从而进行搜索。与其他进化算法比较，粒子群算法的优势在于简单、容易实现，同时又有深刻的智能背景，既适合科学研究，又适合工程应用。因此，PSO 一提出便立刻引起了演化计算等领域学者们的广泛关注，并在短短十几年的时间里涌现出大量的研究成果，成为一个研究热点。

粒子群算法是受到人工生命研究结果的启发而提出的，其基本概念源于对鸟群捕食行为的研究。假设一群鸟在随机搜寻食物，而在这个区域里只有一块食物，所有的鸟都不知道食物在哪里，但是它们知道当前的位置离食物还有多远。那么找到食物的最优策略是什么呢？最简单有效的方法就是搜寻目前离食物最近的鸟的周围区域。PSO 从这种模型中得到启示并用于解决优化问题。在 PSO 中，每个优化问题的潜在解都是搜索空间中的一只鸟，称为“粒子”。所有的粒子都有一个由被优化的函数决定的适应值，每个粒子还有一个速度决定它们飞翔的方向和距离，然后粒子就追随当前的最优粒子在解空间中搜索。

从算法的数学本质来说，粒子群算法的特点可以归纳为随机性和并行型。从算法的设计思想来说，主要来源于两个方面，一个是人工生命，另一个是进化计算。从优化的角度来说，粒子群算法是用来解决全局优化问题的一种计算工具。

PSO 是一种较好的全局优化算法，它主要用来优化复杂的非线性函数，稍加修改也可以用来解决组合优化问题。其主要优点是算法简单，只需要初等数学知识就可以理解，并且它不像遗传算法那样需要对每一个特定的问题设计一个特点的编码方案，另外，该算法不需要待优化函数可导、可微，因此很容易在计算机上实现。

与遗传算法类似，粒子群算法也是一种基于群体的进化计算方法，但粒子群算法与遗传算法不同的是：①每个个体（称为一个粒子）都被赋予了一个随机速度并在整个问题空间中流动；②个体具有记忆功能；③个体的进化不是通过遗传算子实现的，而是通过个体与个体之间的合作与竞争实现的。作为一种新的并行优化算法，粒子群可用于解决大量非线性、不可微及多峰值的复杂问题，且程序简单、易于实现，需要调整的参数少。

8.3.2 基本粒子群算法

与其他优化算法相似，粒子群算法同样基于群体（这里称为粒子群）与适应度，通过适应度将群体中的个体（这里称为粒子）移动到好的区域。每个粒子都有自己的位置和速度（决定飞行的方向和距离），还有一个由被优化函数决定的适应值。各个粒子记忆、追随当前的最优粒子，在解空间中搜索。每次迭代的过程不是完全随机的，如果找到较好解，那么将会以此为依据来寻找下一个解。算法首先初始化一群随机粒子，然后通过迭代找到最优解。在每次迭代中，粒子通过跟踪两个极值来更新自己：一个是粒子本身所找到的最优解，即个体极值，记为 $\boldsymbol{X}_{\text{pbest}}$；另一个是整个群体目前找到的最优解，即全局极值，记为 $\boldsymbol{X}_{\text{gbest}}$。

设 S 为 D 维欧氏空间中的非空集合，粒子群中第 i 个粒子在 S 中的位置记为 $\boldsymbol{X}_i=(x_{i1},x_{i2},\cdots,x_{iD})^{\text{T}}$，粒子 i 的速度记为 $\boldsymbol{V}_i=(v_{i1},v_{i2},\cdots,v_{iD})^{\text{T}}$，其他向量类似。粒子在找到上述两个极值后，就根据下面两个公式来更新自己的速度值与位置：

$$v_{id}^{k+1}=v_{id}^{k}+c_1\text{rand}_1^k(\text{pbest}_{id}^k-x_{id}^k)+c_2\text{rand}_2^k(\text{gbest}_{id}^k-x_{id}^k) \tag{8.11}$$

$$x_{id}^{k+1}=x_{id}^{k}+v_{id}^{k+1} \tag{8.12}$$

式中，v_{id}^k 是粒子 i 在第 k 次迭代中第 d 维的速度值；c_1和c_2是两个正常数，称为加速因子，分别调节向全局最好粒子和个体最好粒子方向飞行的最大步长，通常令 $c_1=c_2=2$；r_1 和 r_2 是 0～1 之间的随机数。

为防止粒子远离搜索空间，通常使用一个常量 $V_{\max}$ 来限制粒子的飞行速度值，以改善搜索结果。

粒子在优化过程中的运动轨迹如图 8.3 所示。

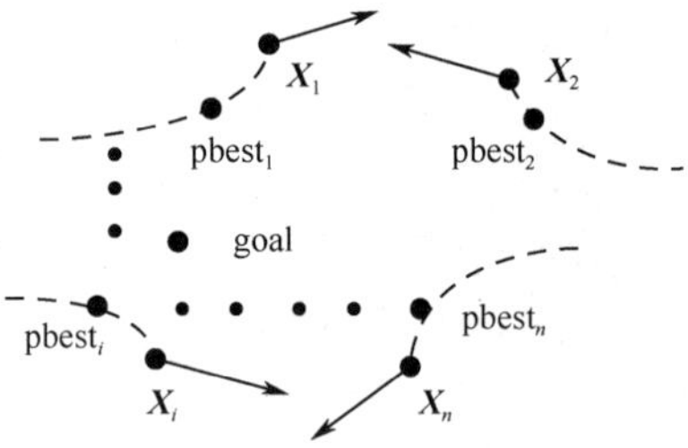

图 8.3　运动轨迹

PSO 算法程序的伪代码如下：

```
For 每个粒子
{初始化}
Do{
For 每个粒子{
计算适应度值;
If 硬度值大于历史最佳适应值
重置为当前最佳的适应度值; }
标记适应度值最大的粒子，并当成最佳的粒子;
For 每个粒子{
根据式（8.11）计算进化速度值;
根据式（8.12）计算进化后的位置; }
}while 最优值没有满足或者未进入误差范围。
```

可知应用粒子群解决优化问题的过程有两个重要的步骤：问题解的编码和适应度函数。粒子群的一个优势就是采用实数编码，不需要像遗传算法一样采用二进制编码（或者采用针对实数的遗传操作）。例如，对于问题 $f(x)=x_1^2+x_2^2+x_3^2$ 求解，粒子可以直接编码为(x_1,x_2,x_3)，

而适应度函数就是 $f(x)$。接着就可以利用前面的过程去寻优。这个寻优过程是一个迭代过程，中止条件一般设置为达到最大循环数或者最小错误要求。PSO 中并没有许多需要调节的参数，下面列出这些参数以及经验设置。

粒子数：一般取 20～40 个。其实对于大部分的问题，10 个粒子已经足够取得好的结果，不过对于比较复杂的问题或者特定类别的问题，粒子数可以取到 100 或 200。

粒子的长度：由优化问题决定，就是问题解的长度。

粒子的范围：由优化问题决定，每一维可以设定不同的范围。

$V_{\max}$：最大速度值，决定粒子在一个循环中最大的移动距离，通常设定为粒子的范围宽度，如上面的例子里，粒子 (x_1, x_2, x_3) 中 x_1 属于 $[-10,10]$，那么 $V_{\max}$ 的大小就是 20。

学习因子：c_1 和 c_2 通常等于 2。不过在文献中也有其他取值情况。但是一般 c_1 等于 c_2，并且范围在 0～4 之间。

中止条件：最大循环数以及最小错误要求，由具体的问题确定。

基本 PSO 算法收敛快，特别是在算法的早期，但也存在精度较低、易发散等缺点。若加速系数、最大速度值等参数太大，粒子群有可能错过最优解，算法不收敛；而在收敛的情况下，由于所有的粒子都向最优解的方向飞去，因此粒子趋向同一化（失去了多样性），使得后期收敛速度明显变慢，同时当算法收敛到一定精度时，无法继续优化，所以很多学者都致力于提高粒子群算法的性能。

8.3.3　改进粒子群算法

1．基于惯性权重的改进

为了改善粒子的收敛速度，提出了惯性权重的方法。惯性权重 ω 是与前一次速度有关的一个比例因子，可用惯性权重来控制前面的速度值对当前速度值的影响，速度值更新方程为：

$$v_{id}^{k+1} = \omega \times v_{id}^{k} + c_1 \text{rand}_1^k (\text{pbest}_{id}^k - x_{id}^k) + c_2 \text{rand}_2^k (\text{gbest}_{id}^k - x_{id}^k) \tag{8.13}$$

较大的 ω 可以加强 PSO 的全局搜索能力，而较小的 ω 有利于算法收敛。有学者将 ω 设置为从 0.9 到 0.4 线性下降，使得开始时粒子群在较大的区域搜索，较快地定位最优解的大致位置，随着 ω 逐渐减小，粒子速度减慢，开始精细的局部搜索（这里 ω 类似于模拟退火中的温度参数）。该方法加快了收敛速度，提高了 PSO 算法的性能。Birge 使用了一种根据算法迭代次数使惯性权重线性递减的方法，算法在初期使用较大的惯性权重，后期则使用较小的惯性权重，惯性权重的计算公式如下：

$$\begin{cases} \omega(i) = \dfrac{\omega_2 - \omega_1}{\text{iter} - 1} \times (i-1) + \omega_1, & i \leqslant \text{iter} \\ \omega(i) = \omega_2, & i > \text{iter} \end{cases} \tag{8.14}$$

其中，ω_1 和 ω_2 分别是惯性权重的初值和最终值，这里 ω_1 通常取 0.9，ω_2 取 0.4；$\omega(t)$ 表示第 i 代的惯性权重，iter 表示惯性权重由初值线性递减到最终值所需的迭代次数。

2．基于收缩因子的改进

Clerc 建议采用收缩因子 (χ) 来保证粒子群算法收敛，其方程为

$$v_{id}^{k+1} = \chi[v_{id}^{k} + c_1 \text{rand}_1^k (\text{pbest}_{id}^k - x_{id}^k) + c_2 \text{rand}_2^k (\text{gbest}_{id}^k - x_{id}^k)] \tag{8.15}$$

其中收缩因子

$$\chi=\frac{2}{\left|2-\varphi-\sqrt{\varphi^2-4\varphi}\right|},\quad \varphi=c_1+c_2,\quad \varphi>4$$

在使用 Clerc 的收缩因子方法时，通常取$\varphi=4.1$，从而使收缩因子$\chi=0.729$。Clerc 在推导出收缩因子法时，不受最大速度值限制。但是，后来研究发现设定最大速度值限制可以提高算法的性能。从数学上分析，惯性权重和限定因子这两个参数是等价的。

8.3.4 非线性方程（组）求根的粒子群算法

1. 问题转化

设非线性方程

$$f(x)=0 \tag{8.16}$$

的全部实根包含在(c,d)中，x^*为方程（8.16）的任意一个固定实根。在$[a,b]$内只包含方程（8.16）的一个实根x^*,$[a,b]\subset(c,d)$。则方程（8.16）可以等价转化为下面的优化问题：

$$\min v(x)=(f(x))^2 \tag{8.17}$$

容易证明式（8.17）的极小点就是方程（8.16）的根。

设非线性方程组

$$\boldsymbol{F}(x)=[f_1(x),f_2(x),\cdots,f_n(x)]^{\mathrm{T}}=0 \tag{8.18}$$

其中$a_i\leqslant x_i\leqslant b_i$，$i=0,1,2,\cdots,n$，$a_i$和$b_i$为变量向量$\boldsymbol{x}$的分量上、下限。则式（8.18）可以转化为下面的优化问题：

$$\min V(x)=\sum_{i=1}^{n}C_i(f_i(x))^2,\quad a_i\leqslant x_i\leqslant b_i,\quad i=0,1,2,\cdots,n \tag{8.19}$$

同样式（8.19）的极小点就是方程组（8.18）的解。

2. 算法实现

PSO 算法中的适应值函数可以取为$v(x)(V(x))$，运用粒子群算法求解方程的基本计算步骤如下。

第 1 步：初始化。输入方程各变量的维数和上、下限值；设置粒子群体的规模M，最大迭代次数 maxiter，惯性权重ω的上、下限值，加速因子c_1和c_2的值，粒子更新的最大速度值$V_{\max}$等参数。

第 2 步：在方程输入变量的范围内随机生成M个解，按式（8.17）计算适应度函数值，取最小值作为群体当前的最优解并记录相应的解$\boldsymbol{X}_{\mathrm{gbest}}$，设定每个粒子当前位置为其认知优化解$\boldsymbol{X}_{\mathrm{pbest}}$，并设定当前迭代次数为 1。

第 3 步：判断当前迭代次数是否达到最大迭代次数 maxiter，若不满足条件，则将迭代次数加 1；反之，则输出方程各变量的最优计算结果。

第 4 步：由式（8.11）计算各粒子的飞行速度值，如果飞行速度值小于给定的最大速度值，那么按式（8.12）更新粒子的当前位置，否则设定$v_{id}^{k+1}=v_{id\max}$，然后再按式（8.12）更新粒子的当前位置。

第 5 步：检查群体中每个粒子各个控制分量的变化情况，如果存在越限行为，那么这些分量被限制为约束的上限值或下限值。

第 6 步：比较每个粒子的适应度函数值和当前个体最优解 $\boldsymbol{X}_{\text{pbest}}$ 对应的适应值 $\boldsymbol{V}_{\text{pbest}}$ ，若对于某个粒子而言，其适应值小于 $\boldsymbol{V}_{\text{pbest}}$ ，则将当前点作为该粒子当前的个体最优解。选择所有粒子的个体最优解 $\boldsymbol{V}_{\text{pbest}}$ 中的最小值作为粒子群当前迭代过程的全局最优解 $\boldsymbol{V}_{\text{gbest}}$ ，并与上一次迭代的 $\boldsymbol{V}_{\text{gbest}}$ 比较，取适应度函数值小的点作为群体认知的最优解，并转到第 3 步。

例 8.3　用粒子群算法求解下列方程的实根。

（1） $f(x)=x^3-2x-5=0$，$x\in[-4,4]$，要求 $|f(x_n)|<10^{-6}$。

（2） $f(x)=x^3-2x-1=0$，$x\in[1,2]$，要求 $|f(x_n)|<10^{-6}$。

（3） $f(x)=x^3-3x^2-6x+8=0$，$x\in[0,2]$，要求 $|f(x_n)|<10^{-6}$。

（4） $f(x)=x\mathrm{e}^x-1=0$，$x\in[0,4]$，要求 $|f(x_n)|<10^{-6}$。

解　上面 4 个方程转化为优化问题后采用 PSO 算法计算，相关参数设置为：加速因子 $c_1=c_2=1.8$ ，初始惯性权重为 1.0，最终惯性权重为 0.3，最大速度值 $V_{\max}$ =4.0，群体规模为 20，最大迭代次数为 1000，算法运行 50 次取平均值。计算结果如表 8.3 所示。

表 8.3　计算结果

序号	最大迭代次数	平均迭代次数	搜到解的次数	成功率	x 平均值	$f(x)$平均值
（1）	1000	121.480000	50	1	2.094554	0.000000
（2）	1000	67.580000	50	1	1.618030	0.000000
（3）	1000	106.640000	50	1	0.999999	0.000000
（4）	1000	82.280000	50	1	0.567156	0.000000

例 8.4　用粒子群算法求解下列方程组的实根。

（1） $$\begin{cases} f_1(x)=(x_1-5x_2)^2=0 \\ f_2(x)=(x_2-2x_3)^2=0 \\ f_3(x)=(3x_1+x_3)^2=0 \end{cases}$$

其中 $-1\leqslant x_1,x_2,x_3\leqslant 1$。

（2） $$\begin{cases} f_1(x)=(x_1-5x_2)^2+40\sin^2(10x_3)=0 \\ f_2(x)=(x_2-2x_3)^2+40\sin^2(10x_1)=0 \\ f_3(x)=(3x_1+x_3)^2+40\sin^2(10x_2)=0 \end{cases}$$

其中 $-1\leqslant x_1,x_2,x_3\leqslant 1$。

（3） $$\begin{cases} f_1(x)=x_1^2-x_2+1=0 \\ f_2(x)=x_1-\cos(0.5\pi x_2)=0 \end{cases}$$

其中 $x\in[-2,2]$，精确解为：$x^*=(-1/\sqrt{2},1.5)$或$(0,1)$。

（4） $$\begin{cases} f_1(x)=x_1^2-x_2-1=0 \\ f_2(x)=(x_1-2)^2-(x_2-0.5)^2-1=0 \end{cases}$$

其中 $x\in[0,2]$，精确解为：$x^*=(1.546342,1.391174)$或$(1.067412,0.139460)$。

解 上面 4 个方程组转为优化问题后采用 PSO 算法计算，相关参数设置为：加速因子 $c_1 = c_2 = 1.8$，初始惯性权重为 1.0，最终惯性权重为 0.3，最大速度值 $V_{\max}$ =4.0，群体规模为 20，最大迭代次数为 1000，算法运行 50 次取平均值。计算结果如表 8.4 所示。

表 8.4 计算结果

序号	最大迭代次数	平均迭代次数	搜到解的次数	成功率	X_1 平均值	X_2 平均值	X_3 平均值
（1）	1000	208.300000	50	1	−0.000001	−0.000004	−0.000004
（2）	1000	262.037037	27	0.54	0.000001	−0.000012	−0.000001
（3）	1000	162.488372	43	0.86	−0.707724 0.000114	1.500668	搜到 26 次 搜到 17 次
（4）	1000	150.880000	50	1	1.546314 1.067307	0.999817 0.139012	搜到 40 次 搜到 10 次

将粒子群算法用于非线性方程的求解，很好地克服了传统方法的局限性，能够在较大的初始区间上搜索到问题的解，且无须考虑初值的选取，能很好地实现并行计算。但由于进化算法本身求解问题的精度不高，因此为进一步提高解的精度，可将粒子群优化算法和传统的方程求解方法结合起来，例如，可以先使用粒子群优化算法进行大范围搜索，以确定解的大致分布，然后使用拟牛顿法等进行精细搜索，从而找到解的较高精度的近似值。

8.4 人工神经网络

人工神经网络（Artificial Neural Network，ANN），是 20 世纪 80 年代以来人工智能领域兴起的研究热点。它从信息处理角度对人脑神经元网络进行抽象，建立某种简单模型，按不同的连接方式组成不同的网络。

近十多年来，人工神经网络的研究工作不断深入，已经取得了很大的进展，其在模式识别、智能机器人、自动控制、预测估计、生物、医学、经济等领域成功解决了许多现代计算机难以解决的实际问题，表现出良好的智能特性。

8.4.1 人工神经元

1943 年，心理学家 W. S. McCulloch 和数理逻辑学家 W. Pitts 通过模拟生物神经元构建了神经网络的数学模型，称为 M-P 模型，如图 8.4 所示。

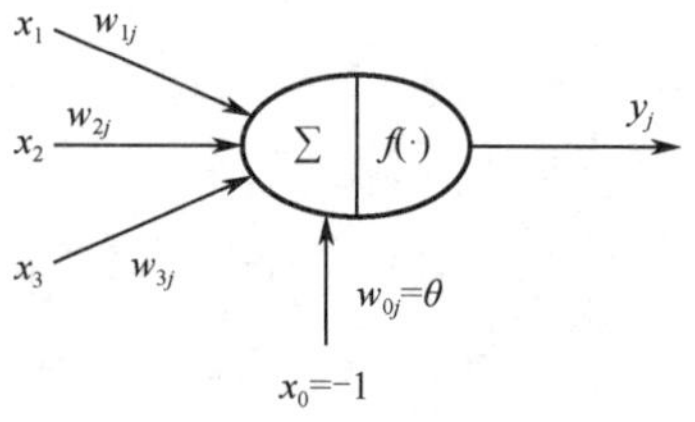

图 8.4 M-P 模型

一个神经元 j（j 用来标识某个神经元）能够同时接收多个输入信号 x_i（$i = 0,1,2,\cdots,n$）；引入权重值 w_{ij} 表示与不同输入之间的连接强度，其正、负代表了兴奋或者抑制，大小表示连接强度；θ 表示一个阈值（Threshold）。

神经元具备累加性，可对全部输入型号进行累加整合，得到输入总量，称为净激活量

(net_j)，其值用下述公式表示：

$$\text{net}_j = \sum_{i=1}^{n} w_{ij} x_i - \theta = \sum_{i=0}^{n} w_{ij} x_i \tag{8.20}$$

当神经元得到输入总和 $\sum_{i=1}^{n} w_{ij} x_i$ 超过阈值 θ 时，神经元才会被激活，否则神经元不会被激活。为了简化公式，可以将阈值看成神经元 j 的一个输入 $x_0(x_0 = -1)$ 的权重 w_{0j}。

M-P 神经元的输出过程可以用下面函数来表示：

$$y_j = f(\text{net}_j) \tag{8.21}$$

其中，y_j 表示神经元 j 的最后输出（输出 0 或 1）。函数 f 称为神经元的激活函数。激活函数有 3 个基本作用：首先是控制输入对输出的激活作用；其次是可以对输入、输出进行函数转换；最后是将可能为无限域的输入变换成指定的有限范围的输出。

若借用数学中向量的知识进行计算，用 $\boldsymbol{X}$ 表示输入向量，用 $\boldsymbol{W}$ 表示权重向量，即：

$$\boldsymbol{X} = [x_0, x_1, x_2, \cdots, x_n],\quad \boldsymbol{W} = [w_{0j}, w_{1j}, w_{2j}, \cdots, w_{nj}]^{\mathrm{T}}$$

则神经元的输出可以表示成向量相乘的形式：

$$\text{net}_j = \boldsymbol{XW} \tag{8.22}$$

$$y_j = f(\text{net}_j) = f(\boldsymbol{XW}) \tag{8.23}$$

若神经元的净激活 net_j 为正值，则称该神经元处于激活状态或者兴奋状态；若净激活 net_j 为负值，则称神经元处于抑制状态。

8.4.2　激活函数

如果神经网络中每个神经元的输出为所有输入的加权和，那最后的结果将使整个神经网络成为一个**线性模型**。将每个神经元的输出通过一个非线性函数，那么整个网络也就不再是线性的了。这个线性的函数称为**激活函数**。本节主要介绍常用的几种激活函数。

1．ReLU 激活函数

ReLU 激活函数是在神经网络中应用最多的激活函数之一，其定义是：

$$f(z) = \max\{0, z\} \tag{8.24}$$

其中 z 指代神经元净激活量。这是一个在输入和 0 之间求最大值的函数，图 8.5 为 ReLU 激活函数图像。

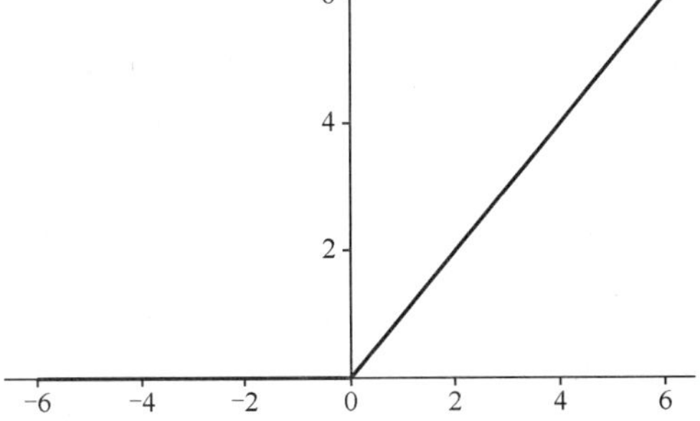

图 8.5　ReLU 激活函数图像

加入ReLU激活函数的神经元被称为**整流线性单元**。整流线性单元与线性单元非常相似，唯一的区别在于整流线性单元在其一半的定义域上输出为0。

整流线性单元易于优化。当整流线性单元处于激活状态时（输出不为0），它的一阶导数能够保持一个较大值（等于1），并且处处一致；它的二阶导数几乎处处为0。这样的性质非常有用，研究一阶导数和二阶导数对优化参数的取值有很大帮助。

2. Sigmoid激活函数

在引入整流线性单元之前，大多数神经网络使用Logistic Sigmoid（简称Sigmoid）激活函数。Sigmoid激活函数的定义为

$$f(z)=\sigma(z)=\frac{1}{1+\mathrm{e}^{-z}} \tag{8.25}$$

图8.6为Sigmoid激活函数图像。

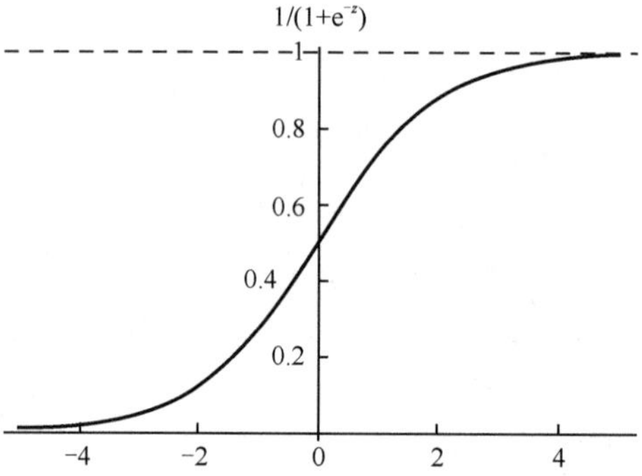

图8.6 Sigmoid激活函数图像

Sigmoid激活函数在其大部分定义域内都会趋于一个饱和的定值。当z取绝对值很大的正值时，Sigmoid无限趋近于1；当z取绝对值很大的负值时，Sigmoid无限趋近于0。当z在0附近时，Sigmoid的导数值较大，表现为对输入强烈敏感。

Sigmoid不鼓励应用于前馈网络中的隐藏单元，因为基于梯度下降的优化算法会由于Sigmoid函数饱和性的存在而变得非常困难，在接近饱和时，这里的导数值很小；Sigmoid的输出不是0均值（即Zero-Centered），这会导致后一层的神经元将得到的上一层输出的非0均值信号作为输入；其解析式中含有幂运算，计算机在求解时相对耗时。对于规模比较大的深度网络，会增加训练时间。

3. tanh（双曲正切）激活函数

当必须要使用Sigmoid激活函数时，不妨考虑使用tanh激活函数，其函数定义为

$$f(z)=\tanh(z)=\frac{1-\mathrm{e}^{-2z}}{1+\mathrm{e}^{-2z}}=\frac{2}{1+\mathrm{e}^{-2z}}-1 \tag{8.26}$$

图8.7为tanh激活函数图像。

它解决了Sigmoid函数不是Zero-Centered输出的问题，然而，梯度消失（Gradient Vanishing）的问题和幂运算的问题仍然存在。

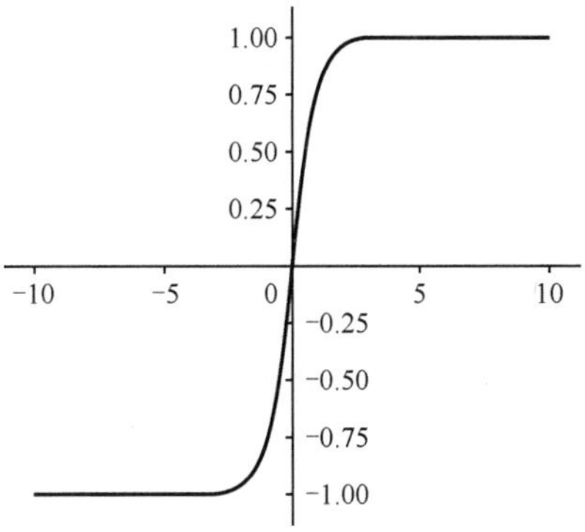

图 8.7　tanh 激活函数图像

8.4.3　损失函数

损失函数用于描述模型预测值与真实值的差距大小。一般有两种常见的算法：均值平方差和交叉熵。

1．均值平方差

均值平方差（Mean Squared Error，MSE），也称“均方误差”，在神经网络中主要表达预测值和真实值之间的差异，在数理统计中，均方误差是指参数估计值与参数真值之差平方的预期值。

公式如下，主要是对每个真实值与预期值相减的平方取平均值：

$$\mathrm{MSE}=\sum_{i=1}^{n}\frac{1}{n}(y_i'-y_i)^2 \tag{8.27}$$

n 表示一个 batch 中包含的样本数量，y_i 表示一个 batch 中第 i 个数据的答案值，y_i' 表示第 i 个数据的预测值。均方误差的值越小，表明模型越好。

类似的损失算法还有均方根误差（RMSE）：

$$\mathrm{RMSE}=\sqrt{\frac{\sum_{i=1}^{n}(y_i'-y_i)^2}{n}} \tag{8.28}$$

平均绝对值误差（MAD），主要是对一个真实值与预测值相减的绝对值取平均值：

$$\mathrm{MAD}=\frac{1}{n}\sum_{i=1}^{n}|y_i'-y_i| \tag{8.29}$$

2．交叉熵

交叉熵（Cross Entropy）也是 Loss 算法的一种，一般用在分类问题上，表达意思为预测输入样本属于哪一类的概率。

二分类情况下，模型需要预测的结果只有两种情况，对于每个类别预测得到的概率分别为 p 和 $1-p$ 模型的公式：

$$L=-[y.\log(p)+(1-y)\log(1-p)] \tag{8.30}$$

多分类情况实际上就是对二分类的扩展：

$$L = -\sum_{c=1}^{M} y_c . \log(p_c) \tag{8.31}$$

其中，M 为类别的数量；y_c 为指示变量（0 或 1），若该类别和样本的类别相同，则为 1，否则为 0；p_c 为观测样本属于类别 c 的预测概率。交叉熵的值越小，代表预测结果越准。

3．损失函数的选取

损失函数的选取取决于输入标签数据的类型，如果输入的是实数、无界的值，那么损失函数使用均值平方差。如果输入标签是位矢量（分类标志），那么使用交叉熵会更适合。

8.4.4 基于梯度下降的优化算法

1．梯度及其几何意义

梯度的本意是一个向量（矢量），表示某一函数在该点处的方向导数沿着该方向取得最大值，即函数在该点处沿着该方向（此梯度的方向）变化最快，变化率最大（为该梯度的模）。其中每个分量与函数关于该分量的偏导数成比例。

设三元函数在 $u = f(x, y)$ 空间区域 $\boldsymbol{G}$ 内具有一阶连续偏导数，点 $P(x, y) \in \boldsymbol{G}$ 为向量，有

$$\left\{\frac{\partial f}{\partial x}, \frac{\partial f}{\partial y}\right\} = \frac{\partial f}{\partial x}\bar{\boldsymbol{I}} + \frac{\partial f}{\partial y}\bar{\boldsymbol{J}}$$

其为函数 $u = f(x, y)$ 在点 P 的梯度，记为 $\mathrm{grad} f(x, y)$ 或 $\nabla f(x, y)$，即

$$\mathrm{grad} f(x, y) = \nabla f(x, y) = \frac{\partial f}{\partial x}\bar{\boldsymbol{I}} + \frac{\partial f}{\partial y}\bar{\boldsymbol{J}}$$

其中 $\nabla = \frac{\partial}{\partial x}\bar{\boldsymbol{I}} + \frac{\partial}{\partial y}\bar{\boldsymbol{J}}$ 称为（二维的）向量微分算子或 Nabla 算子，$\nabla f = \frac{\partial f}{\partial x}\bar{\boldsymbol{I}} + \frac{\partial f}{\partial y}\bar{\boldsymbol{J}}$。该梯度方向与取得最大方向导数的方向一致，而它的模为方向导数的最大值。

2．梯度下降算法

想象一下一个人正在徒步下山，如果不能从全局的视野找到最快的下山路径，该怎么走呢？是不是会看看周围，选择一条当前最陡峭的下坡路？前面介绍梯度向量给出了多元函数的最大变化量和方向，这意味着，如果在点 x_0 沿梯度的反方向走，下坡速度最快。

同理，求解无约束最优化问题

$$\min_{x \in D} f(x) \tag{8.32}$$

就是寻求 $x^* \in \mathcal{D}$，使

$$\min_{x \in \mathcal{D}} f(x) = f(x^*) \tag{8.33}$$

称迭代格式：

$$x_{k+1} = x_k - \eta_k \nabla f(x_k) \qquad k = 0,1,2,\cdots \tag{8.34}$$

为求解式（8.32）的梯度法方程，其中步长因子 $\eta_k \geqslant 0$。梯度前加一个“-”，表示朝着梯度相反的方向前进。

η_k 在梯度下降算法中称为学习率或者步长，可以通过 η_k 来控制每步的距离，不能太大也不能太小，太小的话，影响迭代效率，太大的话，会错过最低点。步长因子常用的选取方

法有如下两种。

（1）可接受点形式。取 η_k 为给定常数 $\bar{\eta}$，使

$$f(x_k - \eta_k \nabla f(x_k)) < f(x_k) \tag{8.35}$$

否则，取 $\eta_k = \alpha\bar{\eta}$，$0 < \alpha < 1$，直至上式成立。

（2）最速下降形式。取 η_k，使 $f(x)$ 从 x_k 出发沿 $\nabla f(x_k)$ 方向取最小值，记为

$$\eta_k : \min_{w \geqslant 0} f(x_k - \eta \nabla f(x_k)) \tag{8.36}$$

即通过关于 η 的一维搜索确定 η_k，从而把一个多维极值问题简化为逐次沿 $\nabla f(x_k)$ 方向的一维搜索，又称为完备形式。

式（8.34）和式（8.36）所构成的算法为**最速下降法**。

梯度下降算法是一种典型的迭代算法，必须设计一个停止迭代的约束条件，常用的约束条件有如下两种。

（1）定义一个阈值 ε，每次迭代过程需计算 $\|\nabla f(x_k)\|$，若 $\|\nabla f(x_k)\| \leqslant \varepsilon$，则停止迭代。

使用类似算法，计算相邻两次迭代定义的阈值 ε，若 $\|x_k - x_{k-1}\| \leqslant \varepsilon$，则停止迭代。

（2）设置一个迭代步数常量 step，如 500 或 1000，只要达到相应步数，即停止迭代。若迭代结果不满足精度要求，则可增大 step，梯度下降算法最终收敛于 x^*。

Step1　给定初值 x_0 和精度 $\varepsilon > 0$。

Step2　设第 k 次近似值 $x_k (k > 0)$ 已知，计算 $\nabla f(x_k)$，

If　$\|\nabla f(x_k)\| \leqslant \varepsilon$

Then　x_k 作为满足精度要求的近似局部极小点，计算终止；

Else　goto　Step3

Step3　选择步长因子 η_k，利用式（8.34）计算 x_{k+1} 并转入 Step2。

3．梯度下降案例

以只有一个变量时梯度下降的计算为例，由于梯度下降算法常应用于求解损失函数，而损失函数通常用 $J(\theta)$ 表示，假设 $J(\theta) = \theta^2$，则导数 $J'(\theta) = 2\theta$，选择 $\theta_0 = 1$，$\eta = 0.4$，则

$$\theta_0 = 1$$
$$\theta_1 = \theta_0 - \eta J'(\theta_0) = 1 - 0.4 \times 2 = 0.2$$
$$\theta_2 = \theta_1 - \eta J'(\theta_1) = 0.004$$
$$\theta_3 = \theta_2 - \eta J'(\theta_2) = 0.008$$
$$\theta_4 = \theta_3 - \eta J'(\theta_3) = 0.0016$$
$$\cdots$$

当学习率 $\eta = 0.75$ 时，有

$$\theta_0 = 1$$
$$\theta_1 = \theta_0 - \eta J'(\theta_0) = 1 - 0.75 \times 2 = -0.5$$

如图 8.8 所示，θ_1 到了最低点左侧的位置，并且 θ_2 的值继续向左偏移，错过了最低点。

最后，有一些非常重要的问题需要关注，如图 8.9 所示。

函数必须是可微分（differentiable）的，如图 8.9（a）所示。

学习率 α 不应太小，如图 8.9（b）所示，也不应太大，如图 8.9（c）所示。

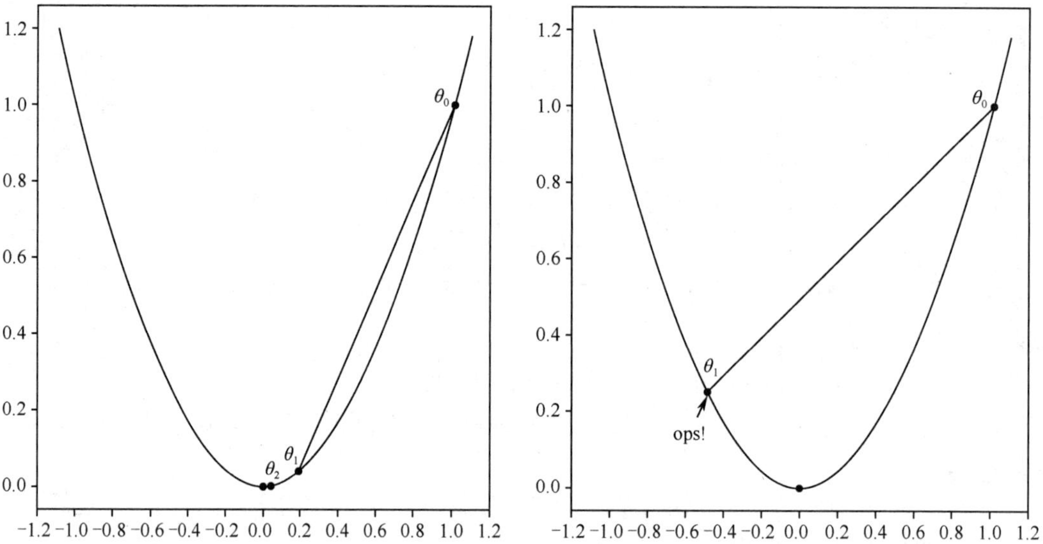

图 8.8　梯度下降几何示意图（左图为 $\eta = 0.4$，右图为 $\eta = 0.75$）

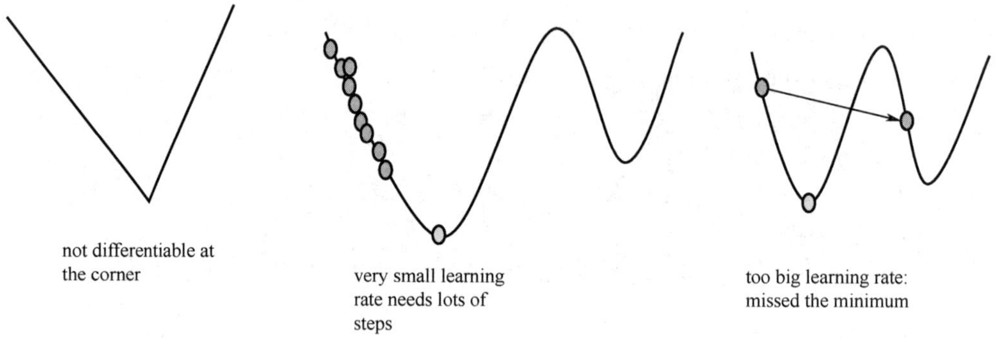

（a）　　（b）　　（c）

图 8.9　学习率取值示意图

8.4.5　前馈神经网络

深度前馈神经网络也称**多层感知机**，是深度学习中最常用的模型。它包含输入层、隐含层和输出层三个部分。它的目的是实现输入到输出的映射。它定义了一个函数 $y = f(x,\theta)$，通过训练学习神经元之间的连接权重 w 和偏置 θ，得到映射函数 f 。

深度前馈神经网络之所以称为深度是因为它包含了很多层（隐含层可能会有很多层），而之所以称为前馈是因为它在输出和模型本身之间没有反馈，其本质就是复合函数。

1. 网络架构

前馈神经网络允许网络具有数层相连的处理单元，连接可以从一层中的每个神经元到下一层的所有神经元，而不存在其他连接。前馈网络不包含任何反馈环，从而可以用输入和权重显示表示。

前馈神经网络示意图如图 8.10 所示，网络中最左边的称为**输入层**（用 X 层表示），其中的神经元称为**输入神经元**；最右边的称为**输出层**（用 Y 层表示），其中的神经元称为**输出神**

经元；中间层既不是输入也不是输出，称为**隐藏层**（用 H 层表示），其中的神经元称为**输出神经元**。

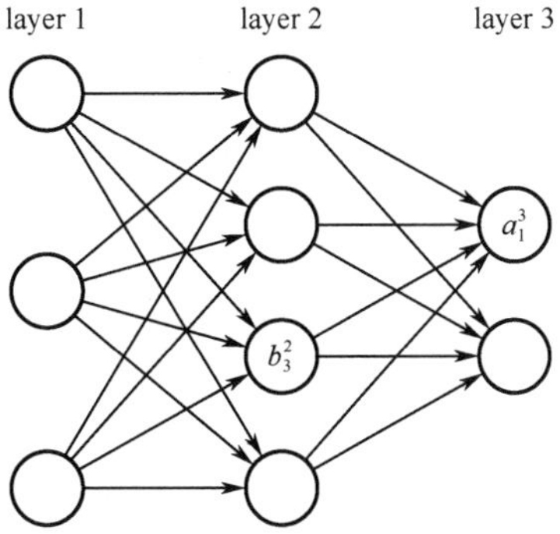

图 8.10 前馈神经网络示意图

2. 代数形式

首先给出网络中权重的定义，使用 w_{lij} 表示从 l 层的第 i 个神经元到 $l+1$ 层的第 j 个神经元的连接权重。类似地，用 θ_{lj} 表示 l 层第 j 个神经元的偏置，用 z_{lj} 表示 l 层第 j 个神经元的激活值（即神经元的输出）。

有了这些表示，可把 $l+1$ 层的第 j 个神经元的激活值 $z_{(l+1)j}$ 和 l 层的激活值通过方程关联起来。

$$z_{(l+1)j} = f\left(\sum_i w_{lij} z_{li} + \theta_{(l+1)j}\right)$$

其中，求和是在 l 层的所有神经元上进行的。为了便于用矩阵表示，对每层定义权重矩阵 $\boldsymbol{W}_l$，偏置向量 $\boldsymbol{\theta}_l$，激活向量 $\boldsymbol{Z}_l$，按矩阵形式重写上述公式，得

$$\boldsymbol{Z}_{(l+1)} = f(\boldsymbol{W}_l \boldsymbol{Z}_l + \boldsymbol{\theta}_{l+1}) \tag{8.37}$$

8.4.6 误差反向传播算法

误差反向传播算法(Back Propagation，简称 **BP 模型**)是 1986 年由 Rumelhart 和 McClelland 为首的科学家提出的概念，是一种按照误差逆向传播算法训练的多层前馈神经网络，是目前应用最广泛的神经网络之一。误差反向传播算法系统解决了多层神经网络隐含层连接权学习问题，人们把采用这种算法进行误差校正的多层前馈网络称为 **BP 网络**。

BP 网络具有任意复杂的模式分类能力和优良的多维函数映射能力，解决了简单感知器不能解决的异或（Exclusive OR，XOR）问题和一些其他问题。从结构上讲，BP 网络具有输入层、隐藏层和输出层；从本质上讲，误差反向传播算法就是以网络误差平方为目标函数，采用梯度下降法来计算目标函数的最小值的。因此学习误差反向传播算法对于解决深度学习问题起到非常重要的作用。

1. 单层感知器的误差反向传播

为便于理解，下面先解释单层感知器的梯度下降法。单层感知器示意图如图 8.11 所示。

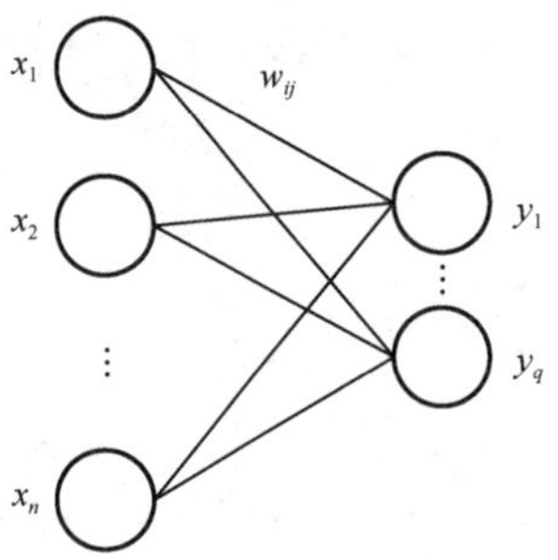

图 8.11　单层感知器示意图

预设

$$\begin{cases} E = \dfrac{1}{2}\sum_{j=1}^{q}(r_j - y_j)^2 \\ y_j = f(u_j) \\ u_j = \sum_{i=0}^{n} x_i w_{ij} \end{cases} \tag{8.38}$$

其中 r_j 表示输出 y_j 的期望值，w_{ij} 代表 x_i 和 y_j 之间的连接权重，对 E 求导的结果只和 y_j 相关，由复合函数求导法可知，误差函数求导如下：

$$\frac{\partial E}{\partial w_{ij}} = \frac{\partial E}{\partial y_j} \cdot \frac{\partial y_j}{\partial w_{ij}} = -(r_j - y_j) \cdot \frac{\partial f(u_j)}{\partial w_{ij}} \tag{8.39}$$

对 $\dfrac{\partial f(u_j)}{\partial w_{ij}}$ 进一步进行复合函数求导，得

$$\frac{\partial E}{\partial w_{ij}} = -(r_j - y_j) \cdot \frac{\partial f(u_j)}{\partial u_j} \cdot \frac{\partial u_j}{\partial w_{ij}} \tag{8.40}$$

u_j 对 w_{ij} 求导的结果只和 x_i 相关：

$$\frac{\partial u_j}{\partial w_{ij}} = x_i \tag{8.41}$$

将式（8.41）代入式（8.40），得

$$\frac{\partial E}{\partial w_{ij}} = -(r_j - y_j) \cdot \frac{\partial f(u_j)}{\partial u_j} \cdot x_i \tag{8.42}$$

设激活函数 Sigmoid：$f(u) = \sigma(u) = \dfrac{1}{1+\mathrm{e}^{-u}}$，对激活函数求导：

$$\frac{\partial \sigma(u)}{\partial u} = \frac{\mathrm{e}^{-u}}{(1+\mathrm{e}^{-u})^2} = \frac{1}{1+\mathrm{e}^{-u}} \cdot \frac{\mathrm{e}^{-u}}{1+\mathrm{e}^{-u}} = f(u) \cdot (1 - f(u)) \tag{8.43}$$

将式（8.43）代入式（8.42），得

$$\frac{\partial E}{\partial w_{ij}} = -(r_j - y_j) f(u_j) \cdot (1 - f(u_j)) x_i = -(r_j - y_j) y_j (1 - y_j) x_i \tag{8.44}$$

根据梯度下降算法，单层感知器的权重调整为（其中 η 为学习率）：

$$\Delta w_i = -\eta \frac{\partial E}{\partial w_{ij}} = \eta (r_j - y_j) y_j (1 - y_j) x_i \tag{8.45}$$

由此可见，单层感知器中只需要使用连接权重 w_{ij} 相关的输入 x_i 和 y_j，即可计算出连接权重的调节值。

*2. 多层感知器的反向传播算法

最后我们再解释下带中间层的多层感知器的梯度下降法。由于中间层的加入，层之间的权重下标增加到三个，其中 i 表示输入层单元，j 表示中间层单元，k 表示输出层单元。反向传播示意图如图 8.12 所示。

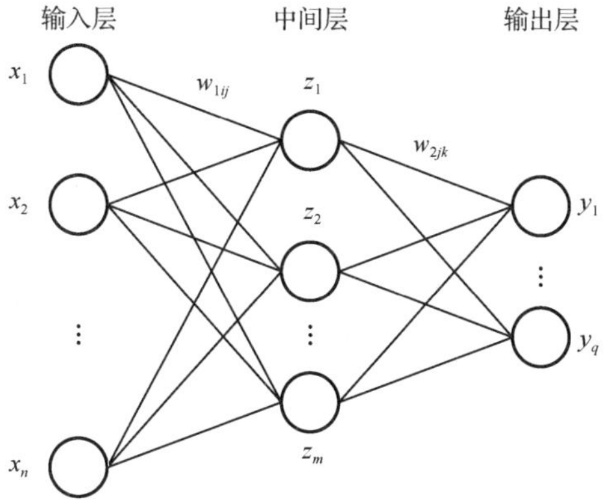

图 8.12　反向传播示意图

预设

$$\begin{cases} E = \dfrac{1}{2}\sum_{k=1}^{q}(r_k - y_k)^2 \\ f(u) = \sigma(u) = \dfrac{1}{1+\mathrm{e}^{-u}} \\ y_k = f(u_{2k}) \\ u_{2k} = \sum_{j=0}^{m} z_j w_{2jk} \\ z_j = f(u_{1j}) \\ u_{1j} = \sum_{i=0}^{n} x_i w_{1ij} \end{cases} \tag{8.46}$$

其中：

r_k 表示 y_k 输出的期望值；

w_{1ij} 代表输入 x_i 和 z_j 之间的连接权重，w_{2jk} 代表输入 z_j 和 y_k 之间的连接权重；

u_{lk} 代表 l 层第 k 个神经元的净激活量；

z_j 代表中间层第 j 个神经元的输出量。

首先考虑输出层与中间层之间的连接权重 w_{2jk} 的调整。对权重 w_{2jk} 求导，得

$$\frac{\partial E}{\partial w_{2jk}} = \frac{\partial E}{\partial y_k} \cdot \frac{\partial y_k}{\partial u_{2k}} \cdot \frac{\partial u_{2k}}{\partial w_{2jk}} \tag{8.47}$$

经过误差函数 E 对输出 y_k 求导，输出 y_k 对激活值 u_{2k} 求导，激活值 u_{2k} 对连接权重 w_{2jk} 求导之后，将式（8.21）和式（8.43）代入式（8.47）得

$$\begin{aligned}\frac{\partial E}{\partial w_{2jk}} &= -(r_k - y_k)\frac{\partial y_k}{\partial u_{2k}} \cdot \frac{\partial u_{2k}}{\partial w_{2jk}} = -(r_k - y_k)y_k(1-y_k)\frac{\partial u_{2k}}{\partial w_{2jk}} \\ &= -(r_k - y_k)y_k(1-y_k)z_j\end{aligned} \tag{8.48}$$

根据梯度下降算法，有

$$\Delta w = -\eta\frac{\partial E}{\partial w}$$

$$\Delta w_{2ij} = -\eta\frac{\partial E}{\partial w_{2jk}} = \eta(r_k - y_k)y_k(1-y_k)z_j \tag{8.49}$$

$z_j = f(u_j)$ 表示中间层感知器 j 的输出。所以只要对每个输出单元分别求导，也能得到误差函数对中间层权重的偏导数。

接下来，计算输入层和中间层之间的连接权重 w_{1ij} 的偏导数，根据链式求导法则，有

$$\frac{\partial E}{\partial w_{1ij}} = \sum_{k=1}^{q}\left[\frac{\partial E}{\partial y_k} \cdot \frac{\partial y_k}{\partial u_{2k}} \cdot \frac{\partial u_{2k}}{\partial w_{1ij}}\right] \tag{8.50}$$

中间层的单元 j 和输出层的所有单元相连，所以如式（8.50）所示，误差函数 E 对连接权重 w_{1ij} 求偏导，就是对所有输出单元的导数进行加权求和，实际使用的是所有输出单元连接权重的总和。将式（8.21）和式（8.44）代入式（8.50），得

$$\begin{aligned}\frac{\partial E}{\partial w_{1ij}} &= -\sum_{k=1}^{q}\left[(r_k - y_k) \cdot \frac{\partial y_k}{\partial u_{2k}} \cdot \frac{\partial u_{2k}}{\partial w_{1ij}}\right] \\ &= -\sum_{k=1}^{q}\left[(r_k - y_k)y_k(1-y_k)\frac{\partial u_{2k}}{\partial w_{1ij}}\right]\end{aligned} \tag{8.51}$$

由于连接权重 w_{1ij} 只对中间层 z_j 的状态产生影响，所以上式中剩余部分求导后的结果如下：

$$\frac{\partial u_{2k}}{\partial w_{1ij}} = \frac{\partial u_{2k}}{\partial z_j} \cdot \frac{\partial z_j}{\partial w_{1ij}}$$

由式（8.46）得

$$\frac{\partial u_{2k}}{\partial z_j} = w_{2jk} \tag{8.52}$$

激活值 u_{2k} 对 z_j 求导，得到连接权重 w_{2jk}，结合下式就可以求出输入层与中间层之间的连接权重 w_{1ij} 的调整值：

$$\frac{\partial z_j}{\partial w_{1ij}} = \frac{\partial z_j}{\partial u_{1j}} \cdot \frac{\partial u_{1j}}{\partial w_{1ij}} = z_j(1-z_j)x_i \tag{8.53}$$

将式（8.52）代入式（8.53）得

$$\frac{\partial u_{2k}}{\partial w_{1ij}} = \frac{\partial u_{2k}}{\partial z_j} \cdot \frac{\partial z_j}{\partial w_{1ij}} = w_{2jk}z_j(1-z_j)x_i \tag{8.54}$$

将式（8.54）代入式（8.51）得

$$\begin{aligned}\frac{\partial E}{\partial w_{1ij}} &= -\sum_{k=1}^{q}\left[(r_k - y_k)y_k(1-y_k)\frac{\partial u_{2k}}{\partial w_{1ij}}\right] = -\sum_{k=1}^{q}[(r_k - y_k)y_k(1-y_k)w_{2jk}z_j(1-z_j)x_i] \\ &= \sum_{k=1}^{q}[(r_k - y_k)y_k(1-y_k)w_{2jk}]z_j(1-z_j)x_i\end{aligned} \tag{8.55}$$

根据梯度下降算法，得

$$\Delta w_{1ij} = -\eta\frac{\partial E}{\partial w_{1ij}} = \eta\sum_{k=1}^{q}[(r_k - y_k)y_k(1-y_k)w_{2jk}]z_j(1-z_j)x_i \tag{8.56}$$

输入层与中间层之间的权重调整值是相关单元在中间层与输出层之间的权重调整值的总和。

根据复合函数链式求导法则，同理可求其他损失函数及激活函数的权重偏导值，从而实现误差反向传播。有兴趣的同学可自行推导。

小结

本章介绍了 4 种智能优化方法：遗传算法、蚁群算法、粒子群算法及人工神经网络。其中遗传算法属于进化算法，是通过模拟自然界中生物基因遗传、种群进化的过程和机制，而产生的一种群体导向随机搜索技术和方法。其具有高度并行计算及自组织、自适应、自学习和复杂无关性等特征，因此有效克服了传统方法在解决复杂问题时的障碍和困难，广泛适用于不同领域。蚁群算法和粒子群算法属于群智能算法，即是一种由无智能或简单智能的个体通过任何形式的聚集协同而表现出来的智能方法。蚁群算法受到自然界中真实蚂蚁集体觅食过程中的行为的启发，利用真实蚁群通过个体间的信息传递，搜索从蚁穴到食物间的最短路径的集体寻优特征，来解决一些离散系统优化中的困难问题；粒子群算法是一种有效的全局寻优算法，通过群体中粒子间的合作和竞争，实现复杂空间中最优解的搜索，具有进化计算和群智能的特点。粒子群算法保留了基于种群的全局搜索策略，但其采用速度-位移模型，操作简单，避免了复杂的遗传操作，具有记忆全局最优解和个体自身经历最优解的功能，能够动态跟踪当前的搜索情况，提高搜索策略，目前广泛应用于函数优化、数据挖掘和神经网络训练等应用领域。人工神经网络是当前各类大数据处理的重要组成部分，对其工作原理的了解有利于在今后的数据分析中进一步应用深度神经网络，以适应大数据时代的要求。

习题

8-1 用遗传算法求解 $f(x)=x^2$（$0\leqslant x\leqslant 31$，x为整数）的最大值。

8-2 用遗传算法求解 $\max f(x)=1-x^2$，$x\in[0,1]$。

8-3 用遗传算法求解非线性混合整数规划问题。

$$\begin{cases}\min f(x)=1.5x_1^2+0.5x_2^2+x_3^2-x_1x_2-2x_1+x_2x_3\\ \text{s.t.}-10.24\leqslant x_1\leqslant 10.23\\ -10.24\leqslant x_2\leqslant 10.23\\ -4\leqslant x_3\leqslant 3，且x_3为整数\end{cases}$$

8-4 用蚁群算法求解下述矩阵对应的 TSP 的最优解。

$$\boldsymbol{D}=(d_{ij})=\begin{bmatrix}1&3&1&1&1\\0&2&0&0&0\\2&4&2&1&4\\1&0&1&0&2\\0&3&0&1&10\end{bmatrix}$$

8-5 在区间[3,9]内，用粒子群算法求解方程 $f(x)=\tan x-0.5x=0$ 的根。

8-6 用粒子群算法求解方程组：

$$\begin{cases}f_1(x)=x_1^3+e^{x_1}+2x_2+x_3+1=0\\ f_2(x)=-x_1+x_2+x_2^3+2e^{x_2}-3=0\\ f_3(x)=-2x_2+x_3+e^{x_3}+1=0\end{cases}$$

其中$-2\leqslant x_1,x_2,x_3\leqslant 2$。

第 9 章　数值计算的 MATLAB 实践

MATLAB 是一个功能强大的科学计算平台，它具有数值计算、符号计算和可视化功能，将数值分析、矩阵计算、科学数据可视化及非线性动态系统的建模和仿真等诸多强大功能集成在一个易于使用的视窗环境中，为科学研究、工程设计，以及必须进行有效数值计算的众多科学领域提供了全面的解决方案。它使用方便、输入简捷、运算高效、内容丰富，并且有大量的函数库可提供使用，不需要大量烦琐的编程过程。这里，简要介绍 MATLAB，并提供大量可直接运行的范例程序来展示如何使用 MATLAB 解决数值计算问题。

9.1　MATLAB 基础

MATLAB 是由美国 Mathworks 公司推出的一套高性能的数值计算和可视化软件。本节简要介绍 MATLAB 7 的基本功能。

9.1.1　运算符

1．算术运算

算术运算符包括+（加）、-（减）、*（乘）、/（右除）、\（左除）、^（幂）。

MATLAB 中用 pi 表示圆周率，用 i 表示虚数单位。

例 9.1

```
>>(2 * pi + 5 ^ 2) / 3
ans =
10.4277
```

例 9.2

```
>> 3 \ (2 * pi + 5 ^ 2)
ans =
10.4277
```

系统默认的结果保留 5 位有效数字，输入命令 format long，将显示 15 位有效数字。

例 9.3

```
>> format long
(2 * pi + 5 ^ 2) / 3
ans =
10.427 728 435 726 529
```

2．关系运算

关系运算符包括<（小于）、< =（小于或等于）、>（大于）、> =（大于或等于）、= =（等于）、～=（不等于）。

上述运算符用于比较两个元素的大小，结果是 1 表明为真，结果是 0 表明为假。

3．逻辑运算

逻辑运算符包括&（与）、|（或）、～（非）。

上述运算符用于元素或 0～1 矩阵的逻辑运算。

9.1.2 函数命令

1．内置函数

MATLAB 7 拥有丰富的函数库，本节只列出与本书有关的部分数值方法函数：

sin（正弦）、cos（余弦）、tan（正切）、cot（余切）、asin（反正弦）、acos（反余弦）、atan（反正切）、acot（反余切）、sinh（双曲正弦）、cosh（双曲余弦）、tanh（双曲正切）、coth（双曲余切）、abs（绝对值或复数模）、sqrt（开平方）、exp（以自然常数为底的指数）、log（以自然常数为底的自然对数）、log10（以 10 为底的常用对数）。

2．赋值语句

通过等号可以将表达式赋值给变量。

例 9.4

```
>> a = sin (pi / 7)
a =
0.4339
% 若表达式的结尾有分号，则该表达式的值不显示
```

例 9.5

```
>> a = exp (2.15); b = log (a)
b =
2.1500
```

3．自定义函数

在 MATLAB 编辑器中，通过构建 M 文件（以.m 结尾的文件）可定义一个函数。完成函数定义后，就可像使用内置函数一样使用用户自定义的函数。

例 9.6 把函数 fun(x)= |x+1| − | x − 1|写入 M 文件的 fun.m 中，在编辑器中输入如下内容：

```
function y = fun (x)
y = abs (x + 1) −abs (x − 1)
```

文件 fun.m 建立之后，函数 fun(x) = | x + 1 | − | x − 1 |就可以调用了。

```
>> fun (−1) ^ 3
ans =
− 8.0000
```

9.1.3　矩阵与数组运算

1．矩阵的输入

MATLAB 中所有的变量都被视为矩阵或数组，可直接输入矩阵。

例 9.7

```
>> I = [1 0 0; 0 1 0; 0 0 1]

I =
1    0    0
0    1    0
0    0    1
```

2．矩阵运算

矩阵运算符包括+（加）、-（减）、*（乘）、/（右除）、\（左除）、^（幂）、'（共轭转置）。若所有矩阵满足线性代数中的运算要求，则可以进行相应运算。

例 9.8

```
>> A = [3 5; 1 2]; B = [2 1; 1 2]; C = A + B
C =
5    6
2    4
>> D = A * B
D =
11    13                                          %求矩阵方程 X * A = B 的解
4     5
>> X = B / A
X =
3    -7
0    1                                            %求矩阵方程 A * Y = B 的解
>> Y = A \ B
Y =
-1    -8
1     5
>> E = A ^ 2
E =
14    25
5     9
>> F = A'
F =
3    1
5    2
```

3. 数组运算

MATLAB 软件包的一个最大的特征是 MATLAB 函数可对矩阵中的每个元素进行运算。矩阵的加、减和标量乘是面向元素的，但矩阵的乘、除和幂运算却不是。通过符号“.*”“./”“.^”可实现面向元素的矩阵的乘、除和幂运算。

例 9.9

```
>> A = [3 5; 1 2]; G = A .^ 2                    %对 A 的每个元素进行平方运算
G =
9     25
1     4
```

9.1.4 绘图

MATLAB 可生成曲线和曲面的二维和三维图形。

1. 二维图形

绘制函数曲线的命令格式为

```
plot(x, y, 's')
```

其中，x 是横坐标，y 是纵坐标，s 是可选参数（默认为蓝色实线）。

例 9.10 绘制函数 $y = e^{-2x}\sin x^2$ 在区间 $[0,5]$ 上的曲线，结果如图 9.1 所示。

```
>> x = 0 : 0.05 : 5; y = exp (-2 * x) .* sin (x .^ 2);          %使用数组运算“.*”“.^”
plot (x, y, 'k','LineWidth',2), xlabel ('x'), ylabel ('y');
```

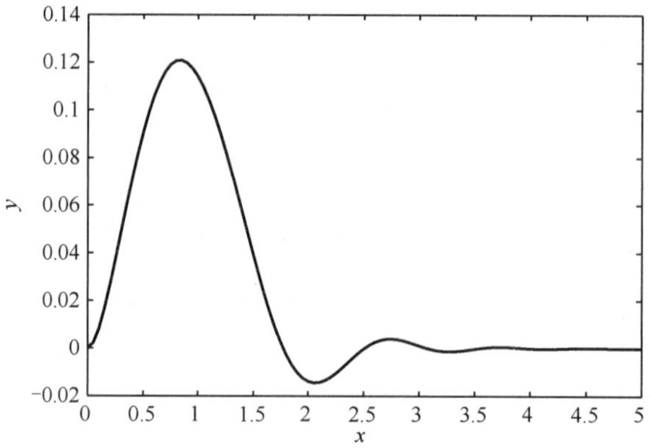

图 9.1 函数曲线图

在一张图上画多条曲线的方法有两种，一种是直接用 plot 函数，命令格式为

```
plot (x1, y1, 's1', x2, y2, 's2', …)
```

另一种是用 hold 命令，hold on 表示在画下一幅图时，保留已有图像，hold off 表示释放 hold on。

例 9.11 在一张图上绘制函数 $y = \sin 2x$ 和 $y = x^3 - x - 1$ 在区间 $[-2,2]$ 上的复合图，结果如图 9.2 所示。

```
>> x = -2 : 0.05 : 2; plot (x, sin (2 * x),'k','LineWidth',2); hold on
plot (x, x .^ 3 - x - 1,'k','LineWidth',2); hold off
```

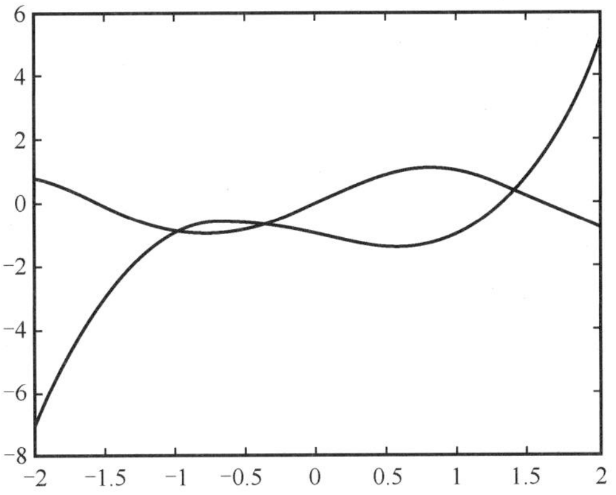

图 9.2　函数曲线复合图

2. 三维图形

例 9.12　绘制区间$[0,2\pi]$上的螺旋线段$c(t)=(2\cos t,2\sin t,3t)$，结果如图 9.3 所示。

```
>> t = 0 : 0.1 : 2 * pi; plot3 (2 * cos (t), 2 * sin (t), 3 * t,'k','LineWidth',2)
```

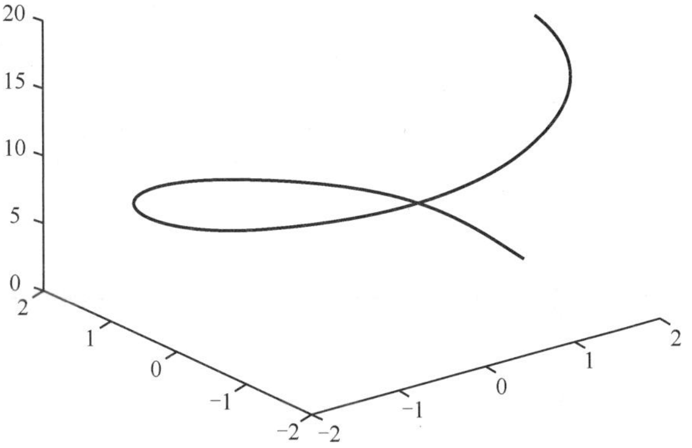

图 9.3　三维曲线图

用 mesh 函数可以画出三维网格曲面。

例 9.13　绘制$z=\sin x\cos y$在区域$[-\pi,\pi]\times[-\pi,\pi]$上的网格曲面，结果如图 9.4 所示。

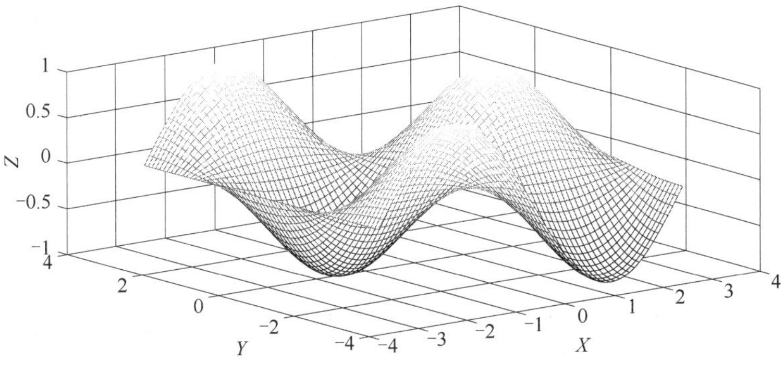

图 9.4　三维曲面图

```
>> x = -pi : 0.1 : pi; y = -pi : 0.1 : pi;
[X, Y] = meshgrid (x, y);
Z = sin (X) .* cos (Y);
mesh (X, Y, Z); xlabel ('X'); ylabel ('Y'); zlabel('Z');
```

9.1.5 程序设计基础

MATLAB 中的 for 循环语句、while 循环语句、if 和 break 循环语句与其他编程语言的用法类似。

1. for 循环语句

例 9.14 使用 for 循环语句求 $\sum_{i=1}^{6} i!$ 的值。

打开 M 文件编辑窗口，输入程序如下，并将函数命名为 forsum。

```
sum = 0;
for i = 1 : 6
part = 1;
for j = 1 : i;
part = part * j;
end
sum = sum + part;
end
sum
```

运行程序，即可得到如下结果：

```
>> sum =
873
```

2. while 循环语句

例 9.15 编写一个计算 1000 以内的 Fibonacci 数的程序。

```
>> f = [1 1];
i = 1;
while f (i) + f(i + 1) < 1000
  f (i + 2) = f (i) + f (i + 1);
  i = i + 1;
  end
  f
```

运行程序，即可得到如下结果：

```
f =
Columns 1 through 13
1  1  2  3  5  8  13  21  34  55  89  144  233
Columns 14 through 16
377  610  987
```

3．if 和 break 循环语句

例 9.16 分桃问题：有一堆桃，每只猴子分 3 个余 2 个，每只猴子分 4 个余 3 个，求桃子的数量。

打开 M 文件编辑窗口，输入程序如下，并将函数命名为 peach。

```
i = 1;
while i > 0
   if rem (i, 3) == 2 && rem (i, 4) == 3;
break;
   end
   i = i + 1;
n = i;
end
fprintf ('The number of peaches is %d.\n', n);
```

在命令窗口中输入 peach，即可得到如下结果：

```
>> peach
> The number of peaches is 11.
```

9.2 非线性方程组求根问题的 MATLAB 实现

9.2.1 MATLAB 中与方程组有关的命令

1．Solve 命令

命令格式为

```
S = solve ('eq1', 'eq2', …, 'eqn', 'v1', 'v2', …, 'vn')
```

可以用于求方程组关于指定变量的解。

例 9.17 求方程组 $uy^2+vz+w=0$，$y+z+w=0$ 关于 y，z 的解。

```
>> [y, z] = solve ('u * y ^ 2 + v * z + w = 0', 'y + z + w = 0', 'y', 'z')
```

运行程序，即可得到如下结果：

```
y =
  (v + 2*u*w - (v^2 + 4*u*w*v - 4*u*w)^(1/2))/(2*u) - w
  (v + 2*u*w + (v^2 + 4*u*w*v - 4*u*w)^(1/2))/(2*u) - w
z =
 - (v + 2*u*w - (v^2 + 4*u*w*v - 4*u*w)^(1/2))/(2*u)
 - (v + 2*u*w + (v^2 + 4*u*w*v - 4*u*w)^(1/2))/(2*u)
```

2．fzero 命令

命令格式为

```
z = fzero (fun, x0)或者[z, f_z, exitflag, output] = fzero (fun, x0, options, p1, p2, …)
```

可以用于求一元函数的零点。

9.2.2 求方程实根的实现

1．二分法的源程序（bisect.m）

```
function x = bisect (fname, a, b, e)
% 方程求根的二分法，fname 为需要求根函数名，a、b 为区间端点，e 为精度要求
if nargin < 4, e = le - 4; end;
fa = feval (fname, a); fb = feval (fname, b);
if fa * fb > 0, error ('两端函数值为同号'); end
k = 0; x = (a + b) / 2;
while (b - a) > (2 * e)
   fx = feval (fname, x);
   if fa * fx < 0, b = x; fb = fx; else a = x; fa = fx; end
   k = k + 1; x = (a + b) / 2
end
```

例 9.18 用二分法求方程 $f(x)=x^3+10x-20=0$ 在 $[1,2]$ 内的一个根，要求误差不超过 $\frac{1}{2}\times10^{-4}$ 。

```
>> format long; fname = inline ('x * x * x + 10 * x - 20')
x = bisect (fname, 1, 2, 0.5e-4)
```

运行结果如下：

```
x =
1.594573974609375
```

2．牛顿法的源程序（newteq.m）

```
function r = newteq (fun, x0, xtol, ftol, verbose)
if nargin < 3, xtol = 5 * eps; end
if nargin < 4, ftol = 5 * eps; end
if nargin < 5, verbose = 0; end
xeps = max (xtol, 5 * eps); feps = max (ftol, 5 * eps);    % Smallest tols are 5 * eps
if verbose
   fprintf ('\n Newton iterations for %s.m\n', fun);
   fprintf('k f(x) dfdx x (k + 1)\n');
end
x = x0; k = 0; maxit = 15;    % Initial guess, current and max iterations
while k <= maxit
   k = k + 1
   [f, dfdx] = feval (fun, x);    % Returns f(x(k-1)) and f'(x(k-1))
   dx = f / dfdx
   x = x - dx
   if verbose, fprintf ('%3d%12.3e%12.3e%18.14f\n', k, f, dfdx, x);
end
   if (abs(f) < feps) | (abs (dx) < xeps), r = x; return;
```

```
    end
  end
    warning(sprint('root not found within tolerance after %d iterations\n', k));
```

9.2.3　实际问题的求解

例 9.19　在天体力学中，有如下开普勒（Kepler）方程

$$x - t - \varepsilon \sin x = 0\text{，}\quad 0 < \varepsilon < 1$$

其中，t 表示时间，x 表示弧度，行星运动的轨道 x 是 t 的函数，现取 $\varepsilon = 0.5$ 。当 $t = 1$ 时，求行星运动方程的角度 x。

显然方程在（1,2）内有唯一实根，下面我们用牛顿切线法求出这个根的近似值。

将函数 $f(x)$ 及其导函数存在一个函数文件（newteqeg.m）中。

```
function [y, dydx] = newteqeg(x)
y = x – 1 – 1 / 2 * sin (x);
dydx = 1 – 1 / 2 * cos (x);
>> newteq('newteqeg', 0)
ans =
1.4987
```

9.3　线性方程组求根问题的 MATLAB 实现

9.3.1　MATLAB 中与方程组有关的命令

1．向量与矩阵的范数（norm）

命令格式为

```
norm(V, P)    求向量 V 的 P-范数，P = 1, 2, …, inf
norm(A, P)    求矩阵 A 的 P-范数，P = 1, 2 或 inf
```

2．矩阵的条件数（cond）

命令格式为

```
cond(A, P)    求矩阵 A 的 P-条件数，1, 2, …, inf
```

3．LU 分解（lu）

命令格式为

```
[L, U, P] = lu(A)      %LU = PA，其中 L 为主对角元为 1 的下三角矩阵，U 是上三角矩阵，P 是
由 0 和 1 组成的行置换矩阵
```

9.3.2　Gauss 消去法的源程序

```
function x = gauss (a, b, flag)
% 线性方程组求解的顺序 Gauss 消去法，a 为系数矩阵，b 为常向量
% flag 若为 0，则显示中间过程，否则不显示，x 为解
```

```
[na, m] = size(a); n = length (b);
if na ~= m, error ('系数矩阵必须是方阵'); return; end
if n ~= m, error('系数矩阵 a 的列数必须等于 b 的行数');
return;end
if nargin < 3, flag = 0;end;
a = [a, b];
for k = 1 : (n - 1)
a((k + 1) : n, (k + 1) : (n + 1)) = a((k + 1) : n, (k + 1) : (n + 1)) - a((k + 1) : n, k) / a(k, k) * a(k, (k + 1) :
(n + 1));
a((k + 1) : n, k) = zeros(n - k, 1);
if flag == 0, a, end
end
x = zeros(n, 1); x(n) = a(n, n + 1) / a(n, n);
for k = n - 1 : -1 : 1
x(k, :) = (a(k, n + 1)  - a(k, (k + 1) : n) * x((k + 1) : n)) / a(k, k);
end
```

用上面的程序计算如下线性方程组。

例 9.20 用 Gauss 消去法求解线性方程组

$$\begin{cases} 3x+2y+z=39 \\ 2x+3y+z=34 \\ x+2y+3z=26 \end{cases}$$

```
>> format; a = [3 2 1; 2 3 1; 1 2 3]; b = [39; 34; 26];
x = gauss (a, b)
```

运行程序，即可得到如下结果：

```
a =
3.0000    2.0000    1.0000    39.0000
0         1.6667    0.3333    8.0000
0         1.3333    2.6667    13.0000
a =
3.0000    2.0000    1.0000    39.0000
0         1.6667    0.3333    8.0000
0         0         2.4000    6.6000
x =
9.2500
4.2500
2.7500
```

9.3.3 Jacobi 迭代法的源程序

```
function [x, k] = jacobi(a, b)
% 求线性方程组的 Jacobi 迭代法，a 为系数矩阵，b 为常向量
% e 为精度要求（默认为 1e-5），m 为迭代次数上限（默认为 200）
n = length (b); m = 200; e =1e-6; x0 = zeros (n , 1);
```

```
k = 0; x = x0; x0 = x + 2 * e; d = diag (diag (a)); l = -tril(a, -1);
u = - triu(a, 1);
while norm (x0 - x, inf) > e & k < m, k = k + 1; x0 = x;
x = inv(d) * (l + u) * x + inv (d) * b;
k,
disp(x'),
end;
if k == m, error('失败或已达迭代次数上限'); end
```

例 9.21 用 Jacobi 迭代法求解线性方程组

$$\begin{cases} 4x + y + z = 2 \\ x + 4y + z = -4 \\ x + y + 4z = -4 \end{cases}$$

```
>> format long; a = [4 1 1; 1 4 1; 1 1 4]; b = [2; -4; -4];
[x, k] = jacobi (a, b)
x =
1.000000317890226
-0.999999682107955
-0.999999682107955
k =
20
```

9.3.4 Gauss-Seidel 迭代法的源程序

```
function [x, k] = Gau_Sed(a, b, x0, e, m)
% 求线性方程组的 Gauss-Seidel 迭代法，a 为系数矩阵，b 为常向量
% e 为精度要求（默认为 1e-5），m 为迭代次数上限（默认为 200）
n = length (b); if nargin < 3, x0 = zeros (n ,1); end;
k = 0; x = x0; x0 = x + 2 * e; al = tril (a); ial = inv (al);
while norm(x0 - x, inf) > e & k < m, k = k + 1; x0 = x;
x = -ial * (a - al) * x0 + ial * b;
disp(x'), end
if k == m, error('失败或已达迭代次数上限'); end
```

例 9.22 用 Gauss-Seidel 迭代法求解例 9.21 中的线性方程组。

```
>> format long; a = [4 1 1; 1 4 1; 1 1 4]; b = [2; -4; -4]; x0 = [0; 0; 0]; e = 1e-5; m = 200;
[x, k] = Gau_Sed(a, b, x0, e, m)
```

运行程序，即可得到如下结果：

```
x =
0.999998230756319
-0.999998984743797
-0.999999811503130
k =
7
```

9.4 插值问题的 MATLAB 实现

9.4.1 MATLAB 自带的插值命令

1. interp1

功能：一维数据插值。该命令在数据点之间计算内插值。它找出一元函数 $f(x)$在中间点的数值，其中函数 $f(x)$由所给数据决定。

命令格式为

Yi = interp1 (X, Y, Xi)	%返回插值向量 Yi，每个元素对应于参数 Xi，同时由向量 X 与 Y 的内插值决定。X 指定数据 Y 的点，若 Y 为矩阵，则按 Y 的每列计算。Yi 是阶数为 length(Xi) * size(Y,2)的输出矩阵
Yi = interp1 (Y, Xi)	%假定 X = 1 : N，其中 N 为向量 Y 的长度，或者为矩阵 Y 的行数
Yi = interp1 (X, Y, Xi, 'method')	%用指定的算法计算插值

nearest：最近邻点插值，直接完成计算。

linear：线性插值（默认方式），直接完成计算。

spline：三次样条函数插值，对于该方法，命令 interp1 调用函数 spline、ppval、mkpp、umkpp。这些函数会生成一系列用于分段多项式操作的函数。

pchip：分段三次 Hermite 插值，对于该方法，命令 interp1 调用函数 pchip，对 X 与 Y 执行分段三次内插值。该方法保留单调性与数据的外形。

cubic：与 pchip 操作相同。

对于超出 X 范围的 Xi 的分量，使用 nearest、linear 的插值算法，相应地将返回 NaN。对其他的方法，interp1 将对超出的分量执行外插值算法。

Yi = interp1 (X, Y, Xi, method, 'extrap')	%对于超出 X 范围的 Xi 中的分量将执行特殊的外插值法 extrap
Yi = interp1 (X, Y, Xi, method, EXTRAPVAL)	%确定超出 X 范围的 Xi 中的分量的外插值 EXTRAPVAL，其值通常取 NaN 或 0

例 9.23 函数为 $y=x\sin(x)$，使用分段线性插值，结果如图 9.5 所示。

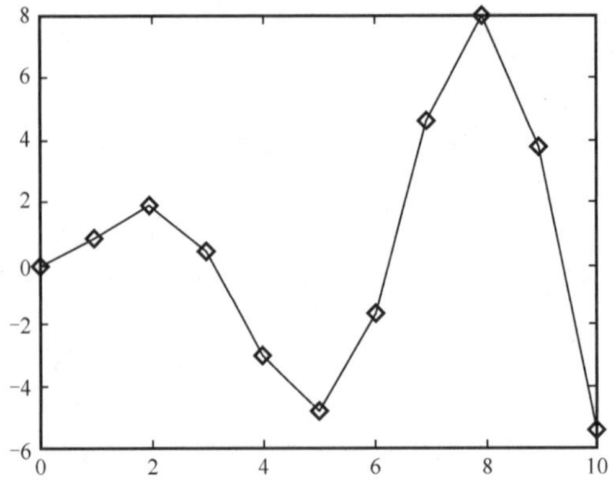

图 9.5 分段线性插值

```
>> x = 0 : 10 ; y = x .* sin (x);
>> xx = 0 : 0.25 : 10 ; yy = interp1 (x, y, xx);
>> plot (x, y, 'kd', xx, yy,'k','LineWidth',2)
```

2. interp2

功能：二维数据插值。

命令格式为

```
Zi = interp2 (X, Y, Z, Xi, Yi)        %返回矩阵 Zi，其元素包含对应于参数 Xi 与 Yi（可以是向量或
                                        同型矩阵）的元素，即 Zi(i, j)←[Xi(i, j), Yi(i, j)]，用户可以输
                                        入行向量和列向量 Xi 与 Yi，此时，输出向量 Zi 与矩阵
                                        meshgrid(Xi, Yi)是同型的。由输入矩阵 X、Y 与 Z 去定二维函
                                        数 Z=f(X, Y)。X 与 Y 必须是单调的，且有相同的划分格式。
                                        若在 Xi 与 Yi 中有 X 与 Y 范围外的点，则返回 NaN
Zi = interp2 (Z, Xi, Yi)               %默认的，X = 1 : n、Y = 1 : m。其中[m, n] = size(Z)，再按第一
                                        种情况计算
Zi = interp2 (Z, n)                    %做 n 次递归计算，Z 的每两个元素之间插入它们的二维插值，
                                        这样 Z 的阶数将不断增加。interp2(Z)等价于 interp2(Z, 1)
Zi = interp2 (X, Y, Z, Xi, Yi, 'method')        %用指定的算法 method 计算二维插值
```

linear：双线性插值（默认方式）。

nearest：最近邻点插值。

spline：三次样条插值。

cubic：双三次插值。

利用二维数据的插值，可以很方便地解决低像素照片的插值问题。

例 9.24　对于 MATLAB 自建函数 peaks，绘制二维插值图，结果如图 9.6 所示。

```
>> [X, Y] = meshgrid (-3 : 0.25 : 3);
>> Z = peaks(X, Y);
>> [Xi, Yi] = meshgrid (-3 : 0.125 : 3);
>> ZZ = interp2 (X, Y, Z, Xi, Yi);
>> surfl (X, Y, Z,'light'); hold on;
>> surfl (Xi, Yi, ZZ + 15,'light')
>> axis ([-3 3 -3 3 -5 20]);
   shading flat
>> hold off
```

图 9.6 中，下面部分是插值数据点的曲面，上面部分是插值后的曲面。

类似的，还有插值命令 interp3 和 interpn，其功能和命令格式读者可以使用 help interp3 和 help interpn 命令查看。

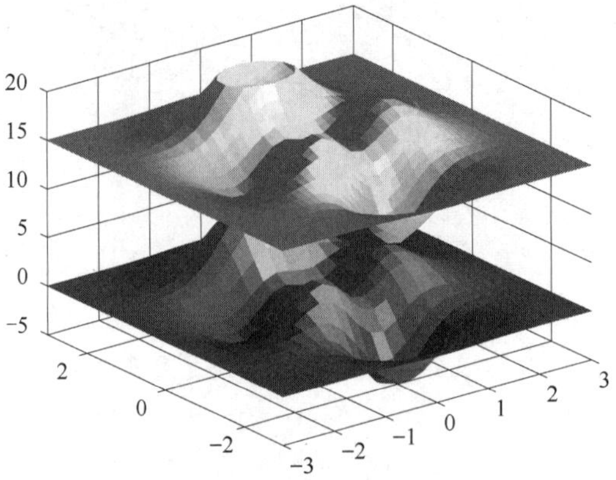

图 9.6　二维插值图

3. spline

功能：三次样条数据插值。

命令格式为

yy = spline (x, y, xx)	%该命令用三次样条插值计算出由向量 x 与 y 确定的一元函数 y=f (x) 在点 xx 处的值，若 y 是矩阵，则以 y 的一列和 x 配对，再分别计算由它们确定的函数在该点处的值。yy 是一阶数为 length (xx) * size (y, 2)的矩阵
pp = spline (x, y)	%返回由向量 x 与 y 确定的分段样条多项式的系数矩阵 pp，它可用于命令 ppval、unmkpp 的计算

例 9.25　对离散地分布在 y=exp(x)sin(x) 函数曲线上的数据点进行三次样条插值计算，结果如图 9.7 所示。

```
>> x = [0 2 4 5 8 12 12.8 17.2 19.9 20]; y = exp (x) .* sin (x);
>> xx = 0: 0.25 : 20;
>> yy = spline (x, y, xx);
>> plot (x, y, 'o', xx, yy)
```

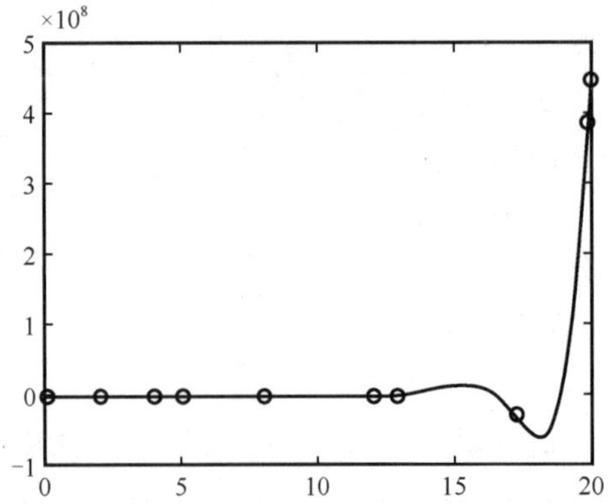

图 9.7　三次样条插值图

9.4.2 拉格朗日插值和牛顿插值

1．拉格朗日插值的源程序（lagrint.m）

```
function z = lagrint (x, y, x0)
n = length (x);
l = ones (1, n);
for   i= 1 : n
   for   j = 1 : n
if   j ~= i
   l (i) = l (i) * (x0 - x (j)) / (x (i) - x (j));
end
   end
end
z = y *l';
```

例 9.26　已知列表函数 $y=f(x)$，求值如表 9.1 所示。

表 9.1　列表函数 $y=f(x)$的值

x	1	2	3	4
y	0	−5	−6	3

试求拉格朗日插值多项式的值 L(1.5)、L(2.5)、L(3.5)。

```
>> x = [1 2 3 4]; y = [0 -5 -6 3];
>> lagrint (x, y, 1.5)
   ans =
- 2.6250
>>lagrint (x, y, 2.5)
   ans =
- 6.3750
>>lagrint (x, y, 3.5)
   ans =
- 3.1250
```

2．牛顿插值的源程序（newtint.m）

```
function z = newtint (x, y, x0)              %x 是自变量，y 是因变量，x0 是求函数值的点
n = length (x);
A = zeros (n);                               %均差表清零
A (1, :) = y;                                %均差表首行
for i = 2 : n                                %以下是均值表的构造，注意是从第二行开始计算的
   for j = i : n
A (i, j) = (A (i - 1, j) - A(i - 1, j - 1)) / (x (j) - x (j - i + 1));
end
end
b = zeros (1, n);
```

```
for i = 1 : n                              %b 记录系数（均差）
    b(i) = A(i, i);
end                                        %b 取 A 的主对角线
s = 1;
for i = 1 : n
    c(i) = s;
    s = s * (x0 - x(i));
end
c = c';
z = b * c;
```

例 9.27 已知列表函数 $y = f(x)$，求值如表 9.2 所示。

表 9.2 列表函数 $y=f(x)$的值

x	0	1	2	3
y	1	2	17	64

试分别计算当 $x = 0.5$ 和 $x = 2.5$ 时，$f(x)$的近似值。

```
>> x = [0 1 2 3]; y = [1 2 17 64];
>> newtint (x, y, 0.5)
   ans =
0.8750
>> newtint (x, y, 2.5)
   ans =
35.3750
```

9.4.3 拟合与逼近的 MATLAB 实现

这里仅介绍最小二乘拟合。

1. MATLAB 自带的多项式拟合命令（polyfit）

命令格式为

```
p = polyfit(x, y, n)
```

其中，x 和 y 为样本点向量，n 为所求多项式的阶数，p 为求出的多项式。

2. 自编拟合程序（mypoly.m）

```
function C = mypoly(X, Y, F)
A = F * F'; B = F * Y';
C = A \ B;
```

其中，输入变量 X，Y 分别是给定数据点的横坐标与纵坐标向量；F 是函数值矩阵，可另建立 M 文件方式的函数文件。

输出变量 C 是拟合函数的系数列表。

例 9.28　设有如表 9.3 所示的已知数据，要求用形如 $a\ln x + b\cos x + ce^x$ 的函数对数据做最小二乘拟合。

表 9.3　已知数据

x	0.24	0.65	0.95	1.24	1.73	2.01	2.23	2.52	2.77	2.99
y	0.23	−0.26	−1.10	−0.45	0.27	0.10	−0.29	0.24	0.56	1.00

计算函数值矩阵 F 的 M 文件如下：

```
function F = polyfun (x)
F(1, :) = log (x);
F(2, :) = cos (x);
F(3, :) = exp (x);
```

调用 polyfun 和 mypoly 计算系数 a,b,c 的主程序为：

```
x = [0.24 0.65 0.95 1.24 1.73 2.01 2.23 2.52 2.77 2.99]
y = [0.23 -0.26 -1.10 -0.45 0.27 0.10 -0.29 0.24 0.56 1.00]
F = polyfun (x);
A = mypoly (x, y, F)
```

计算结果：

```
A =
- 1.0410
- 1.2613
0.0307
```

即所求的拟合函数为 $f(x) = -1.0410\ln x - 1.2613\cos x + 0.0307e^x$。

下面描绘数据点与拟合函数曲线，结果如图 9.8 所示。

```
z = -1.0410 * log (x) - 1.2613 * cos (x) + 0.0307 * exp (x);
plot (x, y, 'r.', 'Markersize', 22), hold on
plot (x, z, 'LineWidth', 2), hold off
axis ([0.23, 3, -1.2, 1])
```

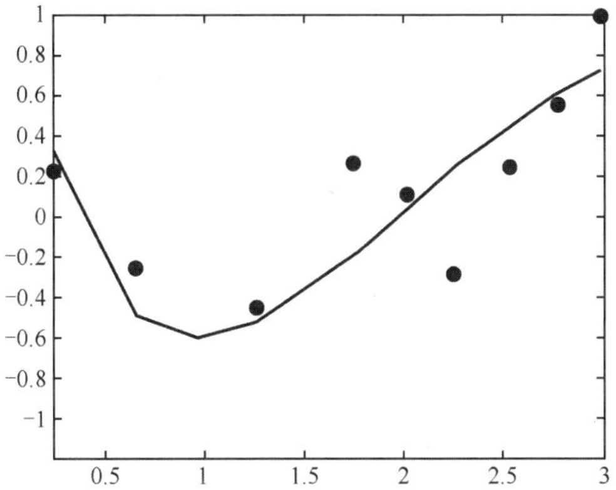

图 9.8　数据点与拟合函数曲线

以上程序也可用于求解直线拟合与多项式拟合问题。

9.5 数值积分的 MATLAB 实现

9.5.1 数值积分命令

1. 常用的命令

常用的命令为 quad（采用递推自适应 Simpson 法计算数值积分），命令调用格式如下：

```
s = quad(fun, a, b, tol, trace, p1, p2, …)
```

前三个输入参数是必需的，其中 fun 为被积函数，a、b 为积分上、下限。

tol 用于控制绝对误差，默认精度为 10^{-6}。

trace 取非 0 值时，将随积分的进程逐点画出被积函数。

p1, p2, …是向被积函数输送的参数。

例 9.29 计算 $I=\int_0^1 e^{-x^2}dx$ 的近似值，其精确值为 0.7468241328…。

```
>> syms x; IS = int (exp(-x * x), x, 0, 1)
>> vpa (IS)
```

（1）符号解析法。

```
IS =
1/2 * erf (1) * pi ^ (1/2)
ans =
  0.74682413281242702539946743613185
```

（2）应用命令 quad 求解。

```
>> fun = inline ('exp(-x .* x)', 'x');
>> Isim = quad (fun, 0, 1)
Isim =
  0.7468
```

2. Romberg 积分算法

简明 Romberg 积分算法程序（rombint.m）如下。

```
function[s, n, t] = rombint (fun, a, b, tol)
format long
s = 10;
s0 = 0;
k = 2;
t(1, 1) = (b - a) * (fun (a) + fun (b)) / 2;
while (abs (s - s0) > tol)
  h = (b - a) / 2 ^ (k - 1);
  w = 0;
  if (h ~= 0)
     for i = 1 : (2 ^ (k-1) - 1)
        w = w + fun (a + i * h);end
```

```
    t (k, 1) = h * (fun (a) / 2 + w + fun (b) / 2);
    for   j = 2 : k
  for   i = 1 : (k-j+1)
          t(i, j) = (4 ^ (j - 1) * t(i + 1, j - 1) - t(i, j -1)) / (4 ^ (j -1) - 1);
  end
    end
    s = t(1, k);
    s0 = t(1, k - 1);
    k = k + 1;
    n = k - 1;
    else   s = s0;
  n = -k;
  end end
```

说明：fun 表示被积函数，a、b 分别为积分上、下限，tol 为误差上限。

例 9.30　试用 Romberg 积分算法计算 $I=\int_0^1 \mathrm{e}^{-x^2}\mathrm{d}x$ 的近似值，精确到小数点后 5 位。

```
>> fun = inline('exp (- x .* x)', 'x');
>> [s, n, t] = rombint (fun, 0, 1, 1e - 5)
s =
0.74682401848228
n =
4
t =
0.68393972058572    0.74718042890951    0.74683370984975    0.74682401848228
0.73137025182856    0.74685537979099    0.74682416990990    0
0.74298409780038    0.74682612052747    0                   0
0.74586561484570    0                   0                   0
```

注意：进行 3 次对半分割（积分区间 8 等分，应用 9 个节点），得到近似值 0.74682（有 5 位有效数字），输出参数 t 的结果为第一列——复化梯形法的结果，第二列——复化 Simpson 法的结果，第三列——复化 Cotes 公式的结果，第四列——Romberg 公式的结果。

9.5.2　实际问题的求解

例 9.31　已知载人飞船发射的初始轨道为近地点高约 200km，远地点高约 330km 的椭圆轨道，对接轨道为距地约 343km 的近圆轨道，飞行速度约为 7.9km/s。试计算载人飞船在椭圆轨道飞行一圈的距离。

如图 9.9 所示，已知地球半径 r=6371km，近地点高度 $s_1=200\text{km}$，远地点高度 $s_2=330\text{km}$，则椭圆长半轴 $a=(2r+s_1+s_2)/2=6636\text{km}$，半焦距 $c=(s_2-s_1)/2=65\text{km}$，由椭圆方程 $x=a\cos t$，$y=b\sin t$，其中 $b=\sqrt{a^2-c^2}$，知椭圆周长为

$$L=4\int_0^{\frac{\pi}{2}}\sqrt{a^2\sin^2 t+b^2\cos^2 t}\,\mathrm{d}t$$

$$=4\int_0^{\frac{\pi}{2}}\sqrt{a^2-c^2\cos^2 t}\,\mathrm{d}t$$

$$= 4a\int_0^{\frac{\pi}{2}}\sqrt{1-\frac{c^2}{a^2}\cos^2 t}\,\mathrm{d}t$$

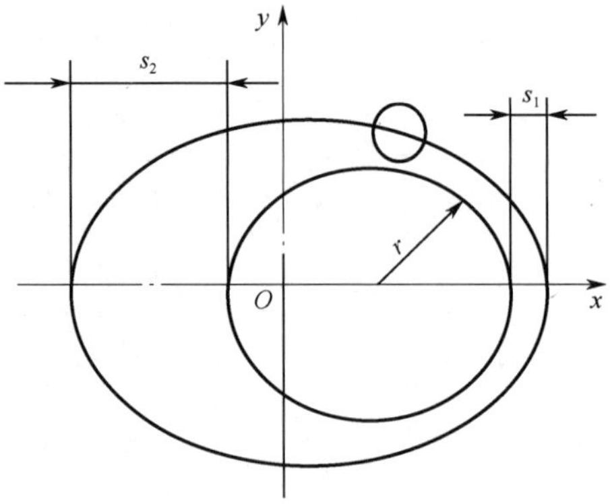

图 9.9　初始轨道曲线图

这是一个定积分，只要求出它的值即可。

```
>> fun = inline('sqrt (1- (65 / (6371 + (330 + 200) / 2) * cos (t)) ^ 2)', 't');
>> [s1,n,t] = rombint (fun, 0, pi/2, 1e-10);
>> s = 4 * (6371 + (200 + 330) / 2) * s1
s =
4.169421758772067e+04
```

载人飞船在椭圆轨道飞行一圈的距离约为 4.17×10^4km。

9.6　常微分方程问题的 MATLAB 实现

9.6.1　常微分方程数值解法的源程序

1．Euler 法

```
function [t, y] = odeEuler (diffeq, tn, h, y0)
t = (0: h: tn)';    % Column vector of elements with spacing h
n = length (t);    % Number of elements in the t vector
y = y) * ones (n, 1); % Preallocate y for speed
% Begin Euler scheme j = 1 for initial condition
for j = 2 : n
   y(j) = y(j - 1) + h * feval (diffeq, t(j - 1), y(j - 1));
end
```

2．四阶 RK 方法

```
function [t, y] = odeRK4 (diffeq, tn, h, y0)
t = (0: h: tn)';    % Column vector of elements with spacing h
n = length (t); % Number of elements in the t vector
y = y0 * ones (n, 1);    % Preallocate y for speed
```

```
h2 = h / 2; h3 = h / 3; h6 = h / 6;    % Avoid repeated evaluation of constants
% Begin RK4 integration; j = 1 for initial condition
for j = 2 : n
   k1 = feval((diffeq, t(j - 1), y(j - 1));
   k2 = feval((diffeq, t(j - 1) + h2, y(j - 1) + h2 * k1);
   k3 = feval((diffeq, t(j - 1) + h2, y(j - 1) + h2 * k2);
   k4 = feval((diffeq, t(j - 1) + h, y(j - 1) + h * k3);
   y(j) = y(j - 1) + h6 * (k1 + k4) + h3 * (k2 + k3);
end
```

例 9.32　应用四阶 RK 方法求解初值问题。

$$\begin{cases} y' = x - y^2, & 0 \leqslant x \leqslant 1 \\ y|_{x=0} = 1 \end{cases} \quad （取步长 h = 0.1）$$

方程右边函数文件（odefun.m）：

```
function f = odefun (x, y)
f = x – y * y;
>> [t, y] = odeRK4('odefun', 1, 0.1, 1)
```

运算结果：

```
t =
0   0.1000   0.2000   0.3000   0.4000   0.5000   0.6000   0.7000   0.8000   0.9000   1.0000
y =
1.0000   0.9138   0.8512   0.8076   0.7798   0.7653   0.7621   0.7686   0.7835   0.8055   0.8334
```

9.6.2　实际问题的求解

求解一阶微分方程组。

例 9.33　求解 $\begin{cases} y_1' = y_2 \\ y_2' = 10 - \dfrac{3}{14}(y_1 + |y_1|) - \dfrac{1}{70}(y_2 + |y_2| y_2) \end{cases}$ 在初始条件 $y_1(0) = -30$， $y_2(0) = 0$ 下的特解。

方程右边函数文件（odeeg.m）：

```
function dy = odeeg (t, y)
dy = zeros (2, 1);
dy(1) = y(2);
dy(2) = 10 - 3 /14 * (y(1) + abs (y(1))) -y(2) / 70 * (1 + abs (y(2)));
```

调用 MATLAB 自建函数 ode45 解此一阶微分方程组，结果如图 9.10 所示。

```
>> [t y] = ode45 ('odeeg', [0 100], [-30 0]);
>> plot (t, y(:, 1),'LineWidth',2); grid
>> xlabel ('时间 t'); ylabel ('蹦极者位置 x');
```

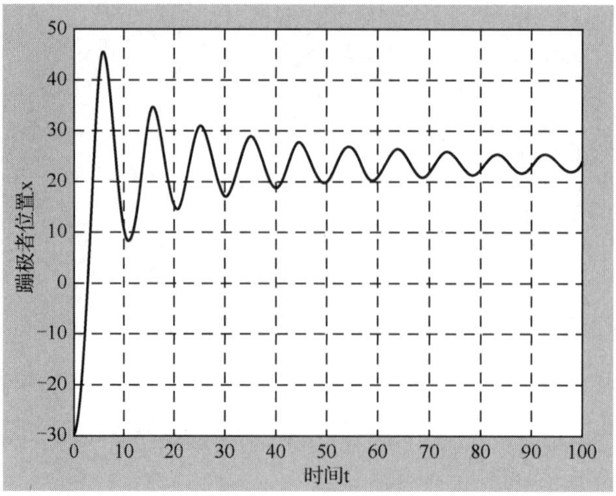

图 9.10　运动曲线图

9.7　矩阵特征值问题的 MATLAB 实现

幂法求按模最大特征值的源程序（pow.m）：

```
function [m, u] = pow (a, e, it)
if nargin < 3, it = 200; end; if nargin < 2, e = 1e−5; end;
n = length (a); u = ones(n, 1); k = 0; m1 = 0;
while k <=it v = a * u; m = max (abs(v)); u = v / m;
if abs (m − m1) < e index = 1; break; end;
m1 = m; k = k + 1;
end
```

例 9.34　用幂法求矩阵 $\boldsymbol{B}=\begin{pmatrix}0 & 1\\ 1/2 & 1/2\end{pmatrix}$ 的按模最大特征值及其对应的特征向量。

```
>> format long; a = [0 1; 1/2 1/2];
>> [m, u] = pow (a, 1e−5, 9)
m =
1
u =
1
1
```

9.8　神经网络的 MATLAB 实现

9.8.1　数据预处理

在训练神经网络前一般需要对数据进行预处理，一种重要的预处理手段是归一化处理。

下面简要介绍归一化处理的原理与方法。

1. 什么是归一化

数据归一化，就是将数据映射到[0,1]或[−1,1]区间，或更小的区间，如(0.1,0.9)。至于为什么要做归一化处理，主要有以下原因。

（1）输入数据的单位不一样，有些数据的范围可能特别大，导致神经网络收敛慢、训练时间长。

（2）数据范围大的输入在模式分类中的作用可能会偏大，而数据范围小的输入作用就可能会偏小。

（3）由于神经网络输出层的激活函数的值域是有限制的，因此需要将网络训练的目标数据映射到激活函数的值域。例如，神经网络的输出层若采用 S 形激活函数，由于 S 形函数的值域限制在(0,1)，也就是说神经网络的输出只能限制在(0,1)，所以训练数据的输出就要归一化到[0,1]区间。

（4）S 形激活函数在(0,1)区间以外区域很平缓，区分度太小。例如，S 形函数 $f(X)$在参数 a=1 时，$f(100)$与 $f(5)$只相差 0.0067。

2. 归一化算法

一种简单而快速的归一化算法是线性转换算法。线性转换算法的常见形式有两种。

（1）

$$\boldsymbol{y} = (\boldsymbol{x} - \min)/(\max - \min)$$

其中，min 为 $\boldsymbol{x}$ 的最小值，max 为 $\boldsymbol{x}$ 的最大值，输入向量为 $\boldsymbol{x}$，归一化后的输出向量为 $\boldsymbol{y}$。上式将数据归一化到[0,1]区间，当激活函数采用 S 形函数（值域为(0,1)）时该式适用。

（2）

$$\boldsymbol{y} = 2(\boldsymbol{x} - \min)/(\max - \min) - 1$$

该式将数据归一化到[−1,1]区间。当激活函数采用双极 S 形函数（值域为(−1,1)）时该式适用。

3. MATLAB 数据归一化处理函数

MATLAB 中归一化处理数据可以采用 premnmx、postmnmx、tramnmx 3 个函数。

（1）premnmx 函数。

语法为

```
[pn,minp,maxp,tn,mint,maxt] = premnmx(p,t)
```

参数如下。

pn：p 矩阵按行归一化后的矩阵。

minp、maxp：p 矩阵每行的最小值、最大值。

tn：t 矩阵按行归一化后的矩阵。

mint、maxt：t 矩阵每行的最小值、最大值。

作用是将矩阵 p、t 归一化到[−1,1]，主要用于归一化处理训练数据集。

（2）tramnmx 函数。

语法为

```
[pn] = tramnmx(p,minp,maxp)
```

参数如下。

minp、maxp：p 矩阵每行的最小值、最大值。

pn：归一化后的矩阵。

作用是归一化处理待分类的输入数据。

（3）postmnmx 函数。

语法为

```
[p,t] = postmnmx(pn,minp,maxp,tn,mint,maxt)
```

参数如下。

minp、maxp：p 矩阵每行的最小值、最大值。

mint、maxt：t 矩阵每行的最小值、最大值。

作用是将矩阵 pn、tn 映射回归一化处理前的范围。

9.8.2　MATLAB 实现神经网络常用命令

使用 MATLAB 建立前馈神经网络主要会使用到下面 3 个函数。

newff 函数：前馈网络创建函数。

train 函数：训练一个神经网络。

sim 函数：使用网络进行仿真。

下面简要介绍这 3 个函数的用法。

1．newff 函数

1）newff 函数语法

newff 函数参数列表有很多可选参数，具体可以参考 MATLAB 的帮助文档，这里介绍 newff 函数的一种简单形式。

语法为

```
net = newff ( A, B, {C} ,'trainFun')
```

参数如下。

A：一个 $n\times 2$ 的矩阵，第 i 行元素为输入信号 x_i 的最小值和最大值。

B：一个 k 维行向量，其元素为网络中各层节点数。

C：一个 k 维字符串行向量，每一分量为对应层神经元的激活函数。

trainFun：学习规则采用的训练算法。

2）常用的激活函数

a）线性函数（Linear Transfer Function）

$$f(x)=x \tag{9.1}$$

该函数的字符串为 purelin。

b）对数 S 形转移函数（Logarithmic Sigmoid Transfer Function）

$$f(x)=\frac{1}{1+e^{-x}} \qquad 0<f(x)<1 \tag{9.2}$$

该函数的字符串为 logsig。

c）双曲正切 S 形函数（Hyperbolic Tangent Sigmoid Transfer Function）

$$f(x)=\frac{2}{1+e^{-2x}} \qquad -1<f(x)<1 \tag{9.3}$$

该函数的字符串为 tansig。

3）常用的训练函数

常用的训练函数如下。

traingd 函数：梯度下降 BP 训练函数。

traingdx 函数：梯度下降自适应学习率训练函数。

4）网络配置参数

一些重要的网络配置参数如下。

net.trainparam.goal：神经网络训练的目标误差。

net.trainparam.show：显示中间结果的周期。

net.trainparam.epochs：最大迭代次数。

net.trainParam.lr：学习率。

2．train 函数

网络训练学习函数。

语法为

```
[ net, tr, Y1, E ] = train(net, X, Y)
```

参数如下。

X：网络实际输入。

Y：网络应有输出。

tr：训练跟踪信息。

Y1：网络实际输出。

E：误差矩阵。

3．sim 函数

语法为

```
Y=sim(net,X)
```

参数如下。

net：网络。

X：输入网络的 $K \times N$ 矩阵，其中 K 为网络输入个数，N 为数据样本数。

Y：输出矩阵 $Q \times N$，其中 Q 为网络输出个数。

9.8.3 BP 网络实验

实验采用经典的分类数据集 Iris，也称鸢尾花卉数据集，是一类多重变量分析的数据集。数据集包含 150 个数据样本，分为 3 类，每类 50 个数据，每个数据包含 4 个属性，通过花萼长度、花萼宽度、花瓣长度、花瓣宽度 4 个属性预测鸢尾花卉属于 Setosa、Versicolour、Virginica 三个种类中的哪一类。将 Iris 数据集分为 2 组，每组各 75 个样本，每组中每种花各有 25 个样本。其中一组作为以上程序的训练样本，另外一组作为检验样本。为了方便训练，将 3 类花分别编号为 1、2、3。

使用这些数据训练一个 4 输入（分别对应 4 个特征）、3 输出（分别对应该样本属于某一品种的可能性大小）的前向网络。

MATLAB 实现代码如下：

```
%读取训练数据
[f1,f2,f3,f4,class] = textread('trainData.txt' , '%f%f%f%f%f',150);

%特征值归一化
[input,minI,maxI] = premnmx( [f1 , f2 , f3 , f4 ]');

%构造输出矩阵
s = length(class) ;
output = zeros( s , 3 ) ;
for i = 1 : s
    output( i , class( i ) ) = 1 ;
end

%创建神经网络
net = newff( minmax(input) , [10 3] , { 'logsig' 'purelin' } , 'traingdx' ) ;

%设置训练参数
net.trainparam.show = 50 ;
net.trainparam.epochs = 500 ;
net.trainparam.goal = 0.01 ;
net.trainParam.lr = 0.01 ;

%开始训练
net = train( net, input , output' ) ;

%读取测试数据
[t1 t2 t3 t4 c] = textread('testData.txt' , '%f%f%f%f%f',150);

%测试数据归一化
testInput = tramnmx ( [t1,t2,t3,t4]' , minI, maxI ) ;
```

```
%仿真
Y = sim( net , testInput )

%统计识别正确率
[s1 , s2] = size( Y ) ;
hitNum = 0 ;
for i = 1 : s2
    [m , Index] = max( Y( : , i ) ) ;
    if( Index == c(i) )
        hitNum = hitNum + 1 ;
    end
end
sprintf('识别率是 %3.3f%%',100 * hitNum / s2 )
```

以上程序的识别率稳定在 95%左右，训练 100 次左右达到收敛，训练曲线如图 9.11 所示。

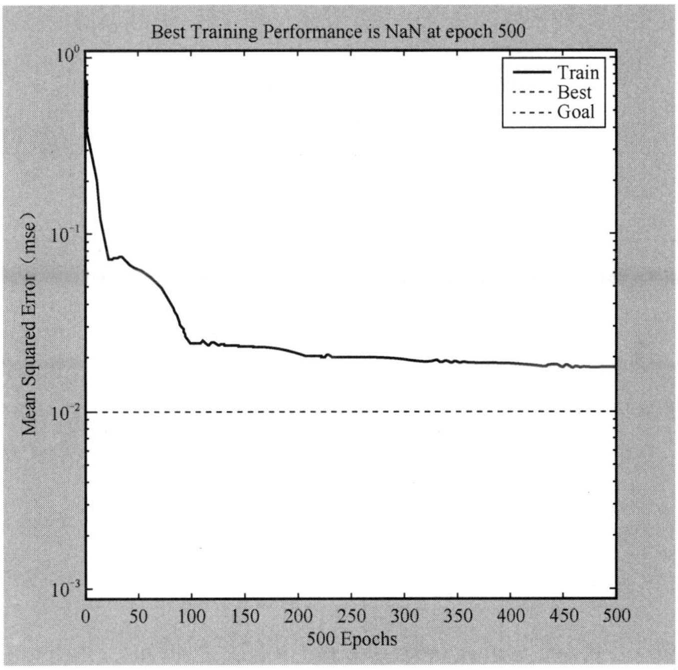

图 9.11　训练曲线

小结

本章介绍了 MATLAB 的基础知识（包括运算符、函数命令、函数库，利用运算符和函数库可使程序简化）；矩阵与数组的运算；二维和三维图形的描绘；for 循环语句、while 循环语句、if 和 break 循环语句的使用等。

针对数值计算的各种基本方法，介绍了相应方法的 MATLAB 实现。通过讲解 MATLAB

基本命令的使用方法，以及各类问题的应用实例，展示了 MATLAB 强大的解决实际问题的能力。各节都配有常用的程序，并且所有程序已调试通过。

习题

9-1 计算 $y=(2\pi+9^3)/7$。

9-2 计算 $y=\sin\dfrac{2\pi}{9}$。

9-3 设 $\boldsymbol{A}=\begin{pmatrix}2 & 1\\4 & 3\end{pmatrix}$，试计算 $\boldsymbol{A}^2$。

9-4 画出函数 $y=\mathrm{e}^x\sin 2x$ 在区间 $[0,3]$ 上的曲线。

9-5 计算 $\sum\limits_{i=1}^{8} i!$ 的值。

9-6 一种商品的需求量与其价格有一定的关系，现对一定时期内的商品价格（x）与需求量（y）进行观察，取得样本数据如表 9.4 所示。

表 9.4　样本数据

商品价格 x（元）	2	3	4	5	6	7	8	9	10	11
需求量 y（千克）	58	50	44	38	34	30	29	26	25	24

分别用拉格朗日插值、牛顿插值求出任意两个相邻商品价格中点处的需求量。

9-7 对 9-6 题的数据点分别作直线、抛物线、三次多项式拟合。

9-8 德国天文学家开普勒发表了行星运行第三定律：$T=Cx^{3/2}$，其中，T 为行星绕太阳旋转一周的时间（单位：天），x 表示行星到太阳的平均距离（单位：百万公里），并测得水星、金星、地球、火星的数据(x, T)分别为(58,88)、(108,225)、(150,365)、(228,687)。

（1）用最小二乘法估计 C 的值；

（2）分别作上述数据点的直线、抛物线、三次多项式拟合；

（3）用函数 $y=a\mathrm{e}^x+bx+c$ 对数据点进行曲线拟合。

9-9 计算 $\varphi(1)=\int_{-\infty}^{1}\frac{1}{\sqrt{2\pi}}\mathrm{e}^{-\frac{t^2}{2}}\mathrm{d}t=\frac{1}{2}+\int_{-1}^{1}\frac{1}{\sqrt{2\pi}}\mathrm{e}^{-\frac{t^2}{2}}\mathrm{d}t$ 的近似值。

9-10 计算椭圆的周长 $s=\int_0^{2\pi}\sqrt{1-\frac{1}{6^2}\cos^2\theta}\,\mathrm{d}\theta$。

9-11 用 Gauss 消去法求解线性方程组。

$$\begin{cases}x+2y+3z=2\\4x+5y+6z=5\\7x+9y+16z=14\end{cases}$$

9-12 用 Jacobi 迭代法和 Gauss-Seidel 迭代法求解线性方程组。

$$\begin{bmatrix} 7 & 1 & 2 \\ 1 & 8 & 2 \\ 2 & 2 & 9 \end{bmatrix}\begin{bmatrix} x_1 \\ x_2 \\ x_3 \end{bmatrix}=\begin{bmatrix} 0 \\ 1 \\ 0 \end{bmatrix}$$

9-13 用二分法和牛顿法求方程 $\sin x-\dfrac{x^2}{2}=0$ 的实根，要求误差不超过 10^{-4} 。

9-14 用 Euler 法求解初值问题。

$$\begin{cases} y'=x^2-y, \quad 0\leqslant x\leqslant 1 \\ y|_{x=0}=1 \end{cases} \qquad （取步长 h=0.1）$$

9-15 用四阶 RK 方法求解 9-14 题。

9-16 用幂法求矩阵 $\boldsymbol{A}=\begin{bmatrix} 1 & 2 & 3 \\ 4 & 5 & 6 \\ 7 & 8 & 9 \end{bmatrix}$ 的按模最大特征值及其对应的特征向量。

参考文献

[1] 冯康，等. 数值计算方法[M]. 北京：国防工业出版社，1978.
[2] 王能超. 数值分析简明教程[M]. 北京：高等教育出版社，1984.
[3] 徐萃薇. 计算方法引论[M]. 北京：高等教育出版社，1985.
[4] 李庆杨，王能超，易大义. 数值分析[M]. 武汉：华中理工大学出版社，1986.
[5] 张德荣，等. 计算方法与算法语言[M]. 北京：高等教育出版社，1981.
[6] 张巨洪，等. BASIC 语言程序库[M]. 北京：清华大学出版社，1985.
[7] 谭浩强. FORTRAN77 结构化程序设计[M]. 北京：高等教育出版社，1985.
[8] 陈晓江. 数值分析[M]. 武汉：武汉理工大学出版社，2013.
[9] 令锋，等. 数值计算方法[M]. 北京：国防工业出版社，2017.

反侵权盗版声明

举报电话：（010）88254396；（010）88258888

传　　真：（010）88254397

E-mail:　　dbqq@phei.com.cn

通信地址：北京市海淀区万寿路 173 信箱

　　　　　电子工业出版社总编办公室

邮　　编：100036